计算流体力学 2035 愿景
Computational Fluid Dynamics
2035 Vision in China

陈坚强　袁先旭　涂国华　郭启龙　著

科学出版社

北京

内 容 简 介

本书基于计算流体力学(CFD)发展现状,分析了 CFD 发展面临的挑战,对 2035 年 CFD 发展愿景进行了展望。全书分为 10 章,第 1 章为概述,简要介绍了 CFD 的基本概念、发展历史、主要应用领域和 2035 年总体愿景,凝练了 CFD 的九大重点发展方向,绘制了 CFD 2035 技术路线图。第 2~10 章分别针对九大重点发展方向,即基于高性能硬件的 CFD 软件与大数据技术,网格生成与自适应技术,高保真数值方法,转捩、湍流与大范围分离流动模拟技术,内流与燃烧,多介质多物理场耦合模拟与多学科耦合分析、验证、确认与不确定度量化,多学科优化设计,人工智能/量子计算与 CFD 的结合。具体介绍了各方向的概念及背景、研究现状,制定了 2035 年目标,分析了差距与挑战,给出了发展路线图、措施与建议。

本书可供 CFD 相关从业人员阅读以了解 CFD 现状和未来发展趋势,也可供相关部门作为项目规划、决策制定的参考,还可供高等院校中的流体力学、应用力学、航空宇航等 CFD 相关专业学生学习使用。

图书在版编目(CIP)数据

计算流体力学 2035 愿景/陈坚强等著. —北京:科学出版社,2023.9
ISBN 978-7-03-075007-5

Ⅰ.①计… Ⅱ.①陈… Ⅲ.①计算流体力学 Ⅳ.①O35

中国国家版本馆 CIP 数据核字(2023)第 037639 号

责任编辑:赵敬伟 赵 颖 / 责任校对:彭珍珍
责任印制:张 伟 / 封面设计:无极书装

科 学 出 版 社 出版
北京东黄城根北街 16 号
邮政编码:100717
http://www.sciencep.com

北京中科印刷有限公司 印刷
科学出版社发行 各地新华书店经销

*

2023 年 9 月第 一 版 开本:720×1000 1/16
2023 年 12 月第二次印刷 印张:21 1/4
字数:428 000
定价:158.00 元
(如有印装质量问题,我社负责调换)

序　言

计算流体力学（computational fluid dynamics，CFD）是通过数值求解流体力学控制方程，获得流动信息及伴生的力、热、声、光、电等信息的一门学科，已成为支撑航空航天、工业装备、交通运输、动力能源等诸多领域的关键共性学科。张涵信院士认为，CFD 的研究内容可以用"5M+1A"来概括：第一个 M 是 Machine，指计算硬件；第二个 M 是 Mesh，指网格技术；第三个 M 是 Method，指数值方法，包含求解方法、控制方程、数理模型和定解条件；第四个 M 是 Mechanism，指流动机理；第五个 M 是 Mapping，指流动显示；一个 A 表示 Application，即应用。本书将围绕这六个方面对 CFD 的发展愿景进行展望研究。

近三十年来，我国的 CFD 研究与应用取得了显著进展，高精度算法、大涡模拟、高超声速流动模拟等方面已经跻身世界一流水平，但在物理建模、网格技术、可视化技术、CFD 工业软件等方面与世界一流水平仍有差距，制约了 CFD 应用的广度和深度。为了实现我国的第二个百年奋斗目标，国内航空航天飞行器、水面水下舰船、动力能源、地面交通等领域需要完成自主创新和跨越发展，这对 CFD 提出了更大挑战。近年来，高性能计算机飞速发展、先进计算概念不断涌现（量子计算、人工智能等），有可能从根本上改变 CFD 的发展进程。因此，有必要研究 CFD 的发展规律，制定中远期愿景目标，有效引导社会资源和科研力量合理配置，以在未来占领 CFD 研究与应用领域的制高点。

对 CFD 的发展愿景进行展望和规划也是国外大国的常用做法。早在 2005 年，日本出台了《JAXA2025 远景规划》，对航空航天领域内的 CFD 应用做了长远规划。CFD 领域的一个代表性事件是美国国家航空航天局（NASA）在 2014 年发布了 *CFD Vision 2030 Study: A Path to Revolutionary Computational Aerosciences* 报告，该报告确定了六大重点领域，制定了相应的发展路线图，已成为牵引美国 CFD 发展的全局性、纲领性、指导性文件。

为了更好地促进国内 CFD 发展，中国空气动力学会计算空气动力学专业委员会和空气动力学国家重点实验室于 2019 年联合发起了 CFD 2035 愿景论证工作。第一次全国性研讨会议于 2019 年 11 月 1 日在珠海召开，全国 CFD 领域 70 余名专家学者参与了研讨，确定了本书的论证工作主要围绕航空航天的需求进行展开，即着重论述气体流动的 CFD 模拟。本次研讨确定了九大研究方向：①基于高性能硬件的 CFD 软件与大数据技术；②网格生成与自适应技术；③高保真数值方法；④转捩、湍流与大范围分离流动模拟技术；⑤内流与燃烧；⑥多介质多物理场耦合模拟与多学科耦合分析；⑦验证、确认与不确定度量化；⑧多学科优化设计；⑨人工智能/量子计算与 CFD 的结合。

　　本书共 10 章，第 1 章是概述，主要包括 CFD 基本概念、发展历史、现状、2035 目标和技术路线图。第 2～10 章分别对应九大研究方向。CFD 涉及的研究方向较多，为了方便读者可以仅阅读自己感兴趣的研究方向，我们尽量保证每个章节的完整性，包括概念、现状、2035 目标、差距与挑战、发展路线图和措施与建议等。每个章节的完整性不可避免地导致不同章节之间的内容稍有重复，比如网格生成技术主要在第 3 章中论述，但是第 4 章在论述高精度算法时也会提到相应的高阶网格，第 7 章在论述多学科耦合分析时也提到了动态网格和自适应网格。为了更好地了解研究方向的交叉情况，建议读者同时阅读其他相关章节。

目　　录

第1章 概　　述

1.1　CFD 基本概念及发展历史

1.1.1　CFD 基本概念

计算流体力学（computational fluid dynamics，CFD）是 20 世纪 50 年代以来，随着计算机的发展而产生的一个介于计算数学、流体力学和计算机之间的交叉学科，其基本内涵是通过计算机和数值方法来求解流体力学的控制方程以及对流体力学问题进行模拟和分析。CFD 求解流体力学问题通常包含以下主要环节：流场几何区域的网格生成、控制方程和模型方程的时空离散、代数方程组的数值求解和数值结果的特征提取与图形显示。此外，CFD 的研究内容还包括不同流动物理问题的求解算法以及湍流、转捩、化学反应等数值建模。下面简要介绍 CFD 所涉及的关于计算网格、数值方法、控制方程等相关概念。

1.1.1.1　计算网格

计算网格（通常简称"网格"）是将拟定的流场几何区域划分为有限小尺寸的基本几何形体后的组合。网格是 CFD 的基础，网格质量也是影响 CFD 计算质量的关键因素之一。根据网格的拓扑结构，可分为结构网格、非结构网格和混合网格等类型。

结构网格的特点是任意一个节点与其相邻节点之间的联结关系，只需要用指标就可以完整地进行描述，不再需要设置额外的数据来确认网格点间的联系。结构网格的缺点是对复杂几何外形的适应性较弱，容易出现奇性点/轴等问题，自动化生成难度高。

与结构网格对应的是非结构网格，它对节点的拓扑关系没有要求。非结构网格需要一套专门的数据来表达拓扑结构，也需要在计算网格指标时进行大量的计算，从而花费更多时间。与结构网格相比，非结构网格计算效率较低，但对外形的适应性好，容易自动生成。

为了综合结构网格和非结构网格的优势，人们还发明了混合网格生成策略，即在不同的区域依据计算需要生成不同网格，发挥各自的优势，从而获得更好的计算性能，由此得到的网格被称为混合网格。混合网格依据网格间数据的传递策略，还可以分为重叠网格、拼接网格等。

还有一种结构特殊的网格，它是在笛卡尔坐标系下生成的，不同方向的网格线相互垂直，称为笛卡尔网格。笛卡尔网格具有生成过程简单、速度快、自动化程度高等优点，但是存在网格不贴体（贴合飞行器表面）的缺点。

为了更好地捕获物体非定常运动的流场特性，人们还发明了动网格。依据物体运动的状态，对某时刻的网格进行局部调整，从而在更加符合流场特性的同时，节约网格单元总量和网格生成时间。

随着 CFD 的发展，人们认识到网格的拓扑结构、疏密分布等情况与流场的匹配关系对数值解的精度、计算量等有直接且显著的影响，由此产生了网格自适应的概念和技术。网格自适应技术目前主要是在计算过程中根据解（或流场）的某个或多个参数的分布特性自动地调整网格的疏密分布，也有部分技术追求在不同区域自动生成不同拓扑类型的网格，但在实践操作中难度较高。网格自适应被认为是未来 CFD 发展与能力提升的重要途径之一。

1.1.1.2 数值方法

数值方法将描述流体运动的控制方程在通过网格剖分后的离散单元上进行离散，进而把关于时间、空间的各类导数或积分近似表达为代数形式，获得相应的代数方程组，最终进行数值求解。因此，数值方法是获得流体结果承前启后的关键。

CFD 的经典离散方法主要包括有限差分法（FDM）、有限元法（FEM）和有限体积法（FVM）。同时，一些新兴方法迅速发展，如间断伽辽金（DG）方法、重构修正（CPR）方法以及格子玻尔兹曼方法（LBM）等。

在网格单元上用差商来逼近各阶导数，将连续偏微分方程和定解条件转化为在网格单元上定义的代数方程，求解代数方程进而得到偏微分方程的近似解，称为有限差分法。有限差分法易于构造高精度格式，具有很高的求解效率。有限元法基于变分原理和加权余量法，采用"分块逼近"的思想，将计算区域剖分为互不重叠的单元，在单元体上用一簇规范化的插值函数来近似求解函数，进而获得单元体上的有限元方程。有限元方法具有较高的精度，但是需求解总体的离散代数方程组，计算开销较大。有限体积法是指在网格单元上对积分型控制方程离散，或者在控制容积区域上直接利用物质运动的守恒定律建立物理量的平衡关系，进而得到离散代数方程。有限体积法具有良好的鲁棒性和复杂外形适应性，在低阶的工程计算中广泛应用。

有限元方法具有良好的复杂外形适应性（非结构网格）的优点，于是，一系列的高阶精度有限元类方法得到迅速发展。一种思路是间断伽辽金方法，其自然融合了有限元法和有限体积法的特点：一方面，类似有限元法，在离散单元内通过多自由度构造高次多项式以逼近求解函数；另一方面允许单元间的多项式不连续，引入有限体积法的数值通量、迎风和限制器的概念。另一种思路是考虑单元界面上解析通量与数值通量之间的差距，引入提升多项式，在解析通量基础上附加修正项的影响，即重构修正方法。该类方法兼具谱差分（SD）的计算效率和间断伽辽金方法的线性稳定性优势，也成为近年来的热门格式。

除以上方法之外，也可基于介观尺度，直接从离散模型出发，应用质量守恒、动量守恒和能量守恒规律，在分子动力学和统计力学的基础上构架起宏观与微观、连续与离散之间的联系，然后求解流动问题，例如，格子玻尔兹曼方法。当格子玻尔兹曼方法用于不可压缩流动的问题时，因无需求解压力泊松（Poisson）方程，计算量大为节省，逐步成为 CFD 的有效方法之一。

1.1.1.3　控制方程

CFD 求解的控制方程是指描述流体运动的数学物理方程，在 CFD 中主要包括描述无黏流体运动的欧拉方程、描述黏性流体运动的 Navier-Stokes（N-S）方程，以及在湍流模拟中的雷诺平均 N-S（RANS）方程、大涡模拟（LES）方程和相应的湍流模型方程等。流体力学的控制方程大都可以表示成如下形式：

$$\frac{\partial Q}{\partial t} + \frac{\partial E_i(Q)}{\partial x_i} + \frac{\partial F_i\left(Q, \partial Q / \partial x_j\right)}{\partial x_i} = G$$

其中 Q 表示守恒变量，E_i 表示无黏通量，F_i 表示黏性通量，G 表示源项。上述方程是微分形式的控制方程，对该方程进行时空积分，可得到积分形式的控制方程。

1.1.2　CFD 发展历史

相比于历史悠久的理论分析和实验研究，以数值模拟分析为主要研究手段的 CFD，是一个相对年轻的方法。随着计算机科学和应用数学的迅猛发展，尤其是高性能计算（high performance computing, HPC）软硬件的快速革新，CFD 因势而起，已成为当今流体力学研究中最活跃、最有生命力的领域之一。

CFD 的发展脉络主要以流体力学计算方法的研究为主线。CFD 计算方法研究是指研究流体动力学方程的数值求解方法及定解条件的处理方法。CFD 求解描述黏性流动的 N-S 方程与无黏流动的欧拉方程的核心问题是一致的，即合理有效地离散近似非线性对流项；对于 N-S 方程中的黏性项，因其椭圆型特征，通常采用简单的中心差分格式来离散。因此，CFD 的发展历史基本上是围绕欧拉方程的计算方法研究展开的。

20 世纪 10 年代，英国气象学家 Richardson 通过有限差分方法求解拉普拉斯方程来计算圆柱绕流和大气流动，标志着 CFD 的萌芽。1928 年，应用数学家 Courant、Friedrichs 和 Lewy[1]发表了被称为 CFD 里程碑的著名论文，开创了计算格式的稳定性问题研究。接着，被尊称为"CFD 之父"的 von Neumann 提出了利用人工黏性的激波捕获方法以及著名的 von Neumann 稳定性分析方法——前者至今仍然是 CFD 核心内容之一，而后者则是 CFD 中使用最多的稳定性分析方法。这些开创性工作推动了后续的一系列研究，逐渐形成了 CFD 的基础理论框架。

1952 年，Courant 等首先开展了欧拉方程的数值计算研究，提出了一阶显式迎风格式。1954 年，Lax 和 Friedrichs 也发展了线性对流方程的一阶精度计算方法。1959 年，Godunov 发表了著名的 Godunov 一阶迎风格式，并由此开辟了一条新路，即通过精确求解 Riemann 间断问题来构造 CFD 格式。直到今天，这类格式的构造方法仍是 CFD 研究的重点内容之一，标志着 CFD 的开端。

欧拉方程数值计算的时间推进法是 CFD 发展的主要研究内容之一。其中，Lax 和 Wendroff[2-4]在这方面完成了里程碑式的研究工作。特别是，二阶精度、中心差分的显式 Lax-Wendroff 格式的提出形成了现在 CFD 的雏形，并与后来的一系列发展或变种共同成为现在 CFD 的基石。其中，最著名的变种是 1969 年的 MacCormack 格式，通过两步的预估校正方法提高时间推进精度，获得了时空全二阶的格式精度。1976 年，Beam 和 Warming 提出的二阶精度隐式中心差分格式取得了成功。通过局部线化方法，结合近似因子分解技术构造隐式方法至今仍是隐式格式的重要模板。1979 年，Lerat 将原始的 Lax-Wendroff 格式发展为隐式格式[5]。以上格式是二阶精度线性格式发展的重要代表，并掀起了更高阶精度格式的研究热潮。但由于数值色散特性，这些格式在激波间断附近可能得到非物理解，甚至导致计算发散，因而限制了其应用。

CFD发展的黄金时期跨越了从20世纪70年代后期至20世纪90年代初期的十余年。为了解决激波附近产生非物理振荡的问题，1979年，van Leer提出了著名的MUSCL方法，将Godunov格式等一阶格式通过单调插值推广为二阶精度，建立了后来被称为"限制器"的插值方法，这仍是目前最为通用的高分辨率格式构造方法。Harten等认为激波附近出现数值振荡的主要原因是计算格式不具备保单调性，为此提出了保单调格式的概念，即总变差减小的差分格式，并构造了具有二阶精度的高分辨率TVD（total variation diminishing）格式。由此另辟蹊径，借助TVD概念开辟出构造保单调格式的关键途径。TVD类格式本身具有精度较高、捕捉激波无波动且分辨率高等优点，因此被广泛用来构造求解激波及各类间断问题的二阶高精度格式，如Osher-Chakravarthy TVD、Harten-Yee TVD、Roe-Sweby TVD和van Leer TVD等TVD格式。1987年，Harten进一步提出了一致高阶精度的ENO（essentially non-oscillatory）格式，但ENO格式在向多维推广的过程中遇到了很大困难。为此，Liu、Osher和Chan提出了有显著改进的WENO（weighted essentially non-oscillatory）格式，又经过Jiang和Shu的进一步发展，至今仍风行于CFD领域的各类间断问题研究。

为了将格式研究成果应用于求解流体力学方程，继 Godunov 方法之后，计算性能优良的计算格式仍层出不穷,开拓了 CFD 格式构造的新理念和新思路。Steger 和 Warming[6]及 van Leer[7]基于迎风格式的构造思想,分别提出了以各自名字命名的一类新型迎风格式——FVS(通量矢量分裂)类格式。与此同时,Roe 和 Osher 提出了另一类迎风格式——FDS(通量差分分裂)类格式。FDS 格式无需精确求解 Riemann 问题,与原始 Godunov 方法相比计算量大大减小,同时具有高分辨率的特性。与迎风类格式的发展并驾齐驱的是 Jameson 等于 1981 年提出的二阶精度显式有限体积中心格式。该格式通过引入由流场特性确定的人工黏性项,结合多步 Runge-Kutta 法,针对激波间断问题获得了高效、可靠的计算性能,但对激波的分辨率较低。

Liu 于 1993 年构造并发展而成的迎风型矢通量分裂(AUSM)类系列格式。AUSM 格式构造在理论上独具创新性,将流动区分为对应于流动特征的线性场和非线性场,据此将压力项和对流通量分别分裂。此外,Jameson 等提出了 CUSP 和 H-CUSP 格式,Chan 等提出了时空守恒元/解元格式。

国内研究者在 CFD 发展中也取得了丰硕的成果。20 世纪 90 年代张涵信提出了 NND 格式及由此发展而来的 ENN 格式。这些格式具有满足熵增条件、自动捕捉激波、二阶精度、无波动、无自由参数等重要特性。国内 CFD 研究的重要成果还包括傅德薰、马延文构造的耗散比拟迎风紧致格式,以及沈孟育等将有限谱方法与解析离散方法相结合构造的一致高阶精度系列格式。需要特别指出的是,张涵信、邓小刚研究组在高阶、高精度的激波捕捉格式发展方面做出了系列创新性研究工作,其中最为突出的包括加权紧致非线性格式(WCNS)、WENN 格式、DG/FV 混合格式等。

网格生成也是 CFD 发展的基石之一。1974 年,Thompson 等提出了数值求解椭圆型方程生成贴体网格的方法。随后各种复杂外形贴体结构网格生成的方法如雨后春笋般涌现,如 Steger 等数值求解双曲型微分方程的网格生成方法,其他学者的以超限插值方法和多面方法为代表的代数网格生成方法。这些方法的出现,改变了过去难以生成高质量网格、几乎无法计算复杂外形绕流的状况,使飞行器绕流的数值模拟得到迅速的发展。

随着几何复杂度的不断增长,单区网格生成技术受到严峻挑战,分域网格生成技术逐渐发展起来,包括分块网格、对接网格和重叠网格。这进一步简化了网格生成,克服了复杂构形生成统一网格的困难。20 世纪 80 年代末到 20 世纪 90 年代,又发展了非结构网格和直角网格。它们突破了结构网格的思维习惯,舍去了网格节点间的结构性限制,具有优越的几何灵活性,还易于实现网格的自适应。1993 年,Batina 首先运用无网格方法求解欧拉方程和 N-S 方程,他在流场中设置了点云,并在诸点邻域中发展了基于这些点的数值格式。在无网格方法中,需要用最小二乘法求解矛盾方程组。不过,这种方法仍在发展中,尚未达到实用的程度。20 世纪 90 年代，几何外形自动输入和物面网格生成已成为飞行器全机绕流计算的瓶颈。于是大家约定，基于曲线和曲面的数学特征，用初始图形交换规范（IGES）定义了几何体（the geometric entity），自此以后，绝大多数网格生成软件都采用 IGES 直接阅读计算机辅助设计（CAD）的图形数据，并将其所有的面元素（surface patch）转换为非均匀有理 B 样条（NURBS）和有理 Beizier 曲线，使外形输入和物面网格生成自动化，从而这一最费工时、劳动强度最大的工作也由计算机承担了。

1.2　CFD 主要应用领域

CFD 是支撑航空航天、工业装备、交通运输、节能环保等诸多领域的关键共性技术。

航空航天领域是 CFD 发展的主要推动者，也是主要受益者。CFD 已经广泛应用于飞机翼型的筛选，机身、机翼、垂尾、平尾、发动机吊舱等的减阻优化，机身与发动机的匹配，飞机整机的设计优化，火箭发射台风工程的评估等。在高超声速等一些复杂或极端情况下，由于地面设备的模拟能力受限，CFD 成了唯一可以依赖的研究手段或设计数据来源。对于高空稀薄环境或极高马赫数飞行环境，由于稀薄效应、高温真实气体效应（含气体分子离解和电离）、黏性干扰效应、壁面催化/烧蚀等多种效应共存，CFD 是飞行器研发过程中解决这类气动问题的最主要方法。总之，CFD 在航天飞行器外形优化、力/热环境评估、喷流控制等方面发挥了重要的作用。

CFD 已成为航空发动机和燃气轮机设计领域的核心技术。CFD 技术不但大大提高了"两机"的研制水平，还大大缩短了研制周期、降低了研制成本和风险。通过应用 CFD，航空发动机研制周期已从原来的 10～15 年缩短为 6～8 年或 4～5 年，试验样机从原来的 40～50 台减少到 10 台左右。CFD 技术是助推航空发动机研发从"传统设计"（即设计-试验验证-修改设计-再试验）到"预测设计"模式变革的重要手段，有望推动我国"两机"实现跨越式发展。

高速列车的发展也离不开 CFD。CFD 在高铁领域的列车头型和尾部优化、转向架优化、受电弓及导流罩优化、空调系统设计、列车降噪、多车编组、列车交会、隧道穿行等方面都发挥了重要作用。

在汽车领域，车身气动性能评估、车身优化设计、噪声评估、空调系统设计、发动机燃烧模拟、发动机冷却系统设计、汽车液力变矩器设计、涡轮增压器设计等汽车研发的关键环节中，CFD 都被广泛应用且扮演着越来越重要的角色。

在核工业领域，CFD 已被用于主泵设计、堆芯及组件内的流场模拟、堆芯外空腔混合流动模拟、放射性物质扩散模拟、氢气风险分析、厂房抗风载模拟、核电厂防火安全评估等方面。

在医疗行业，CFD 在中药粉末破碎、血液流动模拟、鼻窍输药特性模拟、脑血管图像处理、人工心脏流动模拟、呼吸道吸入颗粒两相流模拟等方面也得到了大量应用。

除了上述行业，CFD 在水利水电、化工、船舶、矿业、冶金、农业、建筑和环保等行业都得到了大量应用。图 1.1 给出了 2011～2020 年 CFD 相关文献在各行业的分布情况，近 5 年与前 5 年相比，在大多数行业中，CFD 相关技术应用的比重有显著增加。随着 CFD 技术和软件越来越成熟，预计 CFD 在各行业的应用将更加广泛。

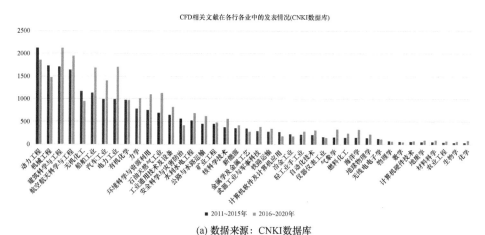

(a) 数据来源：CNKI数据库

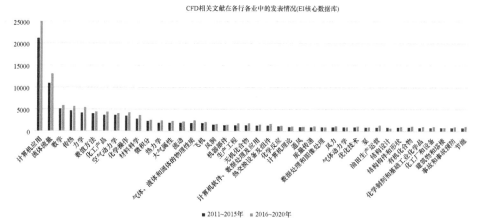

(b) 数据来源：EI核心数据库

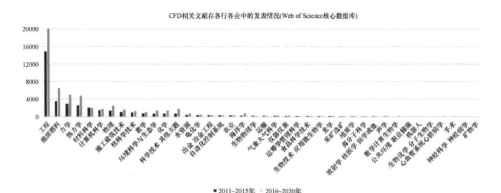

(c) 数据来源：Web of Science 核心数据库

图 1.1　2011～2020 年 CFD 相关文献在各行业中的分布情况

1.3　2035 年目标

目前，CFD 技术和软件已经在众多行业得到应用，各行各业的需求也在持续推动着 CFD 的发展。从现在至 2035 年，正是我国基本实现社会主义现代化的关键阶段，也是"第二个百年奋斗目标"实现的重要阶段。针对 CFD 2035 发展愿景，中国空气动力学会和空气动力学国家重点实验室组织全国力量进行了多次研讨，得到的主要愿景目标描述如下。

（1）具备灵活应对典型需求的能力。

● 固定翼及旋翼飞行器全尺寸、全包线、高精度气动性能计算、分析与优化设计能力

● 高铁、汽车、陆/空、水/陆/空等交通工具高精度多物理场模拟与辅助设计能力

● 以航空发动机为代表的内流高效高精度数值模拟与分析能力

● 极高速、极高温等极端条件下的复杂流动的数值模拟能力

● 几何自动分析、网格自动生成和智能化自适应能力

● CFD 与多学科优化设计无缝衔接

（2）基于物理机理的数理模型更加完善。

● 湍流模型更加完备，适用宽速域理想气体及真实气体

● 转捩预测模型和转捩-湍流一体化模型将适用于宽速域飞行器

● RANS-LES 混合方法等更加工程实用化

● LES 模型将更加完善，壁面模化或壁面约束的 LES 模型将在实际工程中得到一定应用

- 化学反应、辐射、传热、分离等计算模型将更能体现物理机制、更加完善

（3）CFD 软件与 CFD 高性能计算协调发展。

- 国产 CFD 通用软件和专业软件的种类更加丰富、功能更加先进、实现对国外同类 CFD 软件的全面覆盖
- 超大规模异构并行计算关键技术跨越发展，CFD 软件将在 100EFlops 高性能计算机系统上完成部署运行

1.4　重点发展方向和技术路线图

1.4.1　重点发展方向

为了推进我国 CFD 实现 2035 年愿景目标，中国空气动力学会计算空气动力学专业委员会和空气动力学国家重点实验室组织了问卷调查和专题讨论。2019 年 7 月 20～21 日，空气动力学国家重点实验室在清华大学"湍流模拟高级讲习班"面向参会的海外华人进行了 CFD 2035 问卷调查。2019 年 11 月 1 日，中国空气动力学会计算空气动力学专业委员会在广东珠海组织了 CFD 2035 发展愿景研讨和问卷调查，来自国内高校、研究院所、型号单位的 70 余名专家对 CFD 2035 的关键技术和重点发展方向进行了讨论，并确定了影响 CFD 发展的九大重点发展方向：

（1）基于高性能硬件的 CFD 软件与大数据技术；
（2）网格生成与自适应技术；
（3）高保真数值方法；
（4）转捩、湍流与大范围分离流动模拟技术；
（5）内流与燃烧；
（6）多介质多物理场耦合模拟与多学科耦合分析；
（7）验证、确认与不确定度量化；
（8）多学科优化设计；
（9）人工智能/量子计算与 CFD 的结合。

1.4.2　现状、目标和差距

中国空气动力学会计算空气动力学专业委员会和空气动力学国家重点实验室组织全国力量对现状、目标和差距进行了讨论。2020 年 1 月 13 日在北京航空航天大学组织国内 CFD 领域的 29 名专家进行了讨论。2020 年 11 月 2 日在空气动力学国家重点实验室召开了九大方向专题研讨会，全国约 70 名科技工作者参加了会议。这两次会议进一步明晰了九大方向的现状、2035 目标、存在差距、措施和建议，如表 1.1 所示。

表 1.1 九大方向的主要现状、目标、差距、措施和建议

序号	重点发展方向	现状	2035 目标状态	存在差距	措施和建议
1	基于高性能硬件的 CFD 软件与大数据技术	（1）我国 CFD 行业使用的高性能计算机算力总值约 3PFlops*，是美国总算力的十分之一 （2）国内 CFD 并行计算规模通常为数十到数百处理器核，与国外相比仍然有较大差距 （3）我国尚未建成足够的气动数据库和完善的数据共享机制 （4）流场可视化在数量可视化、矢量可视化方面发展较为完备，在张量可视化和其他先进可视化方面仍待完善	（1）面向 CFD 定制实现百亿 E 级高性能计算机系统 （2）攻克 CFD 领域超大规模异构并行计算关键技术，实现百亿 E 级 CFD 应用 （3）研制大型 CFD 软件，建成以 CFD 软件为核心的高性能计算生态环境 （4）实现海量 CFD 数据高效管理，挖掘以及直观、交互式、实时可视化分析 （5）实现数据驱动的 CFD 模拟研究，建成高保真、高精度、高效率、高度自动化的 CFD 工程计算体系	（1）未来高性能计算机系统研制差距：包括能耗、通信、存储、可靠性、编程与执行环境等 （2）CFD 并行算法与应用软件差距：包括异构计算可扩展性、计算性能、功能约束、可编程性、大型软件的研制等 （3）面向 CFD 的大数据差距：包括数据驱动的 CFD 方法、CFD 数据挖掘与知识提取、数据库建设与数据共享机制等 （4）CFD 可视化差距：包括海量数据并行实时智能可视化软件的研制等	（1）发展面向 CFD 的异构多态融合体系结构协同设计 （2）加强 CFD 应用先进并行算法研究和大型 CFD 软件研制 （3）加强 CFD 与大数据交叉研究 （4）加强建模现实技术与 CFD 可视化技术的结合，在生产型 CFD 软件中直接引入可视化能力
2	网格生成与自适应技术	（1）结构网格、拼接多块网格、组合多块网格以及混合网格技术已在处理较为复杂的几何构形 （2）非结构、混合网格已取得重要进展 （3）国内外各种商业软件为网格生成提供了较大的便利，减少了网格生成过程中较大的人工工作量	（1）能与 CAD 系统有效集成 （2）复杂构形超大规模网格可自动并行生成 （3）突破网格自适应更等关键技术问题，建立先进网格自动与可并行生成体系 （4）实现新一代国产网格生成软件对国外商业软件的自主替代	（1）缺少自主可控的、适用于网格生成的 CAD 内核 （2）网格生成从 CAD 处理底层算法创新不足，从 CAD 处理能力到网格生成的体系尚未完整 （3）软件开发、维护、应用的体制尚未健全，不利于自主能力持续发展	（1）持续保证网格研究方向的经费投入强度 （2）构建产学研共同体，协同攻关，以高水平基础理论研究为导向来引导关键技术攻关 （3）利用新技术对网格生成软件发展模式带来的新机遇，吸纳市场力量，构建网格软件的产学研生态链

续表

序号	重点发展方向	现状	2035 目标状态	存在差距	措施和建议
3	高保真数值方法	（1）基于结构和非结构高阶精度方法的数值研究已经被广泛应用于研究湍流、转捩和计算声学等问题 （2）高阶方法面临比二阶方法更严重的数值稳定性问题 （3）高阶方法对复杂几何构形的适应能力还远不及二阶方法	（1）发展出适应高性能计算机硬件架构的高效、高精度和适合结构和非结构网格的高分辨率算法应用于研究高阶声学等问题 （2）高精度 CFD 软件工程实用化，能与二级精度软件共同支撑 CFD 的工业应用	（1）在真实复杂几何区域流动的高精度、高保真模拟能力积累较少 （2）国内工作主要集中于基础算法、数学模型、边界条件、格式数值稳定性等方面的研究 （3）所形成的代码或软件封闭，适用范围小，缺乏系统性验证与确认，对高端产品设计的指导作用十分有限	（1）结合 HPC 硬件架构，发展先进高精度、高分辨率数值算法 （2）高精度开发及发展求解器代码开发及发展求解自动化技术 （3）重点投资高鲁棒性、高精度计算及算法可扩展性等研究领域 （4）开发面向工程应用的复杂流动高精度 CFD 软件
4	转捩、湍流与大范围分离流动模拟技术	（1）转捩模型勉强可用，但可信度较低，eN 方法相对更为可行，但存在三维和非定常转捩通用性等问题 （2）工程湍流主要依赖 RANS 模拟，但在分离、非定常湍流模拟方面能较突出 （3）DNS 可用速度到高亚声速流动，可覆盖亚声速到高超声速流动 （4）WMLES 和 CLES 是湍流热点方向 （5）RANS-LES 混合方法在非定常分离流模拟中表现出较好潜力	（1）转捩预测软件能适用于光滑三维几何构形的附着流动 （2）可准确模拟工程复杂外形；可实现快速预测 （3）DNS 模拟的雷诺数可达 10^7，网格可超百亿，可实现高超声速，非定常器件件级流动转捩与湍流模拟 （4）LES 可模拟工程复杂外形，雷诺数可达 10^7，马赫数至高超声速，可考虑多场耦合 （5）RANS-LES 的技术成熟度发展到 7 级以上，广泛用于多学科耦合分析	目标与现状的主要差距体现在计算的参数范围、网格分辨率、几何外形的复杂程度与多物理场计算能力等方面，如流动稳定性和转捩预测方法还用于弱三维流场，不适用于强三维流场，转捩预测软件还处于 In-house 阶段，仅适用于科研人员设计需求，离设计应用还有很大差距	（1）加大对 LES 算法、建模理论、技术及应用方面的支持 （2）加快端流数据中心建设，提升端流数据的共享使用效率 （3）加强端流 GPU 及异构超级计算能力，加强数据分析，开展人工智能建模和机理研究 （4）吸引年轻的工程师和科学家，加强人才队伍建设

续表

序号	重点发展方向	现状	2035目标状态	存在差距	措施和建议
5	内流与燃烧	（1）内流计算主要采用雷诺平均的湍流模拟方面，基于湍流模型求解RANS的CFD方法仍然是目前工程应用的唯一可行方法 （2）对叶轮机转静干涉、压气机旋转失速等的模拟取得了较好的发展 （3）基于两相湍流燃烧模型对燃烧室模拟方法进行了检验和应用	（1）实现对叶轮机过渡态的非定常RANS模拟、多级叶轮机RANS-LES混合方法模拟等，显著提高转静干涉、旋转失速、过渡态等的预测精度 （2）开发出具有完全自主知识产权的航空发动机燃烧室CFD研发平台，能够解决燃烧室详细设计中油气掺混、稳定工作确控制、大机动性能评估等高精度需求	（1）缺少适用于内流与燃烧的高性能计算平台 （2）叶轮机内转捩和大尺度涡旋流动的非定常湍流模拟能力不足 （3）气固热声多场耦合的目标协同和物理约束优化能力不足 （4）自主创新的燃烧室仿真能力不足	（1）加强顶层设计，进行总体布局，并搭建高性能计算平台 （2）优化机制，协同高校、研究所、企业中多层次开展合作研究及共享 （3）建立高精度数据库及其共享机制 （4）加大基础研究投入，支持原创性探索，发展不同层次的高保真物理模型
6	多介质多物理场耦合模拟与多学科耦合分析	（1）多介质流动主要采用任意拉格朗日-欧拉法求解，从对流场中多介质界面的追踪方式上可以分为两大类：界面捕捉方法和界面追踪方法 （2）多物理场模拟包括高温实气体效应多物理场、气动声学多物理场、磁流体多物理场等 （3）已经开展多物理场研究，近壁非平衡效应和高效数值算法等方面存在不足 （4）已经开展高超声速流场、结构场和结构动力响应的多学科耦合计算研究，具备就气动加热因素对飞行器部件（盖板、唇口等）颤振影响进行研究的能力，但全机热气动弹性的研究尚处于探索阶段	（1）发展出适用于复杂流动、复杂外形、复杂界面模拟的热-相变模拟的高精度算法 （2）发展出集成准确的多物理化学模型和气固界面条件的多物理场模拟软件 （3）建立起适用于全磁雷诺数的磁流体RANS模型和模拟方法 （4）初步实现气动光学、结构传热、结构力学、气动噪声等多学科多物理耦合模拟与分析能力	（1）多相流数值模拟的准确性和稳定性还有待提高 （2）需要发展可以处理复杂多介质高速流动的高精度数值计算方法 （3）高超声速流动数值模拟和基础模型的验证是一个关键问题 （4）对实际部件的气动噪声等多物理场的模拟周期仍然过长，不利于飞行器优化设计 （5）目前实现的对磁流体的模拟方法距离实际工程应用还存在一定的差距	（1）结合理论、实验和DNS发展高精度的多介质流动模拟方法 （2）高温真实气体效应着重考虑工程中的实际物理化学现象 （3）发展更为精确的磁流体RANS和LES模型 （4）多学科多物理场模拟注重吸收最新硬件技术优势 （5）建立高层次的多学科耦合框架

续表

序号	重点发展方向	现状	2035 目标状态	存在差距	措施和建议
7	验证、确认与不确定度量化	（1）国外已颁布了多部验证与确认指南、规范和标准 （2）具备初步的基于网格尺度级数展开的离散误差估计能力 （3）在不确定因素的识别、分类、数学表征、不确定度传播、敏感性分析、参数校准等不确定度量化领域形成了丰富的研究成果 （4）形成了丰富的基准算例数据，能够部分支撑常规 CFD 软件的可信度评价	（1）建成不同等级要求的业内共识验证与确认准体系，完整覆盖 CFD 验证与确认 （2）具备面向工程实际问题的、完备的误差估计和不确定度量化方法体系，能够高效、高可信度地对 CFD 中的误差和不确定度实现综合管理 （3）健全 CFD 标准化模数据库，并建立相适应的信息挖掘、知识提取工具，全面支持 CFD 软件的验证与确认活动	（1）现行的指南、规范和标准在基本概念内涵和方法论上没有达成完全统一，仍偏向于原则性的约束，缺少可操作性 （2）现阶段误差估计和不确定度量化研究侧重于理论方法研究，处理实际复杂工程问题的能力有限 （3）现有的验证与确认基准算例数据在全面性和精细化程度上与 CFD 软件可信度科学评价的尚有距离	（1）推动若干验证、确认和不确定量化行业标准或国家标准的设立 （2）综合应用非接触测量、模飞试验等先进试验技术，结合实际工程背景，建设系统的标准模数据库 （3）推动 CFD 软件及模拟验证、确认和不确定度评估"智能云平台"和 CFD 软件认证中心的建设
8	多学科优化设计	（1）国内外主要机构、高校和工业界广泛重视 MDO 技术的发展，设立了多个部的研究计划并开展研究 （2）经过 40 年发展，国内外在 MDO 求解策略、优化算法、集成框架等方面取得了足发展，工程上也得到了初步应用，并展现出巨大的发展潜力	（1）提出适用性广、可靠性强、求解效率高、收敛性强并具备高效全局化能力的 MDO 策略 （2）提出具有工程适用性和高泛化能力的多保真度 MDO 理论方法 （3）提出适用于大规模设计变量和高维目标空间的多目标 MDO 理论与方法 （4）建立起具有统一的数据格式、标准化程度高、可扩展性强、通用性强的自主多学科优化设计软件平台	（1）MDO 能考虑的参数和学科数较少，全局优化效率较低、多保真度方法的泛化能力和工程实用性有待提升 （2）智能化水平不足，无法充分融入专家设计知识和经验 （3）数字化 MDO 软件的实用性不足，主要能满足局部的设计需要 （4）数字化 MDO 软件件进行，主要能满足局部的设计需要	（1）结合梯度优化和全局优化的优点，发展结合伴随优化设计和全局优化方法的随机优化设计理论与算法 （2）发展基于多保真度模型的高效多学科优化设计技术，发展融入多专家设计知识与经验的 MDO 方法 （3）研究高效不确定性量化与不确定性 MDO 理论与算法 （4）发展基于统一数据格式的 MDO 集成框架与软件平台

续表

序号	重点发展方向	现状	2035 目标状态	存在差距	措施和建议
9	人工智能/量子计算与 CFD 的结合	（1）人工智能方法在网格、CFD 数值算法、数据分析、代理模型、降阶模型、流场重构等方面均有初步应用 （2）量子计算机已经面世，线性方程组求解等量子算法也都取得初步进展，为量子计算在 CFD 领域的应用奠定了基础	（1）人工智能在 CFD 的算法、模型等方面实现全方位应用，显著提升计算效率 （2）基于 E 级超算、研发出量子计算 CFD 软件开发平台 （3）开发量子计算 CFD 算法、初步获得量子计算能力的量子计算机 （4）软件具备在将来的量子计算机平台部署和应用的能力	（1）CFD 与人工智能交叉学科的发展不够系统 （2）缺乏适合人工智能方法的系统性 CFD 数据库 （3）人工智能的泛化能力相对于 CFD 需求而言仍然较弱 （4）国产量子计算机硬件发展还在起步阶段，2035 年达到的量子体积决定其最终计算能力 （5）量子算法开发需要专业知识较高，对广大 CFD 研究人员普及度不足	（1）加大数据驱动的模型构建和应用 （2）注重 CFD 结果的数据挖掘，CFD 与实验的智能融合 （3）针对性地开展模拟先导性预研，如量子硬件软件开发开源平台合研 （4）集中数方程组量子算法为基础的 CFD 开源代码平台，逐步形成善及的应用平台

*PFlops 指每秒运算千万亿次双精度浮点运算，10^{15}。

1.4.3 技术路线图

2021 年 11 月 27 日,空气动力学国家重点实验室在西北工业大学进行了 CFD 2035 技术路线图的线上线下专题研讨。2021 年 12 月至 2022 年 4 月,经过多次不断迭代完善,编写组绘制了 CFD 2035 技术路线图,如图 1.2 所示。

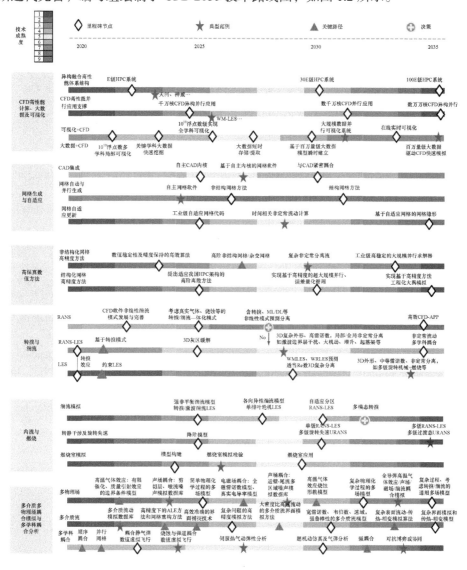

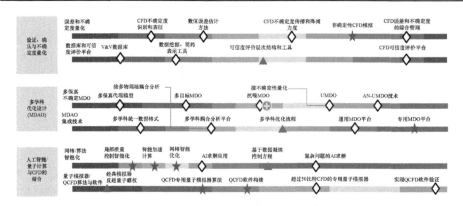

图 1.2　面向 2035 年的 CFD 技术路线图（彩图请扫封底二维码）

参 考 文 献

[1] Courant R, Friedrichs K O, Lewy H. Ueber die partiellen differenzengleichungen der mathematischen physik[J]. Mathematische Analen, 1928, 100: 32.

[2] Lax P D. Differential equations, difference equations and matrix theory[J]. Communications on Pureand Applied Mathematics, 1958, 11(2): 175-194.

[3] Lax P D, Wendroff B. Systems of conservation laws [J]. Comm. Pure Appl. Math., 1960, 13(1960): 217-237.

[4] Lax P D, Wendroff B. Difference schemes for hyperbolic equations with high order of accuracy[J]. Communications on Pure and Applied Mathematics,1964, 17(3): 381-398.

[5] Lerat A. Une classe de schemas aux differences implicates pour les systems hyperboliques de lois de conservation[J]. Comptes Rendus Academie Sciences Paris, 1979, 288A: 1033-1036.

[6] Steger J L, Warming R F. Flux vector splitting of the inviscid gasdynamic equations with application to finite-difference methods[J]. Journal of Computational Physics, 1981, 40(2): 263-293.

[7] van Leer B. Flux-vector splitting for the Euler equations[C]. 8th Internat. Conference on Numerical Methods for Engineering, Aachen, June, 1982.

第 2 章　基于高性能硬件的 CFD 软件与大数据技术

2.1　概念及背景

高性能计算（HPC）已经成为与理论分析、实验测量并重的第三大科技创新手段，是国家创新体系的重要组成部分，在基础科学研究、国防建设、国民经济发展和社会进步中具有不可替代的作用。CFD 作为高性能计算应用的重要领域，将迎来新的发展机遇，也面临极其严峻的技术挑战。本章结合 CFD 应用特点，对国内外 CFD 高性能计算、大数据和可视化相关概念（表 2.1）、背景和研究现状进行了概述，对实现下一代 CFD 高性能计算、大数据和可视化技术面临的差距与挑战进行了分析，探讨了未来的发展趋势，规划了发展路线图，给出了适应未来 CFD 高性能计算、大数据和可视化发展的措施与建议。

表 2.1　高性能计算、大数据和可视化基本概念

高性能计算	大数据	可视化
高性能计算是利用高性能计算机实现并行计算的理论、方法、技术及应用的学科，研究范围涉及并行体系结构、并行计算模型、并行编程模型、并行算法设计等	大数据技术是指一系列采用非传统工具对大量各类数据进行处理从而获得分析和预测结果的数据处理技术，包括大数据采集、预处理、存储及管理、分析及挖掘等	可视化是利用计算机图形学图像处理、计算机视觉、计算机辅助设计等技术将数据转换成图形、图像或视频在屏幕上显示出来并进行交互处理的一系列理论、方法和技术

高性能计算是指利用高性能计算机求解大规模科学与工程问题的综合计算能力，包括科学的建模、先进的算法、高效的应用软件和高性能计算机，涉及多个应用领域、数学和计算机多学科交叉，是综合国力的重要体现，是国家创新体系的重要组成部分。通过支撑航空航天、核模拟、气候气象、密码破译等战略领域的数值模拟，HPC 对保障国家安全、促进科技进步以及推动国民经济发展有着不可替代的作用。

高性能计算机指具有极快运算速度、极大存储容量、极高通信带宽的一类计算机，是实现高性能计算的物质基础，位于计算机领域的顶端，是信息时代各国竞相争夺的技术制高点。高性能计算机的性能通常使用每秒运算的双精度浮点数给出，T 级高性能计算机是指每秒运算万亿次双精度浮点运算（TFlops，10^{12}）的高性能计算机系统；P 级高性能计算机是指每秒运算千万亿次双精度浮点运算（PFlops，10^{15}）的高性能计算机系统，是目前已建成投入使用的系统；E 级高性能计算机是指每秒运算百亿亿次双精度浮点运算（EFlops，10^{18}）的高性能计算机系统，是近年来即将研制成功的系统；Z 级高性能计算机是指每秒运算十万亿亿次双精度浮点运算（ZFlops，10^{21}）的高性能计算机系统，是未来 15 年内可能实现的系统。

　　高性能计算机由硬件和软件构成，硬件包括计算结点、高速互连系统、I/O 存储系统等（图 2.1），软件包括系统操作环境和应用支撑环境等（图 2.2）。计算结点由基于高性能微处理器和加速器的高密度计算刀片组成；高速互连网络提供计算结点间的通信链路，是保证系统可扩展性和大规模并行计算效率的关键；I/O 存储系统实现高性能科学计算和海量数据处理结果的高性能、高可靠性存储；系统操作环境负责管理硬件资源，进行基础的任务调度、资源分配、通信传输、文件数据存储以及安全防护等功能；应用支撑环境包括编译器、算法库、并行支撑库、程序性能及正确性管理工具，主要面向用户应用提供编程、编译、调试、优化等程序开发和运行支撑的功能。

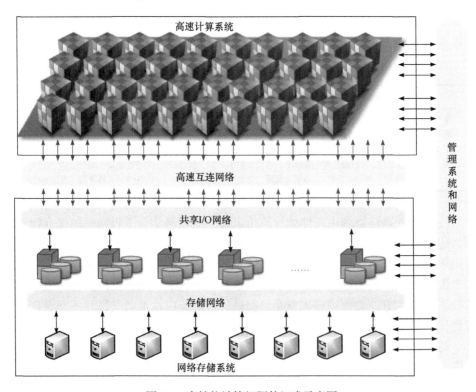

图 2.1　高性能计算机硬件组成示意图

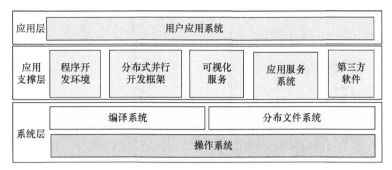

图 2.2　高性能计算机软件组成示意图

　　CFD 软件是指对复杂流体工程和产品的功能、性能以及行为进行仿真分析、验证确认和优化设计的计算机软件，是由计算流体特性和规律的分析程序、辅助性的物理模型库、参数库、前后处理程序、开发工具和数据接口等构成的软件系统；针对实际的工程数值模拟问题，需要建立相应的物理模型，确定合适的计算方法，编写应用程序，使用高性能计算机系统进行计算，并进行大数据分析、挖掘与可视化显示。

　　CFD 作为数据密集型学科，在高性能计算机上开展大规模模拟计算将产生海量 CFD 数据，CFD 数据的生产、采集、存储、加工、分析和挖掘需要充分利用大数据技术。与互联网等行业大数据一样，CFD 领域大数据也表现出以下 5 个方面特征（即所谓的 5V 特性）[1]：Volume（数据量巨大）、Velocity（数据分析、处理速度要求快）、Variety（数据种类和来源多样）、Value（数据蕴含重要价值）和 Veracity（数据可能隐藏错误信息）。不同的是，CFD 大数据通常来自对流体物理系统的数值模拟或实验测量，数据受流体运动规律和方程约束。就 CFD 领域而言，需要充分应用大数据技术对产生的数据进行管理，完成实时分析与交互，对不同来源的模拟和实验的大量数据进行融合处理，充分利用大数据技术并服务于 CFD 的模拟与分析（图 2.3～图 2.5）。

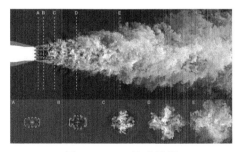

图 2.3　CFD 湍流模拟

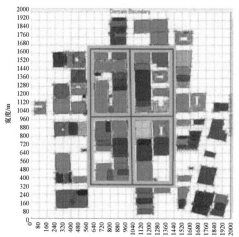

图 2.4　CFD 智慧城市

图 2.5　自然灾害预测

随着 CFD 数值模拟规模、模型精细化以及复杂程度逐步提升，CFD 模拟产生的海量数据集已经远远超出了一般人的认识和记忆能力，直观、形象地表示与分析 CFD 数据并获得有用信息尤其重要，CFD 可视化是解决这个问题的有效途径之一。可视化技术将数据以可见的形式表现出来，利用计算机及可视交互设备，将数据转换成图形、图像或视频等在屏幕上显示出来并支持实时交互处理，能够大幅提高人们分析数据的效率。CFD 可视化的关键是流场可视化，包括计算区域与计算网格的显示（图 2.6（a））、计算过程及流体结构的显示、计算结果（速度、压强、温度等）的显示与分析（图 2.6（b）～（d））、不同模拟结果之间或模拟结果与实测结果之间的数据可视比较（图 2.6（e））等。

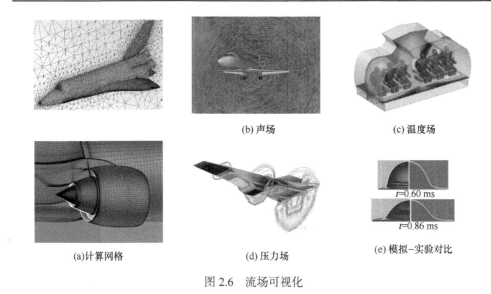

(a)计算网格　　　　　　　　(d)压力场　　　　　　　(e)模拟–实验对比

图 2.6　流场可视化

　　CFD 的高效高精度计算、大数据挖掘与可视化等需求与高性能计算机的发展相辅相成，相互促进，螺旋式上升。CFD 领域不断增长的计算需求促进了高性能计算技术的发展，而高性能计算机每上一个新的台阶又直接推动着计算流体领域的技术进步与科技创新。基于高性能计算机的先进 CFD 软件是实现宽马赫数范围湍流、转捩和化学反应多物理分析与设计的核心数值工具，是我国航空航天等国防工业由大到强、实现领跑的关键驱动力。

2.2　现状及 2035 年目标

2.2.1　高性能计算现状

　　高性能计算机的性能提升基本上遵循摩尔定律，每十年性能提升千倍，受限于物理尺寸和工艺水平，当前高性能计算机的主流体系结构是大规模分布式存储的并行处理系统，靠提升并行度来提升性能，系统结构越来越庞大，功耗越来越高，使用难度越来越大。CFD 算法和软件需要随着高性能计算机系统的发展而进行适配、优化和重新设计，需要考虑结点间、加速器、核间、向量部件等多级并行。

2.2.1.1　从 T 级到 P 级高性能计算机

　　世界上第一台 T 级高性能计算机是于 1997 年由 IBM 公司研制的 ASCI RED，首次采用大规模分布式存储并行处理体系结构，部署在美国桑迪亚国家实验室。ASCI RED 的诞生，意味着以 CRAY Y90、银河-1、银河-2 等为代表的大型向量机，以及以 IBM P690、银河-3 等为代表的大型对称共享多处理机逐渐退出历史舞台，向量化和共享存储技术下沉成为构建高性能微处理器的使能技术。

T 级高性能计算机的显著特点是使用高速互连网络将计算结点连接起来构成一个高性能计算机系统，计算结点拥有本地内存，结点间内存不共享，计算结点间必须采用通信的方式交换数据。并行编程采用消息传递接口 MPI[2]环境，用户负责应用软件的数据划分和通信，保证计算结果的正确性，要求采用大粒度的任务级并行，具有良好的可扩展性。采用 MPI 编程的应用软件可以运行在不同厂家的高性能计算机上，具有良好的可移植性，以 CFD 为典型代表的应用软件可以脱离具体的高性能计算机自主发展，给应用软件的发展带来了革命性的影响，高性能计算及其应用蓬勃发展。

从 T 级到 P 级高性能计算机，体系结构、处理器等支撑技术全面快速发展，高性能微处理器性能提升从频率驱动向容量驱动发展，多核处理器和加速器成为研究的热点。2006 年 6 月国际高性能计算会议 ISC2006 的主题就是 "Multi-core to PetaFlops"，新型的微处理器体系结构设计思想为面向应用加速开辟了新的技术途径，采用流体系结构的加速器可充分开发应用程序指令级、数据级以及任务级多个层次的并行性，引起了国际上高性能计算厂商的广泛关注。例如，Cray 尝试了多种体系结构，包括 Cray MTA 通用多线程体系结构、Cray X1 通用结合向量处理体系结构、CrayXD1 通用结合 FPGA 可重构处理体系结构等，Cray 还提出了把通用处理器、向量、多线程和 FPGA（field-programmable gate array）可重构融合在一个框架下的自适应计算体系结构（adaptive computing architecture），实质是将多种体系结构与各自擅长的应用相结合，针对应用开展定制型计算。此外，SGI 公司还开发了将 FPGA 可重构计算与通用计算、多媒体虚拟现实计算融合的体系结构；SUN 公司研制了采用 ClearSpeed 的 CSX600 多线程阵列处理器作为加速器的异构型并行计算机。

最终 IBM 于 2008 年研制成功世界上第一台 P 级高性能计算机 Roadrunner，采用通用微处理器与 Cell 加速器的异构体系结构方式构建，但由于使用 Cell 的专用编程环境，应用程序移植难度大，计算性能发挥不出来，系统运行两年后被拆除。我国第一台 P 级高性能计算机是于 2010 年由国防科技大学研制的天河一号，是国际上首次采用 CPU/GPU 异构体系架构的高性能计算机，实现了技术的超越。天河一号并行编程环境为 MPI/OpenMP[3]结合 CUDA（compute unified device architecture）[4]，具有良好的通用性，被广泛应用于航空航天、材料计算、天气预报、气候预报和海洋环境等领域的数值模拟。此后，我国又相继研制成功了天河二号高性能计算机和神威·太湖之光高性能计算机，曾先后位列世界超算 Top500 排行榜[5]榜首（图 2.7）。

(a)　　　　　　　　　　　(b)

图 2.7　中国天河二号高性能计算机（a）和神威·太湖之光高性能计算机（b）曾先后位列世界
超算 Top500 排行榜榜首

从 T 级到 P 级高性能计算机发展历程可以看出关键技术的继承与变化：①体系结构都是大规模分布式存储并行处理系统，结点内从采用单一的通用微处理构建，变为采用通用微处理器和加速器的结构；②通用微处理器性能提升继续遵循摩尔定律，从单核发展为多核，但微处理器主频不再增加，向量化成为提升微处理器性能的关键技术，对应的应用软件要做特殊的优化才能发挥向量化部件的计算性能；③具有流体系结构的加速器（如 GPU）成为通用加速计算部件是从 T 级到 P 级跨越的关键；④结点间并行编程模式都采用 MPI，保证了应用软件的移植性，MPI 已经成为消息传递并行编程的标准；⑤结点内微处理器核间并行采用共享内存编程环境 OpenMP，微处理器和加速器间协同计算采用 CUDA 或 OpenCL[6]等异构编程环境；⑥从 T 级到 P 级系统总计算核数从数千增加到数百万量级，应用软件需要具有好的可扩展性以发挥系统的性能，CFD 算法和软件的设计需要充分考虑并行计算性能。

2.2.1.2　从 P 级到 E 级高性能计算机

高性能计算机性能每十年翻千倍，生命周期大概是 5～7 年，这些特点决定持续提升高性能计算机的性能，需要做长远的规划。不仅要有足够的投入，还要同时研制配套的应用软件，才能充分发挥高性能计算能力。从 P 级到 E 级高性能计算机，美国提前 10 年以上开始规划，各超算强国也均制定了相应研发计划。

2010 年，美国能源部首次提出了 E 级高性能计算机的研发计划，并预计于 2018 年完成系统部署；2012 年，美国能源部又对原计划进行了大幅调整将系统部署时间推迟到 2022 年；2016 年，美国能源部再次对研发计划进行了修正，提出将同时支持两台 E 级系统的研制，均采用通用微处理器结合 GPU 加速器的结点内异构体系结构，支持面向智能计算的半精度计算。至 2022 年 5 月，美国橡树岭国家实验室的"Frontier"超级计算机以 1.102Eflops 的峰值运算速度成为当时世界上最快的、真正意义的 E 级计算机。

2014 年，日本文部科学省公布了日本的 E 级高性能计算机研发计划——"旗

舰 2020 计划"，该计划将联合日本理化学研究所和富士通公司共同研发日本的 E
级高性能计算机。2021 年日本 0.5E 级高性能计算机"Fugaju"完成部署。

　　以德国、法国为代表的欧洲高性能计算强国也分别制定了各自的研发计划：
德国于利希研究中心计划于 2021～2022 年期间部署 E 级高性能计算机，提出了 E
级创新中心（EIC）计划；法国 Atos 公司拟在未来几年推出 BullSequana XH300
计算机，性能规划为 E 级。目前位于芬兰隶属欧洲高性能计算联合事业部的计算
机 LUMI 速度达到 0.152E，是欧洲最快的超算。上述系统均采用通用微处理器结
合加速器结点内异构体系结构，支持面向智能计算的半精度计算。

　　根据科技部"十三五"规划，我国 E 级高性能计算机的研制分为原型机和整
机系统两个阶段。在国家重点研发计划的高性能计算专项课题中，江南计算技术
研究所、中科曙光及国防科技大学同时获批牵头 E 级高性能计算的原型系统研制
项目，通过原型机研制将会验证 E 级计算机系统技术路线图，并提出完整系统方
案。原型机的研制已于 2016 年启动，2018 年进行了验收。三台原型机全部采用
异构体系结构，但异构层次不同，分为片内异构、结点内异构和系统级异构，均
支持面向智能计算的半精度计算。江南计算技术研究所采用片内异构众核体系结
构，中科曙光采用通用微处理器结合加速器的结点内异构体系结构，国防科技大
学采用通用微处理器结合加速器的系统级异构体系结构。

　　从 P 级到 E 级，加速器的性能提升最为显著。2011 年 40nm 制程的 M2075
GPU，双精度峰值性能为 0.5TFlops。2014 年 28nm 制程的 K80 GPU，双精度峰
值性能为 2.91TFlops。2017 年 12nm 制程的 V100 GPU，双精度峰值性能为
7.80TFlops。

　　目前，正走在从 P 级到 E 级高性能计算机的路上，只能通过各国的 E 级计划
和验证系统来分析关键技术的继承与变化：①全部采用大规模分布式存储并行处
理异构体系结构，区别是异构的层次不同，分为片内异构、结点内异构和系统级
异构；②通用微处理器性能提升继续遵循摩尔定律，核数更多，采用 7nm 工艺，
微处理器主频不再增加，向量部件的宽度增加了至少一倍，达到 512 位，对应的
应用软件要做特殊的优化才能发挥向量化部件的计算性能；③具有流体系结构的
加速器性能进一步提升，达到 20 TFlops 左右，支持面向智能计算的半精度计算；
④结点间并行编程模式都采用 MPI，保证了应用软件的移植性，结合具有拓扑结
构的光电混合高速互连系统技术支撑 MPI 的并行性能；⑤结点内微处理器核间并
行采用共享内存编程环境 OpenMP，微处理器和加速器间协同计算采用 CUDA、
OpenCL、OpenACC[7]等异构编程环境；⑥从 P 级到 E 级，系统总计算核数从百
万量级增加到数千万量级，应用软件要具有好的可扩展性才能发挥系统的性能，
CFD 算法和软件的设计需要充分考虑异构并行计算性能。

2.2.1.3　面向 CFD 的高性能计算机

近几十年来，CFD 数值模拟能力发展迅猛，从根本上改变了航空航天设计过程。先进的模拟能力大幅减少了地面和飞行测试要求，提供了更多的物理机理，能够在降低成本和风险的同时获得更好的设计。CFD 模拟计算的需求推动了高性能计算机的发展，在美国国家航空航天局（NASA）和国防部的领导下，美国 CFD 部门使用高性能计算机的能力和水平走在了世界的前列，可使用的算力总值达到 50PFlops。

NASA 负责管理多台高性能计算机，包括 7.09PFlops 的 Pleiades、8.32 PFlops 的 Aitken 和 5.44PFlops 的 Electra 等，算力总值约 20PFlops。美国国防部在高性能计算现代化计划支持下，建立了包括陆军、海军、空军和毛伊高性能计算中心等 5 家超算中心，旨在通过构建、部署和维护先进的高性能计算机系统和网络，同时研发 CFD 等领域计算软件，在 CFD、电磁等领域为美军提供全面支持，算力总值约 30PFlops。除了利用通用超算平台服务 CFD 数值模拟，美、日等发达国家也尝试针对 CFD 应用定制超算系统，提升 CFD 应用数值模拟能力。例如，日本宇航局（Japan Aerospace Exploration Agency）于 20 世纪 90 年代研发了数值风洞高性能计算机 NWT（numerical wind tunnel），2007 年美国 NASA 也宣称建成了数值风洞高性能计算机 Columbia，并在当年的世界 Top500 中排名第四。

相对而言，我国 CFD 部门使用的高性能计算机算力要小得多，包括中国空气动力研究与发展中心、中国航天空气动力技术研究院、成都飞机设计研究所等国内各单位内部的高性能计算机系统算力总值约 3PFlops，是同期美国 CFD 部门总算力的约十分之一。近期，"国家数值风洞"工程正在建设更大的 CFD 专用高性能计算机。

2.2.1.4　面向 CFD 的并行算法与应用软件

为了提高 CFD 软件的计算效率，发达国家非常重视相关的大规模并行算法研究。例如，美国得克萨斯州州立大学研究人员 2013 年实现了性能达千万亿次（1 PFlops）高雷诺数槽道流直接数值模拟，并行规模多达约 78 万处理器核[8]。2013 年，斯坦福大学研究人员也利用 MPI 并行实现了各向同性湍流及其与激波交互的数值模拟，并行规模 197 万处理器核[9]。瑞士苏黎世联邦理工学院、IBM 苏黎世实验室、劳伦斯利物浦国家实验室、德国慕尼黑科技大学 2013 年联合完成了基于有限体积法的无黏可压两相流模拟，最大网格规模达 13 万亿网格点，获得了 11 PFlops 的持续性能，达到系统峰值性能的 55%，该项工作获得了 2013 年度戈登·贝尔奖[10]。从当前的发展趋势来看，CFD 超大规模并行计算的研究主要集中在面向异构并行体系结构的可扩展并行算法和优化技术等方面。

在大规模并行算法研究方面，国内 CFD 软件主要采用传统的"区域分解+MPI"的分区并行计算模式。目前国内在 CFD 的工程应用方面并行规模通常为数千万网格和数百个处理器核，而在机理研究方面则可达数十亿网格和数十万个处理器核。2019 年，中国空气动力研究与发展中心在天河二号上实现了我国大型客机 C919 的气动特性模拟，结构网格规模达 10 亿，并行规模达 10 万 CPU 处理器核[11]。国防科技大学在天河一号高性能计算机上，实现了基于结构网格的高阶精度空气动力学模拟软件的 CPU+GPU 异构协同并行计算，完成了 8 亿网格规模三段翼构形的高阶精度气动声学数值模拟，是公开报道的迄今为止国内最大规模的高阶精度 CFD 异构并行应用算例[12]。西安交通大学依托国家重点研发计划项目"面向 E 级计算机的大型流体机械并行计算软件系统及示范"，针对大型流体机械多叶片排、多叶道、多区域计算模型，提出了适合于大型流体机械并行计算的软件框架，设计了四大类（分层弹性映射、通信、异构加速、访存）共十六项并行软件优化方法并在神威·太湖之光、天河系列超算上开展了性能测试与优化，并行规模达 85 万核，以 10.6 万核心为基准的并行效率达到 88.6%[13]。整体而言，国内型号 CFD 并行计算规模通常为数十到数百处理器核，与国外相比仍然有一定差距。其原因在于，长期以来我国多数 CFD 软件的研制更加关注 CFD 技术本身的专业性，与高性能计算机系统的发展研制相互脱节，导致 CFD 应用软件整体大规模并行计算能力较弱，无法充分发挥高性能计算机系统的硬件潜能。因此，迫切需要协调开展高性能计算机系统的研制和 CFD 大规模并行计算软件开发，使数值模拟核心应用软件能够充分发掘大规模并行计算机系统性能，支撑实际复杂工程应用问题的大规模、高效率计算。

2.2.2 面向 CFD 的大数据现状

目前，大规模 CFD 模拟已在以航空航天为代表的工业领域得到广泛应用。在美欧等航空航天强国，基于大量风洞实验的气动设计传统模式，正在向以 CFD 为核心的多学科多目标优化设计并经风洞实验验证的新模式转化。CFD 本身就是涉及大量计算和数据处理的一种方法。

首先，CFD 方法通常要使用网格化的几何作为输入，随着探测手段和计算能力的飞速发展，当前在各个科研领域中，都出现了"数据爆炸"现象。当前在顶级超算系统上，CFD 已能够使用百亿甚至千亿级别的网格开展流动机理等前沿基础研究，如湍流的直接数值模拟（DNS）。在国内，由于计算条件等限制，实际工程应用一般采用百万、千万级别的计算网格；对于复杂的构形（如大型客机 C919），网格规模可达数千万；极少数的极端复杂外形，网格规模达几亿。网格量的大幅度增加导致模拟数据海量增长，传统数据分析方法越来越难寻找数据的规律，通过智能方法寻找数据中隐含的模式成为科学数据分析的一个研究热点。

大数据技术能从大量数据中提取非平凡的模式，已经广泛应用于生物、天文、气象、材料等学科，但对 CFD 流场的大数据分析研究较少，主要原因是流场数据分析与经典的数据挖掘模式不一样，流场数据一般采样为几何网格或离散点，这些网格的大小、形状、拓扑关系千差万别，难以组织成适合挖掘的数据[14]。

其次，CFD 计算中很多问题需要考虑较多的物理参数，且每个参数一般具有多个状态，需要模拟的状态总数很容易达到百万量级。在计算能力能够满足要求的情况下，要求数据库能够在短时间内存储百万量级状态的计算结果也是一个巨大的挑战。对于高保真模拟，容量要求还要增加许多倍。CFD 计算所产生的海量数据是宝贵的领域"大数据"。国际航空航天界对于气动数据库的建设非常重视，所有来源于风洞实验、数值模拟和飞行试验的数据均得到了很好的保存和利用。我国在这方面明显投入不足，尚未建成完整的气动数据库，更遑论数据的挖掘和应用了。可喜的是当前空气动力学领域的"数据再利用"等数据库建设已取得初步成果，已经累积了上百万组分类数据[15]。

另外，对于当前 CFD 领域面临的一些挑战性问题，数据驱动的方法已成为解决这些难题不可或缺的技术手段。以湍流模拟为例，对于简单流场可以从 N-S 方程出发进行直接数值模拟获取湍流特性，但计算成本高昂；对于复杂流场，多结合湍流模式理论求解 RANS 方程，这也是当前复杂外形湍流模拟中的唯一工程实用方法[16]，但该方法必须建立雷诺应力的封闭方程。雷诺应力的主要贡献来自大尺度脉动，而大尺度脉动的性质及结果和流动的边界条件密切相关，因此雷诺应力模型不可能是普适的，往往需要结合实验数据进行修正[17,18]。相比之下，有关湍流的实验以及 DNS 都能够给出不同边界下的湍流特征数据，多年来已经有大量的积累，迫切需要利用大数据技术对湍流实验和 DNS 数据进行深入分析。国外已经有学者利用高保真湍流大数据集结合机器学习算法来构建更精确的雷诺应力模型，例如，美国桑迪亚国家实验室 Ling 等[19]、维多利亚理工的 Wang 等[20, 21]以及密歇根大学的 Duraisamy 等[22, 23]。以 Duraisamy 等的工作为例，该团队基于大数据构建了一种湍流模拟框架，框架首先利用大量多种来源的高质量数据集分析 RANS 模型中的误差以及数据集对应的局部特征向量（如局部无量纲参数），而后采用机器学习的方式构建上述误差与数据集对应的局部特征之间的函数，进而增强 RANS 模型并用于 CFD，上述方法用于不同翼型的分离流预测中，已经取得了较好的改进效果。

不难看出，CFD 数据的产生及处理，与大数据的 5V 特征有着天然的联系。首先，无论是单次 CFD 模拟所产生的数据量还是多次 CFD 模拟产生的聚合数据量都容量巨大。其次，CFD 所涉及的数据种类很多，包括计算所用的几何数据和物理参数、模拟生成的流场数值数据、风洞实验和飞行试验采集的真实数据等，具有多样性。同时，随着高性能计算能力的发展，CFD 模拟数据的产生速度急剧提升，大数据分析要求及时对相关数据进行处理。最后，CFD 所生成的数据中，包含了大量的显式和隐式的信息，对工业设计、优化等具有重要的参考意义。

目前，在 Google、Facebook、阿里巴巴等互联网公司的推动下，大数据及其社区在商业智能（business intelligence，BI）领域发展得如火如荼，涌现了以 Hadoop、Spark 等为代表的大量平台和框架。这些平台框架尽管在互联网等商业领域得到了大量成功的实践应用，但很少考虑 CFD 固有的特性和需求。因此，需要做出针对性的思考和设计，提升 CFD 大数据的处理能力和利用水平。

2.2.3　面向 CFD 的可视化现状

依据可视化的数据类型，可视化目前主要包括科学计算可视化（visualization in scientific computing，ViSC）、信息可视化（information visualization）以及可视分析（visual analytics）。CFD 可视化属于科学计算可视化[24, 25]，通过将 CFD 数据转换成直观可见的形式，便于 CFD 研究和应用人员洞悉 CFD 数据的内涵与本质，提高 CFD 数据分析和使用效率。当前在 CFD 应用过程中，CFD 可视化已经成为与 CFD 前处理、CFD 求解并列的三大步骤之一。

流场可视化是 CFD 可视化的关键[26]。CFD 流场可视化的主要内容包括计算区域与计算网格的显示、计算过程及流体结构的显示、计算结果（速度、压强、温度等）的显示与分析，以及不同模拟结果之间或模拟结果与实测结果之间的比较等。流场可视化可分为三种处理类型：后处理、跟踪处理及驾驭处理。后处理把计算与计算结果的分析分成两个阶段进行，两者之间不能进行交互处理；跟踪处理针对实时显示的计算结果，判断计算过程的正确与否以确定是否继续进行计算；驾驭处理则可以对计算过程加以实时监控，修改或增减某些变量和参数（如在计算过程中增加或组合网格等），以保证计算过程的正确进行。

在计算机尚未出现或者尚未普及的相当长一段时间内，人们所能采用的可视化技术只能借助于实验的方法，统称为实验型流场可视化技术[27-29]，主要包括：添加外部介质法（如丝线、脉线等）、光学技术（如阴影图法、条纹法、干涉法等）和添加能量法（如添加热能法、电束流方法等）。CFD 技术的快速发展，使得 CFD 后处理技术独立出来，形成 CFD 科学计算可视化方法，成为科学工作者进行流体研究的重要方式。国外在 20 世纪 90 年代初已经推出一些较为成功的可视化软件系统。例如，美国 NASA 艾姆斯（Ames）研究中心的 PLOT3D、GAS 和 RIP 等软件，美国 Stardant 计算机公司研制的 AVS 软件。商业 CFD 软件（FLUENT、CFX、PowerFLOW 等）也集成了部分可视化后处理软件功能。在学术研究领域，美国国家科学基金会和 *Science* 杂志从 2003 年起联合举办了"科学与工程可视化挑战奖"（Science and Engineering Visualization Challenge）活动，许多国内外知名大学和研究机构也建立了相应的可视化研究小组。在美国、德国、日本等发达国家的著名大学、国家实验室及大公司中，科学可视化的研究及应用工作十分活跃，其技术水平正在从后处理向实时跟踪和交互控制发展，并且已经将可视化与高性能计算机、光纤高速网、高性能图形工作站及虚拟现实等技术结合起来，其中美国 NASA 艾姆斯研究中心开发的分布式虚拟风洞是比较有代表性的研究成果。

NASA 的分布式虚拟风洞利用一台高性能计算机进行飞行器的流体力学模拟计算，计算结果的可视化则在两个虚拟现实环境中实现。每个虚拟环境与高性能计算机相连，包括一台工作站、一个头盔显示器、一副数据手套及一个投影屏幕。这一分布式虚拟环境可以用来观察飞行器的流体力学模拟计算结果，如三维不稳定流场等。两名工作人员在这一环境中协同工作，每人可在一个环境中从不同视点和不同观察方向观察同一个流场数据，而其他人则可以在两个投影屏幕上分别看到两人在各自虚拟环境中看到的图像。

随着 CFD 相关研究和应用需求的不断加深及当今计算机软硬件处理能力的不断发展，三维流场可视化技术所需处理的 CFD 数据容量越来越大，从 GB 级到 TB 级甚至 PB 级。如何利用可视化技术将海量数据蕴含的信息高效合理提取显示出来，一直是科学计算可视化研究领域所关注的问题之一。流场计算的解通常是由定义于大量网格点上的若干物理量组成，流场数据除了包含压力、温度等标量场数据外，还包括矢量场和张量场数据。当前，国内外对标量场的可视化已经开展了较多研究，三维体数据标量场的可视化研究也取得了很大进展，但理想的显示方式还有待于进一步深入研究，矢量场和张量场的三维可视化还存在一定的困难。此外，如何充分利用当前虚拟现实、增强现实等领域各种新型显示交互硬件设备，增强 CFD 可视化的沉浸、交互体验，满足研究人员对于 CFD 可视化的差异化需求，也是需要迫切研究的问题。总体而言，20 世纪 90 年代以来国内一些研究所和高等院校在科学计算可视化方面相继开展了理论和方法研究，取得了一些成果[30-37]。例如，中国空气动力研究与发展中心于 2021 年 12 月面向全国发布了自主研发的流场可视化软件 NNW-TopViz（图 2.8），该软件具备丰富的流场显示和分析功能，能广泛应用于航空航天、地面交通、能源动力等领域[38]。但我国 CFD 可视化技术仍然比较落后，还缺乏可以与国外成熟商业可视化软件竞争的国产自主可视化软件。

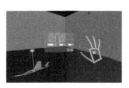
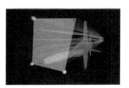

(a) PC 版软件界面　　　　　(b) VR 版软件界面　　　　　(c) 虚拟现实环境下流线显示

图 2.8　国产 CFD 可视化软件 NNW-TopViz

2.2.4 2035 年目标

2025 年, CFD 应用在 E 级系统上具备千万核超大规模异构并行计算能力, 探索适用于 CFD 的大数据挖掘方法, 突破传统数据分析与经典数据挖掘模式, 实现关键学科的大数据快速挖掘, 探索 CFD 可视化新技术新方法并集成到国产可视化软件系统, 逐步实现 10^{10} 浮点数级高效率、快速、高分辨率、多学科的局部可视化。

2030 年, 峰值性能为 30EFlops 的高性能计算机研制成功, CFD 应用具备数千万核超大规模异构并行计算能力, 研制成功高效算法库和 CFD 软件框架, 基于大数据技术实现 CFD 数据有效管理和利用, 实现 CFD 模拟与实验大数据融合, 突破 CFD 大规模数据实时快速处理及并行可视化技术, 实现百万量级大数据短时快速存储/传输/提取/显示, 逐步实现 10^{11} 浮点数级可视化。

2035 年, 面向 CFD 定制实现 100EFlops 高性能计算机系统, 结合先进体系结构的高性能计算机系统, 攻克 CFD 领域超大规模异构并行计算关键技术, 建设以 CFD 计算软件为核心的高性能计算生态环境, 通过大数据技术实现海量数据管理和挖掘, 实现对高分辨率模拟的有效、直观和交互式可视实时分析, 将虚拟现实技术引入 CFD 流场可视化, 实现人机交互, 以更逼真、更方便的手段显示和分析流场, 实现数据驱动的 CFD 模拟研究, 建成高保真、高精度、高效率、高度自动化的 CFD 工程计算软件体系。

表 2.2 对面向 CFD 高性能计算、大数据与可视化的关键技术、现状及 2025 年、2030 年、2035 年目标进行了归纳总结。主要现状体现为: 国内在 MPI、OpenMP/CL/ACC、CUDA 等并行编程环境方面, 还比较缺乏国产可替代产品; 在异构并行环境方面, 开发的 CFD 并行代码对硬件有依赖, 可移植性差, 对国内 CFD 并行应用有影响; 对于依赖历程而不能并行的问题, 以并行为代表的高性能计算发挥作用似乎有挑战。

表 2.2　CFD 高性能计算、大数据与可视化关键技术及目标总结

关键技术		现状	目标		
			2025	2030	2035
高性能计算	并行体系结构技术	普遍采用大规模分布式存储异构并行体系结构, 国内与国外先进水平相当	☆	☆	☆
	高性能处理器/加速器技术	普遍采用众核、宽向量以及片内异构、结点内异构等架构设计, 国内在架构设计上与国外先进水平相当, 工艺、材料等方面与国外先进水平有一定差距	☆	♡	✹

续表

关键技术		现状	目标		
			2025	2030	2035
高性能计算	超大规模并行算法与应用	普遍采用基于 MPI+X 的多层次并行算法,国内 CFD 并行应用规模与国外先进水平有一定差距	♡	♡	☺
大数据	大数据快速挖掘技术	CFD 的数据分析与经典的数据挖掘模式不同,针对 CFD 数据挖掘方法研究较少,目前国内发展不成熟	✚	☆	♡
	大数据短时存储/提取技术	要求数据库能够在短时间内提供百万量级状态计算结果存储,目前与国外有一定差距	✚	♡	☀
	基于大数据的模型瞬时建立技术	普遍基于风洞实验、数值模拟和飞行试验的数据库,我国在气动数据库建设投入不足,缺乏数据共享机制,与国外差距较大	☆	♡	☺
可视化	大规模并行可视化软件系统开发	目前国内缺乏可与国外商业软件竞争的自主大规模并行可视化软件系统,与国外差距较大	✚	☆	☀
	三维在线实时可视化	目前存在三维流场特征提取、实时在线可视、虚拟可视和并行绘制等问题,国内与国外差距较大	✚	♡	☺

✚初步探索　☆ 易获得　♡ 适应能力　☺用户友好　☀ 鲁棒性

2.3　差距与挑战

2.3.1　未来高性能计算机差距与挑战

未来高性能计算发展面临功耗、通信、存储、可靠性、编程等几大差距与挑战,必须通过软硬件协同设计、创新体系结构及新型使能技术才能使 E 级甚至 Z 级高性能计算机的研制成为可能。

2.3.1.1　能耗问题差距与挑战

各超算强国已计划研制的 E 级高性能计算机,设定能耗指标 20~30MW,即能效比 30~50 GFlops/W。目前世界超算 Top500 榜单排名前 10 的高性能计算机能效比普遍在 10~20 GFlops/W 之间,距 E 级系统设定能效指标尚有 2~3 倍的差距,能耗是目前制约 E 级高性能计算机实现的最大技术障碍。如果未来仍采用硅材料及目前体系结构,那么 Z 级系统功耗将无法接受。针对降低高性能计算系统能耗这一关键问题,国际学术界和工业界已有大量努力。其研究工作主要集中在以下方面：采用新的低功耗器件和部件，如高能效千核级众核处理器、近阈值电压逻辑电路、3D 封装电路、与存储器紧密耦合的处理逻辑（PIM）、硅光子通信、极短距离 SerDes、新型非易失存储器件等；设计低功耗异构计算机体系结构；减少数据移动软硬件手段；设计能耗感知的系统调度方法；采用低能耗系统与机房冷却技术等。

在能耗密度方面，天河二号系统最大运行功耗 17.8MW，能耗密度大约140kW/机柜，能效比 3GFlops/W，如果维持能耗和规模不变，E 级系统的能效比需要提高约 20 倍，达到 50GFlops/W 以上，未来工程工艺技术将面临前所未有的技术挑战。从综合处理器等相关技术的发展趋势来看，预计 E 级系统的计算密度将达到 4PFlops/机柜及 10TFlops/结点以上，组装密度将达到 1000 处理器/机柜以上，能耗密度将达到 30GFlops/W 以上；到 2035 年，预计计算密度将达到 10PFlops/机柜及 100TFlops/结点以上，能耗密度达 100GFlops/W 以上。

2.3.1.2　通信问题差距与挑战

高性能计算机性能提升主要源于单个结点计算能力增强及系统中结点数的增加。随着单个结点计算能力增强，为了更好地发挥结点计算能力，与之相匹配的结点通信带宽也要相应增加。以天河二号为例，单个计算结点性能 3TFlops，结点通信带宽 112Gbps，结点带宽性能比 0.037。在未来 E 级高性能计算机中，单结点计算能力约为 10 TFlops，若要将结点带宽性能比维持在 0.04，则结点通信带宽需增加至 400Gbps，远高于目前 SerDes 性能增长趋势。此外，快速增长的能耗也是通信系统所需面对的重要挑战。天河二号总功耗为 17.6MW，其中互连部分功耗约为 13%。若采用目前最先进互连方案，为了满足未来 Z 级系统 10 万结点规模互连，需要 3 万个交换芯片和 80 多万根光纤，仅互连系统功耗就高达 20MW，从工程实现角度是完全不可接受的，基于硅光技术全光互连取代光电混合互连是目前可行技术路径之一。另外，通过设计更高阶的交换芯片来实现更低直径网络拓扑也将有效降低整个互连系统功耗与通信延迟。预计到 2035 年，粗波分复用器（coarse wavelength division multiplexer，CWDM）将承载更多光通道，新型光子晶体、碳纳米管等新型互连材料将逐步涌现，互连线速率将增至 500Gbps，芯片吞吐率将超过数百 Tbps，此时需要重新分配芯片晶体管资源与链路资源，设计带宽均衡扩展低成本 HPC 互连系统。

2.3.1.3　存储问题差距与挑战

处理器厂商与内存厂商相互分离的产业格局导致了内存技术与处理器技术发展的不同步。在过去 20 多年中，处理器性能以每年大约 55% 速度快速提升，而内存性能提升速度则只有每年 10% 左右。长期累积下来，不均衡发展速度造成了当前内存存取速度（约 90ns）严重滞后于处理器的计算速度（约 0.3ns），内存瓶颈导致高性能处理器难以发挥出应有的功效，对日益增长的高性能计算形成了极大制约，形成了高性能计算机"存储墙"。另外，高性能计算机性能还受限于结点间的数据通信速度，目前结点间通信速度远低于本地存储访问速度，结点之间通信速度约为 2000ns，而本地存储访问速度一般为 90ns。以上速度不匹配严重影响了并行系统计算效率，导致 CFD 等访存受限应用在目前高性能计算机上的实际计算效率仅在 5%左右。传统通过提高内存时钟频率和增加存储总线宽度来提高存储带宽的方法已接近物理极限，近几年出现的 2.5D 或 3D 封装的堆叠内存技术为解决高性能计算机的"存储墙"问题带来了曙光。此外随着光互连的发展，硅光芯片间光互连技术可以有效降低芯片间的通信延迟，近期活跃的量子计算也完全有可能改变"存储墙"的问题。

预计到 2025 年，以 3D Xpoint 为代表的新型非易失存储器将被广泛应用于构建大容量、低功耗内存，满足大数据处理等典型应用对数据存储的需求；预计到 2035 年，新型非易失存储技术的发展将使高性能计算机存储体系结构及相应的软件栈发生根本性改变，从而有效缓解高性能计算机的"存储墙"问题。

2.3.1.4　可靠性问题差距与挑战

随着高性能计算机规模越来越大，软件结构越来越复杂，可靠性问题越来越成为人们关注的热点。在 10TFlops 规模下，系统的平均无故障时间（MTBF）仅为 5 小时左右。由于单个处理器故障率仍将保持相对稳定，系统故障率将随着系统规模扩大而增加，且与系统中包含的处理器数目成正比。当系统继续扩大至 E 级规模时，系统平均无故障时间将会小于 1 小时，可靠性问题将会更为严重。此外，在实际高性能计算机的使用过程中，由于系统软件的漏洞或者应用程序中的错误编程而造成的计算任务失败也是造成系统运行不稳定的重要原因之一。因此为了更好地提高未来高性能计算机的应用水平，有效的故障检测与故障诊断是未来高性能计算机的关键技术之一。

同时，高性能计算机系统中故障检测与诊断又是非常有挑战性的问题。首先，系统软硬件及所能获得机器数据（包括各种日志以及系统运行性能指标）的复杂性在不断增加；其次，故障的原因是非常多样的，其中硬件、软件、人为以及未知错误是主要的故障来源；最后，造成故障的过程是复杂的，复杂系统中的故障往往是系统中隐藏的因素不断积累、相互作用的结果。未来高性能计算机系统迫切需要提高故障检测与诊断能力，使系统能够快速发现问题和故障，避免问题在系统中扩散，同时诊断造成故障的根源，从而加速系统的恢复。

2.3.1.5　编程与执行环境问题差距与挑战

处理器是高性能计算机的核心,随着处理器由多核向众核方向发展,众核处理器将成为未来高性能计算机的首选部件。从目前多核/众核处理器发展趋势看,在未来 10～15 年内将出现数百核乃至上千核的处理器,这一方面为实现更高性能的高性能计算机提供了便利;另一方面,基于众核的 Z 级计算系统总体并发度将达到数千万量级,如此庞大的并发度也给并行程序的编写、调试、性能调优带来了极大挑战。针对这些问题,学术界和工业界开展了很多研究,也启动了若干大型研究计划,目前这些研究工作已取得了一系列进展。然而从总体上看,多核/众核处理器的并行编程问题并未得到根本解决,并行编程依然困难重重,而且这一问题在未来千核级处理器上将更为突出。在并行编程模型方面,由于极大规模并行所带来的复杂性,编程模型必须能够表示所有异构层次的内在并行性和局部性以实现可扩展性和可移植性,提供能耗控制和可靠性管理的编程接口,同时编程范式需要充分利用分布存储机制,以减少数据移动的开销。编程环境还需要提供支持结点级自监控、自优化的编译器和软件编程框架,面向领域的编程框架和算法工具库有可能成为提高产出率的有效途径。高效运行时系统可以为上层的管理系统和应用软件运行提供必要的基础支撑。基于"众核"运行时系统需要支持系统环境的灵活配置和高效运行,同时对大规模众核处理器平台、分层存储系统、多网通信链路等底层架构进行有效管理,尤其要利用好数据和通信的局部性,提高整个系统的运行效率。

一般认为,现在至 2035 年是 Z 级计算技术发展和成熟的时间,在此时间内 MPI+X 仍将是高性能计算系统并行编程的主流发展趋势。对于结点内编程,异构混合体系结构的广泛应用决定了异构并行编程将会在相当长一段时间内成为研究热点。异构并行编程一方面可以更好地利用体系结构内的多层并行特性,另一方面也可以减少并行应用中的并行任务数,降低系统资源需求和系统能耗,从而提高全系统并行应用的可扩展性和可靠性。此外,应用面向领域的编程框架和算法工具库有可能成为提高产出率的有效途径。从更长远的发展趋势看,随着以量子计算机为代表的新型计算机渐渐成熟,目前计算机的软硬件形态可能都将被非冯·诺依曼体系结构彻底颠覆。届时,编程模型的发展还要根据硬件体系结构的发展情况而定。

综上所述,在未来高性能计算机的研发道路上,全球学术界、产业界需要面对来自软硬件各方面的诸多尚未解决的难题。与发达国家相比,目前我国在高性能计算机研究方面更是存在较大差距,主要体现在基础技术储备不足、关键核心技术难以满足未来高性能计算机的研发需求等方面。我国应力争在主体技术路线以及若干关键技术和重大应用上取得突破,把握未来 10～15 年的关键时期,确保我国在高性能计算技术方面的可持续发展，更好地促进我国科学与技术各领域的创新发展，进一步提升我国工业及经济的国际竞争力。

2.3.2　面向 CFD 的并行算法和应用软件的差距与挑战

高性能计算机硬件发展迅速，各种新型使能技术不断出现，给 CFD 并行算法与应用设计带来巨大挑战。

2.3.2.1　异构计算可扩展性差距与挑战

高性能计算机系统性能的提高主要依赖于增加并行度，可扩展性挑战要求算法和应用软件的并行性开发足够宽（数十万结点）和足够深（核间、异构、SIMD、指令级）。目前，主流的 CFD 算法和应用软件多数只支持同构系统上的 MPI 并行，虽然当前可使用的高性能计算机核数达到 100 万级，但现有 CFD 软件通常只能使用 10 万核数以下，大部分不支持异构并行计算，采用现有的并行计算方法恐怕难以满足 E 级甚至将来 Z 级高性能计算机体系结构要求。

2.3.2.2　计算性能差距与挑战

计算性能低是永恒的挑战，通常 CFD 应用程序只能发挥峰值性能的 5%以下。除了由于多层次并行、异构结点、同步、通信、负载不平衡等因素造成计算效率低，影响计算效率的最主要因素是"存储墙"问题，主要表现在以下两个方面。①浮点计算与访存性能差距。浮点计算性能每年提高 59%，访存性能每年提高 26%，访存密集型并行程序性能主要受限于存储系统数据传输速度，当前计算与访存性能差距越来越大；②多级存储结构。从寄存器到非本地内存空间越来越大，但访问开销增加迅速，从 1 时钟周期增加到大于 1500 时钟周期，多级存储结构要求并行算法和应用软件开发数据局部性，减少通信和访存时间。

2.3.2.3　功耗约束差距与挑战

Z 级系统功耗有可能达到 100MW，单位数据传输功耗是单位计算功耗的数十倍以上，计算所需功耗远小于数据访问功耗，可以通过并行应用的动态调频优化方法，减小系统能耗使用量；通过研究低功耗并行算法和软件，实现功耗感知，极小化数据移动。

2.3.2.4　可编程性差距与挑战

新型高性能计算机体系结构对应用软件可编程性提出了更高要求，类似于 1990～1995 年由向量机到 MPP 的转换，当前应用软件可编程性面临异构性、容错性、应用复杂性、历史遗留程序继承性等挑战，需要重新思考应用软件架构设计，采用新的并行计算模型，以数据为中心将计算向数据迁移，综合考虑异构、容错和优化等方法。

2.3.3　面向 CFD 的大数据差距与挑战

大数据技术作为新兴技术领域，其本身发展面临异构多源大数据集成、结构非结构混合大数据分析、大数据软硬件协同等方面的挑战。当前，大数据技术在生物医药、气象海洋、天体物理等学科领域中已得到了广泛的应用，从底层数据基础设施到数据格式标准、上层业务应用，都有很多成功的案例，且逐步形成了完整的算法体系和软件。在 CFD 领域，CFD 大数据相关研究和应用才刚刚起步。

当前我国在 CFD 大数据方面明显投入不足，尚未建成完整的气动数据库，更遑论深度数据挖掘和应用。CFD 大数据目前仍然处于概念阶段，其定义、范围和目的需要进一步明确，需要完成从底层数据基础设施、数据格式标准、上层业务应用的全流程设计。由于知识版权的问题，一些项目研究中的数据难以公开获取，也缺乏有效工具或平台对多源数据进行聚合。某些情况下获取的数据仅是数据量大，缺少数据多样化的特点，而非真正意义上的高维度、内在结构复杂的大数据。

尽管高性能计算机的迅猛发展大幅提升了 CFD 数据生产效率，为开展 CFD 大数据研究提供了坚实基础，但目前 CFD 大数据相关理论算法和支撑软件研究还非常薄弱。CFD 本身的发展正在从单尺度走向多尺度、多学科模型的融合、演化与集成，在数据层面表现为多源异构多模态海量 CFD 数据需要在不同时间、空间维度进行信息融合。仅仅收集和存储大量的 CFD 数据（感知）意义非常有限，更重要的是能够探索和挖掘其中的隐含规律（认知），即所谓的数据驱动科研范式。这种新型范式在 CFD 领域的应用研究才刚刚起步，还有赖于数据科学本身的发展。数据驱动方法与模型驱动方法有着本质不同，大数据方法中难以引入不变量、守恒定律等流体物理约束。将数据转化为知识，往往需要依赖于一些特征信息的选择。虽然一些研究表明上述特征能够被主动"学习到"，但这方面的工作仍然处于起步阶段。由于数据的混杂性，大数据分析得出的规律、结论往往是在概率意义上最优的，需要发展面向大数据的认知不确定性量化方法。通过大数据分析获取的模型，仅对当前的数据集有效，需要发展通用的建模框架，或者发展模型外推有效性的判别方法。此外，数据驱动方法往往依赖大规模数据与大量的计算，对于一些结构系统的预测或控制往往存在时效性要求，需要平衡方法的效率与精度[39]。

2.3.4 面向 CFD 的可视化差距与挑战

随着 CFD 模拟和高性能计算机的发展，CFD 可视化面临着新的挑战，主要表现为网格外形越来越复杂、数据量越来越大、复杂流动流场特征难以提取等。当前，三维可视化和时变数据可视化是研究人员重点研究的方向。虽然取得的成果较多，但是 CFD 流场三维和时变可视化仍然存在很多问题需要研究，包括三维可视化遮挡和视觉混乱、大规模多尺度特征提取、信息量度和时变流场可视化等。

1）三维可视化遮挡和视觉混乱

绝大多数 CFD 模拟结果都是含有三维空间位置信息的数据，以往通过切面等方式将三维矢量场映射为二维矢量的可视化技术都存在信息丢失和结果失真的问题，只有三维可视化才能够完整、准确地表现三维数据。在三维数据可视化中，遮挡和视觉混乱是影响可视化结果的根本问题，这是由三维可视化的本质属性决定的，任何一种三维可视化方法都无法避免。如何缓解三维可视化遮挡和视觉混乱，使得可视化结果能够充分表现流场的重要信息是可视化研究人员需要重点解决的课题。特征可视化、交互可视分析、动态可视化等方法是当前有效缓解遮挡和视觉混乱的可视化方法，其中特征可视化显得尤为重要，因为特征提取能够使用户迅速定位重要特征结构，忽略不感兴趣的数据。

2）大规模、多尺度特征提取

目前 CFD 数值模拟数据包含以下特点：①包含多个数据属性，如温度、压强、密度、速度等；②具有多源特征，不仅有数值模拟结果，还有实验测量结果等；③具有多尺度特点，数值模拟网格规模呈现多尺度特点，如从百万量级到数十亿网格规模，流场特征也呈现出多尺度特点，如小尺度涡和大尺度涡结构；④包含复杂流场结构，流场内可能包含涡、激波、分离线/连接线以及湍流等多种复杂特征结构，这些特征结构具有不规则形状，并且一些特征尚无严格的数学定义。上述 CFD 数据特点对 CFD 可视化的大规模、多尺度特征提取带来了挑战。

特征提取主要面临两方面的问题。首先，就是提取什么的问题，也就是特征结构定义的问题，目前流场数据中研究人员重点关注的一些特征都缺乏明确、公认的定义，例如涡（vortex）、激波（shock wave）、分离再附线（separation and attachment line）、矢量场拓扑（vector field topology）、拉格朗日相干结构（Lagrangian coherent structures，LCS）等。其次，就是如何提取特征的问题，虽然目前开发了许多特征提取算法，但是这些算法仍然没有完全解决特征的精确定位、特征范围的确定等关键问题，开发领域专用的特征提取算法仍然是特征可视化的重点内容。二维和三维流场的特征提取具有重要的应用价值，例如，在全球洋流等大规模二维数据的特征可视化方面，定位数据中涡的位置和范围具有重要意义。

3）信息量度问题

三维流场可视化的信息丢失是不可避免的问题，如何度量流场信息量，并使得可视化结果表达尽可能多的信息量是保证可视化结果质量的有效方法。最近几年，流场数据及其可视化结果的信息度量问题已经引起了众多研究人员的关注，以信息熵为基础的流场信息度量方法得到了一定的发展，如流场信息熵、流线信息熵等，然而在流场领域信息熵度量缺乏物理意义，因而其信息量度量规则也缺乏说服力。因此，设计能够代表 CFD 研究人员关注重点特征结构信息量的信息度量是尤为必要的。

4）时变流场可视化问题

客观世界存在的绝大多数流场都是时变流场，定常流场只在理想的情况下才会出现。当前流场研究人员一般将时变流场中的某一时间步作为定常流场分析，这不仅不能代表客观流场的性质，而且生成的许多可视化结果（如流线、流面等）是现实生活中并不存在的，这些结果并不能帮助研究人员理解时变流场的整体性质。因此，研究时变流场可视化方法是十分必要的。但是时变流场数据量巨大，目前已有的可视化方法在处理时变数据时，均存在绘制效率低或可视化结果模糊等问题，如何在保证绘制效率的情况下，提高可视化结果质量是困扰时变流场可视化的难点。

此外，为了更好地将 CFD 可视化研究成果推广应用，最好的办法是将研究成果集成到可视化软件中，开发我国自主可控的大规模并行可视化软件[40]，打破国外商业可视化软件的垄断。此外，近年来虚拟现实、增强现实等领域不断开发推出新手段、新设备，为增强可视化能力提供了新的技术途径。例如，相对于桌面显示器，沉浸式头戴交互显示设备的出现，能够有效地增强用户的沉浸感和存在感，并能够在物理空间中显示数据可视化结果，提供直观的深度信息，以及手势、凝视和眼动等更加符合人类习惯的交互方式[41, 42]。这些新的设备如何与 CFD 数值模拟结果可视化方法结合，也是目前 CFD 可视化需要研究的问题。

表 2.3 对 CFD 高性能计算、大数据和可视化关键技术差距与挑战进行了归纳总结，并对 2035 年预期达到的目标进行了回顾。

表 2.3　CFD 高性能计算、大数据和可视化关键技术差距与挑战及 2035 年目标

关键技术	差距与挑战	2035 年目标
高性能计算机系统研制	未来 E 级甚至 Z 级高性能计算机系统研制面临功耗、通信、存储、可靠性、编程与执行环境等差距与挑战	2035 年前，通过软硬件协同设计、创新体系结构及新型使能技术，面向 CFD 定制实现 100EFlops 高性能计算机系统

续表

关键技术	差距与挑战	2035 年目标
面向 CFD 的并行算法与应用软件	未来 E 级甚至 Z 级高性能计算机系统的 CFD 并行算法设计与应用软件开发面临构计算可扩展性、持续计算性能、功耗约束、可编程性等差距与挑战	2035 年前，结合先进体系结构的高性能计算机系统，攻克 CFD 领域超大规模异构并行计算关键技术，建设以 CFD 计算软件为核心的高性能计算生态环境
面向 CFD 的大数据	CFD 大数据方面明显投入不足，目前处于概念阶段，其定义、范围和目的需要进一步明确，需要完成从底层数据基础设施、数据格式标准到上层业务应用的全流程设计	通过大数据技术实现海量 CFD 数据管理和挖掘，搭建 CFD 数值模拟/风洞实验/飞行试验百万量级全学科数据库，形成基于大数据的模型瞬时建立方法
面向 CFD 的可视化	CFD 流场三维和时变可视化仍然存在很多问题需要研究，包括三维可视化遮挡和视觉混乱、大规模多尺度特征提取、信息量度、时变流场可视化、虚拟现实新手段和设备的应用、在线实时可视化以及大规模并行可视化软件开发等	实现对高分辨率模拟的有效、直观和交互式可视实时分析，将虚拟现实技术引入 CFD 流场可视化，实现人机交互，以更逼真、更方便的手段显示和分析流场

2.4　发展路线图

到 2025 年，预计峰值性能为 EFlops 的高性能计算机研制成功，计算核数达到千万核，单结点峰值性能达到 20TFlops 左右，采用异构体系结构，但异构编程复杂，"存储墙"问题没有缓解，CFD 软件缺乏对异构系统的支持，现有解法器不能匹配体系结构特点，性能发挥难；在面向 CFD 的可视化技术方面，逐步实现 10^{10} 浮点数级高效率、快速、高分辨率、多学科的局部可视化；在面向 CFD 的大数据技术方面，突破传统数据分析与经典数据挖掘模式，实现关键学科的大数据快速挖掘。

到 2030 年，预计峰值性能为 30EFlops 的高性能计算机研制成功，计算核数达到数千万核，单结点峰值性能达到 100TFlops 左右，采用异构体系结构，将处理器元件和加速部件融合在同一芯片上，利用三维堆叠技术，突破解法器瓶颈；在面向 CFD 的大数据技术方面，数据得到有效管理和利用，突破 HPC 存储容量限制及 I/O 传输性能瓶颈，实现百万量级大数据短时快速存储/传输/提取；在面向 CFD 的可视化技术方面，将传统离散求解方法和人工智能有效结合，出现高效算法库和 CFD 软件框架，有效发挥异构计算性能，形成 CFD 仿真大数据实时快速处理技术，实现 10^{11} 浮点数级全学科可视化。

到 2035 年，预计峰值性能为 100EFlops 的高性能计算机研制成功，计算核数达到万万核，单结点峰值性能达到 2PFlops 左右，采用异构体系结构，类处理器元件和加速部件融合在同一芯片上，量子计算部件有可能成为加速部件，全光计算、存储、通信技术被采用，突破冯·诺依曼机存储瓶颈，软件出现革命性技术，CFD 软件设计和高性能计算机协同设计融为一体，按需快捷计算，实现侵入式设计和实验；在面向 CFD 的可视化技术方面，在 2035 年前完成典型范例，依托国产软硬件平台，完成自主可控大规模并行可视化软件系统研制，并基于大数据驱动，实现三维在线实时可视化；在面向 CFD 的大数据技术方面，搭建 CFD 数值模拟/风洞实验/飞行试验百万量级全学科数据库，形成基于大数据的模型瞬时建立方法，同时，在 2035 年前完成典型范例，基于已建立的全学科数据库，搭建全学科 CFD 快速模拟及实时可视化平台。

图 2.9 给出了 CFD 高性能计算、大数据及可视化的发展路线图，包括里程碑节点、典型范例、关键路径以及决策等。

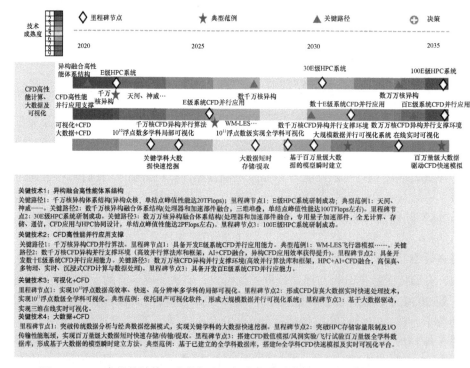

图 2.9　CFD 高性能计算、大数据和可视化发展路线图（彩图请扫封底二维码）

2.5　措施与建议

2.5.1　发展面向 CFD 的异构多态融合体系结构协同设计

1）面向 CFD 应用的异构多态融合体系结构

异构计算体系结构较长时间之内仍是高性能计算机主流体系结构，可能出现采用 CPU/多类加速器协同计算、单独使用加速器或者多种加速器组合方式来满足多种不同领域应用需求。根据 CFD 应用需求构建不同性能和功能的计算环境,高效地实现不同性能和效能目标,涉及通过统一节点规范和互连接口,灵活组织异构计算体系结构,实现多种计算资源比例灵活调整和性能功耗的平衡。系统层面需要利用可扩展紧耦合互连网络,聚合多态异构资源,以达到较高的应用饱和性能,采取高效的异构模式处理科学计算和大数据应用,支持高性能计算与大数据问题的融合计算。

2）协同设计与深度定制技术

未来计算系统需要围绕 CFD 应用负载特征,开展体系结构软硬件协同设计。美国能源部明确提出,未来 HPC 主要瞄准全球变化气候与资源环境、国家核武库安全等七个领域,为 IBM、Cray 等系统商提供了明确指导;欧洲和日本拟研制部署的 HPC 系统也具有各自重点应用领域。未来 HPC 系统发展趋势将会以算法和硬件结构之间匹配度为目标,更多强调实际应用浮点效率。通过在大规模软硬件协同设计环境或在现有 HPC 系统上,提取应用特征和推演至更大规模,指导数值算法如何最大程度发挥计算效率,指导 HPC 系统优化存储、I/O、通信效能以及关闭冗余资源,实现浮点峰值性能和应用实际浮点性能最佳匹配。另外,未来 HPC 系统研制将会出现许多创新思路,可能出现异构加速部件集成、3D 处理器结构、非传统处理器结构、非易失新型存储器件、新型互连器件及光电集成等新技术。针对 HPC 硬件结构,结合 CFD 应用领域及模拟仿真软件平台特点,基于新型使能技术定制各种硬件配置,同时重构 CFD 数值算法、物理模型以适应异构多态计算、量子计算、分子计算等新范式,将大幅提升未来 HPC 系统上 CFD 应用的并行效能。

3）下一代计算使能技术

从基础器件、计算模型、设计制备多方位入手,探索硅基 CMOS、新型器件原理和制备、硅基异质集成、先进封装等领域国际先进研究并实现路线图,形成我国相应的发展规划。在基础器件方面,密切跟踪忆阻器、自旋电子、碳纳米管等新器件研究进展,对新器件在传统技术模型或构建实现新型计算模型方面的潜力进行量化评估。在计算模型方面,从模型需求、编程模型、系统构建和应用移植等方面导出微电子技术需求和可能的计算框架结构。在设计制备方面,基于现有电子设计自动化流程与大规模制备工艺,研究不同种逻辑器件、异质部件和计算模型方案的集成,探讨三维封装集成、封装内无线广播通信、侵入式散热等先进工艺技术下的新型计算平台;研究新型器件、新计算模型、新集成工艺三者结合,对概率计算、非精确计算和人工神经网络等非传统计算处理方式的潜在加速影响与可能实现结构,并考虑在异质集成前提下传统计算与非传统计算的结合方案。

2.5.2　构建自主高性能计算生态环境

未来高性能计算系统规模空前庞大，总体并发度将达到数千万甚至亿量级核心，如此庞大的并发度将给并行程序的编写、调试、性能调优带来极大的挑战。并行运行环境的研究需要从编程语言、编译器、调试与性能分析、自动调优等方面全面展开，紧跟国产处理器的发展步伐，建立完善的高性能计算软件生态环境，保障国产高性能计算产业的健康可持续发展。

1）面向异构多核/众核系统的编程模型与语言

为支持未来细粒度、紧耦合的深度融合异构体系结构，编程语言需要提供层次式并行管理、NUMA 感知、局部性感知、异构计算等多个方面的技术支撑。OpenMP 标准正在向这个方向发展，扩充了支持异构计算的编程接口，极有可能发展成为异构系统编程接口的事实标准。为保证应用开发的兼容性和通用性，需要研究如何在自主的异构多核/众核结构下高效支持 OpenMP，以及如何结合体系结构特征对 OpenMP 及类似模型加以扩展，使得应用能快速移植，并充分发掘自主平台的计算潜力。

2）面向自主多核/众核平台的高效能编译环境

编译器及相关运行库是编程环境中最核心的环节，对计算平台的性能发挥起至关重要的作用。面向基于自主多核/众核处理器构建的计算平台，编译环境需要从串行编译、并行编译和异构编译等方面展开研究。串行编译方面，在已有优化技术的基础上重点针对片上存储层次日益复杂的特征，研究如何提高数据局部性，缓解"存储墙"问题；并行编译方面，则重点关注如何管理日益增加的片上并行度以及并行层次，同时充分利用片上存储开发数据局部性；异构编译方面的研究，重点在于建立完整的异构计算软件栈，在基于国产自主众核处理器构建的异构平台上，高效支持 OpenMP、OpenACC 等主流异构模型，并提供体系结构特征感知的负载平衡、通信隐藏等优化手段。

3）大规模并行系统的调试与性能分析技术

未来并行系统中，数量庞大的进程/线程将给程序的可重现调试和性能分析带来诸多挑战，需要研究满足计算系统需求、时间和存储开销可承受的并行程序调试、正确性分析和性能分析技术，包括支持程序在不同规模下进行多层次、多粒度的过程数据采集和执行过程重现的并行程序可重现调试技术、超大规模并行程序性能测量和数据采集技术、超大规模并行程序性能数据分析与执行过程重现技术等。此外，为应对未来深度融合异构体系结构，需要研究如何在自主的异构多核/众核结构下，准确、高效地获取异构多核内部的执行特征、处理器/加速器间的数据传输特征以及自动化性能缺陷定位分析技术，从而辅助实现高效的并行程序性能调优。

4）面向性能可移植性的运行时自动调优框架

并行应用中的一些基础算法是决定上层算法在不同体系结构上性能的关键因素。运行时自动调优框架是并行编程和运行时系统面向性能优化的一项重要支撑技术。首先，通过层次化并行算法以提取核心操作和基础算法，并抽象出共同的计算模式。在此基础之上，结合算法和数据结构可变的自动调优技术，综合性能和能耗因素优化空间搜索，适应应用负载（如精度、矩阵模式等）和体系结构的多样性，并获得执行时的高能效（性能功耗比）。

5）软硬件协同的故障预测与高效容错恢复技术

未来高性能计算机将不可避免地呈现出系统架构多态复合、资源数量急剧增多、资源类型异构多样、巨量资源故障频发、可靠性急剧降低等显著特点，传统容错技术将面临着效率低、开销大、可扩展性差等严峻挑战。因此，需要将稳定性和容错技术作为必须考虑的环节，加入编程模型和框架的研究中，为基础语言库函数增加容错计算的能力。该方向的研究内容主要包括故障检测与辅助诊断方法、支撑复杂系统的高效实时故障检测与诊断分析、软硬件协同的故障预警分析、面向新型存储器件的高效检查点技术和非协同检查点机制、新型自稳定故障容错算法等。

2.5.3　加强大型 CFD 应用先进并行算法和软件研制

1）面向 CFD 应用开展先进并行算法研究

提取 CFD 数值模拟核心算法，结合 CFD 计算方法和高性能计算体系结构特征，发展异构众核协同先进并行算法，使多核通用处理器与众核加速器二者高效地协同工作，共同完成 CFD 计算任务，充分发挥多核处理器、众核加速器各个体系结构部件的性能潜力，实现结点间、结点内和向量部件多级并行；加强能力型 CFD 应用研发，突破 CFD 计算极限，探索并行性好、计算效率高、存储量少的高效并行算法。

2）面向 CFD 领域开展算法库和并行应用开发框架研究

算法库以软件接口形式提供给第三方并行应用软件调用，提高了代码的重用率和应用软件的开发效率，减少了不必要的重复开发工作。CFD 领域并行框架，通过框架解决领域用户所面临的编程墙、多学科协同合作问题，重点包括：一是领域用户友好的开发接口和使用接口，可使用户尽量少地并行编程或者无需并行编程，降低并行计算技术使用门槛；二是框架内的各领域专家协作分工，实现跨领域的面向应用和面向体系结构的协同优化，提高并行计算技术使用效率。

3）加强大型 CFD 应用软件研制

面向我国航空、航天等领域重大工程需求，加强先进湍流模型、高精度计算方法、高效网格生成技术、先进加速收敛技术以及超大规模并行算法等方面的研究，开发适用于异构体系结构特点的新型解法器，提高每个自由度的计算量来有效利用计算资源，依托国产 HPC 平台，研制应用面广、计算精度高的大型 CFD 应用软件，充分发挥国产高性能计算机系统性能。

2.5.4　培养计算科学的多学科交叉型人才

面向 CFD 的高性能计算、大数据和可视化属于典型的交叉学科研究方向，其内容涉及计算机科学与技术、计算流体力学以及行业应用知识等。我国高性能计算系统的研发已具备相当实力，但既懂高性能计算又懂 CFD 的应用人才相对短缺。主要原因在于培养相关人才的门槛高、专业性强，学科交叉协作还未形成风气，缺乏鼓励学科交叉合作的具体机制和组织保障。应建立长期的人才培养战略，加大对"懂计算懂专业"复合型人才的培养力度，大力推动 HPC+CFD+AI 的多学科交叉融合。要加强课程建设、师资队伍建设，拓宽人才培养渠道，通过多种途径解决人才不足问题。

2.5.5　加强面向 CFD 的大数据和可视化技术研究

面向 CFD 的大数据和可视化技术属于新型交叉研究领域，为更好地将大数据及可视化技术应用于 CFD 领域并服务于航空航天等实际工程应用，我国亟需加强 CFD 大数据和可视化相关研究，实现基于大数据和可视化的 CFD 知识提取。主要研究内容包括数据驱动的 CFD 方法，CFD 数据库的建设、管理和利用，以及三维实时并行流场可视化等。

1）数据驱动的 CFD 方法研究

传统流体力学研究方法强调从现象（即数据）中提炼问题，建立简化的机理模型、量化规律，通过数据确认模型有效性后进行推广，在简化的基础上逐渐增加问题的尺度和范围以构建复杂系统的模型。但在实际复杂对象、系统的研究和工程应用中，这种从机理出发、先验式、积木式的研究范式正显现出越来越多不足，难以解决多物理场耦合、流场扰动转捩与湍流模拟、复杂系统动态演化与涌现等流体领域面临的难题。数据驱动的 CFD 研究新范式，有可能在流体研究领域发挥重要作用甚至是颠覆性作用。研究数据驱动的 CFD 方法、加强大数据与 CFD 交叉融合，主要包括：① 突出大数据作为一种新科学范式的价值和影响，积极探索利用大数据方法解决流体湍流模拟等挑战性问题；② 强调 CFD 的主体作用，大数据首先要满足 CFD 的基本物理定理规律；③ 需求牵引、问题驱动，通过支持先导性项目支持相关方向研究的开展，彰显大数据方法与 CFD 交叉的优势；④ 建立 CFD 学科相关的数据库，发展数据共享机制[39]。

2）面向 CFD 的大数据存储和融合方法研究

结合多源 CFD 数据特点，研究 CFD 大数据存储和融合方法。将高精度 CFD

模拟结果与风洞实验和飞行试验的气动数据融合，研究有充分根据的、基于数学和统计学的数据融合方法，将 CFD 和多学科模拟数据、多精度实验、计算数据资源吸收融合起来，制定统一的存储格式和标准，建成完整的气动数据库，给出置信水平和不确定度，消除异常数值解及实验点，并量化除单个数据点之外的整个数据库的不确定度水平。

3）面向 CFD 的可视化技术研究

面向 CFD 流场可视化需求，发展三维、并行、实时、虚拟可视化技术，在生产型 CFD 软件中直接引入可视化能力，研究数据压缩、传输和轻量显示方法，实现数据的流式处理与在线计算，降低存储要求，呈现实时可视化效果，增强用户体验。突破三维流场特征提取、实时在线可视、虚拟可视和并行绘制等关键技术，将虚拟现实技术与可视化技术相结合，通过视觉、听觉、触觉等自然和谐的多通道人机交互，增强在虚拟可视场景中的沉浸感，使得研究人员能够更直观、自然地观察和理解复杂流场的流动现象和机理。

4）加强人工智能技术在 CFD 数据挖掘和可视化中的应用

针对海量流场数据可视化中存在的实际问题，基于人工智能方法，研究原位可视化的智能数据降维技术、流场可视特征智能提取与跟踪算法、海量流场数据中关键时间步智能选取算法等，突破基于流场特性的数据升降维、多种流场特征的智能提取与跟踪、流场关键时间步选取等关键技术，实现海量流场数据的高效压缩和低损耗解压缩、高效精确提取和跟踪流场特征，以及时变流场相似时间步去除和关键时间步保留，形成一套基于人工智能的高效数据存储、挖掘和可视化软件系统，有效提高我国海量 CFD 数据利用和可视分析效率。

表 2.4 对发展我国 CFD 高性能计算、大数据和可视化发展措施与建议进行了归纳总结。总体而言，我国面向 CFD 的高性能计算、大数据和可视化相关研究与发达国家仍存在较大差距。我国在保持高性能计算机系统研制领先优势的同时，应加强面向 CFD 的异构多态融合体系结构协同设计，建设面向 CFD 的深度定制 HPC 系统，加强大型 CFD 应用先进并行算法和软件研制，发展自主 CFD 软件体系，构建以 CFD 软件为核心的自主高性能计算生态环境。与此同时，要依托国产超算平台优势，加强大数据、人工智能、虚拟现实等新兴技术在 CFD 中的应用研究，突破 CFD 大数据和 CFD 可视化的技术挑战，实现 HPC、大数据、可视化与 CFD 交叉融合发展的良好态势。

表 2.4　CFD 高性能计算、大数据和可视化发展措施与建议

发展面向 CFD 的异构多态融合体系结构协同设计	根据 CFD 需求构建不同性能和功能的计算环境，设计面向 CFD 的异构多态融合体系结构；围绕 CFD 应用负载特征开展体系结构软硬件协同设计与深度定制；从基础器件、计算模型、设计制备多方位探索下一代计算使能技术

续表

加强大型 CFD 应用先进并行算法和软件研制	结合高性能体系结构和重大应用领域需求，加强大型 CFD 应用并行算法和软件研制；以 CFD 应用为核心，依托国产处理器，从编程语言、编译器、调试与性能分析、自动调优等方面开展研究，建立完善的自主应用软件生态环境
加强 CFD 与大数据交叉研究	突出数据驱动方法作为一种新科学范式的价值和影响，彰显大数据方法与 CFD 交叉的优势；将高精度 CFD 模拟结果与风洞实验和飞行试验的气动数据融合，建立 CFD 学科相关的数据库，发展 CFD 数据共享机制
加强 CFD 可视化技术研究	发展三维、并行、实时、虚拟可视化技术，将虚拟现实技术与可视化技术相结合；基于人工智能方法，研究智能化数据降维技术、流场可视特征智能提取等；开展大型可视化软件研制，在生产型 CFD 软件中直接引入可视化能力

参 考 文 献

[1] 方巍, 郑玉, 徐江. 大数据: 概念、技术及应用研究综述[J]. 南京信息工程大学学报 (自然科学版), 2014, 6(5): 405-419.

[2] https://www.mpi-forum.org

[3] https://www.openmp.org

[4] https://developer.nvidia.com/cuda-zone

[5] https://www.top500.org

[6] https://www.khronos.org/opencl/

[7] https://www.openacc.org/

[8] Lee M, Malaya N, Moser R D. Petascale direct numerical simulation of turbulent channel flow on up to 786K cores[C]. SC'13: Proceedings of the International Conference on High Performance Computing, Networking, Storage and Analysis, 2013: 1-11.

[9] Bemejo-Moreno I, Bodart J, Larsson J, et al. Solving the compressible Navier-Stokes equations on up to 1.97 million cores and 4.1 trillion grid points[C]. SC'13: Proceedings of the International Conference on High Performance Computing, Networking, Storage and Analysis, 2013.

[10] Rossinelli D, Hejazialhosseini B, Hadjidoukas P, et al. 11 PFLOP/s simulations of cloud cavitation collapse[C]. SC'13: Proceedings of the International Conference on High Performance Computing, Networking, Storage and Analysis, 2013.

[11] 赵钟, 张来平, 何磊, 等. 适用于任意网格的大规模并行 CFD 计算框架 PHengLEI[J]. 计算机学报, 2019, 42(11): 2368-2383.

[12] Xu C F, Deng X G, Zhang L L, et al. Collaborating CPU and GPU for large-scale high-order CFD simulations with complex grids on the TianHe-1A supercomputer[J]. Journal of Computational Physics, 2014, 278: 275-297.

[13] 赵磊. 并行计算流体力学方法及其在机械内流数值模拟中的应用研究[D]. 西安: 西安交通大学, 2015.

[14] 解利军, 张帅, 张继发, 等. 基于特征的流场数据挖掘[J]. 空气动力学学报, 2010, 28(5): 540-546.

[15] 王文正, 郑鹍鹏, 陈功, 等. 数据挖掘技术在飞行试验数据分析和气动参数辨识中的应用研究[J]. 空气动力学学报, 2016, 34(6): 778-782.

[16] Witherden F D, Jameson A. Future directions in computational fluid dynamics[C]. 23rd AIAA Computational Fluid Dynamics Conference, 2017: 3791.

[17] Spalart P R. Strategies for turbulence modelling and simulations[J]. International Journal of Heat & Fluid Flow, 2000, 21(3): 252-263.

[18] Speziale C. Turbulence modeling for time-dependent RANS and VLES: a review[J]. AIAA Journal, 1998, 36(2): 173-184.

[19] Ling J, Kurzawski A, Templeton J. Reynolds averaged turbulence modelling using deep neural networks with embedded invariance[J]. Journal of Fluid Mechanics, 2016, 807: 155-166.

[20] Wang J X, Wu J L, Xiao H. Physics-informed machine learning approach for reconstructing Reynolds stress modeling discrepancies based on DNS data[J]. Physical Review Fluids, 2017, 2(3): 1-22.

[21] Wu J L, Sun R, Laizet S, et al. Representation of Reynolds stress perturbations with application in machine-learning-assisted turbulence modeling[J]. Computer Methods in Applied Mechanics and Engineering, 2017, 346.

[22] Duraisamy K, Iaccarino G, Xiao H. Turbulence modeling in the age of data[J]. Annual Review of Fluid Mechanics, 2019, 51(1): 357-377.

[23] Singh A P, Medida S, Duraisamy K. Machine-learning-augmented predictive modeling of turbulent separated flows over Airfoils[J]. AIAA Journal, 2017, 55(7): 2215-2227.

[24] McCormick B H, DeFanti T A, Brown M D. Visualization in scientific computing[J]. Computer Graphics, 1987, 1(2): 99-108.

[25] 唐泽圣. 三维数据场可视化[M]. 北京: 清华大学出版社, 1999.

[26] 徐华勋. 复杂流场特征提取与可视化方法研究[D]. 长沙: 国防科技大学, 2011.

[27] 申峰, 刘赵淼. 显微粒子图像测速技术——微流场可视化测速技术及应用综述[J]. 机械工程学报, 2012, 48(4): 155-168.

[28] Ismail A T, Kamaruddin N M. Development of a flow visualization technique in wind tunnel for hydrokinetic turbine application[J]. IOP Conference Series: Materials Science and Engineering, 2020, 920(1): 012034.

[29] 闫东杰, 张子昂, 李振强, 等. 基于 PIV 的电除尘器流场可视化实验研究进展[J]. 高电压技术, 2021, 47(9): 3325-3336.

[30] 罗卫平, 魏生民, 杨彭基. 分布式虚拟风洞的系统结构及负载分析[J]. 航空学报, 1997, 18(5): 621-622.

[31] 胡星, 杨光. 流线可视化技术研究与进展[J]. 计算机应用研究, 2002, 19(5): 8-11.

[32] 何南忠. 流体流动的格子 Boltzmann 模拟及实时可视化[D]. 武汉: 华中科技大学, 2006.

[33] 吕珍. 基于 OpenGL 的流场数据可视化技术[D]. 武汉: 武汉理工大学, 2007.

[34] 宫辉力, 潘云, 李小娟, 等. 地下水流场三维可视化研究进展与前景[J]. 吉林大学学报(地球科学版), 2007, 37(2): 384-392.

[35] 邵绪强, 刘艺林, 杨艳, 等. 流体的旋涡特征提取方法综述[J]. 图学学报, 2020, 41(5): 687-701.

[36] 徐良浩, 郝夏影, 张国平, 等. 阀门内流场可视化试验的研究[J]. 阀门, 2020, (5): 25-27.

[37] 付帅. 利用 GPU 加速的粒子系统全球流场可视化系统设计与实现[J]. 海洋信息, 2020, 35(4): 15-19.

[38] 陈呈, 赵丹, 王岳青, 等. NNW-TopViz 流场可视分析系统[J]. 航空学报, 2021, 42(9): 625747.

[39] 杨强, 孟松鹤, 仲政, 等. 力学研究中"大数据"的启示、应用与挑战[J]. 力学进展, 2020, 50(1): 406-449.

[40] 王攀. 大规模数据并行可视化关键技术研究[D]. 长沙: 国防科技大学, 2013.

[41] 沈恩亚. 交互式可视化关键技术研究[D]. 长沙: 国防科技大学, 2014.

[42] 许世健, 吴亚东, 赵丹, 等. 基于沉浸式增强现实的流场可视化方法[J]. 南京航空航天大学学报, 2020, 52(5): 714-722.

第3章　网格生成与自适应技术

3.1　概念及背景

网格生成是 CFD 的前处理步骤[1-8]，其相关的基本概念见表 3.1。简而言之，网格生成研究如何将给定的几何区域划分成有限个基本几何形体的组合，这些基本几何形体被称为单元。对平面或曲面区域，主要采用的基本几何形体有三角形、四边形或任意多边形；对三维区域，主要采用的基本几何形体有四面体、四棱锥、三棱柱、六面体或任意多面体。网格生成后，一个无限自由度的连续物理场问题被离散成一个包含有限自由度的离散系统。通常情形下，该离散系统可利用大规模矩阵的数值计算方法求解[9-12]。

表 3.1　网格生成的若干基本概念

网络生成技术	结构网络	非结构网络	网络自适应技术
指将连续的几何空间离散成基本几何形体组合的技术 基本几何形体也称网格单元，包括三角形/四边形/任意多边形、四面体/六面体/三棱柱/四棱锥/任意多面体等	指这样一类网格：网格线是边界一致曲线系统中的坐标线，网格点由网格线的交点组成[8] 广义的结构网络还包括分块结构。基于结构网络的 CFD 模拟具有精度高、速度快、内存省等优点，但网格生成自动化程度低	非结构网格指网格点可被任意数目单元包含的一种网格类型 与结构网格节点连接关系隐含在（I,J,K）编号中不同，非结构网格需显式对节点连接关系进行编码 非结构网格的拓扑灵活，其生成自动化程度高，自适应能力强	指调整一个已有网格使其以尽量少的单元、尽量高的精度去捕捉问题特征的技术 基于已有网格的计算结果指导网格调整被称为计算自适应，也称后验自适应；基于几何特征指导网格调整被称为几何自适应，也称前验自适应

网格生成在整个流体力学数值模拟过程中的地位极其重要。一方面，网格的"好"与"坏"可决定后续计算过程的精度、效率乃至成败，尤其是随着高精度、高分辨率格式的提出，计算格式对网格质量的要求越来越高；另一方面，目前复杂 CFD 模拟问题的网格生成过程依赖于操作人员的经验，且无法完全自动化，涉及大量人工操作，其所消耗的工作量可能会占整个数值模拟工作量的绝大部分。

网格生成最初是伴随 CFD 等领域的数值模拟研究而产生的研究分支，随着 CFD 应用复杂度的增加，人们逐步意识到网格生成的局限性严重制约了复杂问题的数值模拟能力，各领域众多有深厚功底的研究人员开始投入很大精力开展网格生成技术研究，推动其作为独立的学科方向持续发展几十年，取得了诸多理论、算法和软件成果。但是，网格生成研究发展到今天，其应用现状是：人们可以使用众多共享或商业软件，但是对于真正复杂的几何形状、复杂的物理性状，很难找到一个完全自动且不依赖于经验知识的有效方法和工具。

网格生成性能瓶颈问题迄今没有完全解决有内、外两方面原因：外因是仿真方法的不断革新和应用需求的持续深入，要求发展与之相适配的网格生成新方法、新技术；内因则和网格生成研究的"科学性"与"艺术性"双重属性相关[13]。"科学性"指网格生成研究植根于计算几何、应用数学和计算机相关学科，从中汲取了大量的理论和算法养分。"艺术性"指网格生成目前没有"端到端"的全自动解决方案，体现在实践中，仿真人员的共同感受是：好网格通常不是"计算"得到的，而是人为"设计"的结果。

西方工业强国在发展军事装备设计方法和工具时，高度重视对网格技术研究的战略规划和投入。美国发布的"CFD 2030 愿景研究：革命性计算航空科学发展之路"（CFD Vision 2030 Study: A Path to Revolutionary Computational Aerosciences）（以下简称 NASA CFD 2030 愿景）报告中，几何与网格生成是建议重点发展的 6 个领域之一[14]；美国国防部近年投入巨资启动了一个名为 CREATE（computational research and engineering acquisition tools and environment）的计划开发新一代数值模拟软件平台，以支持飞机、军舰、天线等装备的采办，其子计划之一即名为"Capstone"的几何和网格软件平台的开发计划[15]。

国内 CFD 界一直以来也重视几何与网格生成技术。张涵信院士将 CFD 的研究内容概括为 5 个"M"和一个"A"，网格生成即为 5 个"M"之一[2]。国内科研院所有多个团队长期从事网格生成的基础理论和算法研究，取得了丰富的创造性成果，基础研究水平与国外差距并不显著。特别是近年来，在"国家数值风洞"工程等体现国家意志的重大项目支持下，国内对网格生成研究的投入也逐步由小而散的自由探索模式转变到方法、软件和应用融合发展的模式，产出了多项自主原创的研究成果和多套自主可控的软件与程序模块，推动了结构网格、非结构混合网格、笛卡尔网格等主流类型 CFD 网格的自动生成方法与技术的发展，为推动国内网格生成研究由"跟跑"向"并跑"跨越，以及为解决自主 CFD 仿真软件在重大工程及重大科学发现中缺位"卡脖子"难题提供了强有力的支撑。

3.2 现状及 2035 年目标

目前网格生成与自适应技术的研究距离 2035 年目标尚有差距。在网格生成与 CAD 集成方面，需加强自动化和开源实现。在网格自动与并行生成方面需要进一步完善理论基础，提高网格自动与并行生成的适用性。在网格自适应更新技术方面需要完善自适应判据理论和算法，提升网格自适应更新并行程度。具体的研究现状和 2035 年目标见表 3.2。

表 3.2 关键技术现状与 2035 年目标

关键技术		现状	目标		
			2025	2030	2035
CAD 集成	适配网格生成的 CAD 内核构建	缺少自主实现，开源实现不够可靠	☺	✿	
	几何模型修复与简化	半自动化，交互频繁	☆	☺	✿
网格自动与并行生成	自动生成算法内核	理论基础不完善,缺少自主第三方库	☆	☺	✿
	超大规模网格并行生成	网格规模、类型及质量受限	☺	✿	
	网络自动生成软件实现	已有自主软件，需要融入市场竞争	♡	☺	✿
网格自适应更新	网格自适应基础算法	自适应判据理论不完善,算法可靠性不强	☆	☺	✿
	网格自适应软件集成	存在软件基础设施构建、数据接口标准化、算法高效实现等难题	☆	☺	✿
	网格自适应算法及软件的并行实现	网格处理并行程度不足,致使自适应计算规模及效率受限	☆	☺	✿

☆ 易获得　♡ 适应能力　☺ 用户友好　✿ 鲁棒性

3.2.1 现状

3.2.1.1 CFD 网格分类现状

为满足不同应用需求，网格类型林林总总，可以从不同角度去归类。最为常用的分类方法是根据网格的单元拓扑是否具有某种规律将其分为结构网格和非结构网格。结构网格的拓扑是结构化的，即任意一个节点与其他相邻节点之间的联结关系固定不变，每个内部网格节点都被相同数目的单元所包含。如按一定规则对结构网格的节点进行编号，节点相邻关系等网格拓扑信息可隐藏于节点编号之中。反之，非结构网格中包含每个节点的单元数目是不确定的，网格拓扑需显式表达。相比非结构网格，结构网格数据的存储及访问代价都较少，相应数值计算的时空效率也更有优势。结构网格的另一个优势是其单元具有很好的正交性和贴边性，相应数值计算的精度也更高。相比结构网格，非结构网格因其灵活的单元连接方式，能更好地适应复杂几何外形，更好地实现单元疏密变化，故而其生成方法的自动性及自适应计算的能力都更高。

还有一些网格形式因其网格拓扑具备规律性通常也被归类为结构网格。一类是基于四（八）叉树法生成的直角网格，它在 CFD 的欧拉方程求解中有着广泛应用。另一类则是分块结构网格，它是当前 CFD 应用中的主流网格形式之一。

为结合结构网格和非结构网格各自的长处，很多模拟中应用的网格配置可能是结构和非结构网格共同组成的，我们称这种网格形式为混合网格。常用的混合网格有两类：一类在近物面区域（边界层）布置结构网格，而在远物面区域布置非结构黏性计算混合网格；另一类是分块网格技术衍生出来的网格形式：在大部分区域分块使用结构网格，但在块与块邻近的区域使用非结构网格连接。为叙述方便，在这将第一类混合网格归类为非结构网格，第二类混合网格归类为结构网格。

图 3.1 总结了 CFD 应用中的主流网格类型。美国普林斯顿大学的 Baker 教授从网格的易用性和黏性计算精度两个维度对比了 CFD 计算中常用的各类网格类型[13]，如图 3.2 所示。

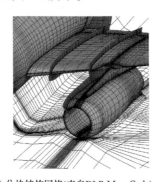

(a) 分块结构网格(来自DLR MegaCads)

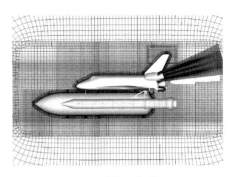

(b) 结构重叠网格

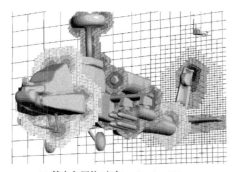

(c) 笛卡尔网格(来自NASA Cart3D)

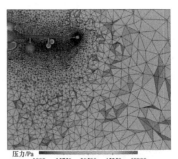

(d) 非结构网格

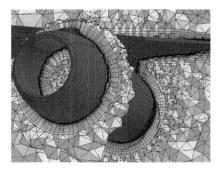
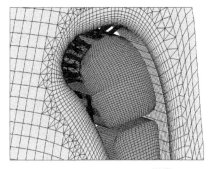

(e) 非结构混合网格　　　　　　　　　　(f) DRAGON网格(拉链网格)[16,17]

图 3.1　CFD 应用中的主流网格类型

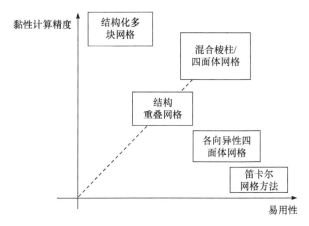

图 3.2　Baker 教授对 CFD 计算中各类网格的比较[13]

3.2.1.2　结构网格生成研究现状

CFD 领域早期最流行的数值方法是有限差分法，结构网格自然成了最主要的网格形式之一，其生成方法研究从 20 世纪 60 年代到 20 世纪 90 年代经历了很大的发展。20 世纪 90 年代早中期开始出现大量具备工业生产强度的结构网格生成商业系统。Baker 回顾了这一发展历程，如图 3.3 所示[13]。

最初的模拟外形比较简单，可通过映射技巧将物理空间的不规则形状转换为计算空间的规则形状，如笛卡尔坐标系下的正方形或极坐标系下的圆形。显然，在计算空间布置网格是非常容易的，关键在于映射方法的选择。在模拟更复杂空气动力学外形这一需求的不断推动下，先后出现了坐标变换法和数值求解法[8]。这些精细的映射法应用到极致，甚至可以适用于三维带升力面的翼身组合体，但通常这也被认为是单块结构网格生成方法适应复杂外形能力的极限[18]。

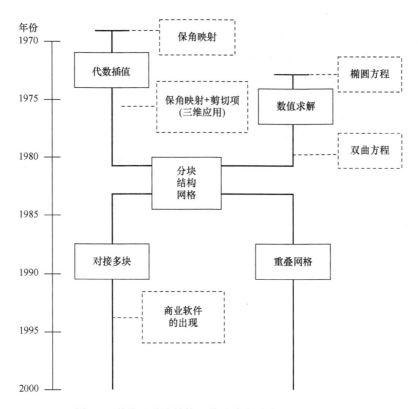

图 3.3　单块及分块结构网格生成方法发展的时间历程

　　分而治之思想是解决单块结构网格生成方法不能适用复杂外形的自然选择，将原始区域分成很多个形状简单的子块，在每个子块上应用映射法生成结构网格，组合各子块网格即可形成整体网格[8, 19]。处理子块共享界面的方式有四类，对应的网格被称为重叠网格（overset grid）、拼接多块网格（patched multi-block grid）、对接多块网格（composite multi-block grid）和混合网格[16, 17]。

　　如果分别生成各个子块网格，且允许各个子块网格在共有界面附近互相重叠，则会生成图 3.4（a）示意的重叠网格系统[20-24]。重叠网格完全不考虑共有界面处网格的几何兼容性，大大降低了网格生成的难度。由于分块网格并不需要有严格的分区结构，因此其分区过程可大大简化，某些情形下甚至不需要预先分区。这使得重叠网格可以很方便地应用于复杂外形，但为了保证整个区域物理场的连续性，基于重叠网格的求解程序需对重叠区的物理场进行插值。而在插值之前，需先准确定位重叠区。插值方法的设计是保证计算精度的关键[25]。此外，为保证插值精度，重叠于共有界面的分块网格其单元尺寸不应相差太大。需要特别指出的是，重叠网格应用于多体分离动边界流场计算问题时有其特殊的便利性。

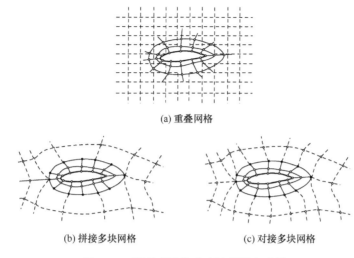

(a) 重叠网格

(b) 拼接多块网格　　　　　　　　　(c) 对接多块网格

图 3.4　三类处理分块共有边界的方式图

　　图 3.4（b）示意了处理分块界面的第二类方法：拼接多块。此时分区结构是固定的，但不同子块在共有界面上的网格并不是严格一致的。显然，这种处理方式会使得不同子块之间的网格疏密过渡更灵活。相比重叠网格，基于拼接多块网格的物理量插值算法简单了很多：插值仅仅发生在共有界面上[26, 27]。

　　图 3.4（c）示意了处理分块界面的第三类方法：对接多块（也有人称组合多块）[28, 29]。此时不仅分区结构是固定的，而且不同子块在共有界面上的网格也是严格一致的。显然，这种处理方式会使得不同子块之间的网格疏密过渡很不灵活，如沿某个方向加密一个子块网格，则沿这个方向相邻的其他子块网格也需要加密，但和重叠网格及拼接多块网格相比，组合多块网格的计算过程不需要额外的插值过程，降低了计算程序设计的难度，并且有利于保证求解精度。这也是为什么现有很多商业软件采用对接多块网格作为分块结构网格的主要形式。

　　如果既不想在求解环节引入插值环节，又想提高分块结构网格生成的自动化程度及网格疏密过渡的能力，一种可行的办法是采用混合网格：各个子块采用结构网格，但在子块网格之间的缝隙填充几何兼容的非结构网格。DRAGON 网格采用的即是这类方案（图 3.1（f））[16, 17]。该方法大大减小了网格生成过程中人的工作量，且相比重叠网格，其计算精度更有保证。

　　这些不同的网格形式通常对求解程序有不同的要求，而它们共同的难题则在于如何实现分区的自动化。以飞机设计为例，其不同部件的外形和相对位置通常要在设计过程中进行调整，而每一次调整意味着要重新生成计算模型的网格系统。现在的商业软件系统能提供一系列 GUI 界面帮助减轻分析人员进行手工分区的负担，分区模板的使用也使得设计上的小调整可通过复用原网格模板的分区拓扑来减小手工工作量，但即使如此，分区过程仍可能是整个模拟最为耗时的环节。

3.2.1.3　非结构网格生成研究现状

非结构网格最初服务于有限单元计算，它对网格的规则性没有严格的要求。从 20 世纪 70 年代末开始，以四面体网格（二维为三角形）为代表的非结构网格生成方法开始得到大力的发展。现有最通用的三类四面体网格生成方法（Delaunay 方法、前沿推进法和四/八叉树法）都发端于 20 世纪 80 年代，并持续不断发展到现在，其历程如图 3.5 所示[13]。这些网格生成方法不仅成功应用于固体力学等有限单元法经典应用领域，伴随有限体积法的成功，还广泛应用于计算流体力学领域，在航空航天设计分析部门获得了大量的推广。

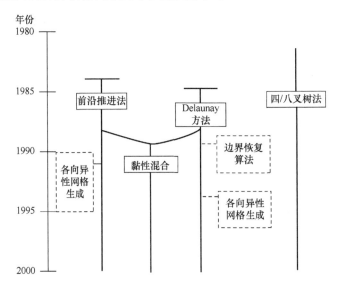

图 3.5　主要非结构网格生成方法发展的时间历程

三角形和四面体网格的优势在于其自动生成算法相对比较成熟，但相比于四边形和六面体网格，前者在计算精度和计算效率上有所不足。在三角形和四面体网格生成方法成功发展的基础上，四边形和六面体网格生成方法研究也获得了很大的发展，逐渐形成了体系，但任意形体的全六面体单元网格生成方法仍然没有得到解决，是现在网格生成研究的主要难点之一。

在一些分析的关键区域（如黏性流计算的边界层），为保证分析精度和效率，网格仍需保持一定的结构化特性，但众所周知，分块结构网格方法存在人工干预强度大的缺陷。为平衡计算精度和网格生成的难度，最好的办法是生成混合网格。最常见的二维（三维）黏性混合网格配置形式为：边界层布置扁平的结构化四边形单元（三棱柱单元），以适应其附近的各向异性物理现象；其余区域布置各向同性的非结构化三角形单元（四面体单元），以适应问题域的复杂几何边界。

经典的黏性混合网格生成算法包含两个独立的过程：先利用前沿层进法布置边界层网格；然后布置远物面的非结构网格。现有混合网格生成算法的共同问题是如何在复杂几何特征附近（特别是三维复杂几何特征）生成高质量的计算网格，该领域很多最新的研究都是围绕这个问题而展开的。

实践中，大多数算法关注的复杂几何特征是指凹、凸脊线，特别是凸脊线。Aubry 和 Löhner 认为保证凸脊线附近网格的结构化特性对求解的精度有重要的影响[30]，这给算法设计带来了特殊的挑战。通常的处理技巧是在凸脊线附近采用多层进方向[31]，该方法会在凸脊线附近形成一部分无法用三棱柱单元填补的空白，可以用退化的三棱柱单元（三棱柱的某一条边退化成一个点）[32, 33]、四面体单元和/或四棱锥单元加以填充。需要注意，除非加以扩展，现在很多求解器不能处理退化的三棱柱单元，此时需要引入单元分解操作将退化单元分解成符合需要的单元拓扑形式的组合。

Sharov 等通过对表面网格生成做特殊处理来解决凹凸脊线附近边界层网格生成问题[34]，提高了算法的稳健性，但这种方法耦合了曲面网格和体网格生成模块，且会使凹凸脊线附近出现高密度的单元聚集现象，从而大幅增加计算网格规模。

Dyedov 等讨论了一类通过求解拉普拉斯方程生成边界层网格的方法[35]，实现了自动缩层以及前沿面光滑化操作，并例证了其对复杂生物力学模型的适用能力。

国内在基于非结构混合网格的黏性流动计算方面开展了大量的研究工作，如张来平等在这方面有系统性的研究成果[36-39]，发展了基于 T-Rex 技术的附面层网格生成以及混合网格动态调整等技术[39]；陈建军等利用矢量形式拉普拉斯方程建立了附面层单元法向增长的全局等价模型，发展了拉普拉斯方程的快速多级边界元解法，新方法应用于典型空气动力学外形时获得了比主流商业软件更高的网格质量[40]；桑为民和李凤蔚发展了一类在非黏性作用区布置 Cartesian 网格的混合网格生成及其求解算法[41]；王刚等[42]和成娟[43]也做了有意义的研究。

3.2.2 2035 年目标

面向高性能 CFD 计算的网格自动生成主要瓶颈与共性需求，突破与 CAD 系统有效集成、网格自动与并行生成、网格自适应更新等关键难题，建立技术领先的网格自动与并行生成算法新体系，分阶段实现新一代网格生成核心函数库与国产自主网格生成软件对国外商业软件的自主替代、国产软件对国外同类软件市场和技术能力的超越等战略性目标，在网格生成技术上实现由"跟跑"向"并跑"和局部"领跑"的跨越。

3.3　差距与挑战

针对与 CAD 系统有效集成、网格自动与并行生成、网格自适应更新三个主要方向，表 3.3 列出了网格生成与自适应技术存在的差距和面临的挑战，以下分别展开进行介绍。

表 3.3　关键技术存在的差距与挑战

关键技术	差距与挑战	2035 年目标
与 CAD 系统有效集成	缺少自主 CAD 内核的支持；CAD 模型处理是半自动化的过程，耗时费力；缺少对 CDA 模型数据持续访问的能力，阻遏了高保真度数值计算模型的构建	建立适配网格生成的 CAD 内核，实现几何模型清理自动化，有效连接网格生成与 CAD 模型
网格自动与并行生成	结构网格生成自动化程度低，非结构网格、笛卡尔网格以及混合网格的生成技术需增强；高阶网格、动网格等复杂网格技术还未成熟；并行网格生成在适配新型高性能技术架构、适用的网格类型以及规模等方面存在技术瓶颈；网格生成基础算法研究成果转化为高可用软件面临共性基础算法和软件工程等多个维度的挑战	基本实现了全自动网格生成和超大规模计算的原位网格生成技术，自主网格生成软件具备在国内国外两个市场与国外商业软件竞争的能力
网格自适应更新	自适应判据的理论和算法基础需进一步完善；自适应流程的高效实现与集成需突破软件基础设施构建、数据接口标准化定义以及相关处理算法高效实现等难题；在分布式并行环境下的自适应网格生成方法极具挑战	网格自适应方法及技术体系已基本构建，成为高可信 CFD 计算的核心支撑；基于网格自适应技术实现了时间相关非定常流动计算对初始网格的依赖，达成网格隐形的既定目标

3.3.1　与 CAD 系统有效集成

3.3.1.1　CAD 标准的多样化

对原始 CAD 数据的准确有效读取是完成几何与网格生成功能的第一步，也是该功能的关键所在。解决这一难题的技术方案需要考虑以下两个关键需求。

（1）该方案需兼容不同 CAD 产品：须考虑到 CAD 系统的多样性，并通过合理的软件框架设计，实现对主流 CAD 产品的无缝衔接。

（2）该方案需保证数据的完整性和有效性：在不同 CAD 系统之间进行数据交换时要确保不丢失设计信息，同时尽量保证模型的有效性。

目前存在的三类技术方案在满足上述需求时各有优劣。

（1）直接利用 CAD 系统的二次开发接口，如 CATIA 系统的 CAA 对 CAD 数据进行访问和处理。优点是可最大程度保证数据的完整性和有效性；缺点是针对每个 CAD 系统都要提供相应的几何转换和修复、网格生成等服务，平台相关性使得开发和维护成本很高。

（2）直接利用 CAD 内核提供的接口，如 ACIS、ParaSolid、Granite 和开源 CAD 内核 OpenCascade，以及这些内核提供的数据转换增值服务，如 ACIS 的 InterOp 组件。优点为提供成熟可靠的接口支持；缺点为需要不菲的软件许可费用，且无法做到对所有 CAD 产品的最优兼容。

（3）利用中性文件，进一步细分为两类策略。

a. 利用 IGES 或 STEP 文件进行转换。优点是具有公开、明确的 CAD 文件交换标准。缺点是需要独立开发 CAD 数据结构和算法，很难保证转换过程的数据完整性和有效性，数据转换和修复算法实现难度大。

b. 利用几何模型的离散表达（如 STL 文件）。优点是降低了 CAD 数据转换和修复算法的实现难度。缺点是需要独立开发离散几何数据结构和算法，模型表征的几何精度低。

上述方案各有优劣，适用于不同的应用场景。更优的方式为通过开发一个轻量级的 CAD 内核中间件，实现一个分层的软件架构。基于这一思路实现的技术方案可以兼容上述三类 CAD/CAE 集成策略，并为前处理建模中的 CAD 数据服务提供统一的接口。这样的框架不仅会降低 CAE 软件中 CAD 相关关键功能模块的开发难度和维护成本，还能增强这些模块对技术发展和市场变化的适应性。

3.3.1.2　模型修复与简化

网格生成对 CAD 模型的质量有很高的要求，初始 CAD 模型通常需经过修复与简化等预处理后才能符合表面网格生成的要求。市场上已出现不少专业 CAD 模型处理软件（如 CADFix），其功能很强大，但基于它们的复杂 CAD 模型处理依然是半自动化的过程，耗时费力，研究模型自动修复与简化技术是解决这一难题并实现网格自动生成的必然要求。

解决模型自动处理难题可以沿两条技术思路开展。一是研究几何容差的表面网格生成方法，以统一的方法处理各类错误修复及特征抑制问题。这类方法的典型代表是基于八叉树背景网格类方法，但特征嵌入的技术困难、边界附近网格呈现"台阶状""毛刺形状"等缺陷限制了该方法的应用能力和应用范围。二是枚举各种可能的几何与拓扑缺陷，直接修改 CAD 模型的几何和拓扑表征以符合网格生成的要求，这一方法通常人工干预强度大、耗时费力、其中涉及复杂的非线性几何计算，计算过程的稳定性差，不一定可逆，且存在对模型改动过大的风险。

3.3.1.3　对 CAD 模型数据的持续性访问

对 CAD 模型数据的访问贯穿于 CFD 前处理的多个重要任务，包括模型修复和简化、表面网格生成和处理、网格的自适应更新、高阶曲边单元的构造等。此外，CAD 模型附加了模型的特征信息、计算的边界条件等重要属性。已有商业软件所能提供的 CAD 模型数据和算法服务通常仅存在于表面网格生成，其他网格生成任务和 CAD 模型数据脱离，阻遏了高保真度数值计算模型的构建。

突破这一难题的关键在于构造适用于网格生成需要的 CAD 内核，为网格生成的不同任务提供持续的 CAD 数据和算法服务。注意到这些任务 CAD 内核的需求主要局限于模型信息的表征和查询，较少涉及 CAD 内核最复杂的部分——模型的创建、编辑等。因此，应用市场上的商业 CAD 内核（如 ACIS、ParaSolid）或开源 CAD 内核（如 OpenCascade）存在内核体量大、授权限制多、接口不透明等缺陷。

针对这一问题，Pointwise 公司正在自主研制轻量级 CAD 内核 Geode Core，为解决 Pointwise 软件中网格生成算法的 CAD 模型数据获取难题提供支撑。

3.3.2　网格自动与并行生成

3.3.2.1　自动生成算法内核

不同类型网格的自动生成方法研究始终是网格生成研究的核心课题。

（1）结构网格是高精度 CFD 计算的首选，但其依赖的几何分区人工交互强度极大，基于中轴的自动分区算法在可靠性和性能上一直未有大的突破，近年来兴起的基于标架场（framefield）的自动分区算法应用潜力大，但高质量标架场的生成、基于标架场奇异性分析的分区界面计算等难题亟待解决。

（2）非结构四面体网格生成相关理论和算法已比较成熟，其应用可以基于黎曼度量框架从各向同性问题拓展到各向异性问题，实际应用中的难点在于附面层网格自动生成，现有方法的法向计算、步长计算等关键步骤大都基于几何启发式算法，其可靠性和性能缺乏理论保证；附面层网格生成和表面网格生成、空间网格生成是完全解耦的，缺乏统一的算法框架同时考虑三类网格的相互约束关系。

（3）笛卡尔网格具有几何容错能力强、并行化性能好的优点，但其经典算法对应的表面网格为贴体网格，几何精度差，不适用于高精度 CFD 计算，引入特征嵌入、Shift-Wrapping 等技术可以提高表面网格几何保真度，但相关算法本身的复杂几何适应能力、算法的可靠性和性能提高方面存在诸多难点。

应用高阶 CFD 方法时，对区域边界的精确表征至关重要。某种程度上，为体现高阶方法的优势，采用曲边而非直边单元是必然的要求，缺乏鲁棒、高效、高质量的曲边网格生成程序是阻碍高阶方法广泛应用的瓶颈之一。

　　此外，变动几何引起的网格改变是 CFD 常见的应用需求，综合利用网格变形和重构技术是实现网格重用的有效手段，但兼顾鲁棒性和计算效率的网格变形算法研发极具挑战，局部重构算法的成功则依赖最优重构区计算、网格重构等瓶颈问题的突破。

3.3.2.2　超大规模网格并行生成

　　用额外的区域分解过程将问题域分解为多个子区域，随后复用串行网格生成方法生成每个子区域网格。目前，这类并行网格生成方法已应用于解决一些工程实际问题，其有效性获得了初步验证。但是，随着高性能计算步入 E 级及后 E 级计算时代，重大基础科学问题与重大工程设计的高精度 CFD 模拟可能需要数百亿以上的高品质网格单元，利用现有的并行网格生成程序获取如此大规模、高品质的计算网格存在严重的性能瓶颈，体现在：

　　（1）现有并行网格生成方法主要基于分布式并行思路，和当前高性能计算机分布式/共享异构内存架构并不适配，存在可扩展性瓶颈；

　　（2）已有方法会产生不规则子区域结构，破坏单元的贴边性与正交性，不适用于边界层等对单元贴边性与正交性有很高要求的网格的并行生成。

　　问题（1）的解决需要研究发掘现有网格处理算法内在的细粒度并行特性，开发基于共享内存结构的多线程并行网格处理基础算法，建立适配于主流高性能计算机分布式共享内存模型的多层次并行网格处理模式与程序。

　　问题（2）的解决需要研究可产生规则子区域结构、不破坏最终网格单元贴边性以及正交性的区域分解方法，继而发展含半结构化边界层单元（三棱柱或六面体）的混合网格的并行生成，以支撑高精度黏性流动计算等重大应用。

3.3.2.3　网格自动生成软件实现

　　网格生成基础算法研究成果转化为软件面临的挑战是多方面的。

　　（1）不同类型网格的生成算法其底层数据模型的表征、基本网格操作以及所依赖的计算几何与计算数学算法等存在大量的共性基础，从软件工程的角度，共用模型的抽取可简化算法设计和实现，实现最大的模块复用。

　　（2）典型的网格生成算法涉及 CAD 模型、网格以及单元尺寸分布函数等一系列关键数据模型和相关处理算法，基于软件工程思想对不同数据模型进行封装并予以解耦式实现是提高软件不同模块互操作性和相同模块不同版本互换性的关键。

　　（3）复杂网格生成（如混合网格生成）涉及多种类型网格生成算法的集成调用，其高效实现依赖于共性底层数据结构和算法、不同算法标准化接口的设计和实现。

（4）算法及软件的并行需要无疑提高了上述挑战的解决难度，涉及分布式数据结构设计、负载平衡策略、多层次并行算法高效实现等一系列难题。

3.3.3 网格自适应更新

3.3.3.1 网格自适应基础算法

在流场计算中，很多物理量在同一点不同方向的变化程度可相差几个数量级，变化规律呈现强烈的各向异性。为实现计算精度和效率的最佳平衡，可允许单元在同一点不同方向的边长和该方向物理量的变化相适应，物理量变化快的方向单元边长短；反之亦然。由此产生的单元几何形状呈现出强烈的各向异性。

初始网格通常不能很好地辨析位置不可预知的各向异性流场特征，基于前次计算获得的流场结果自适应更新网格，并重新启动计算是解析这类流场特征的最佳方法。商业系统（如 Fluent）的自适应功能目前很少考虑各向异性单元。美国在 NASA CFD 2030 愿景中，用相当篇幅强调各向异性网格自适应方法是"几何与网格生成"领域需优先发展的技术之一。

现有的自适应方法包括基于流场特征法、基于 Hessian 阵方法和基于伴随方程方法。基于流场特征法类似于"激波装配"思想，其效率与精度取决于对流场特征的精确定义和自动识别，复杂内部流场特征情形下该方法的可靠性和效率存在挑战。基于 Hessian 阵方法通过构建误差上限与物理场 Hessian 矩阵之间的不等式关系，基于给定的误差分布准则确定各向异性单元尺寸函数，但缺乏高效可靠的误差估计算法阻碍了该方法的工程应用。基于伴随方程方法借助于优化理论中设计目标对流场解的敏感度指标构建伴随方程，通过同步求解流场方程和伴随方程获得网格尺寸的分布准则，仅在设计目标敏感的流场特征附近加密网格，可构建更加高性价比的计算网格，但伴随方程的构建理论及其高效求解是制约该方法工程应用的核心难题。

3.3.3.2 网格自适应软件集成

网格自适应算法流程集成了网格生成、自适应更新和流场求解等一系列步骤，涉及 CAD 模型、网格以及流场解等一系列关键数据模型的底层数据结构构建、数据耦合接口的标准化定义以及构建在上述数据表征模型和标准化接口之上的相关处理算法的高效实现等软件层面难题。

带附面层混合网格是自适应网格方法研究的主要内容，其难点在于研究考虑流场的各向异性、表面曲率的各向异性以及边界层网格的半结构化特性，基于度量场和网格编辑（加点/减点/移动点/拓扑变换）操作建立统一的非结构网格、边界层网格和表面网格自适应更新方法体系。附面层网格和表面网格的自适应更新算法实现需考虑：

（1）附面层网格平行物面方向的更新实质是"二维半"问题，每一层操作需"扩散"到相邻层以及和边界层相邻的非结构网格；垂直物面方向的更新涉及网格点的移动。

（2）新增表面网格点有益于提高求解精度。为此需存储几何数据及几何与网格的映射关系，并保证网格点投影到原几何时不产生无效单元。

此外，高精度计算对自适应网格正交性有严格要求，需研究解决考虑正交性的自适应网格生成方法。

3.3.3.3　网格自适应算法及软件的并行实现

在分布式并行环境下实现基于网格编辑操作的并行自适应网格生成方法在软件实现层面是极具挑战的。

首先需要设计有效的分布式网格数据结构，将一个整体网格分成多个分区，每个分区被分配给一个进程。当网格编辑操作涉及的单元属于多个分区时，需先将所有单元"重分配"到当前分区，重分配后，网格编辑操作无需访问远程数据。如果多个进程再访问同一个单元，则涉及同步问题。特别地，单元"重分配"需考虑负载平衡问题。上述思路总体是可行的。调用图分解算法获取初始分区时可在均衡分区大小的同时最小化分区界面，从而最小化通信、同步和负载平衡等问题对并行效率的影响，但当前高性能计算机多核异构计算单元、分布式/共享异构内存架构的发展趋势要求底层数据结构设计和并行算法实现与之适配，以取得更高的效率和可扩展性能。

3.4　发展路线图

3.4.1　发展思路

在总的发展思路上，考虑到国内网格生成基础研究成果向软件的转化方面与以美国为代表的西方工业强国的差距，一定要强调需求牵引、方法创新、软件研发和应用验证三位一体，实现理论与技术的软件化，软件功能的实用化。为此，需要持续保证在网格生成方面的研究经费投入强度，一方面通过自由探索类的项目，鼓励高等院校为主开展几何与网格生成新方法研究，并通过一些应用导向项目，支持高校和科研院所开展相应算法及软件原型系统的开发；另一方面，面向数值风洞此类重大需求，集中国内优势科研力量构建产学研共同体，协同攻关，以高水平软件研发为导向牵引基础理论和关键技术攻关，以支撑网格生成技术领域的自主跨越式发展。

在重点发展方向选择上，网格自动生成始终是网格生成的核心课题，也是实现全自动网格生成的核心瓶颈，要鼓励国内优势科研团队，在继承并发展几何模型自动清理、网格自动生成、网格自适应更新、并行网格处理等网格自动生成与并行化算法的基础上，大胆创新，在自动生成与问题模型和领域知识相关的瓶颈环节引入诸如人工智能技术等创新性方法，系统解决网格生成中计算几何算法自动化、问题模型和领域知识相关的计算智能化以及多核异构计算平台网格算法高效并行化等关键难题，兼顾高阶 CFD 方法的曲边网格生成等新需求，最终建立智能化的网格自动生成算法新体系，实现新一代网格生成核心函数库与软件，为满足国家重大需求提供关键方法与自主软件支撑。

与此同时，要高度关注颠覆性数值方法（如无网格类方法、基于人工智能方法、各向异性的切割单元网格法）、CAD 建模方法（如隐函数法、细分曲面法）、高性能计算软硬件技术的发展及其对 CFD 研究的影响，据此及时调整网格生成研究的重点方向。

图 3.6 给出了网格生成与自适应技术的发展路线图，包括里程碑节点、典型范例、关键路径以及决策等。

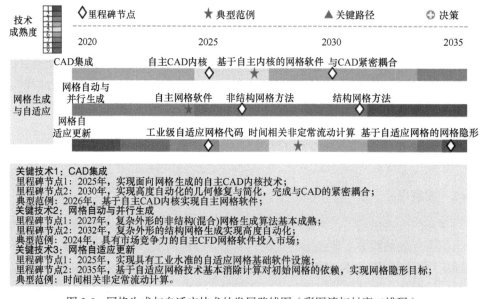

图 3.6　网格生成与自适应技术的发展路线图（彩图请扫封底二维码）

3.4.2　阶段性目标

1）2025 年

方法层面：①复杂外形的非结构混合网格生成算法基本成熟；② 结构网格的自动分区算法有突破性进展；③面向网格生成的轻量级 CAD 内核完全建立，几何模型清理自动化程度大幅度提高，实现网格生成算法与 CAD 模型的有效连接；④高阶 CFD 方法的曲边网格生成方法基本成熟；⑤自适应方法理论基础更为完善，推动其在工业应用中得到更大范围推广。

软件层面：①网格生成核心算法与软件实现自主可控；②包含 GUI 界面的工业生产强度网格生成软件基本实现对国外商业软件的自主替代。

2）2030 年

方法层面：①基本实现结构网格的自动分区；②大规模网格并行生成技术基本成熟；③网格自适应方法及技术体系已基本构建，并成为高可信 CFD 计算的核心支撑；④人工智能等创新性方法的应用取得突破性进展，基本解决问题模型和领域知识相关瓶颈环节的自动化难题。

软件层面：①网格生成软件研发的产学研生态链基本形成；②国产自主网格生成软件具备在国内国外两个市场与国外商业软件竞争的能力。

3）2035 年

方法层面：①基本实现全自动网格生成；②基本实现时间相关非定常流动计算的自适应网格疏密控制；③解决超大规模计算时大体量 CAD 模型、网格等数据在高性能计算平台的高效传递难题，基本实现原位网格生成。

软件层面：①网格生成软件研发的产学研生态链成熟完善，和 CFD 软件、高性能计算软硬件的研发生态链良性互动；②国产自主网格生成软件在国内国外两个市场与国外商业软件竞争时已具备显著的技术和市场优势。

3.5　措施与建议

表 3.4 给出了网格生成与自适应技术的措施与建议，以下展开介绍。

表 3.4　网格生成与自适应技术的措施与建议

夯实基础培养人才	持续保证基础研究投入，鼓励开展新方法、新系统的开发，培养学科交叉、技术领先、甘于奉献的人才队伍
协同攻关跨越发展	充分发挥新型举国体制优势，集中优势力量构建产学研共同体，协同攻关，以高水平软件研发为导向牵引基础理论和关键技术攻关，以支撑网格生成技术领域的自主跨越式发展
应用牵引生态制胜	充分利用新技术对发展模式带来的变革性机会，吸纳市场力量，构建产学研生态链，逐步、分阶段实现自主替代、自主超越等战略性目标

（1）需要持续保证网格生成方面基础研究的经费投入强度，鼓励高校和科研院所开展几何与网格生成新方法以及软件原型系统的开发，培养一批学科交叉、技术领先、可开发自主软件的科研攻关团队；

（2）充分发挥我国新型举国体制优势，集中优势科研力量构建产学研共同体，协同攻关，以高水平软件研发为导向牵引基础理论和关键技术攻关，以支撑网格生成技术领域的自主跨越式发展；

（3）充分利用新型高性能计算技术、云计算技术对网格生成软件发展模式带来的变革性机会，吸纳市场力量，构建网格生成软件研发的产学研生态链，逐步、分阶段实现国产软件对国外商业软件自主替代、国产软件对国外同类软件市场和技术能力的超越等战略性目标。

参 考 文 献

[1] 郑耀, 陈建军. 非结构网格生成: 理论、算法和应用[M]. 北京: 科学出版社, 2016.

[2] 张来平, 常兴华, 赵钟, 等. 计算流体力学网格生成技术[M]. 北京: 科学出版社, 2017.

[3] Lo S H. Finite Element Mesh Generation[M]. Boca Raton: CRC Press, 2015.

[4] Thompson J F, Soni B K, Weatherill N P. Handbook of Grid Generation[M]. Boca Raton: CRC Press, 1999.

[5] Frey P J, George P L. Mesh Generation: Application to Finite Elements[M]. Paris: Édition Hermès ISTE Ltd, 2000.

[6] George P L, Borouchaki H. Delaunay Triangulation and Meshing: Application to Finite Elements[M]. Hermès: Paris, 1998.

[7] Edelsbrunner H. Geometry and Topology for Mesh Generation[M]. Cambridge: Cambridge University Press, 2001.

[8] Thompson J F, Warsi Z U A, Mastin C W. Numerical Grid Generation: Foundations and Applications[M]. Amsterdam: Elsevier North-Holland, 1985.

[9] Zienkiewicz O C, Taylor R L, Zhu J Z. The Finite Element Method: its Basis and Fundamentals [M].6th ed. Oxford: Butterworth-Heinemann, 2005.

[10] Versteeg H, Malalasekera W. An Introduction to Computational Fluid Dynamics: The Finite Volume Method[M]. 2nd ed. Harlow, Essex: Prentice Hall, 2007.

[11] Brebbia C A, Dominguez J. Boundary Elements: An Introductory Course [M]. 2nd ed. Southampton：WIT Press /Computational Mechanics Publications, 1992.

[12] Thomas J W. Numerical Partial Differential Equations: Finite Difference Methods[M]. New York: Springer Science & Business Media, 1995.

[13] Baker T J. Mesh generation: art or science[J]. Progress in Aerospace Sciences, 2005, 41(1): 29-63.

[14] Slotnick J, Khodadoust A, Alonso J, et al. CFD vision 2030 study: a path to revolutionary computational aerosciences(NASA vision 2030 CFD code)[R]. No. NF1676L-18332，2014.

[15] McDaniel D R, Tuckey T R, Morton S A. The HPCMP CREATE TM-AV kestrel computational environment and its relation to NASA's CFD vision 2030[C]. 55th AIAA Aerospace Sciences Meeting, 2017: 0813.

[16] Zheng Y, Liou M S. A novel approach of three-dimensional hybrid grid methodology, part 1: Grid Generation[J]. Computer Methods in Applied Mechanics and Engineering, 2003,

192(37/38): 4147-4171.

[17] Liou M S, Zheng Y. A novel approach of three-dimensional hybrid grid methodology, part 2: flow solution[J]. Computer Methods in Applied Mechanics and Engineering, 2003, 192(37/38): 4173-4193.

[18] Baker T J. Mesh generation by a sequence of transformations[J]. Applied Numerical Mathematics, 1986, 2(6): 515-528.

[19] Lee K D, Huang M, Yu N J, et al. Grid generation for general three-dimensional configurations, in proceedings of the NASA Langley workshop on numerical grid generation techniques[R]. NASA, Langley Research Center Numerical Grid Generation Tech, 1980.

[20] Atta E. Component-adaptive grid interfacing[C]. 19th AIAA Aerospace Sciences Meeting, 1981: 0382.

[21] Benek J A, Steger J L, Dougherty F C. A flexible grid embedding technique with application to the Euler equations[C]. 6th AIAA CFD Conference, 1983: 1944.

[22] Benek J A, Buning P G, Steger J L. A 3-D chimera grid embedding technique[C]. 7th AIAA CFD Conference, 1985: 1523.

[23] Benek J A, Donegan T L, Suhs N E. Extended chimera grid embedding scheme with application to viscous flows[C]. 8th AIAA CFD Conference, 1987: 1126.

[24] Chesshire G, Henshaw W D. Composite overlapping meshes for the solution of partial differential[J]. Journal of Computational Physics, 1990, 90(1): 1-64.

[25] Vassberg J, DeHann M, Sclafani T. Grid generation requirements for accurate drag predictions based on OVERFLOW calculations[C]. 16th AIAA Computational Fluid Dynamics Conference, 2003: 4124.

[26] Flores J, Reznick S G, Holst T L, et al. Transonic Navier-Stokes solutions for a fighter-like configuration[C]. 25th AIAA Aerospace Sciences Meeting, 1987: 0032.

[27] Sorenson R L. Three-dimensional elliptic grid generation for an F-16, in three-dimensional grid generation for complex configurations: recent progress[R]. AGARD, Three-Dimensional Grid Generation for Complex Configurations: Recent Progress, 1988.

[28] Weatherill N P, Forsey C R. Grid generation and flow calculations for aircraft geometries[J]. Journal of Aircraft, 1985, 22(10): 855-860.

[29] Thompson J F. A composite grid generation code for general 3-D regions[C]. 25th AIAA Aerospace Sciences Meeting, 1987: 0275.

[30] Aubry R, Löhner R. Generation of viscous grids at ridges and corners[J]. International Journal for Numerical Methods in Engineering, 2009, 77(9): 1247-1289.

[31] Ito Y, Shih, Alan M, et al. Multiple marching direction approach to generate high quality hybrid meshes[J]. AIAA Journal, 2007, 45(1): 162-167.

[32] Athanasiadis A N, Deconinck H. A folding/unfolding algorithm for the construction of semi-structured layers in hybrid grid generation[J]. Computer Methods in Applied Mechanics and Engineering, 2005, 194(48-49): 5051-5067.

[33] Chalasani S. Quality Improvements in Extruded Meshes Using Topologically Adaptive Generalized Elements[D]. Mississippi: Mississippi State University, 2003.

[34] Sharov D, Luo H, Baum J D, et al. Unstructured Navier-Stokes grid generation at corners and ridges[J]. International Journal for Numerical Methods in Fluids, 2003, 43(6-7): 717-728.

[35] Dyedov V, Einstein D R, Jiao X, et al. Variational generation of prismatic boundary-layer meshes for biomedical computing[J]. International Journal for Numerical Methods in Engineering, 2009, 79(8): 907-945.

[36] 张来平, 王志坚, 张涵信. 动态混合网格生成及隐式非定常计算方法[J]. 力学学报, 2004, 36(6): 664-672.

[37] 杨永健, 张来平, 高树椿, 等. 非结构网格、混合网格下计算方法研究[J]. 空气动力学学报, 2003, 21(2): 144-150.

[38] 张来平, 吕超, 张涵信. 任意平面域的三角形网格和混合网格生成[J]. 空气动力学学报, 1999, 17(1): 8-14.

[39] Zhang L P, Chang X H, Duan X P, et al. Applications of dynamic hybrid grid method for three-dimensional moving/deforming boundary problems[J]. Computers & Fluids, 2012, 62: 45-63.

[40] Zheng Y, Xiao Z F, Chen J J, et al. Novel methodology for viscous-layer meshing by the boundary-element method[J]. AIAA Journal, 2018, 56(1): 209-221.

[41] Sang W M, Li F W. An unstructured/structured multi-layer hybrid grid method and its application[J]. International Journal for Numerical Methods in Fluids, 2007, 53(7): 1107-1125.

[42] 王刚, 叶正寅, 陈迎春. 三维非结构粘性网格生成方法[J]. 计算物理, 2001, 18(5): 402-406.

[43] 成娟. 非结构网格粘性流动计算研究[D]. 南京: 南京航空航天学院, 2001.

第 4 章　高保真数值方法

4.1　概念及背景

　　高保真数值方法（相关基本概念见表 4.1）通常指具有高阶精度、高分辨率且可以实现物理保真的数值方法，是计算流体力学发展的一个巨大挑战，也是开发下一代计算流体力学软件的重要基础。传统高精度数值算法的瓶颈主要表现在三个方面：计算精度、并行可扩展性和鲁棒性。在精度提升方面，传统高精度方法使用大的离散化模板，导致格式复杂度和并行通信量显著提升，在计算精度提升的同时，可扩展性受到一定的约束。高精度算法易在激波附近、几何突变区域和低质量网格等区域发散，鲁棒性通常比二阶精度算法差。传统应用领域中，广泛使用的低阶精度数值方法在计算速度、鲁棒性及精度等方面实现了良好组合，相应的计算流体力学软件发展已相当成熟，在航空、航天、航海等国家重点工程领域的应用中已经取得极大的成功。由于低阶格式具有较高的数值耗散和色散误差，随着工业应用对计算精度要求的进一步提高，采用低阶数值方法模拟复杂流动问题时，在计算的准确性及精细度方面产生了一定的局限性，迫切需要发展高保真（通常具有高阶精度、高分辨率和低耗散特征）的数值方法。此外，对应多尺度流动问题，低阶精度数值方法通过增加计算自由度（如加密网格）来提高计算精度的效果欠佳，高保真的数值方法具有相对优势。因此，发展高保真的数值格式和方法成为当今计算流体力学（CFD）领域重点关注的问题。

表 4.1　基本概念

高保真数值方法	结构化网格体系的高分辨方法	混合网格体系的高精度方法	高精度计算代码的自动化技术
高保真数值方法通常指具有高阶精度、高分辨率且可以实现物理保真的数值方法	高阶色散保持或紧致格式等方法；低耗散低色散激波捕获方法；中低复杂度模型化问题求解	复杂几何外形和边界条件的高精度模拟；基于非线性稳定的高保真模拟；多尺度复杂流动求解	自动地为软件应用生成源代码，达到根据用户的需求利用高精度计算机器自动编程的目的

　　根据算法的网格体系是结构还是非结构，可以将主流的高精度方法进行简单划分。其中，结构网格体系下高阶方法主要包括：有限差分方法、部分有限体积方法及适应于简单几何构形的谱方法等。非结构网格体系下高阶方法主要包括：

有限体积方法、有限元方法、谱元法、谱差分/谱体积方法等。基于结构网格构造高阶格式相对容易，在高质量网格前提下易实现高精度和高分辨率，但是其主要缺点是网格处理时间长，并且对复杂的几何构形适应能力差；基于非结构网格的高精度格式对复杂几何外形有天然的适应性，但是非结构网格的高精度格式需要在各个方向进行耦合求解，导致构造高阶数值格式困难，并且计算效率较低。相较于二阶格式，高阶计算方法虽然在计算精度方面具有优势，且已经在阻力预测、热流计算和气动声学评估等问题计算中得以证实，但是高阶计算方法在鲁棒性、可扩展性、并行效率等方面也遇到了诸多的困难，限制了其在工程领域的应用。

算法研究和发展需要各个方面不同技术的联合发展，不仅需要航空航天工程等多学科应用领域的牵引，也需要应用数学及计算机科学对基础核心问题的研究和突破。过去，应用领域对于先进基本算法的发展在一定程度上未足够重视，而是将更多的精力投入到物理模型的构建及传统代码复用等方面。虽重视了模型误差，但对计算误差的重视程度不足。2014 年 NASA CFD 2030 愿景[1, 2]指出，当前，基于传统数值算法的 CFD 代码已有 20 多年的历史，在一定程度很难应对多学科领域中的大尺度问题。从精度需求角度，更是不能满足工业应用中的高端设计需求。NASA CFD 2030 愿景[1, 2]将寻求数值计算新方法作为关键研究目标，用以解决计算精度和计算效率两方面的问题。

2018 年 6 月，在 CFD 2030 集成委员会的支持下举办了"未来 CFD 技术讨论会"[3]，会议强调了面向空气动力学，发展先进算法技术及增进模拟能力。2018 年 12 月，美国航空年会回顾 2018 年技术与设计时，在技术集成方面特别提出了"迈向 CFD 2030 愿景"[4]，将革命性的计算技术作为重中之重，强调了新算法在未来航空系统工程分析、设计及认证环节中的重要作用。在计算模拟方面，指出了目前新算法的发展及其在 GPU 平台上的实施情况。尤其强调新算法在 GPU 上的执行相比在基于 MPI/OpenMPI 的 CPU 架构下的运行效率高 30 倍以上，面向 GPU 的算法开发具有重要意义。适应新硬件结构的数值算法已经成为先进高保真 CFD 的核心。

2019 年的美国航空年会特别报道了 NASA CFD 2030 愿景的重要进展及取得的成果[5]。在二阶和高阶算法层面，求解器研发和算法研究在学术上都取得了重要进展。目前，虽然二阶方法还继续主导工业应用，但高阶方法已经逐渐显示出来一定的潜力。同年 2 月，美国联合技术研究中心对 NASA 艾姆斯研究中心开发的高阶间断伽辽金求解器进行了测试，结果显示，在同等计算准确程度的标准下，与其他求解器相比，高阶间断伽辽金求解器的速度要快一个数量级，表明高保真方法在一些特定场景下具有明显优势和应用前景。具有时–空高分辨率的适用于多核计算架构的算法发展也取得了重要进展。在 2019 年 7 月，NASA 的 LAVA 团队证明了时–空高分辨率尺度可解析方法能够精确模拟湍流的小尺度结构。

简言之，一方面，在可压缩湍流模拟、转捩预测、气动噪声预测等基础科学研究领域内，高精度数值方法已经成为主流方法；另一方面，在航空航天工程、船舶海洋、核物理等广泛的工程应用领域，高精度计算方法也开始扮演愈发重要的角色。因此，大力发展高精度、高分辨率数值方法[6]，开发面向工程的高精度流体力学软件，对推动我国航空航天等重大工程发展，提升我国 CFD 在国际上的竞争力，具有至关重要的作用。

4.2　现状及 2035 年目标

目前，高阶线性格式发展面临的主要问题是耗散、色散特性与稳定性间的矛盾[7]：一方面，为了提高计算精度，在格式设计时希望尽量减小耗散和色散；另一方面，为了保持数值稳定性，要求数值格式必须具有一定的耗散特性。因而，如何在保证计算稳定性前提之下，尽可能减小色散和耗散误差，是全世界 CFD 工作者共同面对的难题。表 4.2 列出了高保真数值方法研究现状与 2035 年目标，以下展开介绍。

表 4.2　高保真数值方法研究现状与 2035 年目标

关键技术			现状	目标		
				2025	2030	2035
高保真数值方法	低耗散低色散方法	激波捕获技术	尚不足	☆	♡	✿
		复杂边界条件处理	具备一定积累	☆	♡	✿
	非线性稳定方法	正性保持等高鲁棒性方法	具备一定积累		☆	✿
		高精度能量稳定方法	具备一定积累	☆	♡	♡
		熵稳定等物理真实性方法	尚不足		☆	✿
	高性能算法	适应超级计算机硬件架构的计算方法	尚不足	☆	♡	✿
		大规模并列方法	尚不足	☆	♡	✿
高精度大涡模拟	高精度高保真稳式大涡模拟		具备一定积累		☆	♡
	壁面模化的高可靠度大涡模拟		具备一定积累	☆	♡	✿

☆ 高精度　♡ 高适应性　✿ 工业应用

4.2.1　现状

如前所述，纵观过去 7 年美国围绕 NASA CFD 2030 愿景的发展历程，数值计算新方法的发展和应用是推动 CFD 革命性发展的重要动力，特别地，高阶高精度方法开始逐渐地在工业应用中扮演重要角色。针对算法发展的趋势，需要考虑数值方法如下特征：算法的色散和耗散特性；算法的高效、高可扩展性；算法的确定性和鲁棒性；算法对流体物理守恒量的保真性；算法在真实物理问题中的实用性。具体可从以下几个方面进行探讨。

4.2.1.1　结构网格下高保真空间离散方法现状

当前以高阶色散保持格式[8]、紧致格式[9]为代表的线性格式已经发展得较为成熟，但是针对耗散误差的优化目标尚无统一的标准，而且通常情况下色散误差和耗散误差优化过程是耦合的，这些因素使得线性格式的色散和耗散特性还存在进一步优化的空间。线性格式容易拓展到高阶，但是其本身没有处理间断的能力，对于超声速流动、多介质流动等，通常需要采用具有间断捕捉能力的高阶非线性格式，如 ENO/WENO[10-12]和 WCNS 格式[13]。但是，人们发现在对实际的复杂湍流问题模拟中，这些高阶迎风类格式的一个普遍缺陷是在求解湍流区流动时数值耗散大，这也成为未来高阶格式需要努力发展的重点方向。目前，主要的应对策略包含以下几个方面[7]：深入发展高阶非线性的滤波格式；改进高阶迎风格式的色散和耗散特性，发展具有高分辨率的 ENO/WENO 等格式[10-12]；改进以高阶 WCNS 格式[13]为代表的具有激波捕捉能力的非线性紧致类格式；构造新型基于激波捕捉格式和线性格式的分区混合格式，发展激波和间断的探测器等。此外，为了应对一些复杂流动问题的求解，需要发展动网格及复杂几何求解域内高精度有限差分方法及相关计算域的块边界、物理边界条件高精度处理方法。下面简要介绍几类典型的高精度格式，并对其中关键的问题进行阐述：

1）WENO 类激波捕捉格式

结构化网格体系下 WENO 类激波捕捉格式已经发展相对完善[14]，但是它们仍然面临耗散过大[15]、格式失效[16]等问题，亟待进一步改进。WENO 类格式的精度和谱特性主要由线性权重决定，因此，可以通过对光滑因子和模板权重进行优化来提高格式的分辨率[17-19]，减小格式在光滑区的耗散。同时，为了改善 WENO 格式的保自由流特性，降低格式对网格质量的依赖程度，还可以考虑发展插值型的格式，如 AFWENO 格式[20]。此外，高阶 WENO 格式的子模板较宽，在遇到多个间断时还可能会失效，这也是需要解决的重要问题。例如，为了克服这一问题，Fu 等近年提出了 TENO 格式[16, 21]。

2）WCNS 类激波捕捉格式

WCNS 格式最早由邓小刚和张涵信[13]提出，它是指基于加权插值思想的非线性激波捕捉格式，其中，外部格式是基于单元边界或者同时使用单元边界和单元节点构造的中心型显式或者隐式差分格式，单元边界处的数值通量可由任意单调通量函数获得，而通量函数的左值和右值通过守恒变量、原始变量等进行加权插值获得。在 WCNS 基础上，邓小刚相继发展出了耗散加权紧致非线性格式（DWCNS）[22]、混合型加权紧致非线性格式（HWCNS）[23]、可以适应复杂外形的新的混合型耗散紧致格式 HDCS[24, 25]等。此外，Zhang 等[26]将多分辨率 WENO格式思想引入 WCNS 格式，发展了多分辨率 WCNS 格式；Subramaniam 等使用耗散更低的紧致隐式插值代替 WCNS 的显式插值发展了加权紧致高分辨率格式（WCHR）[27]。上述加权格式与 WENO 格式性质类似，格式阶数高时子模板宽度较大，全局模板内出现多个间断可能导致格式失效[28]。此外，大部分 WCNS 类格式在改进时主要针对格式内部的加权插值过程，在计算含间断的问题时，尽管内部插值过程通过类 ENO 过程回避了跨间断插值，但该类格式的外部格式依然是一个模板很宽的中心型差分格式，外部格式依然跨越间断，因此计算强间断时依然可能不稳定，这仍是未来需要解决的重要问题。

3）高阶线性-非线性混合格式

混合格式的基本思想是将非线性格式（如 ENO、WENO 等）与线性高分辨率格式（如高阶中心差、DRP 格式、紧致格式等）相结合[29-35]，通过开关函数等实现不同格式间的切换，以保证在光滑区采用线性高分辨率格式，而在激波/间断区采用非线性激波捕捉格式。混合格式的基本特性仍取决于子格式，因此，可以通过优化子格式来改善混合格式的分辨率，发展出系列新型混合格式。此外，混合格式还严重依赖于激波探测器及开关函数的准确性[36, 37]，如何设计能够准确判别流场光滑性的因子，保证格式的连续切换，也将是未来需要重点研究的课题。

4）高阶非线性滤波格式

非线性滤波格式的基本思想与混合格式的思想类似。为了保证格式在具备低耗散特性的同时，能稳健地计算带有激波/间断的流动，可以通过在高分辨率格式的数值通量中引入自适应的耗散项，或者采用不同特性的滤波器进行滤波操作[38, 39]，并能保证这些额外的耗散作用仅在激波/间断附近起作用且能够有效地抑制数值振荡。目前，高阶非线性滤波格式的发展仍然受制于激波/间断探测器的准确性。在何时、在何处、引入多大程度的耗散，这些问题仍有待于从基础层面进行深入探究。

4.2.1.2　非结构网格高保真空间离散方法现状

以二阶有限体积为代表的非结构网格数值方法取得了巨大的成功，然而，随着认识的深入，人们也逐渐发现了二阶格式的一些局限性。例如，在工程应用可接受的网格量下难以获得令人满意的计算精度；二阶精度的模拟尚不足以有力支撑多学科优化需求等[7]。因而，非结构高精度方法应运而生，它可以有效地节省计算网格量，获得更高分辨率，尤其是它在应对复杂计算域多尺度问题模拟时显现出巨大优势[40, 41]。当前，非结构网格下高精度的方法研究已经成为 CFD 研究中的前沿热点。

值得强调的是，设计非结构网格高精度格式，在计算量、存储量、收敛性及数值稳定性等诸多方面远比设计二阶格式困难，因此，研究非结构网格下的高精度数值方法是挑战与机遇并存。下面对现有非结构高精度格式的发展现状进行简要阐述。按构造方式的不同，我们将非结构高精度格式大致分成以下三类。

（1）单纯重构型方法。

单纯重构型方法主要指高阶有限体积（FV）格式，它是在二阶精度有限体积格式的基础上直接发展而来的。20 世纪 90 年代，Barth 和 Frederickson[42]提出了基于最小二乘法重构的 K-exact 方法，高阶 FV 格式的核心思想是采用泰勒级数多项式构造单元内物理量的高阶分布。在该思想的指导下，高阶 FV 格式得以快速成长[43-51]。需要说明的是多项式并非流场重构的唯一选择，移动最小二乘法[52-54]、移动 Kriging 方法[55]、径向基函数方法[56-58]等其他方法也相继被用以构造高阶 FV 格式。上述高阶 FV 格式的优点是，它们都基于固定的模板进行重构，且每个单元仅需一次重构，操作与编程较为简单，然而，它们的缺点是难以有效处理带有激波/间断的可压缩流动问题。为了克服激波/间断附近产生的非物理数值振荡，人们提出了一系列改进措施，主要包括两类：一方面，可以通过引入限制器对非物理振荡进行合理的抑制[59, 60]，但是控制限制器的耗散特性目前仍然是难点，耗散过大会严重削弱格式对小尺度结构的捕捉能力，耗散太小则难以维持计算稳定性。另一方面，可以借鉴结构化网格下格式构造的思想，发展基于非固定模板的重构多项式，比如，将 ENO/WENO 思想等引入非结构网格体系[61-68]。上述方案可以较好地解决数值稳定性问题，但是基于这些思想发展的高精度格式对重构模板的数量要求高，带来的直接缺点就是单元重构的模板宽，在并行交界面上传递数据量大，进而导致计算缓存利用率低、并行效率差，内存占用高等系列问题[40]。上述问题也导致现有高阶 FV 方法难以适用于 GPU-CPU 异构并行等新型 HPC 架构，这也是未来需要重点进行改进的问题。

（2）内自由度格式。

内自由度格式主要包括谱体积[69]/谱差分方法[70]、间断伽辽金方法[71, 72]和 CPR （correction procedure for reconstruction）方法[73]等。谱体积（SV）方法[69]可以被视为二阶 FV 方法迈向高阶的另一重要途径，SV 方法通过在谱单元内划分控制元来进行多项式重构，但是 SV 方法在高阶、高维时会遭遇稳定性问题[74]；

谱差分（SD）方法是将单元内点的分布代替原有谱体积的单元，其计算过程更加简单，但是 SD 方法同样面临稳定性的难题[75]。例如，现有理论分析表明，SD 方法在二阶三角形网格中可以达到稳定[75]，但是在三阶、四阶中则无法保持稳定性[76]。如何提高 SV 和 SD 格式的数值稳定性是需要重点研究的内容。

间断伽辽金（DG）方法最早由 Reed 和 Hill[71]提出，用以计算中子输运方程，之后，人们将其推广至双曲守恒律方程求解以及流动问题模拟[77-82]。DG 方法通过引入 Riemann 求解器，并且考虑物理波的传播方向，使得其能够保持在单元内的高精度特性。不同于高阶 FV 方法，DG 方法不需要向外扩展模板，仅靠增加单元内的自由度就能实现高阶，整体格式有利于并行计算。此外，由于 DG 方法在计算误差和收敛性质方面具有一定的优势，所以其在不可压缩流动计算中已经成为非常流行的方法[83]。但是，DG 方法依赖于面积分和体积分等昂贵的计算操作，导致计算代价大幅增加，这也成为制约其发展的一个重要因素。同时，DG 方法自身无法处理单元内的间断，使得其难以被应用于计算广泛的可压缩流动问题，这也是 DG 方法需要克服的瓶颈问题。另外，Huynh[84, 85]提出了高阶通量重构（flux reconstruction，FR）方法 ，王志坚等[86]在此基础上进一步提出的 CPR 方法，可以把 DG 方法和 SD 方法等纳入统一的架构之下。

总体上，内自由度格式计算模板紧凑，一般只用到自身单元及与其有公共界面的单元，因此，它具有内存寻址快、缓存利用率高、利于大规模并行的优点[40]。此外，在与 HPC 架构的适配性方面，内自由度格式也显著优于高阶 FV 方法[7]，但是需要重视的是内自由度格式也存在计算量大、存储量大、边界条件处理困难等诸多问题。

（3）利用自由度重构格式。

利用自由度重构格式典型方法有 P_NP_M 方法[87, 88]、P_NP_M-CPR 方法[89]等；我国张来平等也发展了 DG/FV 混合格式[90-92]，任玉新等发展了 SCFV 方法[93, 94]。P_NP_M 方法由 Dumbser 等[87]提出，其中，P_N 代表单元内任意的 N 次多项式，P_M 则代表与邻近单元结构重构得到的 M 次流动物理量的分布式，整体格式可以达到 $M+1$ 阶精度。当 $M=N$ 时，即不采用相邻单元的信息进行重构，P_NP_M 方法将退化为标准的 DG 方法；而当 $N=0$ 时，它退化为 FV 方法。从 P_NP_M 方法的本质思想不难看出，它并不能回避高阶 FV 格式或者 DG 格式的一些根本性缺陷，只能在一定程度上结合二者的优点，并缓解二者各自的缺陷。

由非结构高精度格式的发展现状可知，无论是单纯重构型方法还是内自由度格式以及二者结合方法等都还未达到十分成熟的程度。它们还面临着一些共性的挑战问题，具体问题如下。

（1）计算量与存储量。

非结构高精度格式往往需要构造单元内的高阶多项式，而且流场各个维度间相互耦合，尤其是在高阶、高维情况下，各个方向的交叉项将导致自由度急剧增长，从而增加计算量和存储量。即使对于无内自由度的高阶 FV 方法，在求解三维问题时，构造四阶精度的格式也至少需要向外拓展 20 个网格模板进行高阶重构。模板的扩大会降低 CPU 缓存命中率，增加计算量与存储量。此外，对于高阶格式，获得单元内的流动参数依赖于高斯积分而非简单的格心插值，这些操作会增加计算量和复杂度。简言之，非结构高精度格式具有计算量和存储量大的通病，也是非结构高精度格式研究中需要极力克服的重要问题。

（2）数值稳定性问题。

众所周知，高于一阶精度的数值方法在间断附近会出现非物理的数值振荡，在结构网格下已经可以较好地处理伪振荡问题，但是在非结构高精度格式中处理数值振荡则十分困难。高阶 FV 方法、高阶 DG 方法等都以模板单元上的物理量光滑分布为基础进行格式的构建，它们在处理可压缩流动中的激波/间断问题过程中，会产生严重的非物理振荡甚至导致计算发散。此外，不同类型的高精度格式在数值稳定性特性上也存在差异，它们的稳定性通常与空间维度、网格单元类型、网格分布质量等存在密切关联。例如，高阶 SD/SV 格式在三角网格上会有弱不稳定性问题，对于四面体网格，尚没有保稳定的谱单元划分方法，DG/FV 混合格式等也存在类似的问题[74-76]。如何降低高阶格式对网格类型、网格质量、空间维度等因素的依赖，如何改进现有格式及创建更先进的格式从本质上获得更高的数值稳定性，这些都是未来需要重点攻克的难题。

（3）曲面边界处理。

在具有复杂构型的流动中，曲面边界是常见问题，如何处理好曲面边界条件也是实现程序整体高阶精度的重要一环。非结构高精度数值格式，尤其是 DG、CPR 等方法，对曲面边界处理的精度非常敏感。常见的曲线（面）边界处理方法是将其简化为分段直线（平面），但是相关研究表明，简化处理会导致 DG 格式在边界处产生伪熵增[80]，SV 方法和 CPR 方法也存在类似现象[95, 96]。因此，处理曲面边界时，在网格生成过程中必须保证边界单元与曲面重合的面（边）保持准确的边界形状。此外，对于重构类型的方法，比如高阶 FV 方法、$P_N P_M$ 方法等，曲面边界附近的重构需要进行特殊处理，这是因为边界处只能采用偏心的模板，使得重构奇性增大、稳定性难以保证[40]。在曲面边界处达到高阶精度、并保证计算稳定性也是未来需要研究的一项重要内容。

综上所述，由于上述共性问题的存在，非结构高精度格式在走向实用化过程中仍然面临着巨大挑战，但是如何解决这些问题也为未来非结构高精度格式的研究指明了方向。

4.2.1.3　与高阶格式匹配的时间离散方法现状

由于湍流等复杂流动具有时空尺度特性，除了对空间格式的精度提出了更高的要求，也需要保证时间方向的离散精度。目前时间离散方法主要包含两类：显式和隐式。显式时间离散格式容易构造高阶，并且通常占用内存比较小，但是时间步长容易受到限制。相比而言，隐式时间离散格式不易提高精度，并且常带来大矩阵求解难题，但是它对时间步长限制比较宽松。下面简要介绍显式和隐式时间离散方法。

（1）显式时间离散格式。

传统的显式时间离散方法包括龙格-库塔（RK）方法、多步法、多级多步法、泰勒级数法、多级多导数法等。常规的 RK 方法广泛应用于双曲型问题求解，但是它在处理时间相关边界条件时会导致降阶。解决该问题有两种方法：一种是只在每步施加精确的边界条件，但是该方法会导致稳定性下降、时间步减小；另一种方法是在每级施加由物理边界及其导数推导的边界条件，但是该方法在非线性双曲型偏微分方程（PDE）中仅被用于四阶以下精度。多步法是对 Euler 方法的进一步扩展，常见的显式多步法是 Adams-Bashforth 方法，多步法每个迭代步的计算量不随步数增加而增加，但是高阶显式多步法的稳定域比高阶显式 RK 格式更小；多级多步法是通过结合多级和多步过程实现高精度，并且可以平衡计算量和存储量，也被称为伪 RK 方法；泰勒级数法通过加入更高阶导数实现精度提高，但是高阶导数计算困难使得其实际应用较少；多级多导数法结合了多级和多导数过程，考虑到高阶导数计算难度大，因此通常只保留到二阶导数，通过增加级数来增加格式的阶数[97]。该方法已经被用于与 DG 方法、有限差分 WENO 格式以及紧致格式结合[97, 98]。

（2）隐式时间离散格式。

常见的隐式定常算法通过对控制方程进行隐式后差以及对非线性项进行线化处理后，再对离散方程利用 LU-SGS 方法、高斯-赛德尔点松弛、高斯-赛德尔线松弛以及 GMRES 算法等进行求解。非定常隐式算法则可分为单时间步和双时间步。单时间步法是一种隐式类牛顿迭代，只用到真实时间步长，并且步长不受稳定性条件限制，可以根据物理问题需要设置，因此它的计算效率比显式方法更高；双时间步法除了用到真实时间步外，还需添加虚拟时间导数项，将非定常问题转化成"定常"问题进行求解，因此也可以沿用前面的各种隐式方法来求解，并且真实时间步长同样不受稳定性条件限制。下面对几类主要的隐式算法进行简要介绍。

LU-SGS 方法对隐式时间离散方程左端项根据最大特征值进行正负分裂，构造近似通量雅可比（Jacobi）矩阵，通过对左端的矩阵进行对角化，避免矩阵求逆，从而大幅度地减小了计算量，但这也引入了较大的近似误差，降低了离散方程的精度。

高斯–赛德尔点松弛利用准确的通量 Jacobi 矩阵，离散方程比 LU-SGS 更准确，其主要误差来源是迭代误差，但由于松弛迭代时左端的矩阵不是对角化的矩阵，需要进行矩阵求逆，增加了计算量。高斯–赛德尔线松弛与点松弛的主要区别在于松弛方式不同，前者在单个迭代步的求解更准确，误差相对较小，但需要利用追赶法对左端的块三对角矩阵进行求解，计算量比点松弛大。

GMRES 算法是一种 Krylov 子空间投影法，其通过 Arnoldi 过程在 Krylov 子空间构造正交基，并在 Krylov 子空间上求解最小二乘法问题的最优解，使每一步子迭代的残差的模最小。理论上，当 Krylov 子空间的维数等于离散方程个数时，离散方程组的解的精确度取决于数值截断误差和子迭代数，但是计算量和内存需求巨大，不具实用性，因此通常需要设置有限子迭代数。迭代收敛速度取决于矩阵的条件数，对于条件数大的病态矩阵，通常需要结合预处理方法使用（PGMRES），这也会在一定程度上增加计算量和存储量。

简言之，隐式算法可以在一定程度上更好地克服时间步长的限制，但是代价是付出更大计算量和内存。此外，隐式算法的并行也更加困难。

无论是显式还是隐式时间格式，发展时间离散方法的总体目标是稳定、高效和准确。具体目标是要求时间格式具备强稳定性、保持低耗散和低色散特性，能够克服方程的刚性，节省存储和计算量，并且有利于大规模并行计算。下面从五个方面分别阐释。

（1）稳定性问题。

与空间离散方法的要求一致，时间离散也需注重稳定性问题。例如，在双曲守恒律问题上，现有的 TVD 型 RK 方法[99-101]可有效抑制数值振荡，同时可获得更大 CFL 数[100]。由于该类格式具有保持一阶欧拉前差的强稳定性的特点，后来被称为强稳定性保持 RK 方法（SSPRK）[102]。

（2）耗散和色散误差问题。

在很多 CFD 应用中，常规的多步 RK 格式由于具有低存储和较好的稳定性的优点，受到广泛欢迎，但在计算声学等物理问题中，保持低耗散和低色散特性十分重要。Hu 等[103]提出了一类显式低耗散、低色散的 RK 格式（LDDRK），Najafi-Yazdi 和 Mongeau[104]还提出了相应的隐式格式（ILDDRK），有效降低了时间推进过程中引入的色散和耗散误差。

（3）方程刚性问题。

当快波不需要精确求解（如低马赫数流动的声波）或者具有离散扩散项（如包含时间尺度很小的化学反应）时，半离散的双曲 PDE 方程可能会表现出刚性。Navier-Stokes 方程是一个典型例子，其包含一阶导数的双曲型项和二阶导数扩散项，后者会引发刚性问题。隐式时间离散是解决刚性问题的有效方法，但是如果所有项均采用隐式处理，会大幅增加计算代价。因而，一种普遍做法是只对刚性项采用隐式方法，而对非刚性项采用显式方法，这种方法称为显隐式（IMEX）或者半隐式方法。如果刚性项是线性的或其不包含空间导数，IMEX 方法计算代价更低。根据显式部分和隐式部分采用的方法，可以构造不同形式的 IMEX 格式，比如，可以通过结合多步方法和 RK 方法实现高阶。此外，另一种解决刚性问题的隐式算法是对 RK 方法进行改进[105]。

（4）低存储与计算量问题。

常用隐式算法由于会引入矩阵求解，存储量随着阶数增加会明显增加，同时矩阵求解涉及子迭代，计算量比较大。一般来说，隐式算法的计算量与存储量要显著大于显式算法，但是隐式算法可以突破稳定性限制，增大物理时间步长。显式算法，特别是传统 RK 方法涉及多级，需要存储多个阶段的变量值，存储量也相对较大，可以考虑对传统 RK 方法进行改进，发展一些低存储的 RK 方法[106]。

（5）时间方向高效并行问题。

为了适应大规模计算，有时当空间离散的并行效率达到饱和时，就需考虑在时间方向同样采取并行[107]。需要注意的是时间演化问题存在因果关系，即后期的解依赖于前期的解的信息。在时间方向进行并行计算已有学者进行过尝试[107]，与空间上采用区域分解法设计并行策略类似，他们在时间方向也进行区域分解，并发展了多重打靶法、基于区域分解和波形松弛的方法、时空多重网格法、直接时间并行方法等多种时间并行算法[108-113]。上述方法通常是用一个计算量小的"粗糙"积分器在整个时域内串行求解，然后通过计算量大的"细致"积分器对每个时间子域的解进行求解加密。目前，这些时间方向的并行算法取得的加速效果还十分有限，但是这并不妨碍它们成为一个未来需要重点发展的方向。

4.2.1.4　高保真算法的数值误差与模型误差现状

目前，算法误差与模型误差尚很难得到量化和区分。误差主要包括：空间离散和时间离散、收敛控制、物理模型不确定参数误差。对于高保真方法，从精度来讲，高阶精度方法更具高保真特性。高阶方法存在两类混淆误差：方程离散混淆误差和几何混淆误差。尽管在处理方程和几何混淆误差方面已经取得了一定的成果；然而，从高阶 CFD 方法模拟的可靠性和稳定性来说，离散误差在演化过程中的量化估计及正确处理仍是高阶 CFD 算法求解工程问题的关键。

算法层面，空间离散误差决定了通常意义下的算法精度，即误差 e 与网格尺度 h 之间的关系为 $e \propto h^n$（n 为精度阶数）。高阶方法的数值误差与网格和物理问题复杂性紧密相关，需考虑和平衡各个因素，进行量化和估计。对于时间依赖问题，高阶时间积分格式的阶数在高阶方法的总体误差中扮演着重要角色，不仅用以维持数值方法的稳定性，同时也用来确保具有可接受的时间离散误差。目前，各类高阶单步及多步时间积分格式在高阶方法中得到了广泛应用,已有的数值研究显示时间离散对数值结果的单调性、误差及计算时间具有重要影响,其中强稳定性及结构保持的高阶时间格式对于维持时间积分的稳定性和物理量本质特性尤为重要。可以看出,空间和时间离散决定数值格式的总体精度及物理量的保真度。

在模型层面,基于能量和熵稳定的数值格式,对于流动的高波数信息具有特殊的耗散特性,其行为类似于亚格子模型对湍流小尺度的耗散,又能保证基本的物理定律成立,这表明可以用数值耗散代替亚格子模型,从而建立起基于高保真算法的隐式大涡方法。此时,存在数值及模型两个层面误差的权衡:算法层面,针对尺度可解析流动问题隐式大涡模型的误差是否不影响流动结构?物理层面,对于尺度不可完全解析流动,算法数值误差是否能正确反映复杂流动的物理过程?这两个问题需要研究,并建立切实可行的策略来应对高保真方法在数值和模型两方面的误差需求。

对于非线性 N-S 方程,直接分析格式的数值误差及模型误差较为困难,理论仅能够通过控制方程的线性化来实现。线性化系统的数值耗散和色散特性对研究高阶方法的数值稳定具有关键作用,特别是对于理解和改善高阶方法在远离强非线性区的稳定性具有显著作用。可以利用线化系统的分析手段研究高阶方法中引入的人工耗散的性质,部分程度上可以应对湍流模拟中不可解尺度对可解析尺度的影响作用——高频混淆误差,从而抑制小尺度能量的反向传播现象,避免污染可解析尺度的流动结构。这方面的研究在高阶数值算法应用方面仍然是一个重点。

4.2.1.5　高保真数值算法误差的不确定性现状

数值算法误差主要的问题仍然集中在计算误差不确定性的量化上,包括:时-空离散化、收敛准则、模型参数不确定性等引起的误差。从可靠性和自动化高精度 CFD 角度,涉及自适应策略下的全部误差估计及混淆误差处理。

Oberkampf 和 Blottner[114]将 CFD 误差或不确定性源分为四大类:①物理建模误差;②离散化和离散方程的求解误差;③编程实现误差;④计算机舍入误差。在许多 CFD 研究中,误差和不确定性两个专业术语经常被交替使用。Oberkampf 等[115, 116]将不确定性描述为建模过程的任何阶段中由于缺乏知识而产生的潜在缺陷,而误差则定义为建模和数值模拟的任何阶段中可识别的缺陷。因此物理建模中的任何不足都可以被视为不确定性(如湍流模型精度的不确定性、几何表示的不确定性、热物理参数的不确定性等),而与离散化过程相关的缺陷可以被归类为误差。

物理模型不确定性来源于数学模型对物理过程描述的不准确性,包括偏微分方程、辅助(封闭)物理模型和边界条件的误差。例如,湍流模型用于模拟雷诺平均产生的附加项,以封闭黏性流动的计算,其本身就是一个物理模型并存在不确定性。

离散化误差是用代数方程代替偏微分方程、辅助(封闭)物理模型和连续边界条件所引起的误差。包括离散偏微分方程的一致性和稳定性、空间（网格）和时间分辨率、边界条件的离散化产生的一系列误差。同时，通量限制器作为离散格式的一部分，会将激波附近流场的空间精度降至一阶。离散方程的精确解与近似解（或计算机解）的差定义为离散方程的解的误差。稳态或瞬态流动模拟的迭代收敛误差包括在这一类中。离散化误差可以通过使用 Richardson 外推法或网格收敛指数（GCI）等方法来量化，GCI 是 Roache[117]为统一报告网格收敛研究而开发的一种方法。但是这些方法需要依赖于在渐近范围内的精细网格分辨率上的计算结果，涂国华等[118]提出了一种基于网格收敛性测试来计算数值格式精度阶数（离散误差随网格加密的下降速度）的方法。有的时候（如 LES），流动模拟中的网格收敛非单调性问题降低了上述方法的适用范围，因此，通常很难估计离散误差的大小。

高精度数值算法误差的不确定性会影响 CFD 求解器的可靠性，因此，不确定性量化及后验误差估计方法是开展高精度算法研究的重要手段，并且已经取得了重要的研究成果，也是未来需要重点考虑的问题。

4.2.1.6　适应 HPC 构架的高效高精度计算方法

大规模数值模拟必须借助于高性能计算机。近年来，随着 CPU 制程的难度增加，CPU 性能发展的"摩尔定律"逐渐放缓，基于传统 CPU 的高性能计算机的性能发展同样遇到了瓶颈。与此同时，HPC 的拓扑构架发生了许多变化，硬件方面从以往的 CPU "一家独大"到现在的各种硬件"百花齐放"，各种加速处理器相继出现，如 GPU、NPU 等。HPC 的主要计算力正逐渐从由 CPU 提供转为由 GPU 等加速卡提供，异构计算机的计算模式正在由以往的"GPU 辅助 CPU 计算"转变为"CPU 服务于 GPU 计算"，GPU 已不再充当附属设备，而成为了整个硬件系统的核心。由于异构处理器的内存模型和计算模型与 CPU 有较大差别，计算机的多处理器构架给程序设计和算法设计带来一定挑战，很多原有程序无法直接利用异构技术进行加速，或者无法充分发挥异构加速器的计算性能。

利用硬件技术加速 CFD 计算在过去十年已取得显著成效。近年 GPU 发展迅速，MD、DG、FR 等很多 CFD 方法在 GPU 加速计算效率方面获得大幅提升[119, 120]。但是由于 GPU 等加速器独特的内存结构和计算方式，很多 CFD 方法由于算法过于复杂，计算过程对某些资源如寄存器、共享内存等需求较高，或者引入过多逻辑判断，导致程序无法激活足够多的 GPU 活跃线程，限制了 GPU 的利用率。再者，CFD 中高精度数值格式通常需要很宽的模板，这也会带来 GPU 访存效率低的问题[121]。其次，近期人工智能发展迅速，GPU 在硬件设计上加入了专门为加速人工智能算法的计算单元，如张量核心，给人工智能提供了更高的计算能力。这种计算单元针对人工智能中的特定算法进行设计，早期主要处理半精度和单精度数据，最新构架的 GPU 提供了双精度数据支持。然而，目前利用这些特殊的计算单元加速 CFD 计算的研究工作比较少，以 GPU 为代表的硬件计算能力仍有待深度挖掘。

总之，HPC 的发展对 CFD 算法有巨大的影响，尤其是架构的变化对算法的实现和并行设计影响最大。当前计算机构架已经呈现异构多元化，各类加速器不断孕育而生，GPU 等加速卡已经成为当前 HPC 突破百亿亿次（E 级）计算能力的核心，在未来一段时间将主导 HPC 的计算方式。与此同时，新型处理器也在发展，这些都给 CFD 计算带来更大的挑战。因此，需要切实结合 HPC 的发展趋势，开展高精度算法设计，尤其是对于一些非结构网格体系下的高阶数值格式，需重点提升格式的可扩展性及算法的整体并行效率。

4.2.1.7　高精度格式与大涡模拟相结合的研究现状

随着计算能力的快速提升，大涡模拟方法尤其是壁面模化的大涡模拟（WMLES）会逐渐成为工程研究中的重要手段[1]。美国科学院院士 Parviz Moin 教授的团队 Goc 等在 Flow 创刊号发文[122]指出，利用基于壁面模化的大涡模拟对全尺寸飞行器进行模拟的时代已经到来。虽然，高精度格式在中低雷诺数湍流问题的直接数值模拟[123]中，优势已经被充分证明，但是将高精度格式与亚格子模型[124]、壁面模型[125]等结合，对复杂高雷诺数工程湍流问题进行求解，能否仍然展现出绝对的优势尚不清楚。这主要源于从理论上获得湍流模型的误差和数值格式误差间的关系异常困难。针对这一问题，未来需要探索能否将湍流模型和高精度格式设计进行统筹考虑，并通过模拟大量标模问题对算法进行验证和确认[6]，着力发展与高精度格式匹配的湍流模拟方法。

另外，当前基于高阶格式的隐式大涡模拟已经发展成为一类重要的大涡模拟方法[126]，但是与经典的亚格子模型相比，隐式大涡模拟与格式自身的耗散特性和与网格密切相关，需要从物理和数学角度进行更严格的分析。基于高阶方法的隐式大涡模拟，对促进高阶方法在工程领域的广泛应用具有很重要支撑作用，但是因涉及精度保持、计算高效性及鲁棒性等系列问题，其仍有待于从基础理论层面进行深入研究。发展适合隐式大涡模拟的高阶格式是未来需要重点研究的方向之一。

4.2.2　2035 年目标

发展现有的高精度数值方法并力争创建更先进的高精度格式，重点发展适应高性能计算机硬件架构的高效、高精度和高分辨率算法。基于结构网格，重点考虑发展低耗散、低色散的激波捕捉格式及处理复杂边界的方法等；基于非结构网格，重点考虑物理保持、结构保持、正性保持、能量及熵稳定的高阶高精度数值格式，提高计算的鲁棒性、保证数值精度及物理真实性；以高精度数值方法为主要算法促进复杂湍流 LES 的工程化。

4.2.2.1　发展非线性稳定的高保真算法

在结构网格方面，深入发展高阶非线性激波捕获格式、混合格式及高阶边界格式，重点发展耗散和色散误差控制方法以及精准的间断探测器，在保证光滑区精度的同时实现对间断问题的精准捕捉；在非结构网格高精度格式方面，持续改进高阶 FV 格式和 DG 等内自由度格式，重点改善格式的计算量与存储量、数值稳定性，降低格式对边界条件及网格类型、网格质量等因素的敏感性，发展网格自适应和离散方程的高效求解方法，提升非结构高精度格式的实用化程度。

4.2.2.2　发展高适应性的高性能算法和模型

针对湍流、计算气动声学、电磁学等多尺度多物理场问题，为面向应用的 DNS 和 LES 构造数值稳定的高效算法，结合算法特性发展相应的高保真模型、多尺度模拟策略等，研究数值方法对于复杂时空多尺度问题的适应性问题，实现工业化的大规模并行。发展适应新型 HPC 架构的高性能算法与程序，主要包括开发形式上有利于大规模并行的高阶数值方法，减少计算量与存储；针对复杂构形，发展支持多种网格策略、具备强稳定性的高阶非结构算法；针对各类复杂的物理边界约束，发展高阶稳定的边界处理方法；针对工程应用，发展与高精度算法匹配的大涡模拟模型及壁模型等。

4.3　差距与挑战

在 HPC 飞速发展的今天，高精度、高保真计算正在变成一个切实可行的技术，增进对工业中具有挑战性的复杂流动问题基本物理机制的理解。国外相应的工作早在 15 年前就已开始，正在从学术研究向高端工业应用转移。已经将高精度数值模拟技术作为计算机辅助高端设计的工具之一，如用于发动机叶片设计、燃烧室的设计、噪声预测评估等；已经在高精度 CFD 软件方面积累了长久的经验，并且开发出诸多的高精度软件。我国航空航天领域的各项工程正处在一个迅速发展的阶段，国家对我国"自主可控、面向应用"的 CFD 基础求解器及仿真平台提出了新的要求，亟需发展面向我国航空航天核心领域需求的高精度 CFD 软件。

国内大部分软件或代码均是基于经典的二阶精度的有限体积法，或者基于高阶有限差分。二阶精度方法的鲁棒性较好，但是受制于精度无法处理多尺度复杂流动。高阶有限差分方法多是基于结构网格，在进行复杂几何内-外流动模拟时，网格生成所花的时间较长。"自主可控"的基于非结构或者混合网格高精度方法软件目前刚起步，还尚未大范围应用于实际工程。

在高精度数值模拟研究方面，国内研究者当前更加侧重于基础算法研究，在大规模工业化软件的实现方面积累不足。总体而言，国内各个高校和院所仍各自为战，因而，国内所形成的一些代码或软件普遍模拟规模较小、适用范围较窄，且缺乏系统性验证与确认、可信度缺乏足够的保证，对高端产品设计的指导作用还存在不足。未来，需要重视从高保真数值算法研究和软件实现两个角度满足国家重大工程的需求，相应的差距与挑战在表 4.3 中总结。

表 4.3　差距与挑战

关键技术	差距与挑战	2035 目标
高效、高性能算法	低阶精度算法处理多尺度复杂流动的能力较弱，高保真算法的效率和性能还有待提高。"自主可控"的基于非结构或者混合网格高精度方法软件目前规模小，还无法进行实际工程应用	2035 年，结合 HPC 硬件架构，发展先进高精度、高分辨率数值算法；发展高精度、高保真求解器代码求解自动化技术，实现超大规模并行
高精度、高保真计算	基础较弱，在真实复杂几何区域流动的高精度、高保真模拟能力积累较少。研究工作主要集中于基础算法的研究、数学模型、边界条件、格式数值稳定性等方面	2035 年，发展出先进高精度、高分辨率数值算法，算法的鲁棒性极大提升，开发出面向工程应用的正性保持及熵稳定的高精度求解器

4.4　发展路线图

基于 CFD 的发展趋势，考虑高精度算法的特点和需求，高保真数值方法发展路线图如图 4.1 所示。总体来看，随着计算机硬件的发展和 CFD 模拟水平的提高，大规模高性能计算成为发展趋势；基于结构和非结构高阶精度方法的数值模拟都已经被广泛应用到湍流、噪声等问题的研究。然而，国内相关研究基础与国外还存在一定差距，对真实复杂几何外形流动的高精度、高保真模拟能力尚存在不足。

图 4.1　高保真数值方法发展路线图（彩图请扫封底二维码）

国内工作主要集中于基础算法的研究，所形成的代码或软件对高端产品设计的指导作用有局限性，但是通过针对性的研究和发展，到 2035 年完全可以扭转这一局面。下面简要论述技术要素的发展计划。

至 2025 年：发展先进的高精度数值算法，基于结构网格，重点考虑发展低耗散和低色散的激波捕捉格式及处理复杂边界条件的方法；基于非结构网格，重点发展物理保持、正性保持、能量及熵稳定的高精度、高分辨率数值格式，提高计算的鲁棒性、保证数值精度及物理真实性。分析高阶方法在非完全解析湍流或对流占优问题中面临的数值稳定性问题；从物理和数学角度严格分析隐式大涡模拟对格式自身的耗散特性和网格的依赖关系。开展不确定度量化和误差传播控制研究；开发高精度高保真求解器代码并发展求解自动化技术。

至 2030 年：实现基于高精度方法的超大规模并行计算。比如，重点研究高精度格式与 HPC 架构的适应性，改进及发展适用于超大规模并行的高阶数值方法，尤其是非结构高精度数值方法；发展与高精度格式匹配的超大规模并行计算方法；厘清高精度格式不确定度及误差传播规律，实现高精度计算过程中误差的不确定性量化管理。

至 2035 年：研发面向工程应用的高稳定的大规模并行高精度求解器。针对基础研究/应用基础研究/应用研究等不同层次的高精度/高保真模拟，将采用与湍流模型、壁面模型及 HPC 等进行深度融合的高精度数值离散方法，最终实现对工业复杂流动的高精度大规模并行数值模拟。

4.5　措施与建议

表 4.4 总结了发展高保真数值方法的措施与建议，以下展开介绍。

表 4.4　措施与建议

发展复杂结构网格体系下高精度数值方法	未来需大力发展适应 HPC 硬件架构，具有低耗散、低色散特性的高阶、高精度数值格式及边界格式等。具体的措施方面，可以考虑在现有方法基础上改进及革新
开发面向工程应用的高精度求解软件平台	由于一个时期的 HPC 计算能力的限制，需要引入不同湍流模型和数值算法降低模拟计算量，而算法的特点也会促进特定计算构架的发展和完善。对大规模工程问题进行高效准确地模拟，需要将三者进行深度融合
搭建高精度实验和数值模拟数据库	对于高精度数值方法的研究，高精度数据库尤为重要，不但可以用于验证开发的高精度方法的正确性，还可以用于机理分析，改进高精度计算方法。建立数据库共享机制，以促进不同研究人员或单位之间的研究进展
发展基于不同策略的高精度数值模拟方法	针对不同研究，如基础研究、应用基础研究、应用研究等对数值模拟方法不同层次的需求，发展基于不同策略的高精度数值模拟方法
针对原创性工作，加大对其支持力度	对于 CFD 高精度算法而言，色散耗散特性、高频混淆误差、数值稳健性与快速性等均是其核心技术。因此，需要加大在基础研究方面的投入，研究其数学基础，从根本上诠释高精度算法的相关理论基础

1）结合 HPC 硬件架构发展复杂网格体系下高精度数值方法

未来需大力发展适应 HPC 硬件架构，具有低耗散、低色散特性的高阶、高精度数值格式及边界格式等。具体的措施方面，可以考虑在现有方法基础上改进及革新。例如，在现有格式基础上发展基于结构及非结构网格的高阶非线性格式，重点改进格式对 HPC 硬件架构的适应性；发展新型混合格式和混合求解方法，注重不同格式间的混合以及不同网格策略求解方法间的混合；发展复杂曲线或动网格下满足几何守恒律的方法及高阶边界格式等。

2）将数值算法、湍流模型和 HPC 系统深度融合，开发面向工程应用的高精度求解软件平台

完整的 CFD 模拟由数值算法、湍流模型和 HPC 并行计算多个方面共同组成，它们相互制约、相互促进。由于一个时期的 HPC 计算能力的限制，需要引入不同湍流模型和数值算法降低模拟计算量，而算法的特点也会促进特定计算构架的发展和完善。对大规模工程问题进行高效准确的模拟，需要将三者进行深度融合。目前，国际上主流的商业软件，如 ANSYS Fluent、Phoenics、CFX、Star-CCM、CFD++等，仍主要依赖于低阶格式，并且为了追求通用化，它们并没有做到将算法、模型和 HPC 系统等因素进行深度融合，反而一些依赖于高精度算法的开源程序，如 HTR[127]、PyFR[119]等，已开始考虑与计算平台的一体化融合，但是发展仍处于初步阶段。鉴于我国 CFD 软件的发展基础较为薄弱，建议增加政府投入，研发高起点的算法、模型和 HPC 系统深度融合的高精度软件基础平台和自主可控工业软件。

3）搭建高精度实验和数值模拟数据库，并建立共享机制

对于高精度数值方法的研究，高精度数据库尤为重要，不但可以用于验证开发的高精度方法的正确性，还可以用于机理分析及进一步改进高精度算法。然而，我国目前相关的实验或数值模拟数据库仍然严重不足，仍然大量使用国外相关实验室或机构测量或模拟的数据。因此，需针对基础研究或者实际工程中相关的典型流动问题，开展相关实验研究，建立高精度的实验数据库；并基于此开发和验证高精度数值模拟方法，建立高精度数值模拟数据库。此外，还要建立数据库共享机制，以更好地促进不同研究人员或单位之间的合作，提升整体研究水平。

4）发展应对不同层次需求的高精度数值模拟方法

针对基础研究、应用基础研究、应用研究等对数值模拟方法不同层次的需求，发展基于不同策略的高精度数值模拟方法。例如，对于湍流转捩等物理机理的基础研究问题，发展不依赖于任何湍流模型和亚格子模型的高精度直接数值模拟方法；对于应用基础研究，发展基于高精度方法的大涡模拟策略；对于实际工程应用问题，发展基于高阶方法的大涡模拟模型及相关壁模型，即针对不同层次的研究需求，发展基于不同策略的高精度数值模拟方法。

5）加大对原创性工作的支持力度

对于 CFD 高精度算法而言，针对色散耗散特性、高频混淆误差、数值稳健性与快速性等方面优化均是其核心技术。因此，需要加大基础研究投入，针对这些核心技术开展原创性探索，研究其数学基础，从根本上提升高精度算法的相关理论基础。

参 考 文 献

[1] Jeffrey S, Khodadoust A, Alonso J, et al. CFD vision 2030 study: A path to revolutionary computational aerosciences[R]. NASA/CR-2014-218178.

[2] Cary A, Chawner J, Duque E, et al. CFD vision 2030-roadmap updates[R]. 2021.

[3] Future CFD Technologies Workshop. https://scientific-sims.com/cfdlab/WORKSHOP/workshop.html.

[4] https://aerospaceamerica.aiaa.org/year-in-review/marching-toward-the-2030-vision-of-cfd/.

[5] https://aerospaceamerica.aiaa.org/year-in-review/progress-toward-the-2030-vision-of-cfd/.

[6] 张涵信. 关于 CFD 高精度保真的数值模拟研究[J]. 空气动力学学报, 2016, 34(1): 1-4.

[7] 中国科学院. 中国学科发展战略·流体动力学[M]. 北京: 科学出版社, 2014.

[8] Tam C K W, Webb J C. Dispersion-relation-preserving finite difference schemes for computational acoustics[J]. Journal of Computational physics, 1993, 107(2): 262-281.

[9] Lele S K. Compact finite difference schemes with spectral-like resolution[J]. Journal of Computational physics, 1992, 103(1): 16-42.

[10] Harten A, Engquist B, Osher S, et al. Uniformly High Order Accurate Essentially Non-Oscillatory Schemes, III. Upwind and High-Resolution Schemes[M]. Heidelberg: Springer Science & Business Media, 1987.

[11] Liu X D, Osher S, Chan T. Weighted essentially non-oscillatory schemes[J]. Journal of Computational Physics, 1994, 115: 200-212.

[12] Jiang G S, Shu C W. Efficient implementation of weighted ENO schemes[J]. Journal of Computational physics, 1996, 126(1): 202-228.

[13] Deng X G, Zhang H X. Developing high-order weighted compact nonlinear schemes[J]. Journal of Computational Physics, 2000, 165(1): 22-44.

[14] Shu C W. High order WENO and DG methods for time-dependent convection-dominated PDEs: A brief survey of several recent developments[J]. Journal of Computational Physics, 2016, 316: 598-613.

[15] Fernández-Fidalgo J, Ramírez L, Tsoutsanis P, et al. A reduced-dissipation WENO scheme with automatic dissipation adjustment[J]. Journal of Computational Physics, 2021, 425: 109749.

[16] Fu L, Hu X Y, Adams N A. Targeted ENO schemes with tailored resolution property for hyperbolic conservation laws[J]. Journal of Computational Physics, 2017, 349: 97-121.

[17] Henrick A K, Aslam T D, Powers J M. Mapped weighted essentially non-oscillatory schemes: achieving optimal order near critical points[J]. Journal of Computational Physics, 2005, 207(2): 542-567.

[18] Borges R, Carmona M, Costa B, et al. An improved weighted essentially non-oscillatory scheme for hyperbolic conservation laws[J]. Journal of Computational Physics, 2008, 227(6): 3191-3211.

[19] Castro M, Costa B, Don W S. High order weighted essentially non-oscillatory WENO-Z schemes for hyperbolic conservation laws[J]. Journal of Computational Physics, 2011, 230(5): 1766-1792.

[20] Jiang Y, Shu C W, Zhang M P. An alternative formulation of finite difference weighted ENO schemes with Lax-Wendroff time discretization for conservation laws[J]. SIAM Journal on Scientific Computing, 2013, 35(2): 1137-1160.

[21] Fu L. A very-high-order TENO scheme for all-speed gas dynamics and turbulence[J]. Computer Physics Communications, 2019, 244: 117-131.

[22] 邓小刚. 高阶精度耗散加权紧致非线性格式[J]. 中国科学: A 辑, 2001, 31(12): 1104-1117.

[23] Deng X G. New high-order hybrid cell-edge and cell-node weighted compact nonlinear schemes[C]. 20th AIAA Computational Fluid Dynamics Conference, 2011: 3857.

[24] Deng X G, Jiang Y, Mao M L, et al. Developing hybrid cell-edge and cell-node dissipative compact scheme for complex geometry flows[J]. Science China Technological Sciences, 2013, 56(10): 2361-2369.

[25] Deng X G, Jiang Y, Mao M L, et al. A family of hybrid cell-edge and cell-node dissipative compact schemes satisfying geometric conservation law[J]. Computers & Fluids, 2015, 116: 29-45.

[26] Zhang H B, Wang G X, Zhang F. A multi-resolution weighted compact nonlinear scheme for hyperbolic conservation laws[J]. International Journal of Computational Fluid Dynamics, 2020, 34(3): 187-203.

[27] Subramaniam A, Wong M L, Lele S K. A high-order weighted compact high resolution scheme with boundary closures for compressible turbulent flows with shocks[J]. Journal of Computational Physics, 2019, 397: 108822.

[28] Hiejima T. A high-order weighted compact nonlinear scheme for compressible flows[J]. Computers & Fluids, 2022, 232: 105199.

[29] Adams N A, Shariff K. A high-resolution hybrid compact-ENO scheme for shock-turbulence interaction problems[J]. Journal of Computational Physics, 1996, 127(1): 27-51.

[30] Pirozzoli S. Conservative hybrid compact-WENO schemes for shock-turbulence interaction[J]. Journal of Computational Physics, 2002, 178(1): 81-117.

[31] Ren Y X, Liu M, Zhang H X. A characteristic-wise hybrid compact-WENO scheme for solving hyperbolic conservation laws[J]. Journal of Computational Physics, 2003, 192(2): 365-386.

[32] Kim D, Kwon J H. A high-order accurate hybrid scheme using a central flux scheme and a WENO scheme for compressible flow field analysis[J]. Journal of Computational Physics, 2005, 210(2): 554-583.

[33] Costa B, Don W S. High order hybrid central-WENO finite difference scheme for conservation laws[J]. Journal of Computational and Applied Mathematics, 2007, 204(2): 209-218.

[34] Costa B, Don W S. Multi-domain hybrid spectral-WENO methods for hyperbolic conservation

laws[J]. Journal of Computational Physics, 2007, 224(2): 970-991.

[35] Wan Z H, Zhou L, Sun D J. Robustness of the hybrid DRP－WENO scheme for shock flow computations[J]. International Journal for Numerical Methods in Fluids, 2012, 70(8): 985-1003.

[36] Guo Q L, Sun D, Li C, et al. A new discontinuity indicator for hybrid WENO schemes[J]. Journal of Scientific Computing, 2020, 83(2): 1-33.

[37] Zhao G Y, Sun M B, Pirozzoli S. On shock sensors for hybrid compact/WENO schemes[J]. Computers & Fluids, 2020, 199: 104439.

[38] Yee H C, Sandham N D, Djomehri M J. Low-dissipative high-order shock-capturing methods using characteristic-based filters[J]. Journal of Computational physics, 1999, 150(1): 199-238.

[39] Bogey C, de Cacqueray N, Bailly C. A shock-capturing methodology based on adaptative spatial filtering for high-order non-linear computations[J]. Journal of Computational Physics, 2009, 228(5): 1447-1465.

[40] 李万爱. 非结构网格高精度数值方法的若干问题研究[D]. 北京: 清华大学, 2012.

[41] 刘溢浪. 非结构网格高阶数值格式与加速收敛方法研究[D]. 西安: 西北工业大学, 2018.

[42] Barth T J, Frederickson P O. Higher order solution of the Euler equations on unstructured grids using quadratic reconstruction[C]. 28th AIAA Aerospace Sciences Meeting, 1990: 0013.

[43] Mitchell C R, Walters R W. K-exact reconstruction for the Navier-Stokes equations on arbitrary grids[C]. 31st AIAA Aerospace Sciences Meeting, 1993: 0536.

[44] Ollivier-Gooch C, van Altena M. A high-order-accurate unstructured mesh finite-volume scheme for the advection-diffusion equation[J]. Journal of Computational Physics, 2002, 181(2): 729-752.

[45] Nejat A, Ollivier-Gooch C. A high-order accurate unstructured finite volume Newton-Krylov algorithm for inviscid compressible flows[J]. Journal of Computational Physics, 2008, 227(4): 2582-2609.

[46] Ollivier-Gooch C, Nejat A, Michalak K. Obtaining and verifying high-order unstructured finite volume solutions to the Euler equations[J]. AIAA Journal, 2009, 47(9): 2105-2120.

[47] Caraeni D, Hill D C. Unstructured-grid third-order finite volume discretization using a multistep quadratic data-reconstruction method[J]. AIAA Journal, 2010, 48(4): 808-817.

[48] Mandal J C, Rao S P. High resolution finite volume computations on unstructured grids using solution dependent weighted least squares gradients[J]. Computers & fluids, 2011, 44(1): 23-31.

[49] Li W, Ren Y X. High-order k-exact WENO finite volume schemes for solving gas dynamic Euler equations on unstructured grids[J]. International Journal for Numerical Methods in Fluids, 2012, 70(6): 742-763.

[50] Hu G H, Yi N Y. An adaptive finite volume solver for steady Euler equations with non-oscillatory k-exact reconstruction[J]. Journal of Computational Physics, 2016, 312: 235-251.

[51] Setzwein F, Ess P, Gerlinger P. An implicit high-order k-exact finite-volume approach on vertex-centered unstructured grids for incompressible flows[J]. Journal of Computational Physics, 2021, 446: 110629.

[52] Cueto-Felgueroso L, Colominas I, Fe J, et al. High-order finite volume schemes on unstructured grids using moving least－squares reconstruction. Application to shallow water dynamics[J].

International Journal for Numerical Methods in Engineering, 2006, 65(3): 295-331.

[53] Cueto-Felgueroso L, Colominas I, Nogueira X, et al. Finite volume solvers and moving least-squares approximations for the compressible Navier-Stokes equations on unstructured grids[J]. Computer Methods in Applied Mechanics and Engineering, 2007, 196(45-48): 4712-4736.

[54] Chassaing J C, Khelladi S, Nogueira X. Accuracy assessment of a high-order moving least squares finite volume method for compressible flows[J]. Computers & Fluids, 2013, 71: 41-53.

[55] Chassaing J C, Nogueira X, Khelladi S. Moving Kriging reconstruction for high-order finite volume computation of compressible flows[J]. Computer Methods in Applied Mechanics and Engineering, 2013, 253: 463-478.

[56] Liu Y L, Zhang W W, Jiang Y W, et al. A high-order finite volume method on unstructured grids using RBF reconstruction[J]. Computers & Mathematics with Applications, 2016, 72(4): 1096-1117.

[57] Guo J Y, Jung J H. A RBF-WENO finite volume method for hyperbolic conservation laws with the monotone polynomial interpolation method[J]. Applied Numerical Mathematics, 2017, 112: 27-50.

[58] Bigoni C, Hesthaven J S. Adaptive WENO methods based on radial basis function reconstruction[J]. Journal of Scientific Computing, 2017, 72(3): 986-1020.

[59] Barth T, Jespersen D. The design and application of upwind schemes on unstructured meshes[C]. 27th AIAA Aerospace Sciences Meeting, 1989: 366.

[60] Venkatakrishnan V. Convergence to steady state solutions of the Euler equations on unstructured grids with limiters[J]. Journal of Computational Physics, 1995, 118(1): 120-130.

[61] Abgrall R. On essentially non-oscillatory schemes on unstructured meshes: analysis and implementation[J]. Journal of Computational Physics, 1994, 114(1): 45-58.

[62] Friedrich O. Weighted essentially non-oscillatory schemes for the interpolation of mean values on unstructured grids[J]. Journal of Computational Physics, 1998, 144(1): 194-212.

[63] Hu C, Shu C W. Weighted essentially non-oscillatory schemes on triangular meshes[J]. Journal of Computational Physics, 1999, 150(1): 97-127.

[64] Dumbser M, Käser M. Arbitrary high order non-oscillatory finite volume schemes on unstructured meshes for linear hyperbolic systems[J]. Journal of Computational Physics, 2007, 221(2): 693-723.

[65] Dumbser M, Käser M, Titarev V A, et al. Quadrature-free non-oscillatory finite volume schemes on unstructured meshes for nonlinear hyperbolic systems[J]. Journal of Computational Physics, 2007, 226(1): 204-243.

[66] Tsoutsanis P, Titarev V A, Drikakis D. WENO schemes on arbitrary mixed-element unstructured meshes in three space dimensions[J]. Journal of Computational Physics, 2011, 230(4): 1585-1601.

[67] 郑华盛, 赵宁, 朱君. 二维非结构网格上的高精度有限体积 WENO 格式[J]. 空气动力学学报, 2010, 28(4): 446-451.

[68] 雷国东, 李万爱, 任玉新. 求解可压缩流的高精度非结构网格 WENO 有限体积法[J]. 计算

物理, 2011, 28(5): 633-640.

[69] Wang Z J, Zhang L P, Liu Y. Spectral (finite) volume method for conservation laws on unstructured grids IV: extension to two-dimensional systems[J]. Journal of Computational Physics, 2004, 194(2): 716-741.

[70] Liu Y, Vinokur M, Wang Z J. Spectral difference method for unstructured grids I: Basic formulation[J]. Journal of Computational Physics, 2006, 216(2): 780-801.

[71] Reed W H, Hill T R. Triangular mesh methods for the neutron transport equation[R]. No. LA-UR-73-479, Los Alamos Scientific Lab, 1973.

[72] Cockburn B, Karniadakis G E, Shu C W. The Development of Discontinuous Galerkin Methods. Discontinuous Galerkin Methods[M]. Berlin, Heidelberg: Springer, 2000: 3-50.

[73] Wang Z J, Huynh H T. A review of flux reconstruction or correction procedure via reconstruction method for the Navier-Stokes equations[J]. Mechanical Engineering Reviews, 2016, 3(1): 15-00475.

[74] van den Abeele K, Lacor C. An accuracy and stability study of the 2D spectral volume method[J]. Journal of Computational Physics, 2007, 226(1): 1007-1026.

[75] van den Abeele K, Lacor C, Wang Z J. On the stability and accuracy of the spectral difference method[J]. Journal of Scientific Computing, 2008, 37(2): 162-188.

[76] van den Abeele K, Ghorbaniasl G, Parsani M, et al. A stability analysis for the spectral volume method on tetrahedral grids[J]. Journal of Computational Physics, 2009, 228(2): 257-265.

[77] Cockburn B, Shu C W. TVB Runge-Kutta local projection discontinuous Galerkin finite element method for conservation laws. II: general framework[J]. Mathematics of computation, 1989, 52(186): 411-435.

[78] Cockburn B, Lin S Y, Shu C W. TVB Runge-Kutta local projection discontinuous Galerkin finite element method for conservation laws III: one-dimensional systems[J]. Journal of computational Physics, 1989, 84(1): 90-113.

[79] Cockburn B, Hou S C, Shu C W. The Runge-Kutta local projection discontinuous Galerkin finite element method for conservation laws. IV. The multidimensional case[J]. Mathematics of Computation, 1990, 54(190): 545-581.

[80] Bassi F, Rebay S. High-order accurate discontinuous finite element solution of the 2D Euler equations[J]. Journal of Computational Physics, 1997, 138(2): 251-285.

[81] Bassi F, Rebay S. A high-order accurate discontinuous finite element method for the numerical solution of the compressible Navier-Stokes equations[J]. Journal of Computational Physics, 1997, 131(2): 267-279.

[82] Bassi F, Rebay S. Numerical evaluation of two discontinuous Galerkin methods for the compressible Navier-Stokes equations[J]. International Journal for Numerical Methods in Fluids, 2002, 40(1-2): 197-207.

[83] Cantwell C D, Moxey D, Comerford A, et al. Nektar++: An open-source spectral/hp element framework[J]. Computer Physics Communications, 2015, 192: 205-219.

[84] Huynh H T. A flux reconstruction approach to high-order schemes including discontinuous Galerkin methods[C]. 18th AIAA Computational Fluid Dynamics Conference, 2007: 4079.

[85] Huynh H T. A reconstruction approach to high-order schemnes including discontinuous Galerkin for diffusion[C]. 47th AIAA Aerospace Sciences Meeting including The New Horizons Forum and Aerospace Exposition, 2009: 403.

[86] Wang Z J, Gao H Y. A unifying lifting collocation penalty formulation including the discontinuous Galerkin, spectral volume/difference methods for conservation laws on mixed grids[J]. Journal of Computational Physics, 2009, 228(21): 8161-8186.

[87] Dumbser M, Balsara D S, Toro E F, et al. A unified framework for the construction of one-step finite volume and discontinuous Galerkin schemes on unstructured meshes[J]. Journal of Computational Physics, 2008, 227(18): 8209-8253.

[88] Dumbser M, Zanotti O. Very high order PNPM schemes on unstructured meshes for the resistive relativistic MHD equations[J]. Journal of Computational Physics, 2009, 228(18): 6991-7006.

[89] Wang Z J, Shi L, Fu S, et al. A PNPM-CPR framework for hyperbolic conservation laws[C]. 20th AIAA Computational Fluid Dynamics Conference, 2011: 3227.

[90] Zhang L P, Liu W, He L X, et al. A class of hybrid DG/FV methods for conservation laws I: Basic formulation and one-dimensional systems[J]. Journal of Computational Physics, 2012, 231(4): 1081-1103.

[91] Zhang L P, Liu W, He L X, et al. A class of hybrid DG/FV methods for conservation laws II: Two-dimensional cases[J]. Journal of Computational Physics, 2012, 231(4): 1104-1120.

[92] Zhang L P, Liu W, He L X, et al. A class of hybrid DG/FV methods for conservation laws III: Two-dimensional Euler equations[J]. Communications in Computational Physics, 2012, 12(1): 284-314.

[93] Pan J H, Ren Y X. High order sub-cell finite volume schemes for solving hyperbolic conservation laws I: basic formulation and one-dimensional analysis[J]. Science China Physics, Mechanics & Astronomy, 2017, 60(8): 1-16.

[94] Pan J H, Ren Y X, Sun Y T. High order sub-cell finite volume schemes for solving hyperbolic conservation laws II: Extension to two-dimensional systems on unstructured grids[J]. Journal of Computational Physics, 2017, 338: 165-198.

[95] Wang Z J, Liu Y. Extension of the spectral volume method to high-order boundary representation[J]. Journal of Computational Physics, 2006, 211(1): 154-178.

[96] Gao H Y, Wang Z J, Liu Y. A study of curved boundary representations for 2D high order Euler solvers[J]. Journal of Scientific Computing, 2010, 44(3): 323-336.

[97] Seal D C, Güçlü Y, Christlieb A J. High-order multiderivative time integrators for hyperbolic conservation laws[J]. Journal of Scientific Computing, 2014, 60: 101-140.

[98] Tsai A Y, Chan R P, Wang S X. Two-derivative Runge-Kutta methods for PDEs using a novel discretization approach[J]. Numerical Algorithms, 2014, 65(3): 687-703.

[99] Shu C W, Osher S. Efficient implementation of essentially non-oscillatory shock-capturing schemes[J]. Journal of Computational Physics, 1998, 77(2): 439-471.

[100] Shu C W. Total-variation-diminishing time discretizations[J]. SIAM Journal on Scientific and Statistical Computing, 1988, 9(6): 1073-1084.

[101] Gottlieb S, Shu C W. Total variation diminishing Runge-Kutta schemes[J]. Mathematics of

Computation, 1998, 67(221): 73-85.

[102] Gottlieb S, Shu C W, Tadmor E. Strong stability-preserving high-order time discretization methods[J]. SIAM Review, 2001, 43(1): 89-112.

[103] Hu F Q, Hussaini M Y, Manthey J L. Low-dissipation and low-dispersion Runge-Kutta schemes for computational acoustics[J]. Journal of Computational Physics, 1996, 124(1): 177-191.

[104] Najafi-Yazdi A, Mongeau L. A low-dispersion and low-dissipation implicit Runge-Kutta scheme[J]. Journal of Computational Physics, 2013, 233: 315-323.

[105] Alexander R. Diagonally implicit Runge-Kutta methods for stiff ODE's[J]. SIAM Journal on Numerical Analysis, 1977, 14(6): 1006-1021.

[106] Williamson J H. Low-storage Runge-Kutta schemes[J]. Journal of Computational Physics, 1980, 35(1): 48-56.

[107] Gander M J. 50 Years of Time Parallel Time Integration. Multiple Shooting and Time Domain Decomposition Methods[M]. Chan(Switzerland): Springer Science & Business Media, 2015: 69-113.

[108] Miranker W L, Liniger W. Parallel methods for the numerical integration of ordinary differential equations[J]. Mathematics of Computation, 1967, 21(99): 303-320.

[109] Güttel S. A Parallel Overlapping Time-Domain Decomposition Method for ODEs. Domain Decomposition Methods in Science and Engineering XX[M]. Heidelberg: Springer Science & Business Media, 2013: 459-466.

[110] Hackbusch W. Parabolic multi-grid methods[C]. Proceedings of the Sixth International Symposium on Computing Methods in Applied Sciences and Engineering, VI, 1985: 189-197.

[111] Minion M. A hybrid parareal spectral deferred corrections method[J]. Communications in Applied Mathematics and Computational Science, 2011, 5(2): 265-301.

[112] Gander M J, Jiang Y L, Li R J. Parareal Schwarz Waveform Relaxation Methods. Domain Decomposition Methods in Science and Engineering XX[M]. Heidelberg: Springer Science & Business Media, 2013: 451-458.

[113] Nievergelt J. Parallel methods for integrating ordinary differential equations[J]. Communications of the ACM, 1964, 7(12): 731-733.

[114] Oberkampf W L, Blottner F G. Issues in computational fluid dynamics code verification and validation[J]. AIAA Journal, 1998, 36(5): 687-695.

[115] Computational Fluid Dynamics Committee. Guide: Guide for the Verification and Validation of Computational Fluid Dynamics Simulations[S]. AIAA G-077-1998(2002).

[116] Oberkampf W, Trucano T. Validation methodology in computational fluid dynamics[C]. Fluids 2000 Conference and Exhibit, 2000: 2549.

[117] Roache P J. Verification and Validation in Computational Science and Engineering[M]. Albuquerque: Hermosa, 1998.

[118] 涂国华, 邓小刚, 闵耀兵, 等. CFD 空间精度分析方法及 4 种典型畸形网格中 WCNS 格式精度测试[J]. 空气动力学学报, 2014, 32(4): 425-432.

[119] Witherden F D, Farrington A M, Vincent P E. PyFR: An open source framework for solving

advection-diffusion type problems on streaming architectures using the flux reconstruction approach[J]. Computer Physics Communications, 2014, 185(11): 3028-3040.

[120] López M R, Sheshadri A, Bull J R, et al. Verification and validation of HiFiLES: a high-order LES unstructured solver on multi-GPU platforms[C]. 32nd AIAA Applied Aerodynamics Conference, 2014: 3168.

[121] Ye C C, Zhang P J Y, Wan Z H, et al. Accelerating CFD simulation with high order finite difference method on curvilinear coordinates for modern GPU clusters[J]. Advances in Aerodynamics, 2022, 4(1): 1-32.

[122] Goc K A, Lehmkuhl O, Park G I, et al. Large eddy simulation of aircraft at affordable cost: a milestone in computational fluid dynamics[J]. Flow, 2021, 1: E4.

[123] Lee M, Moser R D. Direct numerical simulation of turbulent channel flow up to[J]. Journal of Fluid Mechanics, 2015, 774: 395-415.

[124] Germano M, Piomelli U, Moin P, et al. A dynamic subgrid‐scale eddy viscosity model[J]. Physics of Fluids A: Fluid Dynamics, 1991, 3(7): 1760-1765.

[125] Park G I, Moin P. An improved dynamic non-equilibrium wall-model for large eddy simulation[J]. Physics of Fluids, 2014, 26(1): 37-48.

[126] Adams N A, Hickel S. Implicit Large-Eddy Simulation: Theory and Application. Advances in Turbulence XII[M]. Heidelberg: Springer Science & Business Media, 2009: 743-750.

[127] Di Renzo M, Fu L, Urzay J. HTR solver: An open-source exascale-oriented task-based multi-GPU high-order code for hypersonic aerothermodynamics[J]. Computer Physics Communications, 2020, 255: 107262.

第 5 章　转捩、湍流与大范围分离流动模拟技术

5.1　概念及背景

　　流动转捩、湍流和大范围分离流动是先进飞行器内外流场的典型结构，是飞行器气动设计中重点关注的问题，也是未来相当长时间航空航天领域空气动力学的研究热点。美国 NASA CFD 2030 愿景[1]指出，在航空航天系统的设计和分析过程中，准确预测转捩和非定常湍流是 CFD 领域在 2030 年之前仍需不断发展的重要一环。

　　数值模拟是获得转捩、湍流和大分离流场以及预测飞行器气动性能的重要手段。随着计算机性能的高速发展，特别是 CPU-GPU 异构并行技术的涌现，数值模拟将在未来飞行器气动设计等领域起到更为关键的作用。

　　转捩、湍流和大范围分离流动中常用的数值模拟方法包括直接数值模拟（direct numerical simulation，DNS）、大涡数值模拟（large eddy simulation，LES）、RANS（Reynolds averaged Navier-Stokes equation）的方法和 RANS-LES 混合方法等，见图 5.1。相关概念见表 5.1 所示，简要说明如下。

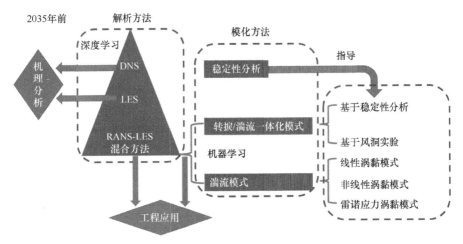

图 5.1　转捩与湍流预测方法

表 5.1　基本概念

DNS	LES	RANS	RANS-LES 混合
直接数值模拟，直接求解流动控制方程 主要应用于低雷诺数高精度数值预测，机理揭示等	大涡模拟，求解大尺度湍流脉动，小尺度湍流脉动则采用亚格子模式模化 主要应用于分离流动预测，机理揭示等	雷诺平均 N-S 方程（模拟），求解平均流动，湍流脉动由湍流模式模化 主要应用于各类飞行器设计状态，无分离或极小分离状态等流动预测	RANS-LES 混合模拟，利用 RANS 模化近壁区域流动，利用 LES 准确解析远离物面的大尺度流动 主要应用于高雷诺数附体/分离的流动高精度和高效率预测，及非定常流动相关的多场耦合模拟等

　　DNS 是利用数值方法直接求解流动控制方程（即 N-S 方程）的方法。它要求网格足够密集、时间步长足够短，以解析转捩、湍流和大分离流动中的小尺度涡结构，从而得到流场时空演化的全部细节。DNS 不引入模型，无模型带来的误差，在保证网格分辨率的情况下，是最为准确可靠的湍流计算手段，也是校验及改进转捩与湍流模型的有效方法。DNS 可以给出湍流相对丰富的信息，非常有利于进行转捩、湍流和大分离流动的机理及控制研究。不足之处在于计算量巨大，目前尚无法直接应用于飞行器全机尺度的工程问题。随着未来计算机性能的快速发展，DNS 将在基础研究和流动控制方法探索中发挥越来越重要的作用。

　　LES 的基本思想是利用低通滤波的方法将流场的大尺度涡与相对小尺度的涡区分开，解析求解大尺度涡，对小尺度涡建立较为通用的亚格子尺度（subgrid-scale，SGS）模型，以表征小尺度脉动对大尺度物理量的作用。因此，LES 可准确获取大尺度含能流动结构，使用相对较少的计算资源，就可以得到足够丰富的流场信息，具有一定的高效性。然而，针对高雷诺数近壁流动，LES 计算资源消耗仍然过大。当 LES 用于壁湍流时，近壁流场尺度被黏性长度主导，且随着壁面距离线性增长。据估算，靠近壁面 10%的区域内即占据了 90%以上的计算量。人们希望通过对壁面附近的湍流进行模型化，以降低高雷诺数流动情况下的计算量。根据是否解析壁面附近的小尺度结构，大涡模拟可进一步分为壁面解析的大涡模拟（wall-resolved LES，WRLES）和壁面模化的大涡模拟（wall-modeled LES，WMLES）。根据 Choi 和 Moin[2]估算，WRLES 的计算量与雷诺数的 13/7 次方成正比，而 WMLES 则与雷诺数呈线性相关，表明 WMLES 计算量有明显降低。虽然目前依然缺乏计算准确且鲁棒性强的 WMLES 模型，但综合考虑计算资源及计算精度，WMLES 在未来工程应用中更具潜力。

　　RANS 模拟主要是通过模化雷诺应力求解雷诺平均 N-S 方程获得平均物理场，是目前工程应用领域最常用的模拟手段。随着计算能力的不断提升及计算成本的下降，该方法可以高效完成海量工况的数值仿真工作。工程计算中广泛采用线性涡黏模式模化雷诺应力，如一方程 S-A 模式、两方程 k-ω-SST 模式等。代数应力模式，尤其是显式代数应力类非线性模式也正在逐渐得到应用。高阶微分雷诺应力模式（DRSM）由于考虑了较多物理机理，尤其考虑了各向异性湍流的影响，在预测较大分离时表现良好，但是在预测非定常大分离流动中的表现仍然差强人意。DRSM 方法需要求解 N-S 方程外的另外 7 个方程，具有计算效率低、源项刚性大、收敛性差等缺点。此外，转捩机理的缺失、高速流动验证的缺乏，也是 DRSM 模式发展乏力的重要因素。近年来，湍流模式的最新发展方向是利用机器学习等方法修正模式参数或对湍流模式方程的源项等进行反演、求逆，从而改进模式的表现。

RANS-LES 混合方法是为了利用有限计算资源解决实际工程需求孕育而生的非定常湍流模拟方法，其基本思想是利用 RANS 模化近壁区域流动以节约网格量、提升效率，并利用 LES 准确解析远离物面区域的大尺度流动。因此，RANS-LES 混合方法兼备 RANS 和 LES 方法的优点，是目前高雷诺数非定常流动较为理想的预测工具。在 NASA CFD 2030 愿景中，将 RANS-LES 混合方法视为能在复杂外形中准确捕捉流动结构最可能实现的方法，同时将 RANS-LES 混合方法列为所有湍流建模中首要发展的方法。如果 RANS-LES 混合方法既可以模拟飞行器上游的层流、转捩及附体湍流，又可以解析下游大范围分离流动，则其无疑是未来 15 年里最有可能满足工程应用需求的高精度非定常湍流模拟方法。

近 20 年来，我国试飞或装备了以 C919、运 20、歼 20 为代表的一系列飞行器，同时也在设计和试飞其他类型的新型飞行器。试飞过程中，面临着严峻的非定常湍流激励问题，如 C919 机体噪声、抖振边界、气动弹性，歼 20 的内埋弹舱开舱与投弹、超大攻角下的过失速机动，吸气式高速飞行器激波/湍流边界层干扰、光学导引窗口的局部分离等。这些问题极大地影响并限制了飞行器的飞行性能，甚至可能造成飞行事故。

未来 20 年，已有飞行器的改进和新飞行器的设计对高雷诺数非定常转捩/湍流预测方法提出了迫切的需求。如果能在设计阶段引进非定常设计思想和理念，无疑会极大地提升设计效率，减少试验工作量。发展不同层次的转捩、湍流和大分离流动模拟方法，将机理探索与工程实际相结合，可为飞行器气动相关设计提供有力支撑。

5.2 现状及 2035 年目标

DNS、LES、RANS 和 RANS-LES 混合方法的研究现状及未来目标见表 5.2。总体而言，RANS 和 RANS-LES 混合方法在 2035 年可以获得比较成熟的发展并广泛用于工程计算，而 LES 及 DNS 需要进一步发展，力争 2035 年有较大突破。

表 5.2　关键技术及其现状

关键技术		现状	愿景目标		
			2025	2030	2035
转捩与湍流模式	转捩模式	能用，但需要计及更多转捩因素	☆	♡	☀
	雷诺应力模式	可用，但鲁棒性、精确度有待提升		☆	♡
大涡模拟	壁面模化 LES	需要加强		☆	
	壁面解析 LES	计算资源消耗大			☆
RANS-LES 混合模型	转捩效应	能用，但不成熟，需提升	☆	♡	☀
	灰区缓解	少数情况可用，需应对三维局部分离	☆	♡	☀
直接数值模拟		计算资源消耗过大			☆

☆ 易获得　　♡ 适应能力　　☀ 鲁棒性

5.2.1　现状

　　下面分别就转捩、湍流和大分离流动的解析和模化等两类、六种 CFD 方法的研究现状进行讨论。

5.2.1.1　DNS 研究现状

　　DNS 是研究转捩与湍流机理、建模及控制方法的有力工具，自 20 世纪 80 年代至今得到了快速发展，并在转捩与湍流研究中发挥了重要作用。近年来可压缩转捩和湍流的 DNS 得到迅速发展，到目前为止已覆盖从亚声速到高超声速流动，为转捩与湍流研究提供了重要的流场数据。

　　可压缩湍流的 DNS 发展始于 20 世纪 90 年代的可压缩均匀各向同性湍流[3]，然后逐渐过渡到更为复杂的可压缩湍流。1995 年 Coleman 等[4]开展了时间演化的可压缩槽道湍流的 DNS 计算，研究了马赫数为 1.5 和 3 的充分发展槽道湍流，并分析了压缩性效应对湍流的影响。在此基础上 Huang 等[5]提出了一种"半局部坐标"，采用该"半局部坐标"归一化的物理量脉动均方根分布与不可压缩流动基本吻合。Rai 等[6]最早开展了空间发展的可压平板边界层 DNS，模拟再现了 Shutts 等的马赫数 2.25 的平板边界层实验[7]，计算中使用吹吸扰动触发了边界层的旁路（Bypass）转捩。Rai 等给出了充分发展湍流区基于 van Driest 变换的平均速度及脉动均方根分布，并与不可压缩湍流进行了比较。由于马赫数不高，van Driest 平均速度及速度脉动均方根分布与不可压缩平板边界层湍流相差不大。随后，

Pirozzoli 和 Grasso[8]及高慧等[9]对该流动工况进行了更为深入的研究，与 1995 年 Rai 等的结果相比，由于使用了精度更高的数值格式，且计算网格分辨率更高，因而计算的可靠性更好。

李新亮等[10]利用 DNS 对马赫数 2.25 的平板边界层转捩过程中的声源特性进行了分析，发现转捩过程中形成的强剪切层是重要的湍流噪声源。随着计算方法及并行计算技术的发展，DNS 能模拟的边界层湍流马赫数也不断提高。李新亮等[11]对马赫数 6 的平板边界层进行了 DNS 研究，发现高马赫数平板湍流边界层的拟序结构与低马赫数情况有很大差别。高马赫数情况下发卡涡很少出现，主要以准流向涡为主。Martin 和 Duan[12-15]对高超声速平板湍流边界层进行了一系列 DNS 研究，最高来流马赫数达到了 12，研究了壁温效应、马赫数效应以及高焓效应对湍流的影响规律。该 DNS 结果显示，当壁温接近绝热壁温时，对于平均速度、平均温度以及湍流度等主要统计特征而言，压缩性效应并不明显，Morkovin 理论甚至可以部分拓展到马赫数 12 这样的高超声速边界层。梁贤和李新亮[16]对马赫数 3、6 及 8 的平板湍流边界层进行了 DNS 研究，计算参数中包含了强冷壁面的工况（壁面温度低于恢复温度的 0.5）。计算结果表明，在强冷壁情况下，平均量明显偏离 Morkovin 理论的预测，说明降低壁温可明显增强压缩性效应。

对于高超声速边界层流动，随着温度升高，气体分子将会出现振动能激发、离解以及化学反应，该现象称为"高温真实气体效应"。真实气体效应湍流的 DNS 难度很大，相关研究直到最近几年才刚刚起步。Duan 和 Martin[17]以马赫数 21、高度 30km 来流的楔形体边界层为背景流动，进行了边界层局部区域的 DNS 研究。计算结果表明高焓流场表现出了明显的高温真实气体效应，且边界层流场与 Morkovin 假设偏差很大，压缩性效应明显。陈小平和李新亮[18]对来流马赫数 6 和 10 的槽道湍流进行了直接数值模拟，计算考虑了高温情况下比热的变化以及氧气及氮气的化学反应等高温真实气体效应，并与同样来流情况下完全气体流动进行了对比。研究发现，与完全气体相比，真实气体的平均温度及湍动能明显降低，说明高温真实气体效应对湍流有一定的抑制作用。

受工程需求牵引，近年来人们在高超声速锥体转捩方面开展了大量研究工作。Zhong 和 Ma[19]采用数值模拟结合线性稳定性分析，就钝锥体外形对外界扰动的感受性机理进行了研究，并给出来流快声波引起边界层扰动的共振机制。李新亮等[20, 21]通过 DNS，给出了 1° 攻角情况下 1mm 头半径钝锥的转捩过程。计算结果显示，钝锥表面的转捩线为非单调分布，20° 子午面附近转捩大幅推迟。李新亮等还分析了钝锥背风面、迎风面及侧面等不同子午面扰动波发展的差异。其计算结果表明，转捩前期会出现低频扰动波的快速增长，认为该低频信号与湍流拟序结构的形成有关。

5.2.1.2　LES 研究现状

LES 对计算资源的需求少于 DNS。目前所发展的 LES 模型主要针对充分发展湍流，能准确预测转捩的 LES 模型相对较少。

在传统的 LES 模型中，涡黏模型是使用最广泛的 SGS 模型，如由 Smagorinsky 和 Deardorff[22, 23]提出的 Smagorinsky 模型。基于涡衰减准正态近似（EDQNM）的封闭方法，Chollet 和 Lesieur 提出了谱涡黏模型[24]，但是该模型只能用于均匀各向同性湍流的模拟。Nicoud 和 Ducros[25] 基于速度梯度张量的平方给出了涡黏系数在近壁局部标度为 $O(y^3)$ 的 SGS 模型（近壁自适应局部涡黏系数模型，WALE），可方便地对壁湍流进行模拟。Verman[26]利用应变率张量的不变量来构建 SGS 涡黏系数，即 Verman 模型，该模型适合用来模拟剪切流动。除了涡黏模型，人们还发展了结构模型、动力学模型等 LES 模型。Clark 等[27, 28]以及 Verman 等对 SGS 应力进行了一阶 Taylor 展开得到了梯度模型，该模型与 SGS 应力相关性较高，但耗散偏低，鲁棒性较差。基于尺度相似假设，Bardina 等以及 Liu 等[29, 30]提出了尺度相似模型，该模型与梯度模型的性质类似，并且需要二次滤波。当前流行的动态模型最初由 Germano 等[31]提出，利用 Germano 等式动态确定模型系数。随后 Lilly、Piomelli 以及 Meneveau 等通过引入最小二乘法和不同的时空平均方法将该方法进行推广，发展了多种形式的动态 SGS 模型。近来，Heinz 和 Gopalan[32]利用随机分析理论提出了一种新的、可实现的线性及非线性动态模型，并经过数值验证发现新动态模型可以避免传统动态模型的缺点，稳定性好，能够更好地再现小尺度结构等。Ryu 和 Iaccarino[33]提出了一个基于体应变拉伸张量的涡黏 SGS 模型，该模型可以较好地应用于具有复杂几何边界流动的数值模拟。

国内学者在大涡模拟建模方面也相继开展了一些创新性研究工作。崔桂香等[34]基于可解尺度湍流结构函数的动态方程提出了适用于各向异性湍流的 SGS 模型，并在均匀旋转湍流及平面库埃特流中得到了有效验证。于长平等[35]利用湍流场中螺旋度传播与耗散平衡关系提出了一种基于螺旋度的 SGS 模型，在不可压缩、可压缩湍流以及可压缩边界层转捩的 LES 中表现较好。于长平等[36]提出基于能量通量进行模型系数的动态优化，使新的动态模型更符合流动过程中能量传输的实际物理特性。在 LES 的应用研究上，Xu 等[37]应用 LES 对可压缩波浪圆柱绕流进行了数值模拟，方剑等[38]利用 LES 研究了展向振荡的可压缩槽道湍流，通过数值分析发现了高度一致的速度相干结构与温度结构。许春晓等[39]基于多尺度模型研究了槽道湍流中的标量输运，并对 SGS 应力及 SGS 通量的不同尺度分解方案进行了模型公式的测试。

在近壁流动结构近似解析方面，陈十一等[40]提出了雷诺应力约束的 LES（CLES）方法，主要思想是全场求解 LES 方程，在近壁利用 RANS 模型对 LES 模型平均量进行约束，从而在节省近壁网格量的基础上获得较为理想的近壁瞬时脉动信息和平均流场。Wang 等[41, 42]研究了近壁湍流的时空特性，并提出了大涡模拟的离面边界条件，有效降低了 WMLES 的计算量。

5.2.1.3　湍流模式研究现状

RANS 方程是湍流运动系综平均量的控制方程，其中湍流脉动量的影响表现为雷诺应力（和雷诺热流）项，需要引入湍流模式使方程封闭。Boussinesq[43]提出假设，认为湍流雷诺应力与平均应变率张量成正比，并引入了涡黏系数的概念。Prandtl[44]在壁湍流中引入了混合长度的概念，用以确定涡黏系数的特征长度。von Kármán[45]对混合长度概念进一步拓展，提出了可实际应用的模型。自 1940 年起，周培源[46]开创性地研究了湍流脉动运动方程，给出了雷诺应力所满足的动力学方程，并研究了高阶张量关联函数，奠定了湍流模式工程应用的基础[47]。此后，湍流的工程模型层出不穷，包括线性和非线性涡黏模式，微分二阶矩模式及简化雷诺应力模式（包含代数应力和显式代数应力模式）等[48]，它们对计算流体力学的发展及相关的工程设计与应用起到了重要的促进作用。

van Driest[49]在混合长度模型中引入黏性修正。为了克服在剪切流动中的难以确定湍流长度尺度的困难，Bladwin 和 Lomax[50]于 1978 年提出了另一种代数模型，即 B-L 模型，发展成为当前较为常用的零方程模型。Prandtl[51]基于模化的湍动能输运方程求解涡黏系数，为一方程模型奠定了基础。后来人们直接通过输运方程的形式求解涡黏系数，其中使用最广泛的一方程模型为 SA（spalart-allmaras）模型[52]。Kolmogorov[53]首先提出基于湍动能和湍流能量耗散率的两方程 $k\text{-}\omega$ 模型。后来 Wilcox[54]、Menter[55]等进一步改进该模型，使其成为当前最常用的 RANS 模型之一。涂国华等[56, 57]研究了 SA 和 SST 湍流模型对高超声速边界层强制转捩的适应性，针对丰富涡结构的强制转捩，改进了 SST 湍流模型，提升了热流预测精度。

基于涡黏假设的湍流模型具有一定缺陷，其中关键的一点是无法正确描述雷诺应力张量各分量的历史效应。Rotta[58]对雷诺应力项进行全封闭，引入了二阶矩模型，该模型基于雷诺应力输运方程，从而能解析雷诺应力的历史和非局部的影响，但是雷诺应力输运模型包含 6 个输运方程，使得计算量大大增加。直到 20 世纪 70 年代，雷诺应力输运模型才得到成功的应用。此后，Lumley [59]引入压力应变关系和湍流输运关系，进一步发展了雷诺应力模型。

将 RANS 模型应用到非定常流动，如分离导致的涡脱落现象，需要求解 URANS（unsteady RANS）方程。在非定常周期流动中，对 URANS 方程采用锁相平均，得到的模型理论上和定常模型相同。然而，一些 RANS 模型在非定常流动中模拟结果并不理想，如 Franke 和 Rodi[60]发现传统的 k-ε 模型无法正确预测圆柱的涡脱落现象。为了改进现有模型，他们将湍动能的时间变化率增加到 ε 方程上，一定程度上提高了预测精度。

近年来，机器学习和人工智能方法开启了湍流模式研究的新范式[61]。Duraisamy 等[62]将基于数据驱动的方法应用于湍流建模。Ray 等[63]采用贝叶斯推断，针对横向射流问题研究了 k-ε 模式的参数不确定度，并且使用了代理模型来简化采样过程。此外，Edeling 等[64]基于一系列不同压力梯度的平板流动速度型分别获得了 Launder-Sharma 湍流模式相关参数的后验分布，发现针对不同算例获得的参数后验分布值差异较大。Singh 等[65]将一个随空间变化的修正项 $\beta(x)$ 作用在 S-A 湍流模式的生成项上。Gorlé 等直接对模化得到的雷诺应力施加一个扰动项，通过求解优化问题获得其后验分布，并发展了一个识别函数来标记流场中线性涡黏假设可能引入较大误差的区域[66]。Mishra 和 Iaccarino[67]在 SU2 求解器中搭建了雷诺应力不确定度的量化研究框架。Dow 和 Wang[68]研究了 k-ω 模式中涡黏系数的不确定度，使用伴随方法求解逆问题，从而得到了可以准确复现流场速度的涡黏系数分布。Xiao 等[69]结合了数据挖掘和物理信息量化，从而减小 RANS 模型的不确定性。Schmelzer 等[70]在 SST 模式中增加了涡黏系数和生成项的修正项，通过 LES 数据优化求解得到这些修正项的后验分布。

5.2.1.4　RANS-LES 混合方法研究现状

RANS-LES 混合方法是解决当前工程 CFD 仿真计算需求的较为理想的选择，该类方法已经广泛应用于非定常流动的数值预测，并且正在逐步用于如气动声学、气动弹性等多场耦合领域的数值研究。

截至目前，人们发展了多种类型的 RANS-LES 混合方法，如脱体涡模拟（DES）方法、分区 DES（zonal-DES）、尺度自适应模拟（SAS）方法、部分平均的 N-S 方法（PANS）等。严格说来 SAS 和 PANS 是具有 LES 表现的新一代 URANS 方法，在此暂且将其归纳为特殊的 RANS-LES 混合方法。这些方法各有优缺点，人们可以根据所解决的工程问题和拥有的计算资源来确定所要使用的方法。在计算资源充足的情况下，可以选用形式简单的模型，如 DES 方法，能够解析大部分湍流能量。当计算任务注重计算效率时，可以选用相对复杂的模型，如 PANS 或 SAS 方法，虽然不能得到非常准确的计算结果，但是仍能给出相对可靠的趋势[71]。

下面对主要的几类混合方法的现状分别加以介绍。

1）DES 类混合方法

DES 通过引入网格尺度过滤，在不同的计算区域采用不同的湍流模型：在壁面附近用 RANS 方法来模拟湍流平均场，远离壁面区域采用基于涡黏模型的 LES 方法进行解析瞬时流场，在 RANS-LES 分界面动态变化[72]。DDES（delayed DES）在 DES 的基础上引入了延迟函数，期望在附着流边界层中保持 RANS，延迟 RANS 向 LES 的切换，从而避免雷诺应力模化不足造成网格诱导的分离现象[73, 74]。IDDES（improved DDES）则进一步修改了网格尺度和混合长度尺度的定义，改善了边界层对数区亚格子黏性过大导致的速度型不匹配问题，并引入了 WMLES 分支，使得 IDDES 能够响应来流边界层中存在的湍流信息，最大限度地解析边界层中的湍流[75]。Spalart[76]对 DES 类方法进行了全面而深入的总结。

DES 方法及其改进方法使用简单，编程容易，效果突出，得到了学术界和工业界的广泛关注，在大分离流动的预测中取得了较大成功，如单圆柱流动[77]、串列双圆柱流动[78, 79]、三圆柱流动[80]、高升力翼型绕流[81-83]、翼身组合体绕流[84]、起落架绕流[85-87]、三角翼涡破裂[88, 89]、复杂空腔流动[90-92]、风扇静叶到出口的一体化模拟[93]、全机模拟[94, 95]等，极大地促进了 DES 类方法的工业应用。

DES 类混合方法的不足主要表现在两方面：一是不包含转捩机理，采用 DES 方法模拟转捩、附体湍流和大分离共存问题时，如翼型近失速、椭球体大攻角流动和高超声速飞行器流动[96]，预测的摩阻和热流误差较大；二是 RANS 向 LES 转换的"灰区"问题，即从壁面边界层向空间剪切层过渡阶段涡黏性过强，导致剪切层形成初期过于稳定、失稳延迟，这对于几何诱导的大分离流动影响较小，但对喷流、近失速、浅腔流动、中等分离等情况影响较大。对于激波边界层干扰类的局部分离流动，现有混合方法均会遇到较大困难，如分离大小、激波运动误差较大，需要引入合理的人工合成湍流才能解决。虽然 IDDES 可以克服部分对数率不匹配的现象，但是当切换到 WMLES 分支时若网格及离散格式不足以解析湍流脉动，仍会出现低估壁面摩擦力[97, 98]和对数区不匹配[99]的现象，这也属于灰区问题[100]。

Sørensen 等[101]将 γ-Re_θ 转捩模式与 DES 类方法耦合，乔磊等[102]分别将 γ-Re_θ 转捩模式与 DES 和 DDES 方法结合。肖志祥等[103]将 k-ω-γ 模式与 DDES 和 IDDES 方法耦合，这些工作使 DNS 类方法具备了一定的转捩预测能力。

针对"灰区"问题，人们进行了大量的研究工作，力求减小"灰区"问题的影响，以提高 RANS-LES 方法的计算精度。

欧盟启动的 Go4Hybrid 项目[104]指出了"灰区"问题的两个主要解决方案：一是辨别剪切层初期流动，降低该区域的涡黏系数，促进剪切层的失稳；二是植入扰动方法，引入人工扰动来促进湍流脉动的生成和解析。Spalart 和 Strelets[105]提出的 ADES（attached DES）方法中，在分离区上游区域提前切换到 WMLES 分支，并添加解析的壁面湍流代替人工合成湍流来提高模拟精度。然而，实际上该方法并没有解决"灰区"问题，仍然需要合成湍流方法辅助[106]。

目前 DES 方法不断涌现新的改善措施，并且在二维或简单外形上获得了成功，但是大多是在原始方法上进行改进，需要根据不同的流动特点采用不同的改进方法[107]，甚至在同一算例的不同区域选用不同的方法，具有一定经验性。因此，DES 类方法在不同改善方式的相互耦合以及在三维复杂流动工况下的评估和验证等方面还有待研究。此外，DES 类混合方法大多应用于低速流动，对超声速，甚至高超声速流动的预测能力还需进一步检验。

2）SAS 方法

SAS 方法由 Menter 和 Egorov[108, 109]基于两方程 SST 模式提出。该方法通过在 RANS 模型中引入冯·卡门长度，在壁面附近冯·卡门尺度近似等于当地到壁面的距离，SAS 表现为 RANS 方法，在大分离区则变为较小的湍流长度尺度，从而减小了涡黏系数，类似于 LES 方法。因此，SAS 方法从 RANS 到 LES 的过渡依赖于流动本身而非网格尺度。从这方面来说，SAS 是一种 URANS 方法，原因是网格尺度达到 Kolmogorov 尺度时，该方法不能趋向于 DNS 方法。

类似于 DES 类方法，SAS 方法也存在一定的物理缺陷，如在 RANS-LES 过渡区域附近，RANS 区域大的湍流耗散抑制湍流脉动的产生，在某些算例中存在收敛性问题等。

Xu 等[110]通过在内层限制大涡模拟的方式改善了 SAS 方法中的“灰区问题”，在圆柱绕流和超声速边界层流动中有效提升了预测精度。Liu 等[111]用 SAS 中的冯·卡门长度尺度代替 DES 方法中网格尺度提出了 ISAS 模型，改善了 SAS 方法中的收敛性问题。闫超等[112]对 XY-SAS 模型进行了机理分析，认为该模型克服了早期 SAS 模型预测的湍流能谱在高波数衰减不足的缺陷，并在分析的基础上对该模型进行了改进，取消了其限制器，实现了涡黏性系数根据当地流动状态动态地自适应调整和光滑过渡，是预测稳态流动和大尺度分离流动的有效方法。

SAS 方法已被广泛应用于典型湍流问题的计算。Menter 等在稀网格上使用 SAS 方法进行了周期山丘流动的计算，计算得到的平均流场与 LES 结果符合良好。同时，在后台阶和三角柱绕流的计算中也取得了一定的成功。Egorov 等[113]和 Menter[114]等通过涡轮叶片冷却、通道中横向流动的热浮力射流、涡流燃烧室中的湍流燃烧、过失速的 NACA0021 翼型绕流、FA-5 全机绕流等实例，验证了 SAS 方法对大尺度涡的预测能力。Loupy 等[115]将 SAS 方法应用到武器舱的湍流脉动预测中，包含了开舱、武器分离和气动弹性问题，Jadidi 等[116]将 SAS 方法应用于建筑物附近的流动模拟，Aminian[117]使用 SAS 模拟了涡结构通过方柱的流动，Ma 等[118]采用 SAS 方法计算了方型气泡的演化过程，Xu 等[119]评估了 SAS 方法在计算圆柱绕流和跨声速半球绕流中的表现。

3）PANS 方法

PANS 方法由 Girimaji 等[120-122]提出，其理论基础是湍流在物理空间上的尺度自相似性，该方法使用两个重要的参数 f_k 和 f_ε 来实现从 RANS 到 DNS 的自然过渡，分别表示模化的湍动能占总湍动能的比和模化的湍流耗散占总耗散的比例。在实际应用中，f_ε 通常设为 1.0；f_k 既可以设置为全局定值，也可以根据 RANS 的计算结果设置为分布形式[123, 124]，但是在整个计算过程中均保持不变。

自提出以来，PANS 方法也不断得到发展和改进。Foroutan 和 Yavuzkurt[124]基于冯·卡门能量谱的部分积分，提出了新的 f_k 函数。Basara 等[125]基于 RANS $k\text{-}\varepsilon\text{-}\zeta\text{-}f$ 湍流模式发展了四方程的 PANS 方法。Ma 等[126]使用近壁区的衰减函数提出了适用于低雷诺数的 PANS 模型。

为了证明 PANS 方法预测大尺度不稳定涡的能力，人们将 PANS 方法应用于不同类型的流动进行了有效性验证，如方柱和圆柱绕流[127]，简化的基本起落架[128]、简化的车辆模型[129, 130]和钝体绕流[131]等。

PANS 方法在能量谱截断波数附近滤波过程的物理意义不明确。这个缺陷会导致 PANS 方法在某些应用情况下失效，如背离标准 Kolmogorov 律的非平衡湍流。虽然该方法在某些湍流模拟中表现出适用性，但是在一致性方面仍然需要更进一步的理论研究和验证工作。

4）RANS-LES 与其他学科耦合

（1）气动噪声。

RANS-LES 混合方法因其高效率和高精度的特点，在气动噪声的预测上扮演着重要的角色。通常使用 RANS-LES 混合方法计算近场流动作为噪声源，采用声比拟方法计算辐射噪声，如 Kirchhoff 方法、求解 FW-H 方程等。

Greschner 等[132]采用基于 EASM 的 DES 方法计算了圆柱/翼型的干涉噪声，得到了准确的远场噪声及其主导频率。Egorov 等使用 SAS 方法计算了 M219 空腔模型噪声和汽车后视镜噪声，计算结果与实验基本一致。Murayama 等[133, 134]和 Bouvy 等[135, 136]使用 VLES/FW-H 方法计算了安装穿孔板的起落架辐射噪声，重现了风洞实验和飞行试验中的控制结果，在一定程度上揭示了噪声控制机理。Tyacke 等使用分区形式的 DES 方法计算了喷流安装效应噪声，构形包含了双涵道喷管、后掠机翼和下垂的增升装置等。清华大学采用 IDDES/FW-H 方法开展了噪声预测尝试，如圆柱/翼型干涉模型[137, 138]辐射噪声，静态算例在 90°方向上主导频率与实验相同，噪声幅值低 1dB；再比如串列双圆柱噪声[139]，远场噪声指向性和幅值与实验符合良好；此外还研究了单独射流噪声[140]和射流/机翼干涉[141]流动的辐射噪声等。上述研究工作初步表明该方法能够预测部件之间的干涉噪声和部件与压力波的干涉噪声。

（2）流固耦合或动态特性。

目前的流固耦合问题大多基于 URNAS 方法进行研究，仍然处于方法验证阶段，主要验证数值方法的可靠性，以及不同离散格式和工程湍流模式的影响[142]。使用 RANS-LES 方法计算精细流动结构和准确气动特性的例子还比较少。

刘健[143]使用 DDES 方法研究了俯仰运动下的双三角翼流动，得到了精细的三角翼涡破裂特征，如涡破裂点流向运动行为，涡破裂后的螺旋结构演化，气动力响应和俯仰稳定性与流动的关系。他们还使用 DDES 和 DDES-AC 方法研究了 NACA0015 的动态失速过程，对深度失速过程中气动力/力矩的变化规律及其机理进行了分析，对分离位置，空间涡结构，表面压力系数等的时间演化进行了详细的研究。美国迈阿密大学的查戈成课题组[144]，采用高阶格式和 DDES 预测了机翼的颤振等，首次获得了 RANS-LES 类混合方法在气动弹性研究中的表现。

综上所述，RANS-LES 混合方法在计算大分离下的流固耦合问题时，具有一定优势和应用潜力，但仍需大量的理论改进和验证工作。

5.2.1.5 转捩预测方法和模型研究现状

转捩模式是近 20 年湍流模式研究的重点和热点问题。这里，我们以 $\gamma\text{-}Re_{\theta t}$[145, 146] 和 $k\text{-}\omega\text{-}\gamma$[147]模式为例介绍转捩模式的研究现状。

Langtry 和 Menter[148]发展的 $\gamma\text{-}Re_{\theta t}$ 模式是当前应用最广泛的低速转捩预测模式。他们在风洞转捩实验数据和原有 SST 湍流模式的基础上，添加了间歇因子 γ 和转捩起始边界层动量厚度雷诺数 $Re_{\theta t}$ 的输运方程，其核心思想是通过建立输运方程将动量厚度雷诺数当地化。

$\Gamma\text{-}Re_{\theta t}$ 模式还可以通过引入描述分离诱导转捩的间歇因子考虑分离诱导转捩的影响。Seyfert 和 Krumbein[149]通过低速平板和翼型等算例比较了该模式与 eN 方法的计算结果。Wang 等[150]测试了其在 NLR-7301 超临界翼型上的表现，分析了来流马赫数和攻角的影响。Rumsey 和 Lee-Rausch[151]使用 $\gamma\text{-}Re_{\theta t}$ 模式研究了三维多段翼的转捩问题。Halila 等[152]则基于平板、多段翼和翼身组合体构形分析了来流湍流度、黏性系数比以及计算网格密度对结果的影响。

然而原始的 $\gamma\text{-}Re_{\theta t}$ 模式只能用来求解低速二维转捩问题。针对高速转捩问题，Kaynak[153]在 $Re_{\theta t}$ 的拟合关系式中加入了压缩性修正，用以计算超声速转捩问题。尤延铖等[154]同样引入了新的经验关系式来预测高超声速转捩问题，同时引入了激波探测器，用以消除经过激波后湍动能非物理生成过大的现象。Hao 等[155]针对涡雷诺数和动量厚度雷诺数之间的比例关系引入了可压缩修正，并反映在转捩起始判据中，使其能够预测高超声速转捩问题。

针对三维流动中的横流转捩，Krumbein 等[156-158]在 $\gamma\text{-}Re_{\theta t}$ 中引入了横流诱导

转捩的 C-1 判据[159]，发展了 $\gamma\text{-}\tilde{R}e_{\theta t}\text{-}Re_{\delta 2t}$ 模式，通过几何后掠角与当地后掠角的关系求解 FSC 方程。然而，这种方法需要预知几何外形，破坏了原有模式的当地化特性。Choi 和 Kwon[160, 161]则发展了 $\gamma\text{-}\tilde{R}e_{\theta t}\text{-}CF$ 模式，通过使用流向涡量表征横流强弱，避免了具体速度剖面的求解，同时通过灵活使用当地压力梯度方向近似求解当地后掠角，避免了采用非当地变量。Choi 和 Kwon[162]还进一步考虑了横流模态和 T-S 波之间的相互作用。Shivaji 和 James[163]采用了横流雷诺数，但是流线曲率的求解引入了非当地变量。Langtry[164]在 $Re_{\theta t}$ 的输运方程中引入了与横流有关的负源项，使得横流诱导转捩时对应的临近雷诺数变小，并考虑了粗糙度的影响。张毅锋等[165]通过经验关系式修正在 $\gamma\text{-}Re_{\theta t}$ 模式引入可压缩效应，使模式具备高超声速流向转捩预测能力；向星皓等[166, 167]在其基础上引入了当地化的高超声速横流判据与横流源项，发展了适用于高超声速三维边界层转捩预测的 $C\text{-}\gamma\text{-}Re_{\theta t}$ 模式。

此外，Menter 等[168]及 Xia 和 Cher[169]使用经验关系式代替了 $Re_{\theta t}$ 的输运方程，使之变为三方程转捩模式，使得模型得到进一步简化的同时，满足伽利略不变性。

符松和王亮[170-172]提出的三方程 $k\text{-}\omega\text{-}\gamma$ 转捩模式也是应用较多的模式之一。与 $\gamma\text{-}Re_{\theta t}$ 模式更多基于经验数据拟合不同，该模式基于线性稳定性分析的一些结论，考虑了更多的物理机制，可以预测由第一模态、第二模态、横流模态等失稳导致的转捩，实现了从低速到高速，从二维到三维的全覆盖。在 $k\text{-}\omega\text{-}\gamma$ 转捩模式基础上，人们又开展了很多后续的研究工作。王亮等[173, 174]引入了 Bypass 转捩和分离诱导转捩的影响，并将其应用到涡轮叶片的转捩预测。王亮等[175]根据湍斑生成速率与湍流度之间的关系，在间歇因子输运方程生成项中进一步引入了湍流度的影响。张明华[176]采用 $k\text{-}\omega\text{-}\gamma$ 转捩模式对方形和斜坡形粗糙单元诱导的强制转捩进行了模拟，并且分析了不同几何参数对斜坡粗糙单元诱导转捩效果的影响。刘健等[177]针对姿态改变影响引入了刚体动网格模型，研究了 NACA0012 翼型的俯仰振荡转捩问题，分析了俯仰运动对转捩以及俯仰动稳定性的影响，并与实验和 eN 方法结果进行了详细对比。

对于高超声速球锥转捩问题，Zhou 等[178]发现原始的 $k\text{-}\omega\text{-}\gamma$ 模式在模拟高超声速钝锥转捩流动时，尽管可以正确反映随钝度增大转捩位置后移的现象，但是预测结果始终比实验结果靠前。针对这一问题，他们将头部钝度显式引入到第二模态时间尺度中进行修正，更好地反映了高超声速钝锥转捩中头部钝度的影响。然而，该修正需要预知几何外形，且只适用于零度攻角流动。王广兴等[179]基于线性稳定性分析的结果，引入当地雷诺数的影响来修正第二模态，这一修正完全采用当地变量，且在不同钝度和攻角的高超声速钝锥转捩预测中取得了很好的效果。Zhou 等[180]发展了基于横流速度与雷诺数的横流模态时间尺度模化方法，并通过 HIFiRE-5 等标模进行了验证。Guo 等[181]引入层流脉动动能的输运方程来修正第二模态，构造了 k-ω-k_L-γ 四方程模式。黄小玲[182]将 k-ω-γ 转捩模式引入斯坦福大学开发的非结构 CFD 求解器 SU2 中，并且对边界层外缘速度进行了当地化求解，使之能适应于非结构网格的计算要求，并通过低速平板、翼型，高速球锥等转捩标模进行了验证。对于粗糙度诱导的转捩问题，杨沐臣等[183]引入了粗糙度放大因子的输运方程，构造了 k-ω-γ-A_r 四方程转捩模式，并通过壁面粗糙的低速平板和翼型算例进行了可靠性验证。

5.2.1.6　基于稳定性理论的转捩预测方法研究现状

基于稳定性理论的 eN 方法是迄今为止物理意义最明确的转捩预测方法，其基本思想是先通过求解线性稳定性方程获得扰动的增长率，然后沿扰动传播方向积分增长率获得其幅值的指数增长倍数 N 值，最后判断 N 值是否达到临界的 N_{tr} 值（通常由实验或 DNS 标定获取）来确定转捩位置。该方法一般适用于小幅值的环境扰动或来流扰动诱导的边界层自然转捩。尽管 eN 方法早在 20 世纪 50 年代就已经被提出来，但直到 21 世纪初国内外才陆续将其汇编成转捩预测软件，并在工程实践中得到了广泛应用。

美国 NASA 兰利研究中心先后开发了两款高超声速边界层转捩预测软件，分别为 eMalik 和 LASTRAC。eMalik 是在美国空天飞机（NASP）计划下促成的首款工程实用性预测软件，可预测第一模态、第二模态、横流模态、Görtler 模态等典型转捩模态。该软件还对接了 CFL3D 流场求解器软件，是集成了流场计算、稳定性分析与转捩预测的套装软件，但是 eMalik 软件自动化程度很低，需要大量人工干预，且不能分析复杂流动问题，因此没有在工业部门得到推广。LASTRAC 相比 eMalik 开发时间晚了十几年，但其功能和性能都有很大的进步，该软件不仅包含传统线性稳定性方法（LST），还包含考虑非平行效应的线性和非线性抛物化稳定性方法（PSE 和 NPSE），可以解决 2 维和 2.5 维流动转捩问题。此外，该软件设计了用户界面交互系统，降低了软件使用门槛，逐渐成为美国航空航天工业部门的转捩预测主流软件工具。德国宇航中心（DLR）针对航空领域转捩问题设计了一款名为 LILO 的工业软件，主要服务于欧洲空客公司的航空飞行设计。该软件应用了转捩数据库方法，与主流求解器（包括 TAU 和 FLOWer）进行耦合，在基本无需提前认识转捩特征、无需用户干预的情况下，完成对转捩的自动、高效预测。国内中国空气动力研究与发展中心与天津大学联合开发了一套高超声速三维边界层稳定性分析与转捩预测软件 HyTEN，该软件通用性非常强，可面向任何三维外形、多块结构或非结构网格流场。可选择的稳定性方法不仅有 LST、PSE，还有全局稳定性方法。在软件运行方面，对从网格数据读入、自适应前处理、到稳定性模态识别与转捩预测的操作流程，实现了人工经验的程序化处理，需要的人工干预较少。该软件可作为独立的流动稳定性和转捩分析软件运行，其输入条件是基本流流场数据，该数据可以来自其他第三方软件，输出是扰动波频率、增长率、形状函数、N 值分布和预定 N_{tr} 下的转捩位置。

5.2.2　2035 年目标

5.2.2.1　DNS 目标

到 2035 年，致力于将 DNS 广泛应用于转捩与湍流（含大分离）机理、建模及控制的研究中，为流动机理及模型研究提供高时空分辨率的数据。到 2035 年，DNS 可实现航空航天飞行器大尺度部件级流动转捩与湍流流场的全时空分辨率模拟，流动参数覆盖亚声速到高超声速流动，可实现流固耦合、化学反应、真实气体效应、多物理场耦合等复杂流动的高分辨率模拟，以期在转捩与湍流基础研究和飞行器及发动机的气动优化设计中发挥重要作用。

5.2.2.2　LES 目标

到 2035 年，LES 将能够很好地解决可压缩 N-S 方程的模式封闭问题、转捩/湍流的自适应建模问题，以及合理且准确的壁模型问题，具体包括（但不限于）：大幅度提高对高性能计算资源的有效利用，发展非结构网格的高阶数值格式，建立模型误差及不确定性量化分析，实现大涡模拟全自动模拟操作流程，建立能提供更理想湍流来流的生成方法，建立符合流动物理特性、计算准确且数值稳定的壁模型，发展能精确预测复杂流动演化过程的大涡模拟模型。2035 年大涡模拟将可以实现对转捩、分离流动等的高精度模拟，可以直接用来进行高雷诺数湍流、转捩的机理研究；实现对航空航天飞行器转捩/湍流场的全机模拟；实现对转捩、湍流、大范围分离、燃烧以及流固耦合等问题的一体化模拟；满足数值风洞以及数值发动机等技术要求。

5.2.2.3　湍流模式目标

2035 年，微分雷诺应力模式将能够解决附体和小分离流动预测问题，并克服雷诺应力模式的数值收敛性问题，建立模型误差及不确定性量化分析方法，使之广泛应用于复杂外形的实际工程计算。

5.2.2.4　RANS-LES 目标

随着计算机技术的发展和工程应用需求，使用 RANS-LES 混合方法解决实际工程问题正在成为必然的发展趋势。2035 年，RANS-LES 方法将克服现有的缺乏转捩机理和灰区等缺陷，并形成与之相适应的高精度低耗散格式。与此同时，RANS-LES 混合方法将在多学科耦合中得到更广泛的应用，如全发动机模拟，起落架噪声，舱门振动噪声及其尾迹与下游部件干涉噪声的一体化模拟等。

5.2.2.5　转捩/湍流一体化模式目标

2035 年，现有转捩/湍流一体化模式将得到更深入的研究和发展，能更加准确地体现影响转捩的多种因素，如逆压梯度、高温真实气体效应、表面粗糙度、姿态改变等。同时，获得更多风洞实验和飞行试验的相关性数据支撑。基于数据融合与机器学习的转捩模式将获得较为成熟的发展，并且新型转捩模式应该具有当地化的特质，以便应用于非结构网格，解决工程实际问题。

5.2.2.6　稳定性分析目标

以工程应用为目的，进一步开展流动稳定性和转捩基础理论问题研究，基于eN 方法，考虑感受性和转捩机理等因素，开发一套满足先进航空航天飞行器设计需求的转捩预测工具，推动我国航空航天飞行器气动设计和热防护能力的进一步提升。

5.3　差距与挑战

针对 RANS、LES、DNS 及 RANS-LES 等几个主要湍流预测方法，表 5.3 列出了当前存在的差距和面临的挑战

表 5.3　差距与挑战

关键技术	差距与挑战	2035 年目标
DNS	参数范围、网格分辨率、几何外形的复杂程度与多物理场计算能力	Re 达 10^7，Ma 可至高超；网格百亿；可对飞行器的部件开展精细模拟；可考虑多场耦合
LES	可压缩效应的建模问题、转捩/湍流自适应大涡模拟方法的发展以及尺度自适应大涡模拟方法的发展	Re 达 10^7，Ma 可至高超；可模拟工程复杂外形；可考虑多场耦合
RANS	雷诺应力模式的数值鲁棒性不够，复杂外形应用不够；基于数据驱动的湍流模式，还只能用于相近流动预测，当流动类型差距较大时，效果不佳	Ma 可至高超；可模拟工程复杂外形；可较准确预测分离；可实现分钟级快速分析
RANS-LES	灰区问题尚未完全解决；RANS-LES 的无缝链接、自动转换；多学科耦合	Ma 可至高超；可模拟工程复杂外形；可考虑多场耦合
转捩预测	转捩建模面临高质量转捩数据少、机理认识不清的困境；基于流动稳定性理论的转捩预测方法（如 eN 方法）的专业性强，适合三维转捩的理论还不完善、对复杂几何外形的适应性不足	针对多种航空航天应用场景建立起高效准确的转捩预测模拟，转捩预测 eN 方法能够用于三维复杂外形

5.3.1　DNS

与 2035 年目标相比,当前的可压缩湍流 DNS 研究尚有不少差距,主要体现在计算的参数范围、网格分辨率、几何外形的复杂程度以及多物理场计算能力等方面,典型的差距见表 5.4。

表 5.4　当前典型的 DNS 算例与 2035 年目标的对比

	当前典型的 DNS 算例	2035 年目标
计算参数	Re_x 通常为 10^6 量级;马赫数以亚声速到超声速为主,高超声速算例较少	Re_x 可达 10^7 量级,马赫数可覆盖从亚声速到高超声速
计算网格数	数亿至数十亿	数百亿
几何外形	以平板、槽道、钝锥体等简单外形为主	可计算飞行器复杂外形
多物理场	通常为单纯的流场计算,多物理场耦合算例较少	考虑复杂的多物理场耦合

(1)计算参数范围:当前计算的雷诺数及马赫数尚不能覆盖全尺寸飞行器整机的流场模拟需求。

(2)计算的网格规模:2035 年典型 DNS 网格规模预计为数百亿级,而当前典型 DNS 算例的网格规模为数亿级。

(3)几何外形:当前 DNS 大多针对较为简单的几何外形,如平板、槽道、圆锥、翼型等,很少涉及复杂的几何构形。

(4)多物理场计算:受计算资源所限,当前 DNS 通常以单纯的流场计算为主,较少考虑多物理场耦合。

5.3.2　LES

与 2035 年目标相比,当前的 LES 方法与实际需求还有比较大的差距,主要体现在反映可压缩效应的建模问题、转捩/湍流自适应大涡模拟方法以及尺度自适应大涡模拟方法。

(1)反映可压缩效应的 SGS 模型:传统的大涡模拟模型绝大多数是基于不可压缩湍流建立的。在模拟可压缩湍流时,传统大涡模拟的做法只是将不可压缩版本的模型直接推广到可压缩湍流。这样的建模与实际物理机理不匹配,会造成模拟结果不理想。

(2)可实用化的转捩/湍流自适应大涡模拟模型:可实用化转捩/湍流自适应大涡模拟模型是研究的重点和难点,国际上相关的研究成果甚少。一个成功的转掠/湍流自适应大涡模拟模型就是让模型自身去识别转捩和湍流。

（3）突破尺度不变性的限制：可实用化的大涡模拟是指在现有的主流计算能力下可实现工程计算，要求大涡模拟的滤波宽度要突破传统 LES 模型滤波尺度落在惯性子区的限制。这就进一步要求 LES 模型具有尺度自适应，从而保证 LES 模型在网格尺度不在惯性子区时仍然有效。

（4）WMLES 的局限性和挑战：第一，模型中充分解析边界层厚度所要求的网格分辨率在很多复杂工程流动中依旧难以满足，尤其对于绝大部分是层流边界层的情形。需要发展能够感知外部扰动，描述边界层不稳定性增长及与下游湍流场耦合过程的壁模型。第二，虚拟壁面边界条件与边界层厚度密切相关，但在复杂几何外形流动中，边界层厚度未知，因此无法平滑确定虚拟壁面的位置。因此，有必要构造对于虚拟壁面位置鲁棒性好或与边界层厚度解耦的壁模型。除此之外，大多数壁模型假定虚拟壁面处壁应力与流动主方向平行。然而，该方向在三维边界层流动中难以识别，并且该假设在分离流动中可能失效。第三，需要对具有压力梯度（尤其是由于轻微逆压梯度导致的边界层分离）的流动中壁模型的精确性进行进一步验证。第四，在没有验证数据的情况下对壁模型计算的准确性难以直接评估。针对复杂流动，许多新发展的壁模型基于经验引入额外的复杂度（如模型系数，经验参数或边界层状态的简化假设等）。这些附加的经验设置将难以量化的敏感性引入 LES 计算，可能限制其在复杂流动中的预测能力。因此，需要发展完全动态的壁模型并量化建模误差的影响。

（5）来流边界条件的生成：如何正确指定来流边界条件对于大涡模拟实际应用至关重要，但是在大涡模拟中准确生成入口边界条件极其困难。在过去的几十年中，人们一直在进行探索，并发展了许多来流边界条件的生成方法，如傅里叶方法及其相关技术、本征正交分解法（POD）、数字滤波器生成法等。然而，这些方法只能产生具有某些特征的湍流来流条件。怎样产生满足所有预期特征的湍流来流，如湍流强度、剪切应力、长度标度、能谱及适当的湍流结构等，值得进一步深入研究。

5.3.3　RANS-LES 差距

（1）现有 RANS-LES 混合方法的改进与完善：目前的 RANS-LES 方法还有较多的物理缺陷，如缺乏转捩预测机理，需要发展相应的转捩/湍流一体化模式。另外，DES 类方法中的"灰区"问题，PANS 方法中关于滤波尺度的一致性问题等，都还没有较为理想的解决方案，需要进一步研究。

（2）现有 RANS-LES 混合方法的实际工程应用受限：尽管 RANS-LES 混合方法有着广阔的应用前景，但是 RANS 方程假定平均时间尺度远大于任何湍流时间尺度，导致瞬时湍流应力被平均值替代。在实际使用中，RANS 方法通常采用涡黏模式，有效的涡黏系数通常比分子黏性系数大几个量级，因此在高湍流区域

RANS 方法的结果相对来说较为稳定。LES 方法通过滤波操作，将可解尺度的流动和需要建模尺度的流动分开，亚格子涡黏系数不能太大，原因是过大的亚格子涡黏系数会抑制大尺度涡结构的增长和运动。这导致在 RANS 和 LES 交界面区域，RANS 提供的模化雷诺应力容易变得很大，无法保持 LES 所要求的非定常特性，即不能用雷诺平均的物理量代替所有雷诺应力。采用 RANS-LES 混合方法，虽然在分离后的流动预测上有大幅度提高，在 LES 区域能有效解析出关键湍流信息，但是流动分离仍然是由 RANS 模型来控制。然而，RANS 模型本身的局限性制约了流动分离预测的精确性。同时，在航空航天领域中采用混合类方法的计算成本仍然高得令人望而却步。当前，人们仅在所关注位置（如机翼壁面附近）布置混合类方法，以降低计算成本。为了常规使用混合 RANS-LES 方法，迫切需要在边界层中实现无缝、自动的 RANS-LES 转换，需要先进理论的进一步发展和支持。

（3）多学科耦合：RANS-LES 混合方法的工业化应用尚处于验证阶段，在复杂流动和多学科耦合问题上需要更多的验证。同时，目前 RANS-LES 混合方法在仿真计算中仍然依赖专业经验，距离工业化目标还有很长的路要走。

5.3.4　湍流模式差距

目前，雷诺应力模式的本构关系复杂，物理建模和数学推导难度较大。尽管雷诺应力模式包含众多物理机制和复杂的本构关系，但是在复杂外形的表现不一定优于常规线性模式。此外，雷诺应力模式的数值鲁棒性不够，基本上只能应用于简单外形，在复杂外形中的应用非常少。同时，这类模式主要用于低速流动，暂时无法应用于高速流动。基于数据驱动的湍流模式，还只能针对单一类型，需要积极探索不同流动类型组合下的模式构建。

5.3.5　转捩模式差距

（1）校验数据欠缺：转捩模式的发展需要大量的实验或 DNS 数据做支撑。目前相关的数据仍然较少或质量较差，尤其是高超声速转捩流动。具体表现在风洞实验重复性差，分散性高，飞行试验数据稀少，无法对模式进行大量的分析对照。数据的欠缺给转捩模式的发展增加了挑战和不确定性。

（2）机理认识不足：转捩模式的发展也离不开对转捩过程物理机理的深入了解。目前对于低速转捩问题的相关机理研究较为深入，但在高超声速流动、三维复杂流动、含粗糙度、真实气体效应等流动的转捩机制研究仍然欠缺，对其中具体的物理过程难以进行简化与建模；对大气环境扰动或来流扰动的了解有限，很难在数值模拟中复现。

5.3.6　基于稳定性理论的转捩预测差距

在流动稳定性理论和转捩机理方面，国外系统开展了感受性、瞬态增长、非线性失稳、全局失稳等方面的研究，而国内相关研究缺乏系统性，主要体现在高温真实气体效应、表面模型等方面，整体进展水平与国外大约相差 5～10 年。但是国内在个别问题的理论发展与应用方面表现出自己的特色，比如空气动力学国家重点实验室发展了约化的 BiGlobal 和隐矩阵投影的全局稳定性分析方法，使得在高超三维边界层转捩机理认识方面走在前列。国外有大量的实验数据用于流动稳定性和转捩预测方法的改进，而国内在相关实验研究和数据积累方面刚刚起步，差距在 10～15 年之间。国外已经开发了考虑真实气体效应的转捩预测软件，而国内的大部分研究工作还是基于完全气体，也存在较大差距。

具体来说，国内对稳定性与转捩预测的研究不足主要有：来流扰动过曲面激波的钝体边界层感受性机理认识尚不清楚；初始扰动幅值主要根据风洞品质进行估算，未考虑来流频谱特性；流动稳定性和转捩预测方法仅适用于光滑壁流动，无法适用于粗糙壁流动；流动稳定性和转捩预测方法仅适用于完全气体，无法适用于真实气体、稀薄气体、化学平衡流、化学非平衡流；转捩预测软件尚未与"国家数值风洞"等通用软件集成；转捩预测软件适用于科研人员研究，距离工程应用还有很大差距。

5.4　发展路线图

图 5.2 为转捩与湍流发展的路线图。总体说来，我们制定 CFD 2035 路线图在该方向与美国 CFD 2030 基本类似，但整体滞后（3～5 年），局部领先，如转捩理论和模型。主要区别在于，我国更重视转捩模式，尤其是高超声速转捩模式发展，如考虑高温真实气体效应、烧蚀效应等。同时，注重加入时代特色，如利用机器学习和深度学习发展湍流模式。此外，国内的研究逐渐形成自己的特色，包括发展含转捩和 3D 灰区缓解的 RANS-LES 方法，发展转捩约束的 LES 方法等。

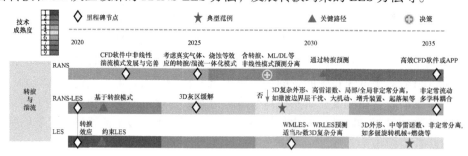

关键技术1：RANS
里程碑节点1：CFD软件中非线性湍流模式的发展与完善
里程碑节点2：考虑真实气体、烧蚀等效应的转捩/湍流一体化模式
里程碑节点3：2030实现转捩预测通用化
里程碑节点4：高效CFD软件或APP
决策：含转捩、ML/DL等的非线性模式能够准确预测大分离
关键技术2：RANS-LES混合方法
里程碑节点1：转捩效应
里程碑节点2：3D灰区缓解
里程碑节点3：非定常流动多学科耦合
关键路径：基于转捩模式构造RANS-LES
典型范例：实现3D复杂外形、高雷诺数、局部与全局非定常分离，如激波边界层干扰、大机动、增升装置、起落架等流动
关键技术3：LES
里程碑节点1：转捩效应
里程碑节点2：WMLES
关键路径：约束的LES
典型范例：3D外形、中等雷诺数、非定常分离，如多级旋转机械+燃烧等流动

图 5.2　转捩与湍流的发展路线图（彩图请扫封底二维码）

5.4.1　DNS 方法

为了实现 2035 年目标，DNS 需要重点发展如下方向：

（1）适用于可压缩流动转捩与湍流 DNS 的高精度数值方法。高精度、低耗散、高鲁棒性的数值方法是实现高马赫数、高雷诺数飞行器可压缩湍流 DNS 的关键。当前虽在高精度数值方法方面已取得较大进展，但仍然存在分辨率不足、处理复杂几何外形能力不强、低耗散及高鲁棒性难以兼顾等缺陷。为了实现 2035 年飞行器复杂外形、宽马赫数范围流场的 DNS，需要大力发展高精度、鲁棒性好的数值方法。

（2）DNS 数据分析工具及数据中心建设。DNS 可获得转捩与湍流的全时空分辨率数据，为研究转捩与湍流机理、发展转捩与湍流模型以及进行转捩与湍流控制研究提供详尽的高可信数据。为了更有效地利用 DNS 数据，发展先进的湍流分析方法及大数据分析工具是非常有必要的。此外，建立开放共享的湍流 DNS数据中心是非常必要的。

（3）多学科多物理场耦合的湍流 DNS 研究。实际飞行器及发动机湍流是一个多学科耦合的复杂流场，包含化学反应、真实气体效应、流固耦合、相变以及多相流等多种复杂物理、化学机制。受制于计算资源、计算模型及计算方法，当前 DNS 以单纯的流体力学计算为主，多学科耦合算例非常有限。为了更好地服务航空航天等领域的空气动力学研究，实现 2035 年目标，有必要大力发展多学科多物理场耦合 DNS 方法和技术。

（4）超大规模异构并行计算技术研究。DNS 对计算资源需求巨大，大规模并行计算是 DNS 得以实现的必要保障。随着 GPU 等异构加速硬件的快速发展，异构并行技术成为高性能计算机的主流配置，并将在今后一段时间内得到快速发展。为了能够更好地发挥高性能计算机硬件系统的优势，提升计算规模及效率，大力发展超大规模异构并行技术是非常有必要的。

5.4.2　LES 方法

2035 年为了实现数值风洞、数值水洞及数值发动机等目标，LES 需要着重发展如下方向：

（1）发展适用于可压缩湍流的大涡模拟模型。可压缩湍流 LES 模型的建立一直是学术界比较关心的问题。传统做法是将基于不可压缩湍流建立的 LES 模型直接推广到可压缩湍流的模拟，使用效果不理想。需要针对可压缩湍流的特点，有效利用可压缩湍流的理论结果提出新的建模方案。

（2）发展转捩/湍流一体化的自适应大涡模拟模型。目前转捩、湍流的大涡模拟或者 RANS 模型基本上都只针对湍流和转捩中的一种，对于无法预判的转捩流动没有较好的自适应模拟方法。对于实际问题，例如热核聚变中的不稳定性及湍流混合问题，基于湍流模型的数值仿真预测具有很大难度。因此，需要在转捩/湍流一体化的自适应大涡模拟模型方面加强基础研究。

（3）工程实用的 LES 方法开发。目前大涡模拟的大规模工程应用严重受限，一方面是计算资源不足，另一个方面是传统大涡模拟理论的限制。传统大涡模拟要求网格尺度在由当地流动惯性子区决定的一定范围内，因此发展尺度自适应的大涡模拟亚格子模型对于扩大大涡模拟的尺度适用范围意义重大。

（4）实现大涡模拟的工程化计算。目前的 LES 还不能完全做到飞机或发动机整机流场的数值模拟，而且对于类似发动机内流的复杂性处理能力不足。2035 年在计算能力大幅提升的前提下，我们需要利用改进的大涡模拟方法实现工程化数值飞行器、数值发动机等的远景目标。

5.4.3　RANS-LES 混合方法

RANS-LES 混合方法的发展路线如图 5.3 所示。具体而言，RANS-LES 混合方法的未来发展可以分三个方面共同进行：

（1）物理模型的发展和改进。RANS-LES 混合方法需要对现有模型进行改进，包含更多的物理机理，提高计算精度，拓宽应用范围等。

（2）相适应的高精度低耗散格式。RANS-LES 混合方法需要高精度低耗散的数值离散方法，同时工业化应用又对数值格式的稳定性和鲁棒性提出了较高的要求。因此，需要发展两者兼顾的数值离散方法，以期 RANS-LES 混合方法在实际应用中表现出最佳性能。

（3）加强与其他学科的耦合。未来需要加快 RANS-LES 混合方法与其他学科的耦合发展和验证，形成兼顾效率和精度的耦合方案，强化 CFD 在工业应用中的重要地位。

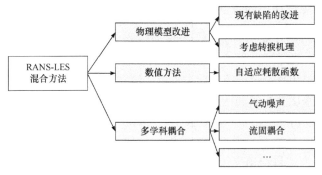

图 5.3　RANS-LES 混合方法的发展路线图

5.4.4　湍流模式

微分型雷诺应力模式具有较多优点，在某些各向异性湍流流动中的模拟性能较好，但是其数值鲁棒性较差，复杂外形适应能力较弱，且目前基本只适用于低速流动。未来还需要克服这些薄弱环节对现有模式进行改进、优化，才能为实际工程设计服务。例如，在风洞实验的基础上设计确认标模，针对雷诺应力模式开展广泛的验证与确认，修正各向异性本构关系，获得经过验证和确认的微分雷诺应力模式。当然，在此基础上经过简化的显式代数应力模式的发展和完善，将更有利于该类模式的工程应用。

5.4.5　转捩模式

转捩模式的发展路线如图 5.4 所示。针对转捩模式的发展，需要在 DNS、稳定性分析、风洞实验、飞行试验的基础上，充分认识物理机制，考虑转捩影响因素，发展考虑间歇性影响的转捩模式。与此同时，还应在海量数据驱动下利用机器学习的手段发展转捩模式，充分获得模式参数敏感性验证，得到基于流动物理约束和人工智能的转捩模式，提升工程转捩的预测能力和水平。

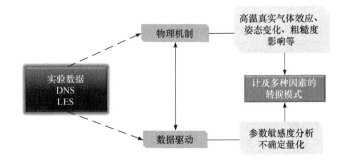

图 5.4　转捩模式的发展路线图

5.4.6　基于稳定性理论的转捩预测

稳定性分析的发展可分为如下三个阶段：

第一阶段。经过第一个 5 年左右时间，厘清扰动与斜激波、曲面激波的相互作用机理，定量给出扰动过激波的放大系数。流动稳定性和转捩预测方法可适用于粗糙壁流、化学平衡流。实现转捩预测软件与"国家数值风洞"的初步集成，转捩位置预测可在流动仿真给出基本流后数小时内完成，实现流动仿真的转捩预测后处理。

第二阶段。经过第二个 5 年左右时间，厘清扰动过激波后在边界层内激发不稳定波的机理，定量给出来流自由扰动在边界层内激发不稳定波的感受性系数。流动稳定性和转捩预测方法可适用于真实气体、化学非平衡流。基于人工智能的转捩预测软件与"国家数值风洞"初步集成，流动仿真与转捩预测松耦合，转捩位置预测可在流动仿真给出基本流后 1 小时内完成，实现流动仿真与转捩预测交替迭代进行。

第三阶段。经过第三个 5 年左右时间，能够基于来流频谱特性和感受性系数定量给出边界层内不稳定波初始幅值，为转捩预测提供初始条件。流动稳定性和转捩预测方法可适用于稀薄气体、强三维流。高效的转捩预测软件与"国家数值风洞"高度集成，流动仿真与转捩预测紧耦合，可实时提供准确的转捩位置，实现流动仿真与转捩预测同步进行。

5.5　措施与建议

综上所述，我们给出简要的措施与建议，如表 5.5 所示。整体上主要是要加强高精度建模方法、超算和数据中心以及人才队伍建设。

表 5.5　主要措施与建议

加强高精度转捩与湍流预测方法研究	加强 DNS、LES 及 RANS-LES 混合方法等高精度方法的算法、建模理论、技术及应用方面的支持及投入，开发基于非结构化网格的高阶格式
加强超算及数据中心建设	加强 GPU 及异构超级计算能力、加强数据分析，开展机器学习、深度学习及人工智能，探索新机理
加强人才队伍建设	吸引年轻的工程师和科学家。2035 年能否实现大涡模拟规划的长期目标，在很大程度上取决于是否有一支受过高等教育、行动高效的工程师及科学家团队致力于该学科的不断发展

为了促进可压缩湍流 DNS 及 LES 技术的发展，实现 2035 年目标，具体建议如下：

（1）加大对 DNS 及 LES 算法、理论建模、技术及应用研究的支持及投入，研究建立基于非结构网格的高阶格式。

（2）加强高性能计算中心建设，增加基于 GPU 加速的计算资源，为数值模拟提供更有力的计算资源保障。

（3）加快湍流数据中心建设，并建立共享机制，便于科研人员快捷地获得湍流数据，提升湍流数据的利用效率。

（4）引入人工智能，针对湍流模式、转捩模式、RANS-LES 混合方法、LES 等方法进行参数敏感性分析、误差分析及不确定性量化分析，针对 DNS、LES 产生的大量数据，加强大规模数据的深度学习、挖掘和利用。

（5）加强数值模拟、风洞实验、飞行试验以及工程应用领域的合作，推进湍流基础研究成果向实际应用部门转化。

（6）2035 年能否实现 DNS、RANS-LES、LES 等方法规划的长期目标，在很大程度上取决于是否有一支受过专业训练、行动高效的工程师及科研人员团队致力于该领域的不断发展。因此，需要继续加大投入鼓励、吸引年轻的工程师和科研人员加入到复杂流动的湍流建模研究队伍。

参 考 文 献

[1] Slotnick J, Khodadoust A, Alonso J, et al. CFD vision 2030 Study: A path to revolutionary computational aerosciences[R]. NASA/CR-2014-218178, 2014.

[2] Choi H, Moin P. Grid-point requirements for large eddy simulation: Chapman's estimates revisited[J]. Physics of Fluids, 2012, 24(1): 011702.

[3] Lee S, Lele S K, Moin P. Eddy-shocklets in decaying compressible turbulence[J]. Physics of Fluids A, 1991, 3: 657-664.

[4] Coleman G N, Kim J, Moser R D. A numerical study of turbulent supersonic isothermal-wall channel flow[J]. Journal of Fluid Mechanics, 1995, 305:159-183.

[5] Huang P G, Colemann G N, Bradshaw P. Compressible turbulent channel flows: DNS results and modeling[J]. Journal of Fluid Mechanics, 1995, 305: 158-218.

[6] Rai M M, Gatski T B, Erlebacher G. Direct simulation of spatially evolving compressible turbulent boundary layers[C]. 33rd AIAA Aerospace Sciences Meeting and Exhibit, 1995: 0583.

[7] Fernholz H H, Finley P J. A critical compilation of compressible turbulent boundary layer data[R]. Case 55010501, Vol. 223(AGAR Dograph, Neuilly sur Seine, France, 1976).

[8] Pirozzoli S, Grasso F. Direct numerical simulation and analysis of a spatially evolving supersonic turbulent boundary layer at M=2.25[J]. Physics of Fluids, 2004, 16(3): 530-545.

[9] Gao H, Fu D X, Ma Y W, et al. Direct numerical simulation of supersonic boundary layer[J]. Chinese Physics Letter, 2005, 22(7): 1709-1712.

[10] Li X L, Fu D X, Ma Y W, et al. Acoustic calculation for supersonic turbulent boundary layer flow[J]. Chinese Physics Letters, 2009, 26(9): 094701.

[11] Li X L, Fu D X, Ma Y W. Direct numerical simulation of a spatially evolving supersonic turbulent boundary layer at Ma=6[J]. Chinese Physics Letters, 2006, 23(6): 1519-1522.

[12] Duan Z W, Xiao Z X, Fu S. Direct numerical simulation of hypersonic transition induced by an isolated cylindrical roughness element[J]. Science China: Physics, Mechanics and Astronomy, 2014, 57(12): 2330-2345.

[13] Martin M P. Direct numerical simulation of hypersonic turbulent boundary layers, part 1: initialization and comparison with experiments[J]. Journal of Fluid Mechanics, 2007, 570: 347-364.

[14] Duan L, Beekman I, Martin M P. Direct numerical simulation of hypersonic turbulent boundary layers, part 2: effect of wall temperature[J]. Journal of Fluid Mechanics, 2010, 655: 419-445.

[15] Duan L, Beekman I, Martin M P. Direct numerical simulation of hypersonic turbulent boundary layers, part 3: effect of Mach number[J]. Journal of Fluid Mechanics, 2011, 672: 245-267.

[16] Liang X, Li X L. DNS of a spatially evolving hypersonic turbulent boundary layer at Mach 8[J]. Science China: Physics Mechanics and Astronomy, 2013, 56(7): 1408-1418.

[17] Duan L, Martin M P. Direct numerical simulation of hypersonic turbulent boundary layers, part 4: effect of high enthalpy[J]. Journal of Fluid Mechanics, 2011, 684: 25-59.

[18] Chen X P, Li X L. Direct numerical simulation of chemical non-equilibrium turbulent flow[J]. Chinese Physical Letters, 2013, 30(6): 064702.

[19] Zhong X L, Ma Y B. Boundary-layer receptivity of Mach 7.99 flow over a blunt cone to free-stream acoustic waves[J]. Journal of Fluid Mechanics, 2006, 556: 55-103.

[20] Li X L, Fu D, Ma Y M. Direct numerical simulation of hypersonic boundary-layer transition over a blunt cone[J]. AIAA Journal, 2008, 46(11): 2899-2913.

[21] Li X L, Fu D, Ma Y M. Direct numerical simulation of hypersonic boundary layer transition over a blunt cone with a small angle of attack[J]. Physics of Fluids, 2010, 20: 025105.

[22] Smagorinsky J. General circulation experiments with the primitive equations: I. The basic experiment[J]. Monthly Weather Review, 1963, 91(3): 99-164.

[23] Deardorff J W. A numerical study of three-dimensional turbulent channel flow at large Reynolds numbers[J]. Journal of Fluid Mechanics, 1970, 41: 453-480.

[24] Chollet J P, Lesieur M. Parameterization of small scales of three-dimensional isotropic turbulence utilizing spectral closures[J]. Journal of Atmospheric Sciences, 1981, 38(12): 2747-2757.

[25] Nicoud F, Ducros F. Subgrid-scale stress modelling based on the square of the velocity gradient tensor[J]. Flow, Turbulence and Combustion, 1999, 63:183-200.

[26] Vreman A W. An eddy-viscosity subgrid-scale model for turbulent shear flow: Algebraic theory and applications[J]. Physics of Fluids, 2004, 16: 3670-3681.

[27] Clark R A, Ferziger J H, Reynolds W C. Evaluation of subgrid-scale models using an accurately simulated turbulent flow[J]. Journal of Fluid Mechanics, 1979, 91: 1-16.

[28] Vreman B, Geurts B, Kuerten H. Large-eddy simulation of the temporal mixing layer using the clark model[J]. Theoretical and Computational Fluid Dynamics, 1996, 8(4): 309-324.

[29] Bardina J, Ferziger J, Reynolds W. Improved subgrid-scale models for large-eddy simulation[C]. 13th Fluid and PlasmaDynamics Conference, 1980: 1357.

[30] Liu S W, Meneveau C, Katz J. On the properties of similarity subgrid-scale models as deduced

from measurements in a turbulent jet[J]. Journal of Fluid Mechanics, 1994, 275: 83-119.

[31] Germano M, Piomelli U, Moin P, et al. A dynamic subgrid-scale eddy viscosity model[J]. Physics of Fluids A: Fluid Dynamics, 1991, 3(7): 1760-1765.

[32] Heinz S, Gopalan H. Realizable versus non-realizable dynamic subgrid-scale stress models[J]. Physics of Fluids, 2012, 24(11): 115105.

[33] Ryu S, Iaccarino G. A subgrid-scale eddy-viscosity model based on the volumetric strain-stretching[J]. Physics of Fluids, 2014, 26: 065107.

[34] Cui G X, Xu C X, Fang L, et al. A new subgrid eddy-viscosity model for large-eddy simulation of anisotropic turbulence[J]. Journal of Fluid Mechanics, 2007, 582: 377-397.

[35] Yu C P, Hong R K, Xiao Z L, et al. Subgrid-scale eddy viscosity model for helical turbulence[J]. Physics of Fluids, 2013, 25: 095101.

[36] Yu C P, Xiao Z L, Li X L. Dynamic optimization methodology based on subgrid-scale dissipation for large-eddy simulation[J]. Physics of Fluids, 2016, 28(1): 015113.

[37] Xu C Y, Chen L W, Lu X Y. Large eddy simulation of the compressible flow past a wavy cylinder[J]. Journal of Fluid Mechanics, 2010, 665: 238-273.

[38] Fang J, Lu L P, Shao L. Large eddy simulation of compressible turbulent channel flow with spanwise wall oscillation[J]. Science in China Series G: Physics, Mechanics and Astronomy, 2009, 52: 1233-1243.

[39] Xu C X, Wang Z, Cui G X, et al. Multiscale large eddy simulation of scalar transport in turbulent channel flow[C]. New Trends in Fluid Mechanics Research, 2007: 111-114.

[40] Chen S Y, Xia Z H, Pei S Y, et al. Reynolds-stress-constrained large-eddy simulation of wall-bounded turbulent flows[J]. Journal of Fluid Mechanics, 2012, 703: 1-28.

[41] Wang H N, Huang W X, Xu C X. Space-time characteristics of turbulence in minimal flow units[J]. Physics of Fluids, 2020, 32(12): 125103.

[42] Wang H N, Huang W X, Xu C X. Synthetic near-wall small-scale turbulence and its application in wall-modeled large-eddy simulation[J]. Physics of Fluids, 2021, 33(9): 095102.

[43] Boussinesq J. Théorie de lécoulement tourbillant[J]. Mem. Acad. Sci. Inst. Fr., 1877, 23: 46-50.

[44] Prandtl L. Über die ausgebildete Turbulenz[J]. Z. Angew. Math. Mech., 1925, 5: 136-139.

[45] von Kármán T. Mechanische Ähnlichkeit und Turbulenz[C]. 3rd International Congress of Applied Mechanics, 1930: 85-105.

[46] Chou P Y. On an extension of Reynolds′ method of finding apparent stress and the nature of turbulence[J]. Chinese Journal of Physics, 1940, 4(1): 53.

[47] Chou P Y, Chou R L. 50 years of turbulence research in China[J]. Annual Review of Fluid Mechanics, 1995, 27: 1-16.

[48] Durbin P A. Some recent developments in turbulence closure modeling[J]. Annual Review of Fluid Mechanics, 2018, 50: 77-103.

[49] van Driest E R. On turbulent flow near a wall[J]. Journal of the Aeronautical Sciences, 1956, 23(11): 1007-1011.

[50] Baldwin B, Lomax H. Thin-layer approximation and algebraic model for separated turbulent flows[C]. 16th Aerospace Sciences Meeting, 1978: 257.

[51] Prandtl L. Über ein neues Formelsystem für die augebildenz[J]. Nachr. Akad. Wiss. Goett. II, Math.-Phys, 1945, K1: 6-19.

[52] Spalart P, Allmaras S. A one-equation turbulence model for aerodynamic flows[C]. 30th Aerospace Sciences Meeting and Exhibit, 1992: 439.

[53] Kolmogorov A N. Determination of the centre of dispersion and degree of accuracy for a limited number of observation[J]. Izv. Akad. Nauk, USSR Ser. Mat., 1942, 6: 3-32.

[54] Wilcox D C. Turbulence Modeling for CFD[M]. La Canada: DCW industries, 1998.

[55] Menter F R. Two-equation eddy-viscosity turbulence models for engineering applications[J]. AIAA Journal, 1994, 32(8): 1598-1605.

[56] 涂国华, 燕振国, 赵晓慧, 等. SA 和 SST 湍流模型对高超声速边界层强制转捩的适应性[J]. 航空学报, 2015, 36(5): 1471-1479.

[57] Tu G H, Deng X G, Mao M L. Assessment of two turbulence models and some compressibility corrections for hypersonic compression corners by high-order difference schemes[J]. Chinese Journal of Aeronautics, 2012, 25: 25-32.

[58] Rotta J C. Statistische theorie nichthomogener turbulenz[J]. Z. Phys., 1951, 129: 547-572.

[59] Lumley J L. Computational modeling of turbulent flows[J]. Advances in Applied Mechanics, 1979, 18: 123-176.

[60] Franke R, Rodi W. Calculation of vortex shedding past a square cylinder with various turbulence models[C]. Turbulent shear flows 8, 1993: 189-204.

[61] Duraisamy K, Iaccarino G, Xiao H. Turbulence modeling in the age of data[J]. Annual Review of Fluid Mechanics, 2019, 51: 357-377.

[62] Duraisamy K, Zhang Z, Singh A P. New approaches in turbulence and transition modeling using data-driven techniques[C]. 53rd AIAA Aerospace Sciences Meeting, 2015: 1284.

[63] Ray J, Lefantzi S, Arunajatesan S, et al. Bayesian parameter estimation of a k-ε model for accurate jet-in-crossflow simulations[J]. AIAA Journal, 2016, 54(8): 2432-2448.

[64] EdelingW N, Cinnella P, Dwight R P, et al. Bayesian estimates of parameter variability in the k-ε turbulence model[J]. Journal of Computational Physics, 2014, 258: 73-94.

[65] Singh A P, Medida S, Duraisamy K. Machine-learning-augmented predictive modeling of turbulent separated flows over airfoils[J]. AIAA Journal, 2017, 55: 2215-2227.

[66] Gorlé C, Larsson J, Emory M, et al. The deviation from parallel shear flow as an indicator of linear eddy-viscosity model inaccuracy[J]. Physics of Fluids, 2014, 26: 051702.

[67] Mishra A A, Iaccarino G. Uncertainty estimation for Reynolds-averaged Navier-Stokes predictions of high-speed aircraft nozzle jets[J]. AIAA Journal, 2017, 55: 3999-4004.

[68] Dow E, Wang Q Q. Quantification of structural uncertainties in the k-ω turbulence model[C]. 52nd AIAA/ASME/ASCE/AHS/ASC Structures, Structural Dynamics and Materials Conference, 2011: 1762.

[69] Xiao H, Wu J L, Wang J X, et al. Quantifying and reducing model-form uncertainties in Reynolds-averaged Navier-Stokes simulations: a data-driven, physics-informed Bayesian approach[J]. Journal of Computational Physics, 2016, 324: 115-136.

[70] Schmelzer M, Dwight R P, Cinnella P. Discovery of algebraic reynolds-stress models using

sparse symbolic regression[J]. Flow, Turbulence and Combustion, 2020, 104(2): 579-603.

[71] Chaouat B. The state of the art of hybrid RANS/LES modeling for the simulation of turbulent flows[J]. Flow, Turbulence and Combustion, 2017, 99(2): 279-327.

[72] Spalart P R. Comments on the feasibility of LES for wings, and on hybrid RANS/LES approach, advances in DNS/LES[C]. Proceedings of 1st AFOSR International Conference on DNS/LES, 1997.

[73] Menter F, Kuntz M, Langtry R. Ten years of industrial experience with the SST turbulence model[J]. Turbulence, Heat and Mass Transfer, 2003, 4: 625-632.

[74] Spalart P R, Deck S, Shur M L, et al. A new version of detached-eddy simulation, resistant to ambiguous grid densities[J]. Theoretical and Computational Fluid Dynamics, 2006, 20(3): 181-195.

[75] Shur M L, Spalart P R, Strelets M K, et al. A hybrid RANS-LES approach with delayed-DES and wall-modelled LES capabilities[J]. International Journal of Heat & Fluid Flow, 2008, 29(6): 1638-1649.

[76] Spalart P R. Detached-eddy simulation[J]. Annual review of fluid mechanics, 2009, 41: 181-202.

[77] Travin A, Shur M, Strelets M, et al. Detached-eddy simulations past a circular cylinder[J]. Flow, Turbulence and Combustion, 1999, 63: 293-313.

[78] Xiao Z X, Liu J, Huang J B, et al. Numerical dissipation effects on massive separation around tandem cylinders[J]. AIAA Journal, 2012, 50(5): 1119-1136.

[79] Gao J H, Li X D. Implementation of delayed detached eddy simulation method to a high order spectral difference solver[J]. Computers & Fluids, 2017, 154: 90-101.

[80] Xiao Z X, Luo K Y. Improved delayed detached-eddy simulation of massive separation around triple cylinders[J]. Acta Mechanica Sinica, 2015, 31(6): 799-816.

[81] Peng S, Eliasson P. Some modeling aspects in computations of turbulent flow around high-lift configuration[C]. 28th AIAA Applied Aerodynamics Conference, 2010: 4948.

[82] Nebenführ B, Yao H, Peng S, et al. Hybrid RANS/LES simulations for aerodynamic and aeroacoustic analysis of a multi-element airfoil[C]. 19th AIAA/CEAS Aeroacoustics Conference, 2013: 2066.

[83] Ashton N, West A, Mendonça F. Flow dynamics past a 30P30N three-element airfoil using improved delayed detached-eddy simulation[J]. AIAA Journal, 2016, 54(11): 3657-3667.

[84] Fu S, Xiao Z X, Chen H X, et al. Simulation of wing-body junction flows with hybrid RANS/LES methods[J]. International Journal of Heat & Fluid Flow, 2007, 28(6): 1379-1390.

[85] Xiao Z X, Liu J, Luo K Y, et al. Investigation of flows around a rudimentary landing gear with advanced detached eddy-simulation approaches[J]. AIAA Journal, 2013, 51(1): 107-125.

[86] Ricciardi T R, Wolf W R, Speth R. Acoustic prediction of LAGOON landing gear: cavity noise and coherent structures[J]. AIAA Journal, 2018, 56(11): 4379-4399.

[87] Ricciardi T R, Azevedo P, Wolf W, et al. Noise prediction of the LAGOON landing gear using detached eddy simulation and acoustic analogy[C]. 23rd AIAA/CEAS Aeroacoustics Conference, 2017: 3010.

[88] Liu J, Luo K Y, Sun H S, et al. Dynamic response of vortex breakdown flows to a pitching

double-delta wing[J]. Aerospace Science and Technology, 2018, 72: 564-577.

[89] Peng S, Jirasek A. Verification of RANS and hybrid RANS-LES modelling in computation of a delta-wing flow[C]. 46th AIAA Fluid Dynamics Conference, 2016: 3480.

[90] Luo K Y, Zhe W, Xiao Z X, et al. Improved delayed detached-eddy simulations of sawtooth spoiler control before supersonic cavity[J]. International Journal of Heat & Fluid Flow, 2017, 63: 172-189.

[91] Luo K Y, Zhu W, Xiao Z X, et al. Investigation of spectral characteristics by passive control methods past a supersonic cavity[J]. AIAA Journal, 2018, 56(7): 2669-2686.

[92] Xiao L H, Xiao Z X, Duan Z W, et al. Improved-delayed-detached-eddy simulation of cavity-induced transition in hypersonic boundary layer[J]. International Journal of Heat & Fluid Flow, 2015, 51: 138-150.

[93] Shur M, Strelets M, Travin A, et al. Unsteady simulations of a fan/outlet-guide-vane system: aerodynamics and turbulence[J]. AIAA Journal, 2018, 56(6): 2283-2297.

[94] Cui W Y, Liu J, Sun Y H, et al. Airbrake controls of pitching moment and pressure fluctuation for an oblique tail fighter model[J]. Aerospace Science and Technology, 2018, 81: 294-305.

[95] Probst A, Probst S, François D G. Hybrid RANS/LES methodologies for external aircraft aerodynamics[C]. ERCOFTAC Bulletin, 2019, 89: 1-6.

[96] 王广兴. 迎风面转捩与背风面大分离共存流动一体化研究[D]. 北京: 清华大学, 2019.

[97] Gieseking D A, Choi J I, Edwards J R, et al. Compressible-flow simulations using a new large-eddy simulation/Reynolds-averaged Navier-Stokes model[J]. AIAA Journal, 2011, 49(10): 2194-2209.

[98] Mockett C, Fuchs M, Thiele F. Progress in DES for wall-modelled LES of complex internal flows[J]. Computers & Fluids, 2012, 65: 44-55.

[99] Peterson D M, Candler G V. Simulations of mixing for normal and low-angled injection into a supersonic crossflow[J]. AIAA Journal, 2011, 49(12): 2792-2804.

[100] Saini R, Karimi N, Duan L, et al. Effects of near wall modeling in the improved-delayed-detached-eddy-simulation (IDDES) Methodology[J]. Entropy, 2018, 20(10): 771.

[101] Sørensen N N, Bechmann A, Zahle F. 3D CFD computations of transitional flows using DES and a correlation based transition model[J]. Wind Energy, 2011, 14(1): 77-90.

[102] Qiao L, Bai J Q, Hua J, et al. Combination of DES and DDES with a correlation based transition model[J]. Applied Mechanics and Materials, 2014, 444: 374-379.

[103] Xiao Z X, Wang G X, Yang M C, et al. Numerical investigations of hypersonic transition and massive separation past Orion capsule by DDES-Tr[J]. International Journal of Heat and Mass Transfer, 2019, 137: 90-107.

[104] Mockett C, Haase W, Thiele F. Go4Hybrid: A European initiative for improved hybrid RANS-LES modelling[C]. Progress in Hybrid RANS-LES Modelling: Papers Contributed to the 5th Symposium on Hybrid RANS-LES Methods, 2015, 130: 299-303.

[105] Spalart P R, Strelets M K. Attached and Detached Eddy Simulation[C]. Notes on Numerical Fluid Mechanics and Multidisciplinary Design: Progress in hybrid RANS-LES Modelling, 2018, 137: 3-8.

[106] Spalart P R, Strelets M. Detached-Eddy Simulation: Steps Towards Maturity and Industrial Value[J]. ERCOFTAC Bulletin, 2019, 120: 5-13.

[107] Chauvet N, Deck S, Jacquin L. Zonal detached eddy simulation of a controlled propulsive jet[J]. AIAA Journal, 2007, 45(10): 2458-2473.

[108] Menter F, Egorov Y. A scale adaptive simulation model using two-equation models[C]. 43rd AIAA Aerospace Sciences Meeting and Exhibit, 2005: 1095.

[109] Menter F R, Egorov Y. The scale-adaptive simulation method for unsteady turbulent flow predictions, part 1: theory and model description[J]. Flow, Turbulence and Combustion, 2010, 85(1): 113-138.

[110] Xu C Y, Sun Z, Zhang Y T, et al. Improvement of the scale-adaptive simulation technique based on a compensated strategy[J]. European Journal of Mechanics-B/Fluids, 2020, 81: 1-14.

[111] Liu Y, Guan X R, Xu C. An improved scale-adaptive simulation model for massively separated flows[J]. International Journal of Aerospace Engineering, 2018, 2018: 1-16.

[112] 高瑞泽, 徐晶磊, 赵瑞, 等. XY-SAS 模型对于分离流动的性能分析[J]. 北京航空航天大学学报, 2010, 36(4): 415-419.

[113] Egorov Y, Menter F R, Lechner R, et al. The scale-adaptive simulation method for unsteady turbulent flow predictions, part 2: application to complex flows[J]. Flow, Turbulence and Combustion, 2010, 85(1): 139-165.

[114] Menter F R. Elements and applications of scale-resolving simulation methods in industrial CFD[C]. Direct and Large-Eddy Simulation IX, ERCOFTAC Series, 2015: 179-195.

[115] Loupy G J M, Barakos G N, Taylor N J. Multi-disciplinary simulations of stores in weapon bays using scale adaptive simulation[J]. Journal of Fluids and Structures, 2018, 81: 437-465.

[116] Jadidi M, Bazdidi-Tehrani F, Kiamansouri M. Scale-adaptive simulation of unsteady flow and dispersion around a model building: spectral and POD analyses[J]. Journal of Building Performance Simulation, 2018, 11(2): 241-260.

[117] Aminian J. Scale adaptive simulation of vortex structures past a square cylinder[J]. Journal of Hydrodynamics, 2018, 30(4): 657-671.

[118] Ma T, Lucas D, Ziegenhein T, et al. Scale-adaptive simulation of a square cross-sectional bubble column[J]. Chemical Engineering Science, 2015, 131: 101-108.

[119] Xu C Y, Zhou T, Wang C L, et al. Applications of scale-adaptive simulation technique based on one-equation turbulence model[J]. Applied Mathematics and Mechanics, 2015, 36(1): 121-130.

[120] Girimaji S S, Srinivasan R, Jeong E. PANS Turbulence model for seamless transition between RANS and LES: fixed-point analysis and preliminary results[C]. 4th ASME/JSME Joint Fluids Summer Engineering Conference, 2003: 1901-1909.

[121] Girimaji S S. Partially-Averaged Navier-Stokes model for turbulence: A Reynolds-averaged Navier-Stokes to direct numerical simulation bridging method[J]. Journal of Applied Mechanics, 2005, 73(3): 413-421.

[122] Girimaji S S, Abdol-Hamid K. Partially-averaged Navier-Stokes model for turbulence: implementation and validation[C]. 43rd AIAA Aerospace Sciences Meeting and Exhibit, 2005: 0502.

[123] Lakshmipathy S, Girimaji S S. Extension of Boussinesq turbulence constitutive relation for bridging methods[J]. Journal of Turbulence, 2007, 8: N31.

[124] Foroutan H, Yavuzkurt S. A partially-averaged Navier-Stokes model for the simulation of turbulent swirling flow with vortex breakdown[J]. International Journal of Heat & Fluid Flow, 2014, 50: 402-416.

[125] Basara B, Krajnovic S, Girimaji S, et al. Near-wall formulation of the partially averaged Navier Stokes turbulence model[J]. AIAA Journal, 2011, 49(12): 2627-2636.

[126] Ma J M, Peng S H, Davidson L, et al. A low Reynolds number variant of partially-averaged Navier-Stokes model for turbulence[J]. International Journal of Heat & Fluid Flow, 2011, 32(3): 652-669.

[127] Lakshmipathy S, Girimaji S S. Partially averaged Navier-Stokes (PANS) method for turbulence simulations: flow past a circular cylinder[J]. Journal of Fluids Engineering, 2010, 132(12): 121203.

[128] Krajnović S, Lárusson R, Basara B. Superiority of PANS compared to LES in predicting a rudimentary landing gear flow with affordable meshes[J]. International Journal of Heat & Fluid Flow, 2012, 37: 109-122.

[129] Han X S, Krajnović S, Basara B. Study of active flow control for a simplified vehicle model using the PANS method[J]. International Journal of Heat & Fluid Flow, 2013, 42: 139-150.

[130] Mirzaei M, Krajnović S, Basara B. Partially-averaged Navier-Stokes simulations of flows around two different Ahmed bodies[J]. Computers & Fluids, 2015, 117: 273-286.

[131] Krajnović S, Minelli G, Basara B. Partially-averaged Navier-Stokes simulations of two bluff body flows[J]. Applied Mathematics and Computation, 2016, 272: 692-706.

[132] Greschner B, Thiele F, Jacob MC, et al. Prediction of sound generated by a rod-airfoil configuration using EASM DES and the generalised Lighthill/FW-H analogy[J]. Computers & Fluids, 2008, 37(4): 402-413.

[133] Murayama M, Yokokawa Y, Yamamoto K, et al. Computational study of low-noise fairings around tire-axle region of a two-wheel main landing gear[J]. Computers & Fluids, 2013, 85: 114-124.

[134] Murayama M, Takaishi T, Ito Y, et al. Numerical simulation of main landing gear noise reduction in FQUROH Flight Demonstration[C]. AIAA Scitech 2019 Forum, 2019: 1836.

[135] Bouvy Q, Rougier T, Casalino D, et al. Design of quieter landing gears through lattice-Boltzmann CFD simulations[C]. 21st AIAA/CEAS Aeroacoustics Conference, 2015: 3259.

[136] Bouvy Q, Petot B, Rougier T. Review of landing gear acoustic research at messier-bugatti-dowty[C]. 22nd AIAA/CEAS Aeroacoustics Conference, 2016: 2770.

[137] Zhu W Q, Xiao Z X. Far-field noise prediction of a rod-airfoil benchmark by IDDES and FW-H analogy[C]. 11th International ERCOFTAC Symposium on Engineering Turbulence Modeling and Measurements, 2016.

[138] Zhu W Q, Luo K Y, Xiao Z X, et al. Numerical simulations of the flow dynamics past an oscillating rod-airfoil configuration[C]. 6th Symposium on Hybrid RANS-LES Methods,

Strasbourg, France, 2016.

[139] Zhu W Q, Xiao Z X, Fu S. Simulations of turbulence screens for flow and noise control in tandem cylinders[C]. Symposium on Hybrid RANS-LES Methods: Progress in Hybrid RANS-LES Modelling, 2019: 433-443.

[140] 朱文庆, 肖志祥, 符松. 使用 IDDES 方法预测飞行速度对喷流噪声的影响[J]. 空气动力学报. 2018, 36(3): 463-469.

[141] Zhu W Q, Xiao Z X, Fu S. Improved delayed detached eddy simulation of jet installation effects[C]. 1st High-Fidelity Industrial LES/DNS Symposium, Brussels, 2018.

[142] Liu J, Sun H S, Huang Y, et al. Numerical investigation of an advanced aircraft model during pitching motion at high incidence[J]. Science China-Technological Sciences, 2016, 59(2): 276-288.

[143] 刘健. 临界迎角动态失速的涡破裂及大分离数值研究[D]. 北京: 清华大学, 2018.

[144] Gan J Y, Zha G C. Delayed detached eddy simulation of supersonic panel aeroelasticity using fully coupled fluid structure interaction with high order schemes[C]. 34th AIAA Applied Aerodynamics Conference, 2016: 4046.

[145] Spalart P. Strategies for turbulence modelling and simulations[J]. International Journal of Heat & Fluid Flow, 2000, 21(3): 252-263.

[146] Menter F R, Langtry R B, Likki S, et al. A correlation-based transition model using local variables—part I: model formulation[J]. Journal of turbomachinery, 2006, 128(3): 413-422.

[147] Langtry R B, Menter F R, Likki S R, et al. A correlation-based transition model using local variables—part II: test cases and industrial applications[J]. Journal of Turbomachinery, 2006, 128(3): 413-422.

[148] Langtry R B, Menter F R. Correlation-based transition modeling for unstructured parallelized computational fluid dynamics codes[J]. AIAA Journal, 2009, 47(12): 2894-2906.

[149] Seyfert C, Krumbein A. Evaluation of a correlation-based transition model and comparison with the eN method[J]. Journal of Aircraft, 2012, 49(6): 1765-1773.

[150] Wang G, Mian H H, Ye Z Y, et al. Numerical study of transitional flow around NLR-7301 airfoil using correlation-based transition model[J]. Journal of Aircraft, 2014, 51(1): 342-350.

[151] Rumsey C L, Lee-Rausch E M. NASA trapezoidal wing computations including transition and advanced turbulence modeling[C]. 30th AIAA Applied Aerodynamics Conference, 2012: 2843.

[152] Halila G L O, Bigarella E D V, Azevedo J L F. Numerical study on transitional flows using a correlation-based transition model[J]. Journal of Aircraft, 2016, 53(4): 922-941.

[153] Kaynak U. Supersonic boundary-layer transition prediction under the effect of compressibility using a correlation-based model[C]. Proceedings of the Institution of Mechanical Engineers Part G: Journal of Aerospace Engineering, 2012, 226: 722-739.

[154] You Y C, Heinrich L, Thino E, et al. Application of the γ-$Re_{\theta t}$ transition model in high speed flows[C]. 18th AIAA/3AF International Space Planes and Hypersonic Systems and Technologies Conference, 2012: 5972.

[155] Hao Z H, Yan C, Qin Y P, et al. Improved γ-$Re_{\theta t}$ model for heat transfer prediction of hypersonic boundary layer transition[J]. International Journal of Heat and Mass Transfer, 2017,

107: 329-338.

[156] Seyfert C, Krumbein A. Correlation-based transition transport modeling for three-dimensional aerodynamic configurations[C]. 50th AIAA Aerospace Sciences Meeting including the New Horizons Forum and Aerospace Exposition, 2012: 0448.

[157] Grabe C, Krumbein A. Correlation-based transition transport modeling for three-dimensional aerodynamic configurations[J]. Journal of Aircraft, 2013, 50(5): 1533-1539.

[158] Grabe C, Krumbein A. Extension of the γ-$Re_{\theta t}$ model for prediction of crossflow transition[C]. 52nd Aerospace Sciences Meeting, 2014: 1269.

[159] Arnal D, Habiballah M, Coutols E. Théorie de L'instabilité laminaire et critéres de transition en éncoulement bi et tridimensionnel[J]. La Recherche Aérospatiale, 1984, 2:125-143.

[160] Choi J H, Kwon O J. Enhancement of a correlation-based transition turbulence model for simulating crossflow instability[C]. 52nd Aerospace Sciences Meeting, 2014: 1133.

[161] Choi J H, Kwon O J. Enhancement of a correlation-based transition turbulence model for simulating crossflow instability[J]. AIAA Journal, 2015, 53(10): 3063-3072.

[162] Choi J H, Kwon O J. Recent improvement of a correlation-based transition turbulence model for simulating three-dimensional boundary layers[C]. 22nd AIAA Computational Fluid Dynamics Conference, 2015: 2762.

[163] Shivaji M, James B. A new crossflow transition onset criterion for RANS turbulence models[C]. 21st AIAA Computational Fluid Dynamics Conference, 2013: 3081.

[164] Langtry R. Extending the Gamma-Rethetat correlation based transition model for crossflow effects (Invited)[C]. 45th AIAA Fluid Dynamics Conference, 2015: 2474.

[165] Zhang Y F, Zhang Y R, Chen J Q, et al. Numerical simulations of hypersonic boundary layer transition based on the flow solver chant 2.0[C]. 21st AIAA International Space Planes and Hypersonics Technologies Conference, 2017: 2409.

[166] 向星皓, 张毅锋, 袁先旭, 等. C-γ-$Re_{\theta t}$ 高超声速三维边界层转捩预测模型[J]. 航空学报, 2021, 42(9): 625711.

[167] Xiang X H, Chen J Q, Yuan X X, et al. Cross-flow transition model predictions of hypersonic transition research vehicle[J]. Aerospace Science and Technology, 2022, 122: 107327.

[168] Menter F R, Smirnov P E, Liu T, et al. A one-equation local correlation-based transition model[J]. Flow, Turbulence, and Combustion, 2015, 95(4): 583-619.

[169] Xia C C, Chen W F. Boundary-layer transition prediction using a simplified correlation-based model[J]. Acta Aeronautica et Astronautica Sinica, 2016, 29(1): 66-75.

[170] 王亮. 高超音速边界层转捩的模式研究[D]. 北京: 清华大学, 2008.

[171] 王亮, 符松. 一种适用于超音速边界层的湍流转捩模式[J]. 力学学报, 2009, 41(2): 162-168.

[172] Fu S, Wang L. Modelling flow transition in a hypersonic boundary layer with Reynolds-averaged Navier-Stokes approach[J]. Science in China (Series G: Physics, Mechanics & Astronomy), 2009, 5: 768-774.

[173] Wang L, Fu S, Carnarius A, et al. A modular RANS approach for modelling laminar-turbulent transition in turbomachinery flows[J]. International Journal of Heat & Fluid Flow, 2012, 34(4):

62-69.

[174] Fu S, Wang L. RANS modeling of high-speed aerodynamic flow transition with consideration of stability theory[J]. Progress in Aerospace Sciences, 2013, 58(2): 36-59.

[175] Wang L, Xiao L H, Fu S. A modular RANS approach for modeling hypersonic flow transition on a scramjet-forebody configuration[J]. Aerospace Science & Technology, 2016, 56: 112-124.

[176] Zhang M H. Simulation of transitions induced by roughness using three-equation transition model[C]. 43rd AIAA Fluid Dynamics Conference, 2013: 3111.

[177] Liu J, Xiao Z X, Fu S. Unsteady transition studies over a pitching airfoil using a k-ω-γ transition model[J]. AIAA Journal, 2018, 56(9): 3776-3781.

[178] Zhou L, Yan C, Hao Z H, et al. Improved k-ω-γ model for hypersonic boundary layer transition prediction[J]. International Journal of Heat and Mass Transfer, 2016, 94: 380-389.

[179] Wang G X, Yang M C, Xiao Z X, et al. Improved k-ω-γ transition model by introducing the local effects of nose bluntness for hypersonic heat transfer[J]. International Journal of Heat & Mass Transfer, 2018, 119: 185-198.

[180] Zhou L, Li R F, Hao Z H, et al. Improved k-ω-γ model for crossflow-induced transition prediction in hypersonic flow[J]. International Journal of Heat and Mass Transfer, 2017, 115: 115-130.

[181] Guo P X, Gao Z X, Zhang Z C, et al. Local-variable-based model for hypersonic boundary layer transition[J]. AIAA Journal, 2019, 57(6): 2372-2383.

[182] 黄小玲. 基于非结构网格的 k-ω-γ 转捩模式验证[D]. 北京: 清华大学, 2018.

[183] Yang M C, Xiao Z X. Distributed roughness induced transition on wind-turbine airfoils simulated by four-equation k-ω-γ-Ar transition model[J]. Renewable Energy, 2019, 135: 1166-1177.

第6章　内流与燃烧

6.1　概念及背景

　　航空发动机和燃气轮机（简称两机，相关概念及应用背景见表6.1）广泛应用在航空、发电、机械驱动和舰船推进等领域，已成为对国民经济和国防具有重大影响的战略产业[1]。发展先进"两机"技术对动力、节能、减排、降噪等都有重大意义。尽管我国在"两机"方面已经取得了很大的进展，但不管是航空发动机，还是地面燃气轮机，都和先进国家存在着代差。为了尽早攻克航空发动机这一"卡脖子"问题，加快实现航空发动机自主研制，加快建设航空强国，国家成立了"两机"重大科技专项，仿真技术是"两机"专项亟需解决的关键技术，而两机中的复杂流动和燃烧的仿真技术是核心。

表 6.1　基本概念

航空发动机	燃气轮机	内流与燃烧
飞机的心脏，压气机、燃烧室、涡轮是三大核心部件	广泛应用在发电、舰船推进和油气开采输送等领域，压气机、燃烧室、涡轮是三大核心部件	航空发动机和燃气轮机内的复杂流动和燃烧问题

　　工欲善其事，必先利其器。设计高性能的航空发动机，离不开先进的设计手段。中国航空发动机集团公司董事长曹建国院士2018年撰文指出[2]：仿真技术是支撑航空发动机自主研发的重要手段，体现了一个国家的高端装备研发水平，可大幅提高航空发动机的研发效率和质量，助推航空发动机研发从"传统设计"到"预测设计"的模式变革。国外航空发动机的研制表明，仿真技术的广泛应用，使航空发动机逐渐摆脱了耗资多、周期长、风险大、主要依靠完备实验数据库的"传统设计"方法，使得发动机的研制周期从原来的10~15年缩短为6~8年或4~5年，试验样机从原来的40~50台减少到10台左右[3]。但PW6000等发动机的研制表明，目前还无法依靠仿真技术实现航空发动机的可靠设计，距离实现"预测设计"还有很长的路。因此，要实现可靠的"预测设计"仍面临巨大挑战，亟需大力发展航空发动机的仿真技术。

　　自20世纪80年代后期以来，世界各航空发达国家都相继制定并实施各种计划，开展发动机数值仿真技术研究。其中，规模最大的是美国的推进系统数值仿真计划（NPSS）。整个"推进系统数值仿真"研究计划的研究周期超过 20 年，是美国在数值仿真技术领域投资最多、规模最大、历时最长的研究项目，发展了面向推进系统的数值仿真技术，非常有现实参考意义[4]。1995 年，NPSS 由美国 NASA 的 Glenn 研究中心开发，从 2013 年开始，NPSS 的维护和开发转由非营利性的美国西南研究院负责。根据 2022 年西南研究院的网页[5]，NPSS 是一个面向对象的模拟环境，支持系统模型的发展、协作和无缝集成。NPSS 可以模拟涡轮发动机、吸气式推进系统、液体火箭发动机、发动机控制系统和系统模型集成。NPSS 项目分为 Core v3.2、IDE v2.0 和 EMI v14.0.0 三部分，其中 NPSS Core 为核心计算软件，NPSS IDE 为界面友好的集成开发环境，NPSS EMI 为独立的工程函数、验证模型和开发接口。一个通用发动机循环模型包括进气道、压气机、燃烧室、涡轮、管道和喷管，在 NPSS 都可以进行建模和计算（参见图 6.1 ）

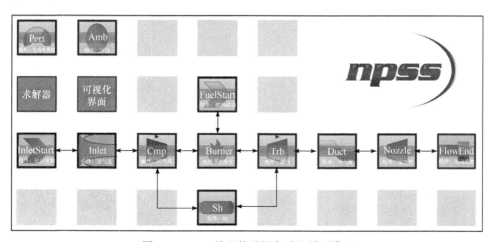

图 6.1　NPSS 处理的通用发动机循环模型

压气机、燃烧室、涡轮是"两机"的核心部件，其中压气机和涡轮又可统称为叶轮机，这三大核心部件的性能决定了"两机"的性能，对其进行高性能设计依然是高风险、高难度的研制工作。在航空发动机内，气流速度从低速到超/跨声速，空间尺度从边界层乃至湍流耗散尺度到整机，时间尺度从湍流尺度到叶片通过频率周期再到过渡态时间，压力高达 40～50 个大气压，温度范围从常温到 2000K 左右，转速 1 万多转/分甚至更高，并且流动的气动热力学边界条件甚至局部的几何边界条件都在不断发生变化。这些参数表明航空发动机内流具有强压力梯度、转静子相对高速旋转、强温度梯度、空间狭小、复杂几何边界和气动热力边界条件的特点，使得内部流动具有强三维、强非线性、强非定常、多尺度等特征。

英国 Peter Bradshaw 教授认为，叶轮机中的流动极可能是人类所发明的流体装置中最为复杂的[6]。如图 6.2 所示，压气机内存在着转子叶尖泄漏、三维角区分离、激波/边界层干涉、转静干涉、旋转失速等典型的复杂流动[7]，这些复杂流动是叶轮机内流动损失和流动堵塞的主要来源[8-10]，特别是在非设计工况下，可导致严重的通道堵塞、载荷降低、总压损失以及效率下降，甚至引起旋转失速和喘振的发生[11, 12]，带来灾难性的后果。美国工程院院士、原麻省理工学院 GTL（Gas Turbine Laboratory）实验室主任 Greitzer 教授等[13]根据流动特点，把叶轮机非定常流动分为小尺度、中尺度和大尺度三个典型尺度，湍流、转静干涉和旋转失速分别是小尺度、中尺度和大尺度流动的典型代表。这些流动在时间尺度和空间尺度上往往相差 5～6 个数量级，对当前仿真技术是一个很大的挑战。因此，针对航空发动机内流和燃烧，需深入开展基础研究，大力发展 CFD 技术，为先进"两机"的研制提供关键技术支撑。

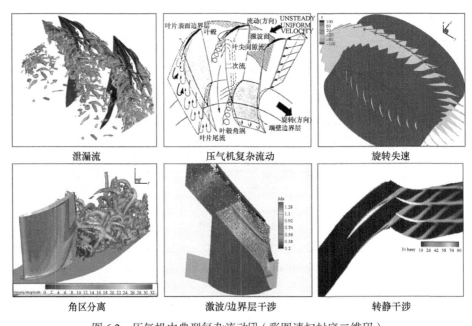

泄漏流　　　　　　　　压气机复杂流动　　　　　　旋转失速

角区分离　　　　　　　　激波/边界层干涉　　　　　　转静干涉

图 6.2　压气机内典型复杂流动[7]（彩图请扫封底二维码）

6.2　现状及 2035 年目标

到 2035 年，内流方面，非定常 RANS 在日常工程设计中广泛应用，RANS-LES 混合方法也相对成熟，有望实现对叶轮机过渡态的非定常 RANS 模拟、多级叶轮机 RANS-LES 混合方法模拟、适当雷诺数下的单级叶轮机 LES 模拟；燃烧方面，开发出具有完全自主知识产权的燃烧室 CFD 研发平台,基于高精度宽范围两相湍流燃烧模型,集成温度分布、熄火、燃料选配等燃烧室性能分析能力,实现 48 小时内的大规模并行求解。另外,航空发动机和燃气轮机有望实现整机数值模拟,整机从建模到得出结果的时间少于 10 天。针对内流与燃烧模拟的研究现状及未来目标,详见表 6.2。

表 6.2　内流与燃烧关键技术的现状与 2035 年目标

关键技术			现状	目标		
				2025	2030	2035
叶轮机数值模拟	叶轮机湍流模拟	RANS 湍流模型	能用,转掠、大尺度涡旋流动和分离流动预测偏差大	☆	♡	❀
		RANS-LES 混合方法	可用,耗费较大,计算精度需提升	☆		♡
		DNS/LES 方法	计算耗费太大			☆
	叶轮机转静干涉模拟	定常 RANS 方法	能用,多级和非设计工况预测偏差大	☆	♡	❀
		非定常 RANS 方法	可用,多级计算耗费较大	☆	♡	☺
	压气机旋转失速模拟		定常预测偏差大,非定常计算耗费大	☆		♡
燃烧数值模拟	湍流燃烧相关模拟		模型都有,精度和测试不足,需要并行负载均衡技术		☆	♡
	熄火机理、关系式预测模型和熄火数值预测		有方法,精度和适应性不足		☆	♡

☆ 易获得　♡ 适应能力　☺ 用户好友　❀ 鲁棒性

6.2.1　现状

如前所述,叶轮机中的流动具有多尺度、强非定常性、强非线性等特点。湍流、转静干涉和旋转失速分别是压气机内小尺度、中尺度和大尺度复杂流动的典型代表,对这些复杂流动进行准确预测对当前 CFD 而言是一个很大的挑战。图 6.3 给出了美国通用电器公司压气机气动设计技术的演变,目前由于计算耗费太大,求解 RANS 的完全非定常模拟技术还没有用于工程设计,三维定常 CFD 技术是当前压气机气动设计的核心技术。工程上广泛采用的定常模拟技术不够准确的主要原因有两个[14]:一个是湍流模型难以准确预测压气机内复杂湍流流动;另一个是常用的定常掺混面方法忽略了转静干涉的非定常相互作用。上述两个原因引起的预测偏差会逐级累积,负荷越高预测偏差越大。目前存在的主要问题:非设计点模拟精度较差，多级模拟精度较差，离心/组合压气机模拟精度较差，失速边界预测偏差较大。由于湍流模型问题，即使采用完全非定常模拟，失速边界的预测也往往有较大偏差。

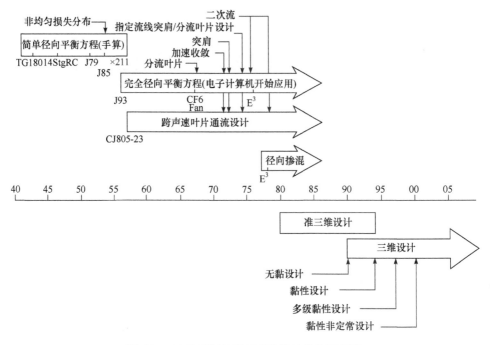

图 6.3　GE 公司压气机气动设计技术的演变[15]

　　燃烧室结构虽然也比较复杂，但不像叶轮机是多级旋转部件，从流动的层面来说，燃烧室中的流动问题相对简单得多，但燃烧是复杂的气液两相湍流燃烧过程，包含湍流和化学反应之间强烈非线性耦合作用，尤其是熄火问题是燃烧设计及模拟的瓶颈之一。熄火过程的本质原因是当时当地的化学反应释热不足以平衡流动输运、扩散、传热、耗散、反应等造成的热消耗，湍流–燃烧相互作用是燃烧室熄火机理研究的关键之一。目前，采用 RANS 方法研究熄火问题适用范围有限而且精度较差，LES 是燃烧室中的两相湍流燃烧的主要模拟方法。

6.2.1.1　叶轮机湍流模拟现状

　　湍流是世纪科学难题，诺贝尔获得者海森伯曾称其为"上帝也不知道答案"的问题。典型叶轮机在工作条件下的雷诺数都高于自模化雷诺数，内部存在着复杂的湍流运动[16]。尽管目前直接数值模拟（DNS）、大涡模拟（LES）和 RANS-LES 混合方法（如 DES、DDES、SAS）等高精度湍流模拟技术已经开始应用于一些复杂流动或其模型流动的机理研究，但由于计算耗费及周期等原因，基于湍流模型求解 RANS 的 CFD 方法仍然是目前工程唯一可行的方法，美国工程院院士 Philippe Spalart 于 2012 年预测 RANS 方法在外流领域至少还会广泛应用 50 年[17]，两机内流中的应用需求会更久。鉴于第 5 章对湍流模拟技术已经进行了一定的介绍，这一部分重点针对两机内流问题进行论述。

1）湍流模型

1895 年雷诺提出了湍流的雷诺平均概念，导出了 RANS 方程，采用统计的方法描述湍流瞬态运动对平均流场的影响，工程人员往往更加关心平均流场的信息[18, 19]，因此雷诺平均具有重要工程意义。现有 RANS 湍流模型主要分为三大类：一类是以 Boussinesq 涡黏性假设为基础的线性涡黏模型；一类是雷诺应力模型(Reynolds Stress Model，RSM)；一类是非线性涡黏模型。目前湍流模型是影响 RANS 方法精度的最主要因素，没有哪一个湍流模型可以准确预测叶轮机内各种复杂流动[20-22]。

（1）线性涡黏模型。

叶轮机中应用最多的仍是以 Boussinesq 涡黏性假设为基础的涡黏湍流模型。根据湍流模型中含有偏微分方程的数目划分，典型的涡黏模型有零方程模型、一方程模型、两方程模型和四方程模型。零方程模型通常也称为代数湍流模型，Prandtl 在 1925 年建立的混合长度理论是代数湍流模型的理论基础[23]，零方程模型主要有混合长度模型、Baldwin-Lomax 模型[24]和 Cebeci-Smith 模型[25]。一方程模型中，比较有代表性的为 Baldwin-Barth 模型[26]和 Spalart-Allmaras 模型[27]，其中 Spalart-Allmaras 模型由于其计算精度较高、数值稳定性和收敛性较好，在叶轮机中应用最为广泛。两方程模型主要为 k-ε 模型系列[28-30]和 k-ω 模型系列[18, 31]，k-ε 模型系列常见的有标准 k-ε 模型、RNG k-ε 模型、Realizable k-ε 模型等；k-ω 模型系列常见的有标准 k-ω 模型、BSL k-ω 模型、SST k-ω 模型。四方程模型主要是 v^2-f 模型[32]，考虑了近壁面湍流的各向异性，在传热预测方面表现出较优的性能。

2008 年，北京航空航天大学柳阳威等考察了常用湍流模型对叶轮机转子尖区流动的模拟性能，除了零方程湍流模型，常见输运方程湍流模型都可以较好地模拟出转子尖区泄漏涡的发生、发展和演化过程，但泄漏涡的强度和轨迹预测精度不高[21]。目前涡黏模型还难以准确预测叶轮机内有大尺度分离的、湍流各向异性很强的流动，比如对高负荷和近失速点预测偏差就较大[22]。

（2）雷诺应力模型。

雷诺应力模型抛弃涡黏系数的概念，从雷诺应力输运方程出发，因此理论上具有模拟复杂流动的能力。1975 年，Launder，Reece 和 Rodi 建立了著名的 LRR-IP 雷诺应力输运模型[33]，也是一般常用的雷诺应力模型，是七方程模型。近年来该模型取得了一定的发展，能够模拟出叶轮机中一些局部典型复杂流动现象[34]，北京航空航天大学柳阳威等研究表明雷诺应力模型对转子尖区泄漏涡和叶栅三维角

计算流体力学 2035 愿景

区分离流动有比较好的预测精度[21, 22]。由于模型中关联项的模化大多采用线性模式，关联项系数的确定大多基于简单流动条件，因此仍存在精度不高，尤其是收敛性不好等多种问题，至今未能在叶轮机工程设计中得到广泛应用。代数雷诺应力模型（algebraic Reynolds stress model，ARSM）是 Rodi 于 1976 年提出的一个简化的雷诺应力模型[35]，用 6 个代数方程和 k-ε 微分方程联立，比 RSM 简单得多，计算量也小很多，但由于收敛性及计算精度等原因在叶轮机领域鲜有应用。

（3）非线性涡黏模型。

Pope 指出涡黏性假设在模拟流场中存在明显的各向异性或逆压梯度较强时有诸多问题，提出了基于非线性关系的湍流模型理论[36]。通过构建雷诺应力与应变率张量之间的联系，可将雷诺应力写成平均速度梯度的级数形式，即非线性涡黏性模型。二阶项（quadratic terms）可以反映湍流结构的各向异性，三阶项（cubic terms）可以描述流动中存在的曲率效应以及旋转效应。国际上已开展了很多相关研究工作[37-42]，比较有代表性的有基于二次本构关系（quadratic constitutive relation，QCR）的 SA-QCR2000[43] 和 SA-QCR2013[44]等，在一些流动中取得了较好的预测效果。2017 年法国赛峰飞机发动机公司和法国里昂中央理工大学合作研究表明，采用了 QCR 修正的非线性涡黏模型，预测的泄漏涡湍动能和 LES 偏差依然高达 1 个数量级[45]。尽管非线性涡黏模型经常号称要以线性涡黏模型的耗费达到或接近雷诺应力模型的性能，但实际应用中往往与这一目标相差甚远[46]。因此，也未在叶轮机工程设计中得到广泛应用。

（4）转捩模型。

除了湍流封闭难题外，RANS 还面临着如何准确预测转捩的挑战。从 1951 年 Emmons 发现湍流斑开始[47]，对转捩问题开展了大量研究。层流到湍流的转捩过程传统上被分为三类[48-50]：自然转捩（natural transition），旁路转捩（bypass transition）和分离流转捩（separated-flow transition）；对于叶轮机而言，还存在尾迹诱导的周期性转捩（wake-induced transition）[51]、逆转捩（reverse transition，relaminarization）[52]等现象。叶轮机中的转捩往往是多模式的（multi-moded），即同一时刻不同位置可能出现不同的转捩模式。由于转捩过程的非定常性及复杂性，基于 RANS 方法模拟转捩存在很大的困难。目前转捩模型大致可以分为三类：第一类是低雷诺数湍流模型，它利用阻尼函数的近壁效应模拟出了类似转捩的现象，这类模型的代表包括 Jone 和 Launder 的 k-ε 模型[53]，Launder 和 Sharma 的 LS 模型[54]等；第二类模型耦合湍流模型与经验关联式[55, 56]，经验关联法通常关联动量厚度雷诺数与自由流湍流度和当地压力梯度，得出的经验关联式基于大量的实验；第三类模型耦合湍流模型与新的输运方程或新的输运项，用新的输运方程或输运项去刻画转捩过程特定的物理本质[57-59]。北京航空航天大学柳阳威等研究表明，常用的 γ-Re_θ 转捩模型在低压涡轮的分离流转捩和尾迹诱导转捩预测中有一定的精度，但还需要进一步修正[60]；尤其是存在大分离时，流动处于强非平衡状态，需同时结合湍流模型修正。

（5）常见湍流模型修正。

湍流模型修正方法不计其数，但绝大多数研究工作都被证明不够适用。现有的涡黏湍流模型主要是基于简单边界、平衡湍流、各向同性假设发展起来的，而在复杂湍流运动中，湍流的输运特性处在强非平衡状态[61, 62]，而且往往具有很强的各向异性。各向异性的考虑主要采用雷诺应力模型和非线性涡黏模型的形式，上面已论述过。这里主要介绍考虑曲率、旋转等其他因素的影响。

标准的两方程模型会过度预测滞止点附近的湍动能生成，著名的修正有Menter 的 PL（production limiter）及 KL（kato-launder）修正[63]。Lodefiert 和 Dick的研究也证实了湍流模型驻点区域修正可有效改善对某低压涡轮性能的预测[64]，Arko 和 Mcquilling 认为 KL 修正可更好地预测低压涡轮转捩流动[65]，Medic 和Durbin 认为 KL 修正在气膜冷却问题的求解中很为关键[66]。为了更好地考虑曲率和系统旋转的影响，Spalart 和 Shur 等针对一方程 SA 模型提出了修正方法[67, 68]，得到了 SA-RC 模型。Smirnov 和 Menter 将该修正形式应用到了两方程的 SST 模型中（SST-CC），在多种流动中都取得了较好的效果[69]，但在叶轮机复杂流动中效果不显著，很多情况下还会恶化结果。2015 年，AIAA Journal 副主编剑桥大学 PaulTucker 教授和罗罗发动机公司合作研究表明（图 6.4），SA 湍流模型及常见修正（包括 QCR 修正和 RC 修正）模拟静子角区分离流动偏差都很大[70]。北京航空航天大学柳阳威和剑桥大学 Paul Tucker 教授等合作研究表明，SST 湍流模型及常用修正（PL、KL、CC 及组合），对高负荷叶栅的三维角区分离流动预测偏差依然较大[71]。

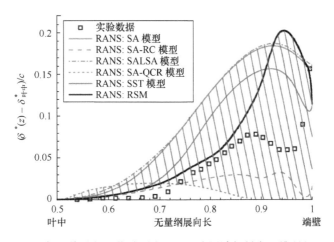

图 6.4　叶栅尾缘处相对位移厚度对比（彩图请扫封底二维码）

　　近年来，北京航空航天大学柳阳威和陆利蓬等针对叶轮机内大尺度涡旋流动特征，提出了采用螺旋度计及湍流能量反传物理机制的湍流模型改进方法[72]，并改进了 SA 湍流模型和 SST 湍流模型，有效提升了 SA 和 SST 湍流模型对高负荷叶栅三维角区分离流动的模拟准确度。尽管这一改进方法仍有不足，比如无法改进"二维"分离流预测精度，但该改进方法可广泛适用于叶轮机内涡旋占主导的三维复杂流动，已被多家单位用来预测航空发动机风扇/压气机性能[73, 74]，结果表明，使用改进后的湍流模型可提高发动机风扇失速边界的预测精度（图 6.5）。

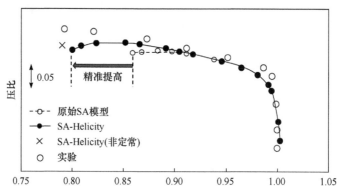

图 6.5　Kim 等使用柳阳威等发展的 SA-Helicity 模型预测发动机风扇失速边界[74]

2）高精度模拟技术

　　DNS、LES 和 RANS 三个层次上的数值模拟方法对流场分辨率的要求有本质的差别。DNS 网格尺度取决于 Kolmogorov 耗散尺度，以均匀各向同性湍流为例，采用 DNS 整个计算区域的网格数 N 至少要满足 $N \propto Re^{9/4}$，考虑到计算时间，总的计算量将与 Re^3 成正比[75]；对于含壁面的非均匀流动，求解壁湍流所需的计算量更大[76, 77]。LES 的计算量远小于 DNS，所需的网格数 N 满足 $N \propto (Re^{9/4}/\alpha^3)$，其中 α 是 LES 中使用的过滤尺度与 Kolmogorov 耗散尺度之比，过滤尺度要和湍流脉动的惯性子区尺度在同一量级；要分辨湍流边界层外区和内区所需的网格数分别与 $Re^{0.4}$ 和 $Re^{1.8}$ 成正比，而总的计算开销差异比网格数差异更大，分别与 $Re^{0.5}$ 和 $Re^{2.4}$ 成正比。LES 计算量依然很大，对高雷诺数的工程流动问题仍然没有能力处理[78]。

　　DNS 一直用于低雷诺数的均匀各向同性湍流、边界层、槽道、管流、简单分离流动等简单流动的模拟，随着计算能力和计算手段的提高，近年出现了一些对中等雷诺数下复杂工程流动的机理研究工作。2001 年，Wu 和 Durbin[79]首次实现了对 $Re=1.48 \times 10^5$ 的二维低压涡轮的 DNS 计算，研究了上游周期性尾迹与叶栅流动的相互作用。Wissink 和 Rodi 等[80-82]也采用 DNS 方法研究了不同流动条件下的低压涡轮叶栅流动问题，详细分析了周期性尾迹与叶片边界层的相互作用。Zaki 等[83]采用 DNS 研究了自由湍流作用下压气机叶栅内边界层转捩现象。Wheeler 等[84]

使用 DNS 研究了涡轮叶片通道内的流动，雷诺数为 $Re=0.57\times10^6$，展向1/10叶高，网格数为6.4×10^8，该计算得到了精细的涡轮叶片通道内流动结构（图6.6）。Wheeler 和 Sandberg[85]使用简化流动模型的思想研究了跨声速涡轮的叶顶间隙流动，DNS 模拟结果表明简化的流动模型仍能产生真实流动中的主要流动结构（图6.7）。

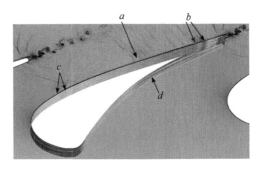

图 6.6　Wheeler 等使用 DNS 等得到的涡轮叶片计算结果[84]

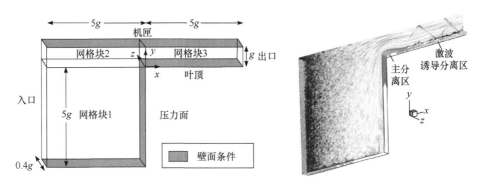

图 6.7　Wheeler 和 Sandberg 提出的叶顶间隙流动模型及 DNS 结果[85]

　　LES 虽然在叶轮机工程设计中还无法在近期实现，但在复杂流动的机理研究中已经得到应用。LES 方法将流动尺度分为可解尺度和亚格子尺度（subgrid-scale，SGS），亚格子尺度的效应被模化为亚格子应力，需要亚格子模型。1963年，气象学家 Smagorinsky 首先提出了涡黏性亚格子模型（Smagorinsky 模型）[86]。1991年，Germano 等提出了著名的动力模型（dynamic model）概念[87]。一些典型的亚格子模型有 Smagorinsky-Lilly 模型[88]、Smagorinsky-Lilly 动力模型[89]、理性亚格子模型（CZZS 模型）[90]等。另外，还有不采用亚格子模型的隐式大涡模拟（implicit large-eddy simulation，ILES）方法，假设亚格子尺度对可分辨尺度的效应等价于一种严格的耗散作用，数值黏性表征这种耗散，不再需要显示的亚格子模型[91]。另外，根据对近壁的处理又分为壁面解析的 LES（wall resolved LES）和壁面模化的 LES（wall modelled LES）。You 等[92-94]使用$2×10^7$网格对 $Re=4×10^5$的压气机叶栅流片进行了 LES 计算，得到了泄漏涡区域的旋涡结构和旋涡摆动等非定常现象。Gao 等[95]对 $Re=4×10^5$的压气机叶栅角区分离现象进行了 LES 研究，所使用的网格量约为$2×10^8$。Pogorelov 等[96]对水轮机叶片使用 cut-cell 网格做了 LES 模拟，所使用的最大网格量达到$1.6×10^9$。Hah[97]对 $Re=4×10^5$的一级半压缩机做了 LES 模拟，使用了$2×10^8$网格，重点研究了其中的叶尖泄漏流动，揭示了其中间隙增大时出现的二次泄漏现象。Teramoto 和 Okamoto[98]使用约$8×10^8$网格对 $Re=3.88×10^5$的叶尖泄漏流动进行了模拟，分析了不同模拟方法的差异。Tyacke 等对 LES 在航空发动机机理研究中的应用进行系统的总结，如图6.8所示，LES 已在多个不同层次的流动中用于机理研究和低阶模型改进[99]。未来的发展趋势是采用壁面解析的 LES，结合高保真亚格子模型和高精度数值格式。

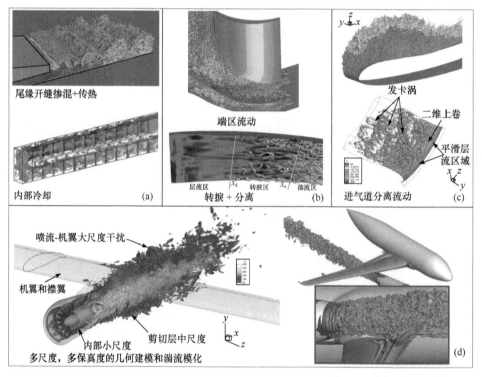

图 6.8　LES 用于研究机理和改进低阶模型[99]（彩图请扫封底二维码）

　　RANS-LES 混合模拟兼具 RANS 耗费小和 LES 算得准的优点，对 RANS 无法准确模拟的区域（如大分离区）采用 LES，可以模拟准确的区域仍然使用 RANS。常用混合方法可分为两类，第一类为全局混合方法，在整个计算域中应用同一模型方程，在混合界面应用连续处理；第二类为分区混合方法，全流场分为 RANS

求解区域和 LES 求解区域, 对 RANS 和 LES 的交界面进行间断处理, 在该界面重构湍流脉动, 也称为分区 LES 方法。全局混合方法中最常用的是脱体涡模拟 (DES)[100], 以及改进的延迟脱体涡模拟 (DDES)[101], 实现了对压气机三维角区分离流动更准确的预测。然而对叶轮机转子叶尖泄漏流动, 壁面的附面层尺度和叶尖间隙尺度相近, DDES 容易将泄漏核心区域采用 RANS 计算, 因此许多研究者对 DDES 在本领域的使用持保守态度[102, 103]。北京航空航天大学柳阳威等采用 DDES 或 DES 对高负荷叶栅中的三维角区分离[104]、低速压气机转子中的叶尖泄漏 (图6.9)[105]、跨声速压气机转子中的激波/泄漏流相互作用[106]等开展了研究, 并提出了基于湍流雷诺数改进 DDES 的方法, 如图6.10所示, 显著提高了基于 SST 的 DDES 对泄漏流动的模拟精度[107]。

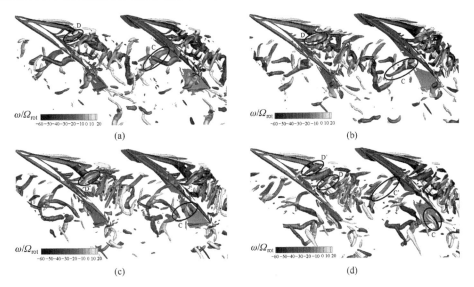

图 6.9 设计状态 DDES 计算不同瞬时结果 $Q=5\times10^6$ 等值面[105] (彩图请扫封底二维码)

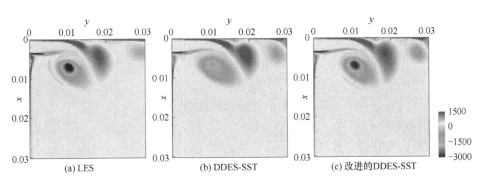

图 6.10 转子尖区模型流动的 20%截面处的流向涡量[107] (彩图请扫封底二维码)

6.2.1.2　叶轮机转静干涉模拟现状

叶轮机内存在着固有的转子/静子非定常相互作用（即转静干涉），对叶轮机的性能、寿命和可靠性有着重要的影响。国内外学者对转静干涉效应开展了大量研究，包括相邻叶排的势扰、尾迹与下游叶排干扰、二次流与下游叶排干扰等。转静干涉效应及其内部流动机制的研究取得了相当大的进展，包括对叶轮机性能及其内部流动有重要影响的展向掺混、尾迹恢复效应、沉寂效应、时序效应和涡轮热痕等，但目前工程上仍然缺乏准确高效的转静干涉预测方法，采用掺混面方法的定常 CFD 技术无法计及转静干涉效应，非定常 CFD 技术则由于计算资源及设计周期的限制而无法应用于日常工程设计[108]。

1）展向掺混

展向掺混是一个非常重要的物理现象，其引起了叶轮机内动量、能量沿展向的再分布。Adkins 与 Smith[109]研究表明，展向掺混对多级轴流压气机的性能有着十分重要的影响。Lewis[110, 111]研究则表明，展向掺混对多级轴流涡轮的性能也有着重要的影响。多级叶轮机中，气动参数沿展向的分布直接影响着各级之间的匹配情况，级间匹配一直是设计的难点。Wisler 等[112]根据实验结果认为，确定性非定常流场和湍流扩散都对展向掺混起重要作用，所占的比例与流场的位置以及负荷有关。Dunham[113]对展向掺混的物理机制进行了总结，认为主要有三个因素：湍流扩散、湍流输运以及叶片附面层和尾迹的迁移，其中的每一部分都包含着确定性非定常流场的贡献。

2）尾迹恢复效应

Smith[114]于 20 世纪 60 年代末在一 4 级低速轴流压气机上进行了一系列测试，发现当转静子之间的轴向间距减小时，压气机的效率会随之增加。当轴向间距从 37%弦长减小到 7%弦长时，总压效率提高约 1 个百分点，同时静压升也提高 2～4 个百分点。Mikolajczak[115]也在一低速压气机上做了一系列类似的实验，结果也表明，随着轴向间距的减小，压气机的性能得到一定的提高。对于涡轮，情况则刚好相反。Smith 提出了众所周知的尾迹恢复效应[116]，把尾迹在下游叶片通道中的衰减机制归结为黏性耗散（viscous dissipation）和无黏拉伸（inviscid stretching），并给出了一个简单物理模型去解释压气机中转子尾迹的恢复机制。进一步引入恢复因子，把尾迹恢复效应和尾迹亏损定量联系起来[117]。之后通过理论分析，估计尾迹恢复效应可以带来效率上 0.5 个百分点的提升[118]。

3）沉寂效应

叶轮机内存在着多模式转捩，其中尾迹诱导转捩是叶轮机特有的。Schubauer 和 Klebanoff[119]在研究湍流斑时发现，在湍流斑后面存在一个近似矩形的非湍流区域，被称为沉寂区（calmed region），该区域与层流相比有更饱满的速度型，因此不易受扰动的影响。Halstead 与 Wisler 等[120-123]采用实验的方法研究了多级环境下压气机和涡轮叶片表面的边界层发展情况，结果表明沉寂区内的高剪切应力可以抑制流动的分离。在低压涡轮设计中，充分发挥沉寂效应的作用，能够有效提高负荷水平，消除在高空低雷诺数条件下发生的流动分离现象，效率能够高出几个百分点。罗尔斯-罗伊斯公司利用该技术，在 BR715 发动机上通过两次改进设计，减少了约 30%的叶片数，大大降低了低压涡轮的重量和成本[124]。

4）时序效应

时序效应（clocking effect）就是相对静止叶排之间周向相对位置对叶轮机械气动效率产生影响的现象。Huber 等[125]的涡轮试验研究表明，设计工况下最大效率和最小效率差可达 0.3%，不同叶高效率波动可达 0.8%。Dorney 与 Sharma[126]对 1.5 级涡轮叶栅的二维非定常黏性数值模拟结果表明，时序位置会显著影响涡轮效率，静叶时序位置的改变可使涡轮效率变化达 2%。Cizmas 与 Dorney[127]采用准三维数值模拟结果表明，"最大效率发生在尾迹打在叶栅前缘时对应的时序位置"这一论断对于静叶和动叶均成立；动叶的时序效应比静叶所能带来的效率提升高出一倍。Barankiewicz 和 Hathaway[128]通过对多级压气机的时序效应研究，认为时序效应在压气机中效果不明显。He 等[129]研究了一 2.5 级跨声速压气机的时序效应，数值模拟结果表明，压气机动叶的时序效应（效率波动 0.7%）比静叶（<0.1%）显著。

5）涡轮热痕

燃烧室出口温度具有很强的周向梯度和展向梯度，其局部的高温区对下游涡轮叶片表面的温度分布有重要影响，会形成所谓的热痕（hot streak）。热痕区的总温有时高达主流区的两倍，在转子叶片的压力面积聚，作用范围可达三排以上。准确地预测热痕分布及传热情况，对于提高涡轮叶片的寿命和性能都非常重要。Butler 等的实验研究发现热痕使转子表面流动形态有明显改变，导致冷热流体间形成明确界限[130]。Takahashi 和 Ni 等[131]强调只有通过非定常数值模拟才能正确捕获热痕迁移这一物理现象。之后，Busby 等[132]和 Orkwis 等[133]通过非定常建模的方法成功地模拟了热痕现象，相比非定常计算大大减少了计算时间，更方便工程应用。

6.2.1.3　转静干涉模拟方法现状

转静干涉的 RANS 计算方法主要分为三类：时间精确方法（或非定常方法）、定常掺混面方法和通道平均方程方法，其中定常掺混面方法和通道平均方程方法属于定常模拟方法。由于计算耗费问题，目前多级叶轮机的工程设计中采用最广泛的仍然是定常掺混面法。

1）非定常方法

计算域包含多个叶排，所有叶排的计算是同时进行的。抛开数值格式、湍流模型以及边界处理等因素，这种求解非定常流动的物理方法是精确的。目前主要有两类方法：非线性时域法和时间线化频域法。时间线化频域法，最初主要用来解决气动弹性问题[134, 135]，　Hall 等[136-138]发展了可以考虑非线性效应的谐波平衡技术（harmonic balance technique），计算结果表明该方法精度较高，在多级情况下计算速度可比非线性时域法快 1～2 个量级。在非线性时域法方面，主要研究成果有叶片约化方法[139]、相延迟方法[140]和时间倾斜法[141]。由于相延迟方法和时间倾斜法都存在一定的问题，叶片约化方法至今在转静干涉计算中仍然占主要地位，是目前叶轮机非定常数值模拟中使用最为普遍的方法。

　　2）定常掺混面方法

　　Denton[142]于 1979 年提出了掺混面方法，假设相邻叶排计算域的交界面处的流动周向均匀，信息通过交界面传向相邻叶排，同时保证质量、动量、能量的守恒。这种方法对于低负荷、轴向间距大、周向不均匀度较小的压气机来讲是近似满足的。Denton[143]对掺混面法进行了改进，如图 6.11 所示，在交界面处，流场不再周向均匀，而是对上下游叶排进行通量的外推，数值实验表明，改进的掺混面方法可以较好地处理相邻叶排轴向间距较小的情况。

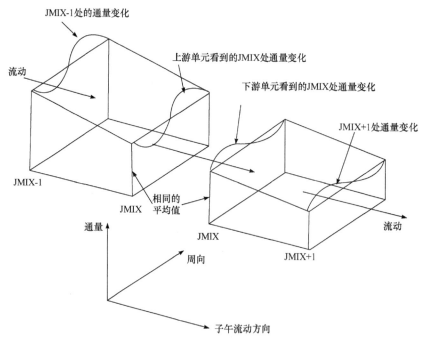

图 6.11　交界面处上下游通量处理[143]

　　掺混面方法为叶轮机级环境下的数值模拟提供了一个快速简单的算法，常能获得与实验比较接近的结果，应用这种方法已经完成了一些高性能叶轮机械的设计，但仍然存在一些不足，需要进一步改进研究[144, 145]。掺混面方法完全忽略了转子与静子间周向非均匀性而引起的非定常相互作用，丢失了一些真实的物理现象，需发展可以考虑转静干涉效应的措施。

3）通道平均方程方法

Adamczyk[146]于 1984 年通过对 N-S 方程引入系综平均、时间平均和通道平均三个平均算子，建立了在定常框架内通过引入确定性相关项来计及转静干涉的通道平均方程体系，如何对确定性相关项建模成了这一方法的关键所在。基于这一理论模型，美国率先发展出了具有工程实用价值的多级叶轮机 CFD 软件：GE 公司和 NASA 发展了 APNASA 软件[147]，PW 公司发展了 NASTAR 软件[148]。这些软件不但被 GE 和 PW 公司用于发动机的研制，还被 Honeywell 公司用于新型高性能离心和组合压气机的研制[149, 150]。可见，这种方法有着非常好的应用前景，但确定性相关项模型不够通用，需要依赖于一定的经验修正。

很多学者提出了具有代表性的相关项模型，如 Adamczyk 的理论模型[146]、Giles 的渐进分析法[151]、Rhie 等的连续界面法[148]、Sondak 等的无黏非定常计算[152]、Hall 的尾迹模型[153]、He 的非线性谐波法[154]、van de Wall 的输运模型[155]。北京航空航天大学柳阳威等分析了压气机内确定性相关项的分布规律和特性[156, 157]，建立了主要计及尾迹和下游叶排相互作用的确定性相关项指数衰减模型[158]。这些建模方法虽然都在一定程度上取得了成功，但由于模型精度、可操作性和计算耗费等多种原因，还未能在多级压气机的日常工程设计中得到广泛应用。

6.2.1.4　压气机旋转失速模拟现状

旋转失速可能会对整个压缩系统造成严重的破坏，因此需要避免。旋转失速问题一直是压气机的研究难点之一[159]，近年 CFD 方法越来越多地用于研究旋转失速[160-163]，但一直没有特别好地预测旋转失速的 CFD 方法。

目前 CFD 预测方法主要有两种：一种是求解定常 RANS 方法，认为最后一个定常收敛的工况点即是失速点，有时候偏差较大；第二种是非定常 RANS（URANS）方法，在流场中引入初始小扰动来观察是否能够激励失速现象的发生[164]，但如何给出扰动是个很棘手的问题。因此研究人员不得不使用"试错"的方法去测试压气机对不同扰动的响应，从而造成了大量计算资源和时间的消耗，极大地限制了这一方法在工程实践中的应用。He[165]通过在非定常计算过程中逐步提高出口背压，进而在流场中引发数值失速的方法研究了旋转失速的起始阶段。Chen 等[166]模拟 NASA Stage35 单级跨声速压气机在产生失速现象时流动情况，在非定常计算中使用节流阀模型逼近失速工况，结果表明当转子叶尖间隙泄漏涡的流动变得垂直于轴向方向时，就会引起 Spike 失速信号。Choi 等[167]研究了在不同转速的情况下压气机旋转失速的表现形式、泄漏流的变化情况以及对失速先兆的影响，采用的激发失速的方法为对出口处的可变面积喷管模型节流，成功地模拟了压气机中迟滞效应的过程。

近年，孙晓峰等[168]提出了一种新的判断压气机旋转失速的"通用"特征值理论，通过引入小扰动理论、叶片体积力模型等概念对压气机内部复杂流场进行简化并建立对应的特征方程，通过求解方程的特征值来判断压气机的稳定性问题并获得最不稳定的特征频率。在此基础上，柳阳威和孙晓峰等一起，发展了基于特征值理论的旋转失速非定常计算模型[169]，研究中采用在非定常数值模拟中引入不同频率扰动的方法，对该特征值理论进行了数值验证，并获得了压气机旋转失速的快速发展过程，摆脱了传统的"试错"法，大大提高了对获得失速过程的预测精度和速度。还初步研究了定常 RANS 方法对特征值理论模型预测结果的影响[170]。

DES 方法已逐步开始被用于旋转失速机理的研究。Im 等[171]采用了 DES 方法对全环的 NASA Rotor 67 叶型开展了数值模拟，从计算结果中观察到了失速扰动的起始过程，并且获得了较 URANS 计算更加丰富的失速扰动非线性发展过程中流场内的湍流脉动结构。Yamada 等[102]则是采用了一个 20 亿量级的网格开展了多级压气机的全环 DES 计算，计算结果证明该压气机的失速首先起始于第 6 级静子叶根附近的角区分离流动。

6.2.1.5　湍流燃烧相关模型研究现状

航空发动机燃烧室结构复杂，燃烧过程涉及复杂的气液两相湍流燃烧过程，包含湍流和化学反应之间强烈非线性耦合作用。燃烧室模拟包含两相湍流燃烧模型和方法的研究、燃烧室性能预测研究、燃烧室模拟方法的检验和应用等。

DNS 可以研究燃烧室中的两相湍流燃烧现象和性能问题，采用先进的计算技术可以用直接数值模拟研究气体燃料的燃烧室火焰[172]，如图 6.12 所示，但是巨大的计算量使得直接数值模拟仅限于低雷诺数、几何结构、初始条件和边界条件简单的情况。

T/K:　800　1000　1200　1400　1600

图 6.12　瞬时涡量等值面复合温度标量的数值模拟[172]（彩图请扫封底二维码）

RANS 对湍流瞬时脉动信息及其关联量全部采用模型近似，不能准确解析湍流和化学反应的相互作用，因此采用 RANS 方法研究熄火问题适用范围有限而且精度较差。LES 对大尺度湍流直接求解，小尺度湍流用模型封闭，对湍流瞬时脉动信息、湍流和化学反应及其关联量都有较好的求解精度，计算量又远远小于直接数值模拟，因此 LES 是目前工程可用的高精度分辨湍流特征的方法，具有较宽范围的普适性。Esclapez 等[173]采用大涡模拟研究了燃烧室的熄火问题。综上所述，燃烧室中的两相湍流燃烧现象研究可以基于 LES 方法开展。LES 可以对发动机燃烧室中的稳态和非稳态湍流燃烧过程进行精细的模拟[174]，如图 6.13 所示。

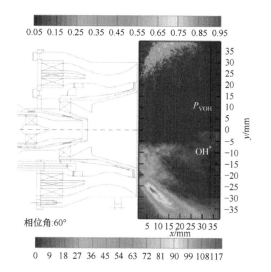

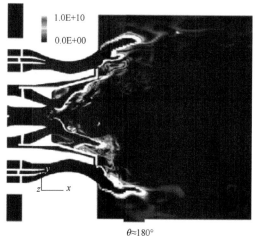

图 6.13　瞬时标量的数值模拟[174]（彩图请扫封底二维码）

　　湍流燃烧模型有：涡破碎（EBU）模型、预设概率密度函数（PDF）模型、火焰面模型、涡耗散概念（EDC）模型、关联矩封闭模型和概率密度函数输运方程（TPDF）模型等。EBU 类模型采用湍流特征时间和化学反应特征时间的比值判断湍流燃烧进程，对湍流燃烧过程的刻画过于简单粗糙，用于研究燃烧室中的两相湍流燃烧现象精度有限。PDF 类模型假设温度等标量在整个计算域内都是截尾高斯型分布、或截尾 β 型分布、双 δ 分布等，虽然这种处理对平均温度等主要信息的求解是没有问题的，但是对于需要分辨湍流和化学反应之间的非线性相互作用的燃烧室中的两相湍流燃烧现象和性能预测问题，这种方法过于机械简化。火焰面模型可以结合详细化学反应机理，可以根据实验测量数据得到概率密度分布函数，但是本质上火焰面模型是快速湍流燃烧模型，对湍流和化学反应相互作用过程给出的是低维流形简化，和实际过程差别较大。涡耗散概念（EDC）模型对湍流和化学反应分别处理，难以考虑真实的燃烧室中的两相湍流燃烧现象，特别是局部过程。关联矩封闭模型基于容积燃烧概念，采用梯度近似模拟湍流标量输运，燃烧室中的两相湍流燃烧现象过程近似满足产生项等于耗散项的条件。TPDF 模型采用随机方法求解流场中每一点的概率密度分布函数，能够直接耦合详细化学反应机理，因此能够较为准确地处理详细化学反应机理与湍流之间的关系，可以预测燃烧室中的两相湍流燃烧现象，包括局部点火熄火等现象，是比较合适和合理的湍流燃烧基础模型。有学者采用 LES 加 TPDF 模型研究了真实燃烧室中的两相火焰情况，并与实验结果进行了详细对比[175]，如图 6.14 所示。

　　在 TPDF 模型的概率密度函数方程中，脉动压力的梯度项和分子黏性（扩散）项是不封闭的，需要引入随机速度模型和小尺度混合模型加以封闭。目前被研究者广泛应用的小尺度混合模型主要有三类：确定性模型、颗粒相互作用模型和通过

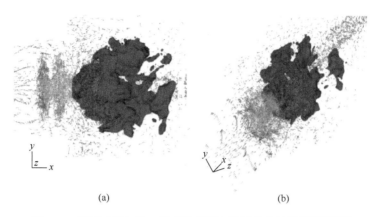

图 6.14　瞬时速度矢量、温度等值面和液滴分布的数值模拟[175]

映射封闭法构造的模型。IEM 模型是确定性模型（model of interaction by exchange with the mean）的代表，在均匀湍流中初始概率密度函数一旦给定，就将保持下去，无法弛豫到高斯分布。颗粒相互作用模型是在颗粒系综平均中随机选取若干对颗粒进行混合，混合后的颗粒标量值等于混合前两个颗粒参数的平均值，而颗粒的其余参数保持不变。Curl 模型是颗粒相互作用模型的一种，对于化学反应速率相差很大的燃烧问题有可能计算困难。用映射封闭的方法构造混合模型时，真实物理标量场通过映射函数映射到理想的特性已知的随机场中，而映射函数本身通过求解其演化方程得出。在这三类模型基础上，还有考虑化学反应作用的模型[176]。研究湍流和化学反应的相互作用，重点在于小尺度混合机制及局部湍流和化学反应相互作用的研究。

Stöllinger 和 Heinz[177]及 Lindstedt 和 Vaos[178]曾分别研究了标量耗散率对小尺度混合速率的影响，其结果显示，采用拟合标量耗散率的小尺度混合模型的 TPDF 方法模拟湍流预混燃烧，其计算精度有一定程度的提高。陈义良等研究者在小尺度混合模型上也进行了大量的研究工作，认为小尺度混合模型直接影响着 TPDF 方法在湍流燃烧模拟中的准确性，小尺度混合过程与化学反应过程是密切相关的[179]，见图 6.15。之后还对比数种小尺度混合模型，给出了每种模型的适用性[180]。何国威等[181]提出了随机映射逼近方法，从化学反应流的控制方程中推导出了一个封闭的分子扩散模型。清华大学的任祝寅和 Kuron 等[176]提出了混合速率模型，并进行了先验和后验工作。

我国清华大学、浙江大学、中国科学技术大学、华中科技大学、北京航空航天大学等高校的湍流燃烧学者和研究者对概率密度函数输运方程湍流燃烧模型进行了大量的研究工作，给出多种 TPDF 扩展模型，研究了扩散火焰、预混火焰、悬举火焰等多种湍流火焰形式，以及局部和全局的熄火、点火等问题。

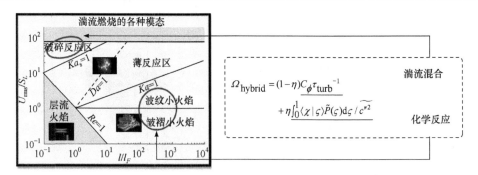

图 6.15 兼顾湍流和化学反应的小尺度混合模型[179]

现有研究表明，在湍流燃烧的火焰面区域，由于火焰面的厚度非常薄，反应标量梯度变化剧烈，化学反应会对小尺度分子输运造成强烈的作用，进而促进湍流小尺度混合。因此，在化学反应区域，湍流燃烧中的小尺度混合同时受到湍流和化学反应的影响，为了得到更加适用于湍流火焰熄火研究的 TPDF 模型，需要对已有的小尺度混合模型进行适用性检验。

化学反应机理描述了燃料与氧化剂之间的相互作用，也就是燃烧过程，每一种组分都有自己的热力学和动力学参数数据，以此来计算平衡常数与逆反应参数。化学反应率表达式与组分成分、温度与压力相关。反应机理中，每一个反应都是基元反应，一般由 Arrhenius 公式表达。详细的反应机理影响、决定着整个燃烧过程，然而，大量的基元反应中只有几个或者几十个能决定整个燃烧过程的反应速率。不同的化学反应机理对熄火状态的预测也很不一样，特别是绝热火焰温度、点火延迟时间、火焰传播速度、反应路径、可逆反应、模型燃料组成等。针对某一实际工况，去除不必要的组分和反应，不仅可以大幅度减小湍流燃烧模拟的计算量，而且还可以厘清关键反应和关键因素对湍流燃烧的影响，因此对化学机理的简化是非常必要的。根据已有的研究经验，对于燃烧室中的两相湍流燃烧现象的高保真高精度的模拟必须采用详细化学反应机理。较为真实的航空煤油化学反应机理包含上千种组分和上万步的基元反应。准稳态机理可以采用几十种组分和上百步的基元反应近似达到真实的航空煤油化学反应机理的效果，是一种更为贴近详细真实化学反应过程的简化机理，具有更高的精度和适用范围。分辨不同反应路径、可逆反应、释热特性等机理对燃烧室中的两相湍流燃烧现象的影响规律，得到更加具体的反应路径和可逆反应遴选标准，可以为后续的深入研究打好基础。

航空煤油由多种烷烃、烯烃、芳香烃等不同馏分的烃类化合物组成，我国航空煤油具有自身独特的成分和特点。为保证燃烧室中湍流燃烧数值模拟的精确性，在模拟中应该采用合理的化学反应机理。由于航空燃料组成及反应的复杂性，动力学建模十分困难，而耦合高分辨反应动力学的湍流燃烧模拟会导致计算量急剧增加，需要庞大的计算资源和超大规模并行技术[182]。

航空煤油组成成分复杂，国内外目前采用替代燃料的反应机理进行航空煤油反应机理研究。不同研究组提出的替代燃料的差别较大，最多可包含十几种组分。典型的航空燃料有：用于美国民用航空器的 Jet A、美国军用航空燃料 JP-8、中国航空煤油 RP-3、还有的国家采用 Jet A-1[183]。目前国际上具有代表性的航空煤油替代燃料反应机理见表 6.3 所示。法国国家科学研究院（CNRS）Dagaut 课题组[184, 185]所提出的 Jet A-1 替代燃料（74%正癸烷/15%正丙基苯/11%正丙基环己烷）反应机理目前在国际上使用较多。我国航空发动机燃烧数值模拟工作主要使用国际上比较成熟的 Jet A 或 Jet A-1 替代燃料反应机理[186-188]。近年来，国内也开始对 RP-3 煤油燃烧反应机理进行了研究，如四川大学李象远课题组[189]提出了 66%正十二烷/18%1,3,5-三甲基环己烷/16%正丙基苯的三组分 RP-3 替代燃料配方，并利用模型自动生成程序对其生成了燃烧反应机理。清华大学钟北京课题组[190]提出了正癸烷/正十二烷/对二甲苯/乙基环己烷的四组分替代燃料配方，并发展了其燃烧反应机理。此外，还有一些课题组开展了常压下 RP-3 煤油的着火延迟时间和火焰传播速率的实验测量工作[186, 191]。Koniavitis 等[192]采用煤油模型燃料的机理结合 LES-PDF 的方法进行湍流火焰研究。在这些研究的基础上，应该针对 RP-3 燃料开展化学反应机理适用性研究。

表 6.3　航空煤油替代燃料模型

研究小组	航空煤油	替代燃料（比例为摩尔分数）
Dagaut 等[184, 185]	Jet A-1	74%正癸烷/15%正丙基苯/11%正丙基环己烷[184] 19.6%正癸烷/79.9%异辛烷/0.5%正丙基苯[185]
Dooley 等[191]	Jet A	40.41%正十二烷/29.48%异辛烷/22.83%正丙基苯/7.28%1,3,5-三甲基苯
Westbrook 和 Dryer[193]		100%$C_{12}H_{23}$
Violi 等[194, 195]	JP-8	38.44%正十二烷/24.91%甲苯/14.24%异十六烷/31.88%十氢萘
Brezinsky 等[196]	Jet A	40.4%正十二烷/28.7%异辛烷/23.5%正丙基苯/7.4%1,3,5-三甲基苯
Peters 等[197]	Jet A	80%正癸烷/20%1,2,4-三甲基苯
Dean 等[198]	Jet A-1	18.2%苯/9.1%正己烷/72.7%正癸烷
李象远等[189]	RP-3	66%正十二烷/18%1,3,5-三甲基环己烷/16%正丙基苯
钟北京等[190]	RP-3	40%正癸烷/42%正十二烷/13%对二甲苯/5%乙基环己烷

根据已有的湍流燃烧及熄火模拟研究成果，概率密度函数输运方程湍流燃烧模型与大涡模拟相结合的方法（LES-TPDF）耦合准稳态详细化学反应机理可能

对湍流–燃烧相互作用机理有较好的解释。总的来说，LES-TPDF 耦合详细化学反应机理的方法理论基础好，物理意义清晰，有较好的检验基础，目前来看发展也比较成熟，能够更加准确地得到温度场、速度场、浓度场以及一氧化碳、氮氧化物等低浓度产物信息，描述燃烧室中的湍流燃烧现象，预测点火、熄火等性能，得到不同状态湍流和化学反应相互作用的定性和定量影响。

英国帝国理工学院的 Mustata 等[199]应用 LES-TPDF 模拟方法耦合详细化学反应机理，对湍流火焰模拟进行了系统的研究。甲烷–空气扩散火焰研究结果表明采用联合概率密度函数模型的模拟准确度有着显著的提升。带双旋流器的燃气涡轮发动机模型燃烧室研究得到了燃烧室内火焰的结构形状，并且对燃油喷雾情况进行了模拟，获得了燃油液滴直径的分布和变化情况。文献[200]模拟了发动机燃烧室的强迫点火，成功模拟出了成功点火和失败点火两种状态燃烧室内火焰的变化。其研究组的预混旋流火焰的模拟结果与实验数据非常吻合，其精度甚至可以与直接数值模拟（DNS）相比。Jones 研究组还对氢气、正庚烷、甲烷等燃料的燃烧特性进行了大量研究，其预测结果均与实验值符合。

6.2.1.6　熄火机理、关系式预测模型和熄火数值预测方法研究现状

燃烧室性能参数很多，其中熄火性能非常关键。熄火过程首先发生于局部的火焰熄灭，随后发展至火焰不能有效传播和稳定，最后整个燃烧室熄火，其本质原因是当时当地的化学反应释热不足以平衡流动输运、扩散、传热、耗散、反应等造成的热消耗。熄火过程受到瞬时湍流结构、化学反应释热率、局部火焰拉伸、油气比、湍流特征时间和化学反应特征时间等因素的影响。从已有研究成果看，湍流–燃烧相互作用是燃烧室熄火机理研究的关键之一。

熄火及其附近状态的详细多次测量比较困难，因此，理论、数值模拟结合实验的研究方法是目前可行的有效手段。湍流和燃烧存在强烈的非线性相互作用。湍流提高反应区脉动和掺混从而提高燃烧速率对燃烧有利，增大火焰拉伸率和大尺度输运对燃烧不利，同时，湍流改变标量梯度影响化学反应。燃烧通过能量传输增加湍流强度从而强化湍流，燃烧释热使得气相混气体积膨胀从而削弱湍流。在湍流燃烧模拟中，基于不同的湍流燃烧相互作用理论以及实验和数值模拟研究成果，已有多种湍流燃烧模型。精度高适用性强的湍流燃烧模型对于湍流燃烧的强非线性相互作用的解释更为合理。经过理论和实验数据检验的高精度湍流燃烧模型耦合详细化学反应机理，可以揭示燃烧室熄火及其附近工况中湍流和燃烧之间的相互作用规律，结合熄火理论分析，进而得到有效的熄火预测方法。

进口速度、温度、氧气浓度和结构等引起局部火焰断裂[202]、大的脉动结构[203]、低的局部油气比[204]以及进动涡[205]等都对熄火有重要影响，湍流和火焰的相互影响（图 6.16）[201, 206]是问题的关键。

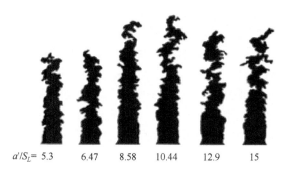

$a'/S_L=$ 5.3　　6.47　　8.58　　10.44　　12.9　　15

图 6.16　不同湍流强度下 P-LIF 拍摄的湍流火焰锋面[201]

关系式模型是将熄火问题的研究对象独立成一个燃烧室或者钝体，通过理论分析得到机理性的关系式。现有的关系式熄火预测模型大致可以分为两类：Longwell 等提出的均匀搅拌反应器（perfect stirred reactor，PSR）模型[207-209]和 Zukoski 等提出的特征时间（characteristic time，CT）模型[210-213]。这两种模型均源于早期对钝体火焰稳定性的分析。

Longwell 将钝体下游的回流区看作一个均匀搅拌反应器，基于能量守恒原理，推导出了钝体火焰熄火关系式：$\dfrac{u_{\text{LBC}}}{P^{n-1}d}=f(\phi_{\text{LBC}})$。钝体火焰稳定器的熄火边界与钝体的特征尺寸和环境压力基本成正比。

20 世纪 80 年代，Lefebvre 对 Longwell 的均匀搅拌反应器模型进行改进，使其成功应用到航空发动机燃烧室的熄火预测中。Lefebvre 认为任何一种燃烧室的熄火边界可由四个参数决定：燃烧室结构参数、入口来流参数、燃料性质以及雾化参数。经过八种发动机（J79-17A、J79-17C、F101、TF41、TF39、J85、TF33、F100）的整机熄火实验验证，Lefebvre 建议模型常数取 29，整个公式的预测误差可以控制在±30%以内。随后加利福尼亚大学尔湾分校的 Samuelsen 教授等[214, 215]在 Lefebvre 贫熄模型基础上引入了双级旋流器结构、旋流方向、文氏管结构等因素对贫熄的影响，使得优化后的 Lefebvre 模型预测精度提高到±14%。

与均匀搅拌反应器思想不同，Zukoshi 和 Marble 将研究重点放在钝体回流区的边界层。Zukoski 通过实验发现，回流区内并非主要燃烧反应区，随着吹熄状态的接近，回流区内的燃气温度基本不变，其高温燃气起到了一个稳定点火源的作用。因此，熄火的判定准则为：混合气在边界层的混合时间等于点火延迟时间，即如果在这段接触时间之内，高温燃气能够点燃新鲜混合气，则表示钝体火焰能稳定存在；如果不能点燃新鲜混合气，则火焰将被吹熄。Hacker[216]、Peters[217]、Schmidt 和 Mellor[218]、Duffy[219]、Leonard 和 Mellor[220]、Jarymowycz 和 Mellor[221]等秉承了 Zukoski 的特征时间理论，并将其分别成功运用到旋流火焰和单管/环管燃烧室的贫熄预测中。Mellor[222]提出三个特征时间：燃料液滴蒸发时间、化学反应时间和混合气在剪切层内的滞留时间。

综上所述，现有熄火机理的研究需要针对高雷诺数湍流火焰进行深入探索，特别是湍流和化学反应相互作用及其与熄火的关系。关系式类熄火预测模型和方法包含熄火机理中的关键因素，对以后的研究具有重要参考意义，但是这种方法往往适用于特定类型的燃烧室，精度有限，难以直接推广，难以普适解决实际问题。

计算燃烧学的迅猛发展，为高雷诺数湍流熄火研究带来了新的手段。通过高分辨率数值模拟，湍流火焰中的局部流动细节包括局部当量比、局部火焰拉伸、熄火及再燃、化学反应局部释热、湍流脉动特性等参数的非定常分布及其变化都能得到解析。与此同时，宏观信息，包括几何结构、特征尺寸、环境温度、主流速度、整体浓度比例、燃料理化特性等，以及微观特性同时受到分析，构建关联关系，使我们对湍流火焰复杂的气动状态、湍流结构、化学反应过程、组分温度等流场变量的输运和分布，以及湍流燃烧演化过程有了更深入的认识。因此，将熄火机理的认识、关系式预测方法和数值模拟方法相结合，将能够得到适用范围更广的高雷诺数湍流火焰熄火数值预测模型和方法。

20 世纪 80 年代，Rizk 和 Mongia 基于经验分析提出了多维模型(multidimensional models) [223, 224]。该模型将三维数值模拟与熄火预测模型结合，将燃烧室分成大量的子区，并将熄火预测模型应用到每一个子区当中。该模型在预测前期需要被测燃烧室在两个工况下（47%和100%）的熄火实验数据以确定模型中的经验常数项，此后才能对燃烧室的熄火性能进行预测。虽然该模型被证实对不同的燃烧工况有较强的适应性，但这种需要前期设计、加工、实验的过程无疑加大了预测成本和时间，且无法运用于"纸面"燃烧室（处于方案设计阶段的燃烧室）的熄火边界预测和结构优化。此外，该方法的基本物理假设有些牵强，即不能把单个子区认为是一个燃烧室，并将反映燃烧室总体熄火边界的模型应用到局部流场中去。

Wright-Patterson 空军基地的 Shouse 和 Sturgess 提出了一种复合计算模型[225, 226]，其主要思想是将燃烧室内的流动过程与化学反应过程解耦，采用不同层次的湍流燃烧模型分别求解，结合着火/熄火理论进行预测。

佐治亚理工学院的 Menon 教授研究小组分别采用 LES-EBU[227]，LES-LEM[228, 229]研究预混旋流火焰、钝体火焰的熄火现象。Menon 指出熄火前的局部熄火对火焰的整体熄火起着至关重要的作用，同时指出不同尺度的涡对局部熄火的影响程度并不一样。该小组采用大涡模拟对燃气轮机燃烧室在接近熄火状态下的湍流燃烧进行数值模拟，燃烧模型采用基于线性旋涡混合（ linear-eddy mixing, LEM ）的亚网格湍流燃烧模型。计算结果表明：数值模拟方法可以捕捉到火焰的扭曲以及由于扭曲对火焰传播速度产生的影响；某些尺度的涡对局部熄火现象有决定性的影响；相关的计算方法还需要改进。Law[230]、Poinsot 等[231]和 Menon 的观点一致，认为火焰只能承受一定的应变，超过某个值就会熄火。这样就存在一个临界值，即临界熄火应变速率。临界熄火应变速率是混气组分、当量比、化学时间尺度的函数。当火焰的局部应变速率大于临界应变速率时并不会整体熄火，但会造成局部熄火，只有当局部熄火发展到一定程度时才会造成整体熄火。Lieuwen 等发展了这种理论和预测方法。Hodzic 等[232]采用 LES-TPDF 方法预测了接近熄火的钝体后方火焰，模拟结果的统计数据与实验值一致。

6.2.2　2035 年目标

到 2035 年，叶轮机数值模拟方面，发展适用于叶轮机的 RANS-LES 混合模拟方法、高保真 SGS 模型、湍流模型和转捩模型；发展转静干涉模型、快速非定常数值模拟方法、旋转失速模拟方法、过渡态模拟方法。实现对叶轮机过渡态的非定常 RANS 模拟、多级叶轮机 RANS-LES 混合模拟、适当雷诺数下的单级叶轮机 LES 模拟。显著提高对大尺度旋涡、分离流、多模式转捩、转静干涉、旋转失速、过渡态的预测精度。

到 2035 年，燃烧数值模拟方面，开发出具有完全自主知识产权的航空发动机燃烧室 CFD 研发平台；建立高精度宽范围两相湍流燃烧理论模型和方法；具备典型算例 48 小时内的大规模并行求解能力。集成温度分布、熄火、燃料选配等燃烧室性能分析工具，能够解决燃烧室详细设计中油气精确控制、大机动性能评估、稳定工作边界高精度预估等需求。应用此软件平台，燃烧室设计周期缩短 20%以上。

到 2035 年，有望实现航空发动机和燃气轮机整机数值模拟，整机从建模到获得结果的时间少于 10 天。

6.3　差距与挑战

针对内流与燃烧相关的几个关键技术，表 6.4 列出了当前存在的差距和面临的挑战，下面分别介绍。

表 6.4　差距与挑战

关键技术	差距与挑战	2035 年目标
HPC 的有效利用与 CFD 程序开发	国内缺少高性能计算平台，主要依赖于商用软件	在 HPC 环境下达到未来千亿亿次的计算水平
非定常湍流模拟	叶轮机中的大尺度涡旋流动和分离流动，缺少快速准确的计算模型，RANS 算不准、高精度算不起	模型流动 DNS 模拟；单级 LES 模拟；多级 RANS-LES 混合方法模拟；过渡态非定常 RANS 模拟

关键技术	差距与挑战	2035 年目标
燃烧室数值仿真技术	国内缺少面向工业用户的自主软件研发系统和测试体系；湍流燃烧模型相对薄弱	自主可控的燃烧室 CFD 研发平台，具有 48 小时内的大规模并行求解速度

6.3.1　高性能计算的有效利用及 CFD 程序开发

2035 年，CFD 能够在高性能计算环境下达到千亿亿级的计算水平。基于异构架构，进行可扩展性强的程序开发，建立适用于内流与燃烧的高性能计算平台。该计算平台包含前处理、求解器和后处理，可以快速生成复杂几何（如涡轮气模冷却）的高质量网格，具有自适应能力；可以进行高保真的多场耦合求解，具有多种离散方法、多层次的物理模型；可以实现误差控制与不确定度量化，对海量数据进行高效提取。

目前国内缺少一个航空发动机内流与燃烧方面的高性能计算平台，在上述的各个方面还有很大差距。各个发动机研究所及绝大多数高校，还主要依赖于商用软件，这种现象不仅仅存在于工程应用领域，在科学研究领域也是如此。即使一些研究单位自主开发了一些程序，也往往因缺少顶层设计、功能相对单一等问题未能推广应用。

6.3.2　叶轮机内转捩和大尺度涡旋流动的非定常湍流模拟

叶轮机中存在着多模式转捩：自然转捩、旁路转捩、分离流转捩、尾迹诱导的周期性转捩、逆转捩等，存在着转子叶尖泄漏、三维角区分离、激波/边界层干涉、转静干涉、旋转失速等典型的大尺度涡旋流动，对叶轮机性能有重要影响，需要准确高效模拟，但对目前 CFD 而言是一个很大的挑战。

到 2035 年，发展快速算法、高保真物理模型，实现不同层次的准确模拟。对于简单几何或低雷诺数情况的模型流动（如叶栅、典型流动的模型），可开展 DNS 模拟；对于单排或单级情况，可开展 LES 模拟；对于多级情况，可开展 RANS-LES 混合方法模拟；对过渡态问题，可开展非定常 RANS 模拟。

在具有转捩和大尺度涡旋流动的叶轮机黏性流领域，必须弥补技术差距，克服技术障碍，以便在 2035 年时间框架内能够准确模拟上述复杂流动，这里的准确指满足工程或科学研究的精度。特别是如下情况：

（1）准确预测多模式转捩的转捩模型；

（2）准确预测典型复杂流动的湍流非平衡输运特性和各向异性的湍流模型；

（3）适用于复杂内流的高精度 RANS-LES 混合方法，包括与之对应的湍流模型和"分区"方法；

（4）适用于复杂内流的高精度 LES 方法及高保真 SGS 模型；

（5）基于体积力模型、谐波平衡技术等降阶方法的快速叶轮机非定常数值模拟技术；

（6）高保真的计及主要叶轮机转静干涉物理机制的确定性相关项模型。

6.3.3 航空发动机燃烧室数值仿真技术

我国对航空发动机燃烧室数值仿真研究的认知及重视程度不够，所开展的仿真研究不够系统，可持续性较差。与国外航空发动机燃烧室数值仿真技术研究相比，其主要差距体现在如下几个方面：

（1）燃烧室仿真技术的发展缺乏自主设计与技术创新。新一代航空发动机研制更多需要自主设计与技术创新，而我国当前设计技术正处于从"半仿半研"传统设计向采用先进仿真手段"预测设计"的过渡期，与国外先进发动机燃烧室设计体系与数值仿真系统在技术上尚存在相当差距。

（2）具有自主知识产权的燃烧室仿真软件及系统较为缺乏。目前大量的燃烧室数值仿真研究是通过对外的合作交流和软件引进，以提供国内的数值仿真系统。

（3）燃烧室仿真技术的验证研究不足。在燃烧室仿真技术的验证方面，由于燃烧室实验测量数据的缺乏，所以很难对所发展的燃烧室仿真技术给予较好的评估和校验，对燃烧室仿真精度的提高乃至燃烧室仿真技术的进一步发展造成了很大的阻碍。

6.4 发展路线图

图 6.17 为内流与燃烧的发展路线图。内流相对外流而言更加复杂，叶轮机内大尺度涡旋流动和分离流动、叶轮机固有的转静干涉及旋转失速流动，以及燃烧室模拟都更具有挑战性。湍流模拟方面，一方面大力发展湍流模型，进一步考虑湍流非平衡输运特性、各向异性、转捩等物理机制；一方面发展 LES、RANS-LES 模拟方法，快速准确地刻画非定常湍流特性。转静干涉及旋转失速方面，一方面发展 URANS 及其低阶模型，一方面引入高精度数值模拟方法。燃烧方面，首先开展模型构建研究，包含"LES-ASOM 模型""厚交换层蒸发模型"；其次在典型两相火焰和模型燃烧室模拟中进行验证，并能应用于真实燃烧室。总体上国内处于跟跑阶段，主要的计算模型和算法都是国外提出的，在原创性工作方面有较大差距；在局部方向上逐渐形成自己的特色，主要包括基于湍流非平衡输运特性发展湍流模拟方法。下面针对内流和燃烧分别介绍。

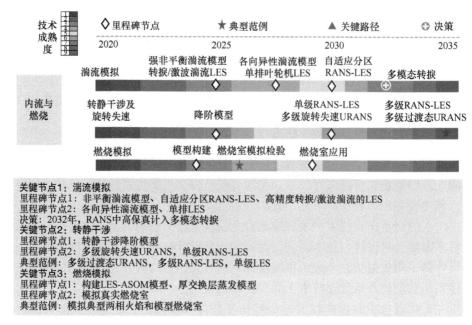

图 6.17　内流与燃烧的发展路线图（彩图请扫封底二维码）

6.4.1　内流发展路线图

针对内流特点和需求以及 CFD 技术发展趋势，图 6.18 给出了内流模拟发展路线图。整体上，很多关键的 CFD 技术目前是处于较低的技术成熟度，但通过合适的研究和发展，到 2035 年能到高成熟度水平。下面简要论述技术要素的发展计划。

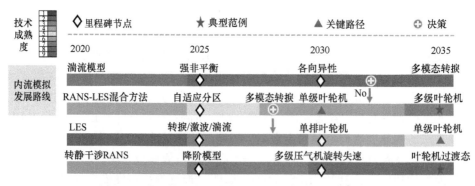

图 6.18　内流模拟发展路线图（彩图请扫封底二维码）

至 2035 年，针对基础研究/应用基础研究/应用研究等不同层次的需求，要实现对大尺度旋涡、分离流、多模式转捩、转静干涉、旋转失速、过渡态等的可靠模拟，需要开展大量的物理建模工作。

在湍流模型方面，实际复杂湍流基本都是强非平衡和各向异性的，至今国际上对非平衡湍流的物理现象和演化机理的认识还未达成共识。2005 年以来开始出现少量研究非平衡湍流的实验[233, 234]，近年高精度数值模拟已开始用于非平衡湍流的研究。因此，首先大力开展非平衡湍流基础研究，到 2025 年，发展适用于强非平衡湍流的涡黏模型；进一步发展强非平衡和各向异性的非线性涡黏模型或雷诺应力模型，到 2030 年，一方面解决精度问题，一方面解决鲁棒性问题；到 2035 年，耦合高保真的转捩模型，实现叶轮机多模式转捩预测。

在 RANS-LES 混合方法方面，需大力发展"自适应分区"方法及与之协同使用的湍流模型，以适应各种典型复杂流动，如 DDES 对叶尖泄漏流动模拟存在的问题，到 2025 年实现对典型流动的比较可靠的模拟。进一步优化模型和算法，到 2030 年实现对单级叶轮机的比较可靠的模拟，到 2035 年实现对多级叶轮机的比较可靠的模拟。

LES 方法方面，针对湍流非平衡和各向异性特性，发展 SGS 模型，同时大力发展适用于内流的高精度数值格式，到 2025 年，实现对转捩、激波、湍流、大尺度旋涡和分离的准确预测。进一步优化模型和算法，到 2030 年实现对适当雷诺数下的单排叶栅/转子/静子的准确模拟，到 2035 年实现对适当雷诺数下的单级叶轮机准确模拟。

转静干涉 RANS 模拟方法方面，大力发展计及转静干涉的通道平均方程模拟技术和快速非定常模拟技术，建立确定性相关项的输运模型，同时进一步改进交界面处理方法，到 2025 年，实现对多级压气机的通道平均方程方法模拟及快速非定常模拟。进一步发展模型和模拟方法，到 2030 年实现对多级压气机旋转失速的快速模拟。到 2035 年，实现对过渡态多级叶轮机的快速模拟。

6.4.2　燃烧发展路线图

燃烧室数值模拟是对发动机燃烧进行全息化描述和诊断的有效手段，是航空发动机燃烧室预先设计的重要环节。图 6.19 给出了燃烧模拟发展路线图。因化学反应和湍流分辨率不足，目前的数值模拟尚难预测发动机燃烧室点火包线和燃烧室贫/富油极限等关键性能，因而迫切需要发展基于高分辨率化学动力学和湍流模型的燃烧室高保真全性能数值模拟软件。然而，化学物质的增加和时空分辨率的提高将导致计算量激增，这对计算资源提出了极高要求。因此，研究目标是面向我国现有高性能计算机及未来 E 级计算平台，研制具有自主知识产权并适用于全速域航空发动机燃烧室的高保真全性能数值模拟软件系统，应用于多类型工程尺度燃烧室模拟，支撑航空发动机设计。

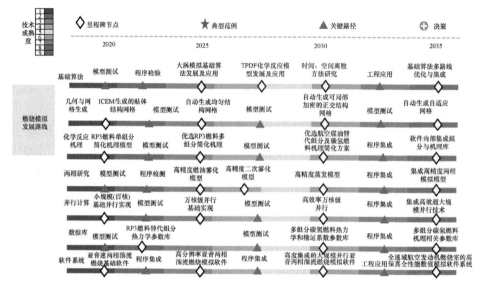

图 6.19　燃烧模拟发展路线图（彩图请扫封底二维码）

立足于提高流动和反应分辨率，实现超大规模并行计算，主要研究内容可以包括：①基于自主数据库和反应机理生成软件系统，建立国产航空燃料的高精度和宽工况燃烧反应机理；② 构建 LES-ASOM 模型、厚交换层蒸发模型，发展适用于全速域高鲁棒性的湍流两相燃烧模型和高效算法；③基于自主应用支撑软件框架，发展超大规模高效并行技术；④基于上述功能模块和数据库，实现软件的集成和测试，形成发动机燃烧室高保真全性能数值模拟软件平台；⑤实现工程尺度典型航空发动机燃烧室数值模拟应用示范，形成发动机高可靠性数值装置原型系统。

研究方案是以自主研发的发动机燃烧室模拟软件为基础，嵌入湍流两相燃烧通用模型和算法，发展国产航空煤油高分辨率反应动力学自定义建模程序，形成能够模拟贫/富油极限和点火包线等关键性能参数的全性能数值模拟平台。基于大规模高效并行和软件集成技术，建成航空发动机燃烧室大规模数值模拟的公开软件平台并在国内超算中心和行业计算中心完成部署，服务于航空发动机基础和工程研究，形成多类型先进航空发动机的典型燃烧室数值模拟应用示范成果。

其中的特色之处在于：①国产航空煤油宽工况燃烧反应机理和反应动力学自定义建模方法；②全速域高鲁棒性普适湍流两相燃烧模型；③发动机燃烧数值模拟软件的超大规模高效并行技术；④具有自主知识产权的航空发动机燃烧室高保真数值模拟软件系统。

以开发航空发动机燃烧室高保真全性能数值模拟软件为研究目标，针对燃烧模拟中必须提高湍流分辨率和化学动力学分辨率的关键问题，发展宽工况适用的国产航空燃料燃烧反应机理和数据库，建立高精度、高鲁棒性和全速域的湍流两相燃烧模型和计算方法，基于并行应用软件支撑框架，突破湍流燃烧超大规模并行的高可扩展性技术瓶颈，形成航空发动机燃烧室高保真全性能数值模拟软件系统。该软件可跨平台部署在国产高性能计算机上，具有标准用户接口。利用此软件实现全速域工程尺度航空发动机燃烧室（涡轮发动机主燃烧室和涡轮发动机加力燃烧室）的三维定常/非定常数值模拟，获得燃烧室过程的全息化描述，形成发动机数值装置原型系统。进一步建成航空发动机燃烧室大规模数值模拟的软件平台，并在国内相关超算中心和行业计算中心部署，尽快满足我国发动机燃烧室研发的应用需求，推动我国燃烧室计算生态环境建设，为我国先进航空发动机型号研制与基础研究做出贡献。

从大的方向，还可以确定如下三个主要的具体研究方向：①航空发动机燃烧室先进数值仿真理论与方法研究；②航空发动机燃烧室部件数值仿真与验证；③航空发动机仿真系统和共享数据库应用研究。

6.5　措施与建议

综上所述，给出简要的措施与建议，如表 6.5 所示，主要包括搭建高性能内流和燃烧计算程序平台、加大基础研究投入开展协同创新、建立高精度数据库及共享机制、发展高保真物理模型和加强跨学科研究等方面。

表 6.5　措施与建议

搭建高性能内流和燃烧计算程序平台	通过顶层设计，凝练两机内流与燃烧的关键科学问题和技术问题，做好研究和技术发展规划，搭建高性能计算程序平台
加大基础研究投入开展协同创新	加大基础研究投入，针对核心计算物理模型，开展原创性探索研究；优化机制体制，协同高校、研究所、企业，分层次开展研究，进行联合创新
建立高精度数据库及共享机制	针对内流典型复杂流动与燃烧，开展高精度实验和数值模拟，建立高精度复杂流动数据库及共享机制
发展高保真物理模型	针对强压力梯度、高速旋转、空间狭小的内流以及燃烧，发展适用于基础研究、应用基础研究、应用研究等不同层次的高保真物理模型
加强跨学科研究	航空发动机具有强多学科特性，涉及流体、结构、传热、气弹、噪声、燃烧等学科，培养及协同跨学科人才

（1）加强顶层设计，进行总体布局，并搭建高性能内流与燃烧计算程序平台。

目前国内缺少一个航空发动机内流与燃烧方面的高性能计算平台。如果继续分散发展，难以达成目标。两机是国家重大需求，需要由相关部门牵头组织，通过顶层设计,进行总体布局,针对工程需求,凝练总结航空发动机内流的关键科学问题和技术问题,做好研究和技术发展规划,并搭建高性能计算程序平台。

(2)加大基础研究投入,开展协同创新和原创性探索。

加大基础研究和应用基础研究的投入。根据内流复杂流动和燃烧特点,针对湍流(如大尺度旋涡、分离流、多模式转捩)、转静干涉、旋转失速、过渡态、燃烧等内流中特有的现象和问题,开展原创性探索研究,有针对性地给予支持。建立相关领域人员协同创新的机制体制,让相关领域的高校、研究所、企业人员积极加入进来,分层次地开展基础研究、应用基础研究,进行联合创新。

(3)建立自主的高精度数据库及共享机制。

对于内流典型复杂流动和燃烧问题,高精度数据库尤为重要。高精度数据库,一方面用于校验低阶物理模型,一方面用于机理分析。而目前国内鲜有相关的数据库,内流往往使用的是 NASA 在 20 世纪 80 年代前测量的实验数据。因此,需针对内流典型流动,开展相关实验研究,建立自主高精度实验数据库;采用经实验验证的高精度数值模拟方法,建立高精度数值模拟数据库。要建立数据库共享机制,实现在相关研究人员之间的充分共享。

(4)发展不同层次的高保真物理模型。

针对强压力梯度、高速旋转、空间狭小的内流以及燃烧,发展适用于基础研究、应用基础研究、应用研究等不同层次的高保真物理模型。比如叶轮机湍流模拟问题,同时发展湍流模型/转捩模型、SGS 模型、RANS-LES 混合模拟方法;叶轮机转静干涉问题,同时发展确定性相关项模型、快速非定常模拟技术、完全非定常模拟技术。总之,不同层次高保真物理模型要协同发展。

(5)加强跨学科研究和人才培养。

航空发动机工程问题具有多学科特性,除了要准确预测流体问题,还要对结构、传热、气弹、噪声、燃烧等问题进行准确模拟,如叶片颤振、涡轮冷却、二次空气系统、发动机噪声等。因此,一方面需加强跨学科研究人员培养,另一方面需要协同不同学科相关人员,进行跨学科研究,如软件工程、人工智能等领域。

参 考 文 献

[1] 刘大响, 金捷, 胡晓煜. 抓住大型飞机的历史机遇实现航空动力的创新发展[J]. 航空制造技术, 2008, (2): 26-29.

[2] 曹建国. 航空发动机仿真技术研究现状、挑战和展望[J]. 推进技术, 2018, 39(5): 961-970.

[3] 刘宝杰, 邹正平, 严明, 等. 叶轮机计算流体动力学技术现状与发展趋势[J]. 航空学报, 2002, 23(5): 394-404.

[4] 金捷. 美国推进系统数值仿真(NPSS)计划综述[J]. 燃气涡轮试验与研究, 2003, 16(1): 57-62.

[5] https://www.swri.org/consortia/numerical-propulsion-system-simulation-npss.

[6] Bradshaw P. Turbulence modeling with application to turbomachinery[J]. Progress in Aerospace

Sciences, 1996, 32(6): 575-624.

[7] Liu Y W. Some modelling development for unsteady flows in axial compressors[C]. The 17th International Symposium on Transport Phenomena and Dynamics of Rotating Machinery, 2017.

[8] Tang Y M, Liu Y W, Lu L P, et al. Passive separation control with blade-end slots in a highly loaded compressor cascade[J]. AIAA Journal, 2020, 58(1): 85-97.

[9] Taylor J V, Miller R J. Competing three dimensional mechanisms in compressor flows[J]. ASME Journal of Turbomachinery, 2017, 139(2): 021009.

[10] Denton J D. Loss mechanisms in turbomachines[J]. Journal of Turbomachinery, 1993, 115(4): 621-656.

[11] Choi M, Baek J H. Role of the hub-corner-separation on the rotating stall[C]. 42nd AIAA/ASME/SAE/ASEE Joint Propulsion Conference & Exhibit, 2006: 4462.

[12] Tan C S, Day I, Morris S, et al. Spike-type compressor stall inception, detection, and control[J]. Annual Review of Fluid Mechanics, 2010, 42: 275-300.

[13] Greitzer E M, Wisler D C, Adamczyk J J. Unsteady flow in turbomachines: Where's the beef?[J]. ASME CP Unsteady Flows in Aeropropulsion, 1994, 40: 1-11.

[14] 陈懋章, 刘宝杰. 大涵道比涡扇发动机风扇/压气机气动设计技术分析[J]. 航空学报, 2008, 29(3): 513-526.

[15] Wisler D C. Compressor and fan aerodynamic design[R]. Lecture at Tsinghua University, 2006.

[16] Mayle R E. The Role of laminar-turbulent transition in gas turbine engines[C]. International Gas Turbine and Aeroengine Congress and Exposition, 1991: GT-261.

[17] Spalart P R. Reflections on RANS modeling[C]. Progress in Hybrid RANS-LES Modelling, 2012: 7-24.

[18] Wilcox D C. Turbulence Modeling for CFD[M]. La Canada, CA: DCW industries, 1998.

[19] 陈懋章. 粘性流体动力学基础[M]. 北京: 高等教育出版社, 2002.

[20] Dunham J. CFD Validation for propulsion system components[R]. AGARD, AR-355, 1998.

[21] Liu Y W, Yu X J, Liu B J. Turbulence models assessment for large-scale tip vortices in an axial compressor rotor[J]. Journal of Propulsion and Power, 2008, 24(1): 15-25.

[22] Liu Y W, Yan H, Liu Y J, et al. Numerical study of corner separation in a linear compressor cascade using various turbulence models[J]. Chinese Journal of Aeronautics, 2016, 29(3): 639-652.

[23] Prandtl L. Bericht Über Untersuchungen Zur Ausgebildeten Turbulenz. Ludwig Prandtl Gesammelte Abhandlungen[M]. Heidelberg, Berlin: Springer, 1961.

[24] Baldwin B S, Lomax H. Thin layer approximation and algebraic model for separated turbulent flows[C]. 16th AIAA Aerospace Sciences Meeting, 1978: 257.

[25] Smith A M O, Cebeci T. Numerical solution of the turbulent boundary-layer equations[R]. Douglas Aircraft Division Report, DAC 33735, 1967.

[26] Baldwin B S, Barth T J. A one-equation turbulence transport model for high Reynolds number wall-bounded flows[C]. 29th AIAA Aerospace Sciences Meeting, 1991: 0610.

[27] Spalart P R, Allmaras S R. A one-equation turbulence model for aerodynamic flows[C]. 30th AIAA Aerospace Sciences Meeting and Exhibit, 1992: 0439.

[28] Launder B E, Spalding D B. Lectures in Mathematical Models of Turbulence[M]. London: Academic Press, 1972.

[29] Yakhot V, Orszag S A. Renormalization group analysis of turbulence. I. Basic theory[J]. Journal of Scientific Computing, 1986, 1(1): 3-51.

[30] Shih T H, Liou W W, Shabbir A, et al. A new-eddy-viscosity model for high Reynolds number turbulent flows-model development and validation[J]. Computers & Fluids, 1995, 24(3): 227-238.

[31] Menter F R. Two-equation eddy-viscosity turbulence models for engineering applications[J]. AIAA Journal, 1994, 32(8): 1598-1605.

[32] Durbin P A. Separated flow computations with the model[J]. AIAA Journal, 1995, 33(4): 659-664.

[33] Launder B E, Reece G J, Rodi W. Progress in the development of a Reynolds-Stress turbulence closure[J]. Journal of Fluid Mechanics, 1975, 68(3): 537-566.

[34] Gerolymos G A, Vallet I. Turbulence modeling and computational analysis of aircraft engine turbomachinery[C]. ECCOMAS, 2004.

[35] Rodi W. A new algebraic relation for calculating the Reynolds stresses[J]. ZAMM, 1976, 56: 219-221.

[36] Pope S B. A more general effective-viscosity hypothesis[J]. Journal of Fluid Mechanics, 1975, 72(2): 331-340.

[37] Wilcox D C, Rubesin M W. Progress in turbulence modeling for complex flow fields including effects of compressibility[R]. NASA No. A-7916, 1980.

[38] Shih T H, Zhu J, Lumley J L. A new Reynolds stress algebraic equation model[J]. Computer Methods in Applied Mechanics & Engineering, 1995, 125(1-4): 287-302.

[39] Yoshizawa A. Statistical analysis of the deviation of the Reynolds stress from its eddy viscosity representation[J]. Physics of Fluids, 1984, 27(6): 1377-1387.

[40] Nisizima S, Yoshizawa A. Turbulent channel and Couette flows using an anisotropic k-epsilon model[J]. AIAA Journal, 2012, 25(3): 414-420.

[41] Craft T J, Launder B E, Suga K. Development and application of a cubic eddy-viscosity model of turbulence[J]. International Journal of Heat & Fluid Flow, 1996, 17(2): 108-115.

[42] Song B, Amano R, Liu G R. On computations of complex turbulent flow by using nonlinear k-O model[J]. Numerical Heat Transfer, part B: fundamentals, 2001, 39(5): 421-434.

[43] Spalart P R. Strategies for turbulence modelling and simulations[J]. International Journal of Heat & Fluid Flow, 2000, 21(3): 252-263.

[44] Mani M, Babcock D, Winkler C, et al. Predictions of a supersonic turbulent flow in a square duct[C]. 51st AIAA Aerospace Sciences Meeting Including the New Horizons Forum and Aerospace Exposition, 2013: 860.

[45] Monier J, Boudet J, Caro J, et al. Turbulent energy budget in a tip leakage flow: a comparison between RANS and LES[C]. ASME Turbo Expo 2017: Turbomachinery Technical Conference and Exposition, 2017: GT2017-63611.

[46] Tucker P G. Advanced Computational Fluid and Aerodynamics[M]. Cambridge: Cambridge

University Press, 2016.

[47] Emmons H W. The laminar-turbulent transition in a boundary layer-part 1[J]. Journal of Aerospace Science, 1951, 18(7): 490-498.

[48] Wisler D C. The technical and economic relevance of understanding boundary layer transition in gas turbine engines[C]. Proceedings of Minnowbrook II-1997 Workshop on Boundary Layer Transition in Turbomachines, NASA/CP-1998-206958, 1998.

[49] Walker G J. The role of laminar-turbulent transition in gas turbine engines: a discussion[J]. Journal of Turbomachinery, 1993, 115(2): 207-216.

[50] Halstead D E, Wisler D C, Okiishi T H, et al. Boundary layer development in axial compressors and turbines, part 1 of 4: composite picture[J]. Journal of Turbomachinery, 1997, 119(1): 114-127.

[51] Addison J S, Hodson H P. Modeling of unsteady transitional boundary layers[J]. Journal of Turbomachinery, 1992, 114: 580-589.

[52] Mayle R E. The Role of laminar-turbulent transition in gas turbine engines[J]. Journal of Turbomachinery, 1991, 113: 509-537.

[53] Jone W P, Launder B E. The calculation of low Reynolds number phenomena with a two-equation model of turbulence[J]. International Journal of Heat and Mass Transfer, 1973, 16(6): 1119-1130.

[54] Launder B E, Sharma B. Application of energy-dissipation model of turbulence to the calculation of flow near a spinning disc[J]. Letters in Heat and Mass Transfer, 1974, 1: 131-137.

[55] van Driest E R, Blumer C B. Boundary layer transition, free-stream turbulence, and pressure gradient effects[J]. AIAA Journal, 1963, 1: 1303-1306.

[56] Praisner T J, Clark J P. Predicting transition in trubomachinery-part I: a review and new model development[J]. Journal of Turbomachinery, 2003, 129(1): 1-13.

[57] Edwards J R, Blottner F G, Hassan H G, et al. Development of a one-equation transition/ turbulence model[J]. AIAA Journal, 2001, 39(9): 1691-1698.

[58] Wang C, Perot B. Prediction of turbulent transition in boundary layers using the turbulent potential model[J]. Journal of Turbulence, 2002, 3(2): 22.

[59] Walters D K, Leylek J H. A new model for boundary layer transition using a single-point RANS approach[J]. Journal of Turbomachinery, 2004, 126(1): 193.

[60] 罗天培, 柳阳威, 陆利蓬. 低压涡轮叶栅流动中转捩模型的校验及改进[J]. 航空学报, 2013(7): 1548-1562.

[61] Townsend A A. Equilibrium layers and wall turbulence[J]. Journal of Fluid Mechanics, 1961, 11: 97-120.

[62] Meneveau C, Katz J. Scale-invariance and turbulence models for large-eddy simulation[J] Annual Review of Fluid Mechanics, 2000, 32: 1-32.

[63] Kato M, Launder B E. The modelling of turbulent flow around stationary and vibrating square cylinders[C]. 9th Symposium on Turbulent Shear Flows, 1993: 1041-1046.

[64] Lodefier K, Dick E. Modelling of unsteady transition in low-pressure turbine blade rows with two dynamic intermittency equations[J]. Flow, Turbulence and Combustion, 2006, 76(2):

103-132.

[65] Arko B M, Mcquilling M. Computational study of high-lift low-pressure turbine cascade aerodynamics at low Reynolds number[J]. Journal of Propulsion and Power, 2013, 29(2): 446-459.

[66] Medic G, Durbin P A. Toward improved film cooling prediction[J]. Journal of Turbomachinery, 2002, 124(2): 193-199.

[67] Spalart P R, Shur M. On the sensitization of turbulence models to rotation and curvature[J]. Aerospace Science and Technology, 1997, 1(5): 297-302.

[68] Shur M L, Strelets M K, Travin A K, et al. Turbulence modeling in rotating and curved channels: assessing the Spalart-Shur correction[J]. AIAA Journal, 2000, 38(5): 784-792.

[69] Smirnov P E, Menter F R. Sensitization of the SST turbulence model to rotation and curvature by applying the Spalart-Shur correction term[J]. Journal of Turbomachinery, 2009, 131(4): 041010.

[70] Scillitoe A D, Tucker P G, Adami P. Evaluation of RANS and ZDES methods for the prediction of three-dimensional separation in axial flow compressors[C]. ASME Turbo Expo 2015: Turbine Technical Conference and Exposition, 2015: GT2015-43975.

[71] Liu Y W, Tang Y M, Scillitoe A D, et al. Modification of shear stress transport turbulence model using helicity for predicting corner separation flow in a linear compressor cascade[J]. Journal of Turbomachinery, 2020, 142(2): 021004.

[72] Liu Y W, Lu L P, Fang L, et al. Modification of spalart-allmaras model with consideration of turbulence energy backscatter using velocity helicity[J]. Physics Letter A, 2011, 375(24): 2377–2381.

[73] Lee K B, Wilson M, Vahdati M. Validation of a numerical model for predicting stalled flows in a low-speed fan-part I: modification of Spalart-Allmaras turbulence model[J]. Journal of Turbomachinery, 2018, 140(5): 051008.

[74] Kim S, Pullan G, Hall C A, et al. Stall Inception in low-pressure ratio fans[J]. Journal of Turbomachinery, 2019, 141(7): 071005.

[75] Pope S B. Turbulent Flows[M]. Cambridge: Cambridge University Press, 2001.

[76] Wagner, C, Hüttl T, Sagaut P. Large-Eddy Simulation for Acoustics[M]. Cambridge: Cambridge University Press, 2007.

[77] Hirsch C. Numerical Computation of Internal and External Flows, vol.1: Fundamentals of Computational Fluid Dynamics[M]. 2nd ed. Burlington: Butterworth-Heinemann, 2007.

[78] Piomelli U, Balaras E. Wall-layer models for large-eddy simulations[J]. Annual Review of Fluid Mechanics, 2002, 34: 349-374.

[79] Wu X H, Durbin P A. Evidence of longitudinal vortices evolved from distorted wakes in a turbine passage[J]. Journal of Fluid Mechanics, 2001, 446: 199-228.

[80] Wissink J G. DNS of separating, low Reynolds number flow in a turbine cascade with incoming wakes[J]. International Journal of Heat & Fluid Flow, 2003, 24: 626-635.

[81] Wissink J G, Rodi W, Hodson H P. The influence of disturbances carried by periodically incoming wakes on the separating flow around a turbine blade[J]. International Journal of Heat

& Fluid Flow, 2006, 27: 721-729.

[82] Rodi W. DNS and LES of some engineering flows[J]. Fluid Dynamics Research, 2006, 38: 145-173.

[83] Zaki T, Durbin P A, Rodi W, et al. Direct numerical simulation of by-pass and separation-induced transition in a linear compressor cascade[C]. ASME Turbo Expo 2006: Power for Land, Sea, and Air, 2006: GT-2006-90885.

[84] Wheeler A P S, Sandberg R D, Sandham N D, et al. Direct numerical simulations of a high-pressure turbine vane[J]. Journal of Turbomachinery, 2016, 138(7): 071003.

[85] Wheeler A P S, Sandberg R D. Numerical investigation of the flow over a model transonic turbine blade tip[J]. Journal of Fluid Mechanics, 2016, 803: 119-143.

[86] Smagorinsky J. General circulation experiments with the primitive equations: I. The basic equations[J]. Monthly Weather Review, 1963, 91: 99-164.

[87] Germano M, Piomelli U, Moin P, et al. A dynamic subgrid-scale eddy viscosity model[J]. Physics of Fluids A, 1991, 3: 1760-1765.

[88] Lilly D K. The representation of small-scale turbulence in numerical simulation experiments[C]. Proceedings of IBM Scientific Computing Symposium on Environmental Sciences, 1967: 195-210.

[89] Lilly D K. A proposed modification of the Germano subgrid‐scale closure method[J]. Physics of Fluids A: Fluid Dynamics, 1992, 4(3): 633-635.

[90] Cui G, Zhou H, Zhang Z, et al. A new dynamic subgrid eddy viscosity model with application to turbulent channel flow[J]. Physics of Fluids, 2004, 16(8): 2835-2842.

[91] Sagaut P. Large Eddy Simulation for Incompressible Flows: An Introduction[M].3rd ed. Heidelberg: Springer Science & Business Media, 2006.

[92] You D H, Wang M, Moin P, et al. Effects of tip-gap size on the tip-leakage flow in a turbomachinery cascade[J]. Physics of Fluids, 2006, 18(10): 105102.

[93] You D H, Wang M, Moin P, et al. Large-eddy simulation analysis of mechanisms for viscous losses in a turbomachinery tip-clearance flow[J]. Journal of Fluid Mechanics, 2007, 586: 177-204.

[94] You D H, Wang M, Moin P, et al. Vortex dynamics and low-pressure fluctuations in the tip-clearance flow[J]. Journal of Fluids Engineering, 2007, 129(8): 1002-1014.

[95] Gao F, Ma W, Zambonini G, et al. Large-eddy simulation of 3-D corner separation in a linear compressor cascade[J]. Physics of Fluids, 2015, 27(8): 085105.

[96] Pogorelov A, Meinke M, Schröder W. Cut-cell method based large-eddy simulation of tip-leakage flow[J]. Physics of Fluids, 2015, 27(7): 075106.

[97] Hah C. Effects of double-leakage tip clearance flow on the performance of a compressor stage with a large rotor tip gap[J]. Journal of Turbomachinery, 2017, 139(6): 061006.

[98] Teramoto T O S, Okamoto K. Direct comparison between RANS turbulence model and fully-resolved LES[J]. International Journal of Gas Turbine, Propulsion and Power Systems, 2016, 8(2): 1-8.

[99] Tyacke J, Vadlamani N R, Trojak W, et al. Turbomachinery simulation challenges and the

future[J]. Progress in Aerospace Sciences, 2019, 110: 100554.

[100] Spalart P R, Jou W H, Stretlets M, et al. Comments on the feasibility of LES for wings and on the hybrid RANS/LES approach[C]. Proceedings of the First AFOSR International Conference on DNS/LES, 1997: 137-147.

[101] Spalart P R, Deck S, Shur M L, et al. A new version of detached-eddy simulation, resistant to ambiguous grid densities[J]. Theory of Computational Fluid Dynamics, 2006, 20: 181-195.

[102] Yamada K, Furukawa M, Tamura Y, et al. Large-scale detached-eddy simulation analysis of stall inception process in a multistage axial flow compressor[J]. Journal of Turbomachinery, 2017, 139(7): 071002.

[103] Su X Y, Ren X D, Li X S, et al. Unsteadiness of tip leakage flow in the detached-eddy simulation on a transonic rotor with vortex breakdown phenomenon[J]. Energies, 2019, 12(5): 954.

[104] Liu Y W, Yan H, Lu L P, et al. Investigation of vortical structures and turbulence characteristics in corner separation in a linear compressor cascade using DDES[J]. Journal of Fluids Engineering, 2017, 139(2): 021107.

[105] Liu Y W, Zhong L Y, Lu L P. Comparison of DDES and URANS for unsteady tip leakage flow in an axial compressor rotor[J]. Journal of Fluids Engineering, 2019, 141(12): 121405.

[106] 谢喆. 压气机稳定性数值预测方法及流动机理研究[D]. 北京: 北京航空航天大学, 2019.

[107] Gao Y F, Liu Y W. Modification of DDES based on SST k-ω model for tip leakage flow in turbomachinery[C]. ASME Turbo Expo 2020: Turbomachinery Technical Conference and Exposition, 2020: GT2020-14851.

[108] Denton J D. Some limitations of turbomachinery CFD[C]. ASME Turbo Expo 2010: Power for Land, Sea, and Air, 2010: GT2010-22540.

[109] Adkins G G Jr, Smith L H Jr. Spanwise mixing in multistage axial flow compressors[J]. Journal of Engineering for Power, 1982, 104: 97-110.

[110] Lewis K L. Spanwise transport in axial-flow turbines, part1: the multistage environment[J]. Journal of Turbomachinery, 1993, 116: 179-186.

[111] Lewis K L. Spanwise transport in axial-flow turbines, part2: throughflow calculations[J]. Journal of Turbomachinery, 1994, 116: 187-193.

[112] Wisler D C, Bauer R C, Okiishi T H. Secondary flow, turbulent diffusion, and mixing in axial-flow compressors[J]. Journal of Turbomachinery, 1987, 109: 455-482.

[113] Dunham J. Modelling of Spanwise Mixing in compressor through-flow computations[J]. Proceedings of the Institution of Mechanical Engineers, Part A: Journal of Power and Energy, 1997, 211: 243-251.

[114] Smith L H Jr. Casing Boundary Layers in Multistage Axial Flow Compressors, Flow Research on Blading[M]. Amsterdam: Elsevier Publishing Company, 1970.

[115] Mikolajczak A A. The practical importance of unsteady flow in: unsteady phenomena in turbomachinery[R]. AGARD CP-144, 1977.

[116] Smith L H Jr. Wake dispersion in turbomachines[J]. Journal of Basic Engineering, 1966, 88: 688-690.

[117] Smith L H Jr. Wake ingestion propulsion benefit[J]. Journal of Propulsion and Power, 1993, 1: 74-82.

[118] Smith L H Jr. Discussion of ASME paper No.96-GT-029: wake mixing in axial flow compressors[R]. ASME Turbo Expo, Birmingham, England, 1996.

[119] Schubauer G B, Klebanoff P S. Contributions on the mechanics of boundary layer transition[R]. NACA TN 3489, 1955.

[120] Halstead D E, Wisler D C, Okiishi T H, et al. Boundary layer development in axial compressors and turbines: part.1—composite picture[J]. Journal of Turbomachinery, 1997, 119: 114-127.

[121] Halstead D E, Wisler D C, Okiishi T H, et al. Boundary layer development in axial compressors and turbines: part.2—compressor[J]. Journal of Turbomachinery, 1997, 119: 426-444.

[122] Halstead D E, Wisler D C, Okiishi T H, et al. Boundary layer development in axial compressors and turbines: part.3—LP turbines[J]. Journal of Turbomachinery, 1997, 119: 225-237.

[123] Halstead D E, Wisler D C, Okiishi T H, et al. Boundary layer development in axial compressors and turbines: part.4—computations and analyses[J]. Journal of Turbomachinery, 1997, 119: 128-139.

[124] Haselbach F. The application of ultra high lift blading in the BR715 LP turbine[J]. Journal of turbomachinery, 2002, 124(1): 45-51.

[125] Huber F W, Johnson P D, Sharma O P, et al. Performance in improvement through indexing of turbine airfoils, part1—experimental Investigation[J]. Journal of turbomachinery, 1996, 118(4): 630-635.

[126] Dorney D J, Sharma O P. A study of turbine performance increases through airfoil clocking[C]. 32nd AIAA Joint Propulsion Conference and Exhibit, 1996: 2816.

[127] Cizmas P G A, Dorney D J. Parallel computation of turbine blade clocking[J]. International Journal of Turbo and Jet Engines, 1999, 16: 49-60.

[128] Barankiewicz W S, Hathaway M D. Effects of stator indexing on performance in a low-speed multistage axial compressor[C]. ASME 1997 International Gas Turbine and Aeroengine Congress and Exhibition, 1997: GT-496.

[129] He L, Chen T, Wells R G, et al. Analysis of rotor-rotor and stator-stator interferences in multi-stage turbomachines[C]. ASME Turbo Expo 2002: Power for Land, Sea, and Air, 2002: GT-30355.

[130] Butler T L, Sharma O P, Joslyn H D, et al. Redistribution of an inlet temperature distortion in an axial flow turbine Stage[J]. Journal of ProPulsion and Power, 1989, 5(1): 64-71.

[131] Takahashi R K, Ni R H. Unsteady Euler analysis of the redistribution of and inlet temperature distortion in a turbine[C]. 26th AIAA Joint Propulsion Conference, 1990: 2262.

[132] Busby J, Sondak D, Staubach B, et al. Deterministic stress modeling of hot gas segregation in a turbine[J]. Journal of Turbomachinery, 2000, 122: 62-67.

[133] Orkwis P D, Turner M G, Barter J W. Linear deterministic source terms for hot streak simulations[C]. ASME Turbo Expo 2000: Power for Land, Sea, and Air, 2000: GT-0509.

[134] Hall K C, Crawley E F. Calculation of unsteady flows in turbomachinery using the linearized Euler equations[J]. AIAA Journal, 1989, 27(6): 777-787.

[135] Clark W S, Hall K C. Time-linearized Navier-Stokes analysis of stall flutter[J]. Journal of Turbomachinery, 2000, 122: 467-476.

[136] Hall K C, Thomas J P, Clark W S. Computation of unsteady nonlinear flows in cascades using a harmonic balance technique[J]. AIAA Journal, 2002, 40(5): 879-886.

[137] Hall K C, Ekici K. Multistage coupling for unsteady flows in turbomachinery[J]. AIAA Journal, 2005, 43(3): 624-632.

[138] Ekici K, Hall K C. Nonlinear analysis of unsteady flows in multistage turbomachines using harmonic balance[J]. AIAA Journal, 2007, 45(5): 1047-1057.

[139] Rai M M. Navier-Stocks simulations of rotor-stator interaction using patched and overlaid grids[C]. 7th Computational Physics Conference, 1985: 1519.

[140] Erdos J I, Alzner E. Computation of unsteady transonic flows through rotating and stationary cascades[R]. NASA CR-2900, 1977.

[141] Giles M B. UNSFLO: A numerical method for unsteady inviscid flow in turbomachinery[R]. Technical Report 195, MIT Gas Turbine Laboratory, 1988.

[142] Denton J D. Extension of the finite volume time marching method to three dimensions[R]. VKI Lecture Series, 1979.

[143] Denton J D. Calculation of 3D viscous flow through multi-stage turbomachines[J]. Journal of Turbomachinery, 1992, 114: 18-26.

[144] Wang D. An improved mixing-plane method for analyzing steady flow through multiple-blade-row turbomachines[J]. Journal of Turbomachinery, 2014, 136(8): 081003.

[145] Zhu Y L, Luo J Q, Liu F. Flow computations of multi-stages by URANS and flux balanced mixing models[J]. Science China Technological Sciences, 2018, 61(7): 1081-1091.

[146] Adamczyk J J. Model equation for simulating flows in multistage turbomachinery[R]. NASA TM-86869, 1984.

[147] Adamczyk J J. Aerodynamic analysis of multistage turbomachinery flows in support of aerodynamic design[C]. ASME 1999 International Gas Turbine and Aeroengine Congress and Exhibition, 1999: GT-080.

[148] Rhie D M, Gleixner A J, Fischberg C J, et al. Development and application of a multistage Navier-Stokes Solver part.1: multistage modeling using bodyforces and deterministric stresses[J]. Journal of Turbomachinery, 1998, 120(2): 205-214.

[149] Mansour M, Hingorani S, Dong Y. A new multistage axial compressor designed with the APNASA multistage CFD code: part.1-code calibration[C]. ASME Turbo Expo 2001: Power for Land, Sea, and Air, 2001: GT-349.

[150] Dong Y, Mansour M, Hingorani S, et al. A new multistage axial compressor designed with the APNASA multistage CFD code: part 2-application to a new compressor design[C]. ASME Turbo Expo 2001: Power for Land, Sea, and Air, 2001: GT-350.

[151] Giles M B. An approach for multistage calculations incorporating unsteadiness[C]. ASME International Gas Turbine and Aeroengine Congress and Exposition, 1992: GT-282.

[152] Sondak D L, Dorney D J, Davis R L. Modeling turbomachinery unsteadiness with lumped deterministic stresses[C]. 32nd AIAA Joint Propulsion Conference and Exhibit, 1996: 2570.

[153] Hall E J. Aerodynamic modeling of multistage compressor flow fields, part.2: modeling deterministic stresses[J]. Proceedings of the Institution of Mechanical Engineers, Part G, Journal of Aerospace Engineering, 1998, 212(G2): 91-107.

[154] He L. Modelling issues for computation of unsteady turbomachinery flows[R]. Unsteady Flows in Turbomachines, von Karman Inst. Lecture Series 5, 1996.

[155] van de Wall A G. A Transport Model for the Deterministic Stresses Associated with Turbomachinery Blade Row Interactions[D]. Ohio: Case Western Reserve University, 1999.

[156] Liu Y W, Liu B J, Lu L P. Study of modeling unsteady blade row interaction in a transonic compressor stage, part 1: code development and deterministic correlation analysis[J]. Acta Mechanica Sinica, 2012, 28: 281-290.

[157] Liu Y W, Liu B J, Lu L P. Study of modeling unsteady blade row interaction in a transonic compressor stage, part 2: influence of deterministic correlations on time-averaged flow prediction[J]. Acta Mechanica Sinica, 2012, 28: 291-299.

[158] Liu Y W, Tang Y M, Liu B J, et al. An exponential decay model for the deterministic correlations in axial compressors[J]. Journal of Turbomachinery, 2019, 141(2): 021005.

[159] Day I J. Stall, surge, and 75 years of research[J]. Journal of Turbomachinery, 2016, 138(1): 011001.

[160] Choi M, Vahdati M, Imregun M. Effects of fan speed on rotating stall inception and recovery[J]. Journal of Turbomachinery, 2011, 133(4): 041013.

[161] Du J, Lin F, Chen J Y, et al. Flow structures in the tip region for a transonic compressor rotor[J]. Journal of Turbomachinery, 2013, 135(3): 031012.

[162] Wu Y H, Wu J F, Zhang G G, et al. Experimental and numerical investigation of flow characteristics near casing in an axial flow compressor rotor at stable and stall inception conditions[J]. Journal of Fluids Engineering, 2014, 136(11): 111106.

[163] Pullan G, Young A, Day I, et al. Origins and structure of spike-type rotating stall[J]. Journal of Turbomachinery, 2015, 137(5): 051007.

[164] Gong Y, Tank C S, Gordon K A, et al. A computational model for short-wavelength stall inception and development in multistage compressors[J]. Journal of Turbomachinery, 1999, 121(4): 726-734.

[165] He L. Computational study of rotating-stall inception in axial compressors[J]. Journal of Propulsion and Power, 1997, 13(1): 31-38.

[166] Chen J P, Hathaway M D, Herrick G P. Prestall behavior of a transonic axial compressor stage via time-accurate numerical simulation[J]. Journal of Turbomachinery, 2008, 130(4): 041014.

[167] Choi M, Vahdati M, Imregun M. Effects of fan speed on rotating stall inception and recovery[J]. Journal of Turbomachinery, 2011, 133(4): 401013.

[168] Sun X F, Liu X H, Hou R W, et al. A general theory of flow-instability inception in turbomachinery[J]. AIAA Journal, 2013, 51(7): 1675-1687.

[169] Xie Z, Liu Y W, Liu X H, et al. Computational model for stall inception and nonlinear evolution in axial flow compressors[J]. Journal of Propulsion and Power, 2018, 34(3): 720-729.

[170] Xie Z, Liu Y W, Liu X H, et al. Effect of RANS method on the stall onset prediction by an

eigenvalue approach[J]. ASME Journal of Fluids Engineering, 2019, 141(3): 031401.

[171] Im H, Chen X Y, Zha G C. Detached-eddy simulation of rotating stall inception for a full-Annulus transonic rotor[J]. Journal of Propulsion and Power, 2015, 28(4):782-798.

[172] Aditya K, Gruber A, Xu C, et al. Direct numerical simulation of flame stabilization assisted by autoignition in a reheat gas turbine combustor[J].Proceedings of the Combustion Institute, 2019, 37(2): 2635-2642.

[173] Esclapez L, Ma P C, Mayhew E, et al. Fuel effects on lean blow-out in a realistic gas turbine combustor[J]. Combustion and Flame, 2017, 181: 82-99.

[174] Tachibana S, Saito K, Yamamoto T, et al. Experimental and numerical investigation of thermo-acoustic instability in a liquid-fuel aero-engine combustor at elevated pressure: Validity of large-eddy simulation of spray combustion[J]. Combustion and Flame, 2015, 162: 2621-2637.

[175] Jones W P, Marquis A J, Vogiatzaki K. Large-eddy simulation of spray combustion in a gas turbine combustor[J]. Combustion and Flame, 2014, 161(1): 222-239.

[176] Kuron M, Ren Z, Hawkes E R, et al. A mixing timescale model for TPDF simulations of turbulent premixed flames[J]. Combustion and Flame. 2017, 177: 171-183.

[177] Stöllinger M, Heinz S. Evaluation of scalar mixing and time scale models in PDF simulations of a turbulent premixed flame[J]. Combustion and Flame, 2010, 157: 1671-1685.

[178] Lindstedt R, Vaos E. Transported PDF modeling of high-Reynolds-number premixed turbulent flames[J]. Combustion and Flame, 2006, 145: 495-511.

[179] 李艺, 黄鹰, 陈义良, 等. 考虑化学反应的标量耗散率及其在 PDF 小尺度混合模型中的应用[J]. 燃烧科学与技术, 2002, 8: 69-74.

[180] 黄鹰, 陈义良, 李艺. PDF 方程中小尺度混合模型的研究[J]. 工程热物理学报, 1999, 20: 261-264.

[181] He G W, Rubinstein R. The mapping closure approximation to the conditional dissipation rate for turbulent scalar mixing[J]. Journal of Turbulence, 2003, 4(1): 29.

[182] 甯红波, 李泽荣, 李象远. 燃烧反应动力学研究进展[J]. 物理化学学报, 2016, 32(1): 131-153.

[183] Colket M, Edwards T, Williams S, et al. Identification of target validation data for development of surrogate jet fuels[C]. 46th AIAA Aerospace Sciences Meeting and Exhibit, 2008: 0972.

[184] Dagaut P, Cathonnet M. The ignition, oxidation, and combustion of kerosene: a review of experimental and kinetic modeling[J]. Progress in Energy & Combustion Science, 2006, 32(1): 48-92.

[185] Dagaut P. Kinetics of jet fuel combustion over extended conditions: experimental and modeling[J]. Journal of Engineering for Gas Turbines and Power, 2007, 129: 394-403.

[186] Zhang C H, Li B, Rao F, et al. A shock tube study of the auloignition characteristics of RP-3 jet fuel[J]. Proceedings of the Combustion Institute, 2015, 35(3): 3151-3158.

[187] 梁金虎, 王成, 张灿, 等. RP-3 航空煤油点火特性研究[J]. 力学学报, 2014, 46: 352-360.

[188] 曾文, 李海霞, 马洪安, 等. RP-3 航空煤油模拟替代燃料的化学反应详细机理[J]. 航空动力学, 2014, 2: 2810-2816.

[189] 徐佳琪, 郭俊江, 刘爱科, 等. RP-3 替代燃料自点火燃烧机理构建及动力学模拟[J]. 物理化学学报, 2015, 3: 643-652.

[190] 郑东, 于维铭, 钟北京. RP-3 航空煤油替代燃料及其化学反应动力学模型[J]. 物理化学学报, 2015, 3: 636-642.

[191] Dooley S, Won S H, Heyne J, et al. The experimental evaluation of a methodology for surrogate fuel formulation to emulate gas phase combustion kinetic phenomena[J]. Combustion and Flame, 2012, 159: 1444-1466.

[192] Koniavitis P, Rigopoulos S, Jones W P. Reduction of a detailed chemical mechanism for a kerosene surrogate via RCCE-CSP[J]. Combustion and Flame, 2018, 194: 85-106.

[193] Westbrook C K, Dryer F L. Chemical kinetic modeling of hydrocarbon combustion[J]. Progress in Energy and Combustion Science, 1984, 10(1): 1-57.

[194] Kim D, MartZ J, Violi A. A surrogate for emulating the physical and chemical properties of conventional jet fuel[J]. Combustion and Flame, 2014, 161(6): 1489-1498.

[195] Violi A, Yan S, Eddings E G, et al. Experimental formulation and kinetic model for JP-8 surrogate mixtures[J]. Combustion Science and Technology, 2002, 174 (11-12): 399-417.

[196] Malewicki T, Gudiyella S, Brezinsky K. Experimental and modeling study on the oxidation of Jet A and the n-dodecane/iso-octane/n-propylbenzene/1, 3, 5-trimethylbenzene surrogate fuel[J]. Combustion and Flame, 2013, 160: 17-30.

[197] Honnet S, Seshadri K, Niemann U, et al. A surrogate fuel for kerosene[J]. Proceedings of the Combustion Institute, 2009, 32(1): 485-492.

[198] Dean A J, Penyazkov O G, Sevruk K L, et al. Autoigniaition of surrogate fuels at elevated temperatures and pressures[J]. Proceedings of the Combustion Institute, 2007, 31(2): 2481-2488.

[199] Mustata R, Valino L, Jimenez C, et al. A probability density function Eulerian Monte Carlo field method for large eddy simulations: Application to a turbulent piloted methane/air diffusion flame (Sandia D)[J]. Combustion and Flame, 2006, 145(1-2): 88-104.

[200] Jones W P, Tyliszczak A. Large eddy simulation of spark ignition in a gas turbine combustor[J]. Flow, Turbulence and Combustion, 2010, 85(3-4): 711-734.

[201] Gülder Ö L, Smallwood G J, Wong R, et al. Flame front surface characteristics in turbulent premixed propane air combustion[J]. Combustion and Flame, 2000, 120: 407-416.

[202] Briones A M. Characteristic of flame quenching and blowout mechanisms[C]. 46th AIAA Aerospace Sciences Meeting and Exhibit, 2008: 0976.

[203] Wu C, Chao Y C, Cheng T S, et al. The blowout mechanism of turbulent jet diffusion flames[J]. Combustion and Flame, 2006, 145: 481-494.

[204] Su L K, Sun O S, Mungal M G. Experimental investigation of stabilization mechanisms in turbulent, lifted jet diffusion flames[J]. Combustion and Flame, 2006, 144: 494-512.

[205] Stoh M, Boxx I, Carter C, et al. Dynamics of lean blowout of a swirl-stabilized flame in a gas turbine model combustor[J]. Proceedings of the Combustion Institute, 2011, 33(2): 2953-2960.

[206] Dawson J R, Gordon R L, Kariuki J, et al. Visualization of blow-off events in bluff-body stabilized turbulent premixed flames[J]. Proceedings of the Combustion Institute, 2011, 33:

1559-1566.

[207] Longwell J P, Weiss M A. High temperature reaction rates in hydrocarbon combustion[J]. Industrial and Engineering Chemistry, 1955, 47(8): 1634-1643.

[208] Longwell J P, Frost E E, Weiss M A. Flame stability in bluff body recirculation zones[J]. Industrial and Engineering Chemistry, 1953, 45(8): 1629-1633.

[209] Longwell J P. Selected combustion problem fundamentals and aeronautical application[R]. AGARD NATO Combustion Colloquium, Dec.7-11, 1953.

[210] Zukowski E E, Marbel F E. The role of wake transition in the process of flame stabilization on bluff bodies[R]. AGARD Combustion Researches and Reviews, 1955.

[211] Zukowski E E. Flame stabilization on bluff bodies at low and intermediate Reynolds numbers[D]. California: California Institute of Technology, 1954.

[212] Foster G R. Effects of Combustion Chamber Blockage on Bluff Body Flame Stabilization[D]. California: California Institute of Technology, 1956.

[213] Ames L E. Interference Effects Between Multiple Bluff Body Flame Holders[D]. California: California Institute of Technology, 1956.

[214] Samuelsen G S, McDonell V G, Couch P M. Characterization of flameholding tendencies in premixer passages for gas turbine applications[C]. 40th AIAA/ASME/SAE/ASEE Joint Propulsion Conference and Exhibit, 2004: 3545.

[215] Ateshkadi A, McDonell V G, Samuelsen G S. Lean blowout model for spray-fired swirl-stabilized combustor[J]. Proceedings of the Combustion Institute, 2000, 28(1): 1281-1288.

[216] Hacker D S. A simplified mixing length model of flame stability in swirling combustion[J]. AIAA Journal, 1974, 12(1): 65-71.

[217] Peters J E. Predicted TF41 performance with the AGARD research fuel[J]. Journal of Aircraft, 1984, 21(10): 781-791.

[218] Schmidt D A, Mellor A M. Characteristic time correlation for combustion inefficiency from alternative fuels[J]. Journal of Energy, 1979, 3(3): 167-176.

[219] Duffy K T. Characteristic Time Model Development for Direct Injection Diesel Engines[D]. Tennessee: Vanderbilt University, 1998.

[220] Leonard P A, Mellor A M. Correlation of lean blowoff of gas turbine combustors using alternative fuels[J]. Journal of Energy, 1983, 7(6): 729-732.

[221] Jarymowycz T A, Mellor A M. Correlation of lean blowoff in an annular combustor[J]. Journal of Propulsion and Power, 1986, 2(2): 190-192.

[222] Mellor A M. Design of Modern Turbine Combustors[M]. London: Academic Press, 1990.

[223] Rizk N K, Mongia H C. Gas turbine combustor design methodology[C]. 22nd AIAA/ASME/SAE/ASEE Joint Propulsion Conference, 1986: 1531.

[224] Rizk N K, Mongia H C. Three-dimensional analysis of gas turbine combustors[J]. Journal of Propulsion and Power, 1991, 7(3): 445-451.

[225] Strurgess G J, Shouse D T. A hybrid model for calculating lean blow-outs in practical combustion[C]. 32nd AIAA/ASME/SAE/ASEE Joint Propulsion Conference, 1996: 3125.

[226] Sturgess G J, Sloan D G, Lesmerises A L. Design and development of a research combustor for lean blow-out studies[J]. Journal of Engineering for Gas Turbine and Power, 1992, 114(13): 13-19.

[227] Porumbel I, Menon S. Large eddy simulation of bluff body stabilized premixed flame[C]. 44th AIAA Aerospace Sciences Meeting and Exhibit, 2006: 0015.

[228] Menon S, Stone C, Patel N. Multi-scale modeling for LES of engineering designs of large-scale combustors[C]. 42nd AIAA Aerospace Sciences Meeting and Exhibit, 2004: 0157.

[229] Eggenspieler G, Menon S. Structure of locally quenched swirl stabilized turbulent premixed flames[C]. 42nd AIAA Aerospace Sciences Meeting and Exhibit, 2004: 0979.

[230] Law C K. Combustion Physics[M]. London: Cambridge University Press, 2006.

[231] Poinsot T, Veynante D. Theoretical and Numerical Combustion[M]. Philadelphia: R. T. Edwards Inc, 2001.

[232] Hodzic E, Jangi M, Szasz R Z, et al. Large eddy simulation of bluff body flames close to blow-off using an Eulerian stochastic field method[J]. Combustion and Flame, 2017, 181: 1-15.

[233] Aubertine C D, Eaton J K. Turbulence development in a non-equilibrium turbulent boundary layer with mild adverse pressure gradient[J]. Journal of Fluid Mechanics, 2005, 532: 345-364.

[234] Dixit S A, Ramesh O N. Determination of skin friction in strong pressure-gradient equilibrium and near-equilibrium turbulent boundary layer[J]. Experiments in Fluids, 2009, 47(6), 1045-1058.

第7章　多介质多物理场耦合模拟与多学科耦合分析

7.1　概念及背景

表7.1给出了多介质多物理场耦合模拟与多学科耦合分析的基本概念与背景，以下展开介绍。

表 7.1　概念及背景

多介质流	多物理场	多学科耦合分析
多介质流是指气、液、固等多种物态的流动，在航空航天、石油、化工等领域中广泛存在	多物理场包含流场与结构/声/热/电/磁/化学组分等众多物理场的共存及相互作用，在航空航天、核工业、冶金工业等领域应用广泛	多学科耦合指气动与飞行控制、气动与结构等多学科交叉问题，核心是以气动为基础的多学科强耦合高精度时域分析

7.1.1　多介质流动

多介质流动广泛存在于工程应用中，也一直是 CFD 中的重要研究课题之一。例如在航空领域中，当飞机在降雨区域或者过冷云层内飞行时，飞行器绕流中将伴随有水滴运动，同时由于飞行器表面与空中过冷水滴发生接触碰撞，水滴在飞行器表面凝结成冰，形成典型的气/液/固多介质流动。另外，发动机燃烧过程中，液态碳氢燃料通过喷嘴进入到燃烧室内的气流中，液态燃料经过破碎、雾化、气化等一系列复杂的物理过程之后与气流中的氧气发生燃烧，这也是一种典型的气/液多介质流动。在航天领域中，固体火箭发动机工作时，固体燃料燃烧时产生气态物质，燃烧室内流动呈现气/固体粒子多介质流动。在石油行业中，油田内的集输管道内输运的石油通常情况下会以油气水的形式存在，并会存在少量固体物质，这种多介质流动是石油开采输运研究的重要课题。在核工业方面，惯性约束核聚变中涉及复杂的多介质多尺度流动问题，当激光或 X 射线烧蚀靶丸球壳的外表面时，在球壳周围形成一层等离子气体，而烧蚀阵面把烧蚀层分成两区，烧蚀阵面上出现 Rayleigh-Taylor 不稳定性。综上所述，由于多介质流动在诸多工程领域有着广泛的应用，对于多介质流动的数值模拟研究具有重要的理论意义和经济价值。相较于单介质流动问题，多介质的流动更为复杂，主要的原因在于：不同介质难以用统一的控制方程来描述、不同介质之间物理属性差异显著、介质之间存在参数梯度很大的界面等。因此，多介质流动的数值模拟方法目前尚不够完善，仍然在不断发展当中。

7.1.2　多物理场流动

7.1.2.1　高温气体效应多物理场

当飞行器以较高马赫数在大气层内飞行时,自由来流通过激波强烈压缩或者在边界层内黏性阻滞作用下,大量动能转化为热能,产生显著的高温气体效应,即随着飞行马赫数的提高,流动中将逐渐出现气体分子振动能激发、离解/复合/电离化学反应、振动能/电子能非平衡等一系列复杂的物理化学现象[1](典型过程如图 7.1 所示),温度模型应采用考虑分子振动能、电子动能等的多温度模型,气体组分也应考虑电离/化学反应/烧蚀产生的多组分模型。高温气体效应的形成将产生一系列复杂的多物理场耦合现象,如高温气体化学反应与边界层流动的相互作用、表面材料催化效应与近壁化学反应的耦合、热力学非平衡与高温气体化学反应的相互作用,非平衡流场与高温气体辐射场的耦合等。若来流雷诺数较高,飞行器表面将转捩形成湍流边界层,此时流场中会形成高温气体效应与湍流的耦合作用。上述耦合作用会显著影响飞行器的气动力/热性能,并且给气动力热环境的数值模拟带来极大的挑战,因此有必要发展相应的 CFD 技术,包括精确、高效的物理模型和计算方法,以满足未来高超声速飞行器气动力/热环境准确、快速模拟的需求。针对上述耦合作用给数值模拟带来的挑战,需从反映流动与高温气体物理化学耦合作用的数值模拟物理模型入手发展相应的 CFD 技术。

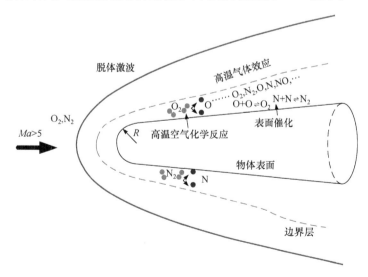

图 7.1　飞行器钝体绕流中高温近壁化学非平衡流动示意图

7.1.2.2　气动声学多物理场

气动声学是围绕预测非定常流动所辐射噪声的一门学科。1952 年，Lighthill 基于 N-S 方程建立了 Lighthill 声类比理论，标志着气动声学的诞生。气动声学与流体力学紧密相连，其研究手段同样分为理论、实验与数值模拟三类。随着计算机的发展，数值模拟方法即计算气动声学（CAA）的能力飞速发展，其在噪声预估、声源机理研究以及降噪方式探索中起到至关重要的作用。计算气动声学研究的对象是由非定常流动所辐射的小幅值、低能量的压强脉动，以早期的涡轮喷气发动机为例，其辐射的脉动声压一般为环境压强的万分之一量级，甚至更小。计算气动声学的研究过程一般可分为噪声产生阶段与噪声传播阶段两部分，相对应的研究手段可分为直接方法和混合方法两类，前者同时模拟噪声产生和噪声传播过程，后者则是采用 CFD 方法对声源流场进行模拟，结合声类比等方法模拟噪声传播过程。以航空发动机喷流为例，图 7.2 给出了超声速喷流中具有不同频谱特性的噪声现象示意图，包含大小尺度湍流噪声、宽频激波噪声和主要向上游辐射的啸声。

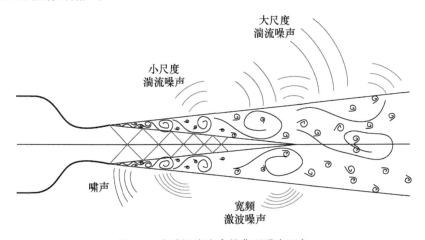

图 7.2　发动机喷流中的典型噪声现象

7.1.2.3　磁流体多物理场

电磁流体（动）力学是多物理场问题的一个重要部分，其关注的是导电流体在电磁场中运动感应出电流，从而产生电磁作用力并与流场相互作用的问题。电磁流体力学将磁流体视作连续介质从而研究其宏观流动现象，控制方程为麦克斯韦方程和 N-S 方程。电磁流体力学在航空航天、天文学、生物学等领域有诸多应用。其中，在航空航天领域，磁流体控制技术已有相关的研究及应用。20 世纪 90 年代初，俄罗斯 Leninetz 公司提出了 AJAX 计划，其核心的高超声速飞行器概念，如图 7.3 所示。该计划的主要目标之一是利用磁流体实现超燃冲压发动机的能量转换动量控制等功能，从而实现飞行器气动力热控制等目的。随后，国内外针对磁流体能量提取技术、磁流体加速技术，气动力/热控制、激波控制，以及磁流体边界层控制等技术开展了大量研究。

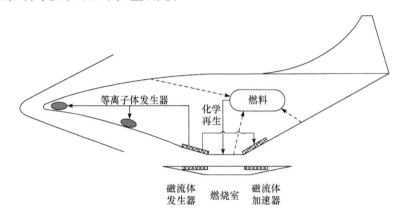

图 7.3　采用磁流体技术的 AJAX 高超声速飞行器概念图

7.1.3　多学科耦合分析

　　我国面向未来高科技竞争的先进航空航天装备日益追求极限化的飞行能力，往往遇到一系列复杂的非定常流体动力学问题以及与相关学科耦合造成的非线性动力学问题，具有代表性的问题包括：先进战斗机大攻角机动飞行，非定常气动力的非线性引发严重的纵横向运动交感耦合和运动学关联效应，恶化操纵性和稳定性，产生危及飞行安全的非稳定运动形式；临近空间高超声速高升阻比布局在高马赫数飞行时由于横侧向弱气动阻尼与弱气动控制力，易于发生模态耦合，这种动力学不稳定与强耦合特性可能引起常规飞行器所没有的特殊动力学效应，带来某些颠覆性后果。美国 HTV-2 两次飞行失败昭示临近空间气动稳定性与控制仍是尚未突破的技术难题。X-43A 首飞失败的事故分析报告指出，飞行器特殊构形的气动力具有远大于预期的非线性特征，表现为在弹机分离后 X-43A 与推进级的滚转振荡发散（图 7.4）。此外，高超声速飞行器还有普通飞行器所没有的特殊现象——气动加热。由此带来的结构温度场变化和应力场变化都对结构动力响应特性有很大影响，高超声速飞行器的动力学稳定性分析必须结合气动加热与结构热响应进行。

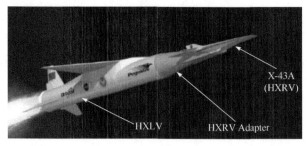

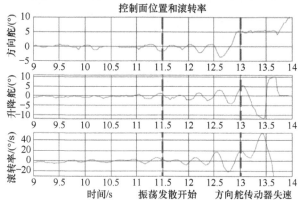

图 7.4　X-43A 的飞行事故历程

　　大展弦比飞机飞行时机翼的结构变形以及抖振、颤振等气动弹性问题不可忽略，而高精度的颤振预测及相应的流动控制已经成为现代飞机气动设计中必须考虑的因素之一。除此之外，像武器舱开舱投放时复杂非定常流动诱发的气动噪声对载机结构和投放安全的影响、弹箭飞行器锥形运动导致的掉弹、前缘涡与尾翼干扰导致双垂尾飞机特有的垂直尾翼抖振问题[2]（图 7.5（a））、飞行过程中的突发阵风响应[3]（图 7.5（b））等，这些飞行中的强时变过程都源于复杂的气动效应，

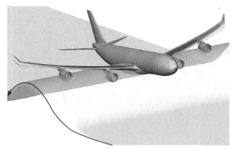

(a) 涡破裂导致的垂直尾翼抖振　　　　　　　　(b) 飞行过程阵风响应

图 7.5　飞行器典型强时变多学科多物理耦合过程

正确地理解其中的气动机理是解决这些问题的关键，但孤立的空气动力学研究无法解决这些与其他诸如飞行、传热、结构、控制等学科的耦合问题，必须发展耦合多学科的研究手段，建立合适的研究工具，以气动为核心，系统地开展多学科耦合研究。

　　传统基于学科线性耦合方式的评估存在大量的近似和简化，没有从整体上考虑各个学科之间的耦合特性，难以有效揭示气动与其他相关学科之间复杂的非线性耦合特性与机理，很难准确评估在强时变过程中的力学环境。德国宇航院（DLR）对飞机遭遇阵风的机动载荷分析表明[3]，气动-飞行-结构高精度耦合模拟得到的载荷因子和单 CFD 模拟结合传统线性耦合的结果相差达到了 100%（图 7.6），这充分表明针对这种多学科强耦合的情况，一般的单学科分析和线性耦合结果已经不能满足要求，必须采用基于高精度分析工具的多学科强耦合分析。

　　总之，随着新型飞行器性能的不断延伸和提高，与之对应的气动研究和分析能力必须形成综合完备的能力体系进行支撑。发展以气动为核心、包含气动-结构多场耦合模拟能力的高精度数值模拟软件，形成"数字孪生"设计与评估能力，可充分规避现有研究手段的技术局限和潜在风险，实现各学科先进研究成果的快速集成和共享，促进气动同多学科的融合，推动我国飞行器的创新发展，支撑高性能航空航天飞行器的研制。

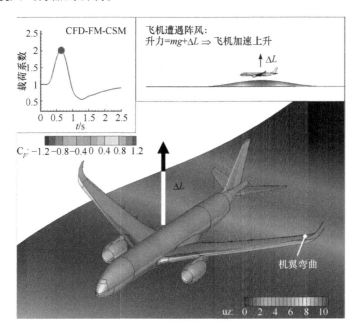

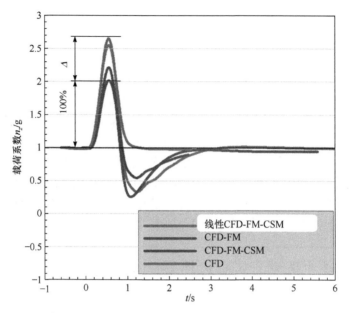

图 7.6　遭遇阵风后机动载荷的多学科耦合分析结果（彩图请扫封底二维码）

7.2　现状及 2035 年目标

　　表 7.2 给出了多介质流、多物理场和多学科耦合分析的关键技术研究现状和发展目标的总结，其中多介质流模拟的关键技术主要包含不同介质的高精度模拟方法、介质间界面模拟方法和传热–相变模拟算法，多物理场模拟则包含高温空气化学反应、声学、电磁、热辐射等物理场与流场耦合的模拟，多学科耦合分析包含学科融合能力、易扩展可维护的软件架构和软件工程。下面将具体介绍现状及未来目标。

表 7.2　多介质流、多物理场耦合模拟与多学科耦合分析的研究现状及目标

关键技术			现状	目标		
				2025	2030	2035
多介质流	高精度模拟方法	高精度 ALF 方法	方法精度与计算效率不够，鲁棒性有待提高	☆	♡	☺
		高效网格重构/插值方法	缺乏大变形下三维复杂几何的自动块结构网格重构算法	✹	☆	♡
	多介质流界面模拟方法		多介质流模拟方法精度不够，鲁棒性有待提高	☆	♡	☺
	多介质流传热–相变模拟算法		相变模型不够准确，多介质流动与传热相变模型耦合特性差	✹	☆	♡

续表

关键技术		现状	目标		
			2025	2030	2035
多物理场	高温真实气体效应多物理场模拟	热物理化学模型、流场与辐射场耦合求解的光谱数据模型、壁面催化边界条件、烧蚀模型等准确度不足，模拟算法不够高效	✿	☆	♡
	气动声学多物理场	噪声产生机理认识欠缺、已有方法模拟周期长	✿	☆	♡
	磁流体多物理场	尚无适用于全磁雷诺数的 RANS 模型和亚格子模型	☆	♡	☺
多学科耦合分析	广泛的学科融合能力	自主可控的多学科耦合分析能力与国外存在 5 年以上的差距	✿	☆	♡
	易于扩展和维护的多学科耦合模拟软件架构与软件工程	国外气动多学科耦合模拟软件系统普遍采用组件形式的耦合结构，未来可期具备较高的可扩展性和可维护性。国内处于起步阶段	✿	☆	♡

✿ 较不成熟　☆ 较成熟　♡ 基本成熟　☺ 非常成熟

7.2.1　现状

7.2.1.1　多介质流模拟现状

1）欧拉-欧拉方法和欧拉-拉格朗日方法

模拟不同介质流动的方法主要分为欧拉-欧拉方法与欧拉-拉格朗日方法。欧拉-欧拉方法将多相流视为连续的介质，即任意一相的体积单独占据空间，因而引入相体积分数的概念，体积分数随时间与空间连续变化，相体积分数之和为 1。每一相的守恒性方程具有类似的形式，不同相方程之间联立求解。欧拉-欧拉方法计算网格固定，计算负荷较小，但对于稀流体和大 Stokes 数的颗粒流的模拟精度偏低。相比之下，欧拉-拉格朗日方法将流体相作为连续介质处理，求解连续性、动量及能量守恒方程，将粒子作为离散相，求解离散相的拉格朗日方程，流体相与粒子之间有质量、动量和能量的交换。这一方法的应用前提是离散相的体积比率低，粒子的运动轨迹计算是互相独立的，欧拉-拉格朗日方法可以较好地模拟喷雾等粒子流动。在欧拉-拉格朗日方法中，多介质流体的相间作用可通过单项耦合与双向耦合方法考虑。对于低质量低体积分数的多相流动，通常只考虑连续相对于离散相粒子的作用。考虑双向耦合作用较为复杂，在保证数值计算精度和防止数值不稳定性的前提下，离散相向连续相作用的准确处理具有挑战。

2）多介质流动模拟的高精度算法

目前多介质流动的高精度算法主要采用任意拉格朗日–欧拉（arbitrary Lagrangian-Euler，ALE）方法[4]，它既可以像普通的拉格朗日方法一样，让网格嵌在流体内和流体一起运动，也可以像欧拉方法一样，让网格固定或者让网格以任意方式运动。ALE 方法的实现和数学描述通过一个映射来保证，该映射将物理域与适当的参考外形连接起来。此映射描述了网格速度场。值得注意的是，映射会带来几何上的误差。为了克服这一点，ALE 方法必须满足几何守恒定律（GCL）。经典的 ALE 方法求解分为三步，分别为：拉格朗日计算步、网格重构步与物理重映步。因此，目前的研究主要围绕这三步中的关键技术展开。用 ALE 方法求解与运动有关的方程是非常有优势的，特别是在不可压缩流动的移动边界问题中[5]。

近年来，格心型的拉格朗日有限体积方法因其可以避免负压强且高效率，是目前 ALE 方法处理复杂多介质问题主流算法之一。采用 ENO（essentially non-oscillatory）或者 WENO（weighted essentially non-oscillatory）[6]格式可以实现高精度的计算格式。间断伽辽金方法（discontinuous Galerkin，DG）[7]易于处理复杂边界和边值问题，同时具有灵活处理间断的能力，且对网格正交性要求不高，有利于自适应网格的形成，比较适合高阶高精度多介质流体计算。具有可并行和处理复杂拓扑结构等计算特性的高阶方法可以由龙格–库塔 DG 法实现[8]，然而，求解 Hamilton-Jacobi 方程的 DG 方法发展并不顺畅，因为 Hamilton-Jacobi 方程一般不是散度形式。为了克服这个问题，Hamilton-Jacobi 方程与守恒方程紧密的关系就经常被用来开发高阶数值求解方法。

目前已经有许多采用不同策略描述 ALE 运动的 ALE-DG 法，比如由 Lomtev 等[9]，Nguyen[10]和 Persson 等[11]提出的在可压缩黏性流体背景下的方法。Klingenberg 等[12]发展了一种适用于一维守恒定律的 ALE-DG 方法，采用局部仿射映射来描述 ALE 运动，保证了一阶及以上的任意时间离散方法的 GCL 满足。后来他们又将 ALE-DG 方法与 Yan 和 Osher 的 LDG 方法相结合，提出了一种直接求解 Hamilton-Jacobi 方程的 ALE 方法，叫作 ALE-LDG 法[13]。如同静网格下的 DG 法一样，此 ALE-LDG 法具有局部结构，并在一阶及以上的任意时间离散化方法中满足 GCL。每个三角形单元可以通过局部仿射线性映射变换到一个与时间无关的参考三角形单元，因此该方法对三角形网格进行了二维扩展，允许对 ALE 运动学的描述与一维情况相同。对于一维和二维半离散方法，证明了关于 L_∞ 范数的先验误差估计，并证明了一阶分段常数 ALE-LDG 方法是单调格式。重要的是，Crandall 和 Lions 证明了问题的单调格式收敛于唯一黏性解[14]。

3）多介质流动运动界面捕捉方法

在多介质运动界面的数值模拟方法中，依据对流场中多介质界面的追踪方式可以分为两大类：界面捕捉方法和界面追踪方法。界面捕捉方法是在流场计算过程中，不考虑流场中存在的界面间断，通过对界面信息函数的更新隐式追踪界面。早期在多介质流场的模拟计算中采用求解单介质流场的数值方法直接进行计算，通过数值计算格式自动捕捉界面位置，认为数值解在界面间断处具有一定的过渡带宽。这类方法在程序实现方面相对简单，也很容易推广到高维问题中，但是由于没有对界面进行特殊处理，不能具体地判断界面，无法考虑到界面处的流动特性以及界面运动对周围流场的影响。另外由于无法明晰界面，不能计算出界面的法向、曲率以及表面张力，无法对界面运动变化规律进行深入研究。在该法基础上后期发展了界面捕捉方法，通过定义更新界面的信息函数达到隐式追踪界面的目的。volume of fluid（VOF）方法、Level set 方法以及近些年来发展比较迅速的相空间（phase field）方法等都属于此类方法。上述几种方法都是通过在全流场定义某种关于界面的信息函数，利用信息函数的等值线（等值面）来表示流场中的多介质界面，在得到流场速度的基础上，通过求解输运方程或对流扩散方程更新信息函数，根据更新后的信息函数进一步捕捉界面的运动变化。更新界面信息函数的输运方程只利用了流场中的速度，而与流场中的控制方程的求解完全无关。针对需要考虑表面张力的多介质运动问题，可以利用界面的信息函数计算出表面张力并将其耦合进流场的控制方程中。

在界面追踪方法中考虑的流场内多介质界面是移动的内边界，在流场计算过程中，界面附近要进行特殊处理，跨越间断需要满足 Rankine-Hugoniot 跳跃条件[15]，比较典型的代表是 FT（front tracking）方法。在 FT 方法中需要在界面上标记网格点，通过在界面上的标记网格点附近建立 Riemann 问题，利用 Riemann 问题的解给定标记网格点的速度，或者通过标记点附近计算网格点插值得到标记网格点的速度值，并利用速度更新标记网格点从而进一步追踪界面的位置变化。由于 FT 方法通过标记网格点显式的追踪界面，对界面位置的判断更加精确，但是该方法的复杂性较高，尤其是在推广到高维问题时，会遇到更大困难。

（1）VOF 界面处理方法现状。

VOF 方法最初是由 Hirt 等提出的[16]，该方法对溃坝和 Rayleigh-Taylor 不稳定问题取得了较好的效果，开辟了多介质数值模拟研究的新方向。VOF 方法在每个网格单元中定义流体体积比函数，代替了 MAC 方法中仅具有位置信息的标记点。根据体积比函数的取值可以判定介质的种类以及确定界面的位置，界面网格单元的密度和黏性等物理量也根据体积比函数的取值重新定义。体积比函数的控制方程为基于流场速度的输运方程。由于体积比函数仅仅表示介质占据网格单元体积的比值。在获得体积比函数的分布后，界面的形状仍然是多样化的，界面的位置仍然不唯一。基于此，国内外学者提出了许多界面重构方案，这些方案的主要思想是利用具有法向矢量的线段或者曲线逼近网格单元内部的界面。不同的重构方案会导致不同精度的界面。考虑相邻网格单元的个数越多，界面的约束条件就越强。基于这些重构方案，VOF 方法广泛地用于求解各种二维多介质流动问题。但是对于三维问题，由于界面重构的复杂性会导致计算量大大增加。

（2）Level Set 界面处理方法现状。

1988 年，Osher 和 Sethian[17]首先提出 Level Set 方法并应用于材料加工、图像处理等方面。而后由 Sethian[18]进一步发展该方法使之应用于多介质数值模拟，其基本思想是在流场中定义 Level Set 函数，在不同的时刻更新函数，由函数的符号确定介质的种类，根据函数的零等值面捕捉界面。Level Set 函数一般选取为带符号的距离函数。初始时刻，根据界面的位置在每个网格单元中定义函数的大小，不同介质内的函数符号相反。Level Set 方法非常适合于求解界面大变形的问题，能够自动处理界面发生的融合、破碎、分离等复杂现象，易于向高维推广，操作简单。图 7.7 和图 7.8 分别展示了使用 Level Set 方法模拟的 Rayleigh-Taylor 不稳定问题和气泡在液相中上升过程。

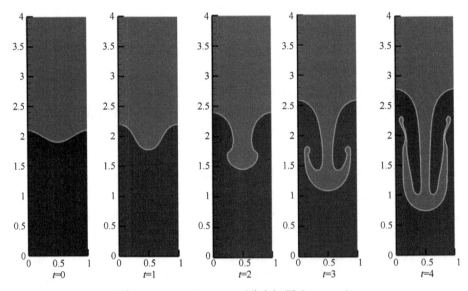

图 7.7　Rayleigh-Taylor 不稳定问题（Re=256）

　　Level Set 方法的优势在于 Level Set 函数能够始终精确地表示网格单元到界面距离，然而在经过一定的计算步之后，Level Set 等值线会变得严重扭曲，距离函数将无法准确地表示符号距离函数。国际上许多学者也对此展开了大量的研究，其中 Sethian 等提出的 Fast Marching[19, 20]方法只在界面附近一定宽度的带状区域内对 Level Set 函数重新初始化。在应用 Level Set 方法时，由于数值耗散的原因，多介质封闭界面内介质的质量会出现亏损，导致此方法不具备守恒性。另外，Level Set 方法在界面附近对物理参数采取光滑处理措施，然而对于强激波打击多介质界面一类的问题，界面附近物理量的变化非常剧烈，容易导致数值方法的不稳定性。传统的 Level Set 方法会导致界面两侧介质的质量发生消减或者增加，从而违背了真实物理过程。国内外学者在提高 Level Set 方法守恒性的课题上也做出了很多研究。Olsson 和 Kreiss[21]提出了一种适用于不可压缩流动的质量守恒型 Level Set 方法。Nangia 等[22]针对不可压缩流动的 N-S 方程和 Level Set 对流输运方程，提出了一种守恒型的离散求解方法，不仅可以稳定计算大密度比时的两相流数值模拟，也可保证多相的质量守恒性。该方法可成功模拟溃坝和水滴落入水膜等经典两相流现象（见图 7.9 和图 7.10）。

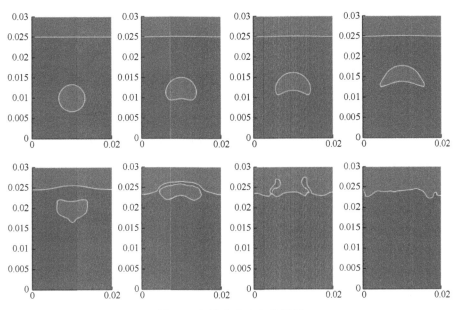

图 7.8　气泡在水中上升问题

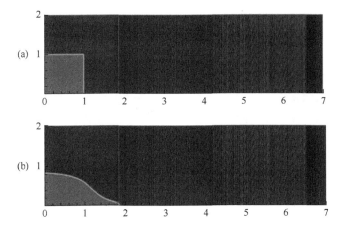

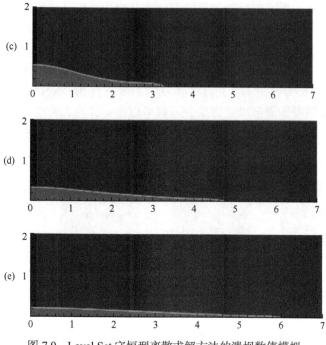

图 7.9　Level Set 守恒型离散求解方法的溃坝数值模拟

　　为了确保数值计算中的质量守恒性，目前广泛应用的数值方法是 VOF 与 Level Set 耦合的 CLSVOF 方法[23]。该方法很好地利用了两种方法的优势，可以在精确捕捉界面位置的同时确保界面两侧的守恒性。当前此类方法还只应用在一些经典问题或背景参数相对简单的流动情况，对相对复杂的多介质问题模拟还在进一步研究中。

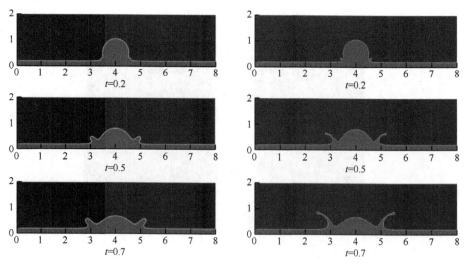

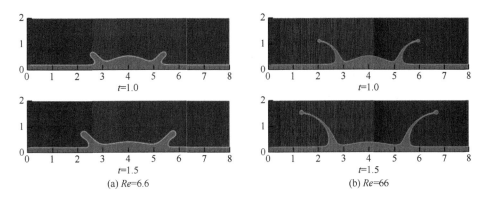

图 7.10　Level Set 守恒型离散求解方法的水滴落入水膜过程的数值模拟

（3）相空间界面处理方法现状。

相空间方法的基本思想是在 20 世纪由 van der Walls 提出的，1995 年 Antannovskii 和 Jacqmin 等系统地提出一种所谓相空间方法，针对复杂的自由界面问题的相空间模型进行了讨论和分析。相空间方法早期应用于凝固动力学和断裂动力学等学科，近些年将其引入流体力学中，主要用来处理低速黏性多介质流体的运动问题。不同于尖锐界面法中认为界面是零宽度的、跨界面流体性质会发生剧烈改变，相空间方法认为界面是具有一定宽度的光滑过渡区域。相空间方法的基本思想是在流场中引入一个相变量，该量在单介质流体内部为常数，而在界面区域内连续变化过渡。多介质的界面通过相变量的某条等值线（等值面）表示，并且通过更新相变量的 Cahn-Hilliard（C-H）方程来控制界面的运动。相空间方法可以处理界面发生复杂几何拓扑变化的多介质问题，包括界面发生分裂、融合等复杂的结构变化。相比于 Level Set 和 VOF 方法更易于实现且推广到高维问题。同时 VOF 和 Level Set 方法中的界面信息函数分别是独立于流动参数的流体的容积率和界面的距离符号函数，而相空间方法中的相变量是与流动参数相关的物理量。在这种情况下，C-H 方程可以和流动控制方程耦合求解，从而避免了在界面附近由于人为处理而导致的物理守恒关系被破坏。

（4）FT 界面处理方法现状。

界面追踪方法的典型代表是 Front Tracking（FT）方法。在该方法中，界面被视为内部边界，采用低维的标记面或者标记点进行离散。界面是显式追踪的，精度更高，每个网格单元内允许出现多个界面。包括质量和涡量在内的界面数值耗散也能得到有效的抑制甚至消除。除此之外，可以直观地处理界面发生融合、分裂等情形。这些都是界面追踪方法的优势所在，但是推广到高维问题时由于需要考虑多种复杂的界面拓扑结构，实施起来较为困难。20 世纪 80 年代，Glimm[24] 首次提出了 FT 方法。该方法基于界面 Riemann 问题的解追踪流场中的间断（包括界面和激波等）[25]，而流场的其他区域采用高精度数值格式进行求解。在界面推进上，把界面分解为法向和切向上的运动，在界面的法向采用线性近似构造广义界面 Riemann 问题，Riemann 问题的初始条件由同种介质插值得到。FT 方法由于采用显式追踪，精度更高，在多介质流动问题中得到广泛的应用。国际上除了 Glimm 团队以外，其他学者对界面追踪方法也做出了相关研究并展现了较好的成果。Cocchi 和 Saurel[26]提出的 FT 方法包括预测步和修正步。在修正步中，应用界面 Riemann 问题的解修正在预测步中可能导致数值耗散或虚假振荡的结果。

（5）虚拟流体界面处理方法现状。

虚拟流体方法（ghost fluid method，GFM）以多介质界面为计算域内部边界，对每种介质分别定义界面边界条件。相对于其他方法，GFM 的优势在于：①界面附近的数值通量易于求解；②不涉及多介质混合网格，网格单元的介质属性明确；③界面不存在数值耗散；④易于向高维扩展；⑤每种介质可以采用不同的数值格式求解；⑥界面两侧允许介质属性存在较大的差异。基于这些优势，GFM 在很多领域得到了广泛的应用。这种方法的思想最早可追溯于 Glimm 等提出的 FT 方法：每种介质的流体变量直接外插到另一种介质中以实现介质单独求解。Fedkiw 等[27]于 1999 年针对可压缩多介质流动问题提出了早期的 GFM（original GFM，OGFM）。在 OGFM 中，熵采用等压装配技术后和切向速度直接外推，虚拟网格单元的压强和法向速度取自真实流体。整个过程操作简单，界面处不涉及 Riemann 问题。后来 Fedkiw[28]针对界面两侧存在大密度比的水气多介质流动问题，提出了新的 GFM（new GFM）。考虑到水的刚性较强，其法向速度、切向速度和熵直接外推到虚拟网格单元上，而虚拟网格单元的压强仍然取自真实流体。对于气体，压强、熵和切向速度直接外推到虚拟网格单元上，而虚拟网格单元的法向速度取自真实流体。无论是 OGFM 还是 new GFM，都是以界面两侧法向速度和压强连续为基础的。在界面附近存在较大的速度和压强梯度时，这些方法的表现效果不好。事实上，在构造虚拟流体状态时应当恰当地考虑介质的属性以及界面处波的相互作用。Liu 等[29]针对一维 Riemann 问题，从理论和数值上分析了强激波打击气/气界面或者水/气界面时 OGFM 误差较大的原因，并由此提出了 MGFM（modified GFM）。MGFM 通过在界面的法向构造 Riemann 问题来预测界面的状态，同时把预测的界面状态直接外推到虚拟流体网格单元定义界面边界条件。Wang 等[30]提出了 RGFM（real GFM），界面法向定义的 Riemann 问题不仅用来定义虚拟流体状态，而且用于更新真实流体状态。与此同时，MGFM 求解多介质流动问题的优点都完整地保留下来。RGFM 维持了界面附近压强和法向速度的连续性，边界条件的定义更加准确，但是 GFM 类的方法都是不守恒的，因此在数值计算中守恒误差是不可避免的。国际上也有相关学者尝试研究守恒型的 GFM，然而高效成熟的守恒型方法尚需进一步完善。

4）多介质流动中的传热以及相变

国内外多个团队在多介质流动相变传热研究方面做了相关工作。密西西比州立大学的 Blake 等[31]采用 Fluent 软件基于焓-孔隙度模型模拟了水滴冻结现象，计算结果描述了水滴冻结表现出的一系列行为，但与实验结果相比仍有一定的差异。康考迪亚大学 Tembely 等[32]采用 VOF 方法与动态接触角模型，并基于结冰成核理论，利用吉布斯自由能作为过冷水滴接触壁面瞬间结冰的能量壁垒，模拟出了与实验相一致的凹陷的冰-水发展界面，给出了低速下的水滴冻结计算结果。国内北京航空航天大学 Chang 团队[33]应用 Fluent 模拟了不同速度、不同尺寸的水滴撞击在亲水表面冻结的过程，发现水滴与壁面间的换热量与液态分数的 1.5 次呈指数型强相关。同济大学 Xu 等[34]发展了多组分多相格子玻尔兹曼方法（LBM）计算水滴在不同湿润特性壁面上的水滴冻结，研究指出水滴接触线上的温度降低速度远大于水滴表面的温度下降速度，并得出疏水表面水滴冻结时间是亲水表面水滴冻结时间的 5 倍以上的结论。清华大学 Yao 等[35]基于 OpenFOAM 平台模拟计算了水滴在低温超疏水表面的垂直撞击与倾斜撞击，其研究指出在倾斜的低温超疏水表面上，当垂直方向韦伯数（We）大于 90 时，水滴接触表面的瞬间即发生破裂，随后破碎水滴完全弹起，当 We 小于 90 时，未见破碎现象。在其后续研究中指出[36]，由于过冷度的影响，结冰开始之前需确定初始冰相分数，而由结冰前的温度场信息算出的局部初始冰相分数的计算结果相较于水滴内部整体平均初始冰相分数算得的模拟结果与实验数据更加吻合，结果对比如图 7.11 所示。西安交通大学 Sun 等[37]基于格子玻尔兹曼方法采用速度和温度分布函数计算了水滴冻结现象和霜冻结冰现象，热传递与固-液界面转变采用了伪势模型和焓方程计算，计算结果与实验较为一致。

综上所述，国内外研究团队已基于相空间方法、Level-Set 方法以及 VOF 等界面捕捉算法对水-冰-空气-壁面系统相变传热问题做了一些初步研究，但是模拟精度仍有待提高，且衡量温度（冻结）对于流动的影响有赖于经验系数，这些参数需要通过实验获得，尝试从物理角度给予这些参数意义并提出更加完善的模型是未来研究发展重点。

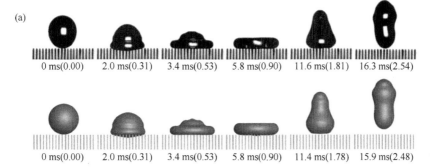

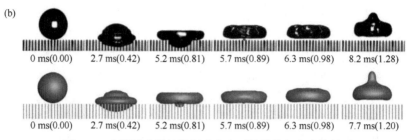

图 7.11　水滴撞击微结构超疏水表面的数值与实验结果对比

7.2.1.2　多物理场模拟现状

1）高温气体效应多物理场模拟现状

高超声速流动存在高温真实气体效应多物理场耦合现象，包括高温气体效应与流动的耦合、高温气体效应与飞行器表面材料的耦合等。国内外针对以上复杂耦合过程的数值模拟已经开展了一系列的研究，取得了一定的进展。数值模拟高温气体效应所需的物理化学模型和参数、气固耦合下的边界条件、化学反应流动加速算法等是未来研究关注的重点。

高温气体效应的准确模拟依赖于准确的化学反应动力学模型、热力学参数公式、输运系数模型和壁面模型等物理化学模型。对于振动能激发效应，需要考虑气体的比热比随温度的变化，一般通过构造定义比热比和熵随温度的多项式函数来模拟，Gupta 等在 1990 年给出了 300～30000K 的高温空气拟合系数[38]。对于空气的离解/复合/电离化学反应，需要描述这些反应的化学动力学模型，国外如 Gupta、Park、Dunn-Kang 等很多学者给出了不同的高温空气化学动力学模型[38, 39]。目前应用较为广泛的是 Gupta 的模型，具体可分为只描述离解反应的 5 组分 6 反应动力学模型，包括电离反应的 7 组分 9 反应模型和 11 组分 20 反应模型，但现有的热物理化学模型和输入参数难以保证其精确性，需要继续地深入研究[40-49]。

关于壁面催化边界条件，目前 CFD 模拟中的一般做法是假设两种极端情况：完全催化或者完全非催化。然而基于两种边界条件的热流结果差别较大[43]。实际的壁面催化效应绝大多数情况是介于完全催化和完全非催化之间。部分学者已将基于微观模拟的反应分子动力学（RMD）方法引入到催化效应研究中，该方法能够在微观尺度精确地模拟催化化学反应，这一方法是建立有限催化边界条件的新研究方向。关于壁面温度边界条件，CFD 模拟常用等温壁模型，即将壁面温度取一固定值。针对近地轨道飞行器的高超声速飞行情况，飞行器表面出现烧蚀现象。烧蚀一方面通过改变飞行器表面形状影响飞行器的气动力/热性能，另一方面，烧蚀过程本身包含复杂的物理化学变化，会产生包含多种化学组分的烧蚀产物并引射到近壁流动边界层中，与流场中的高温空气组分发生进一步的化学反应。目前已建立了碳基材料的烧蚀模型来模拟烧蚀过程，可在一定程度上反映碳基材料的烧蚀过程，然而不同烧蚀模型计算的结果有明显的差别，说明当前的烧蚀模型存在缺陷。图 7.12 给出了典型返回舱外形在不同壁面催化条件下的壁面热流和压力结果及其对称面子午线分布与实验结果的对比，催化条件具体包含超催化（SCW）、有限催化（FRC）和非催化（NCW），可见有限催化条件相比其余两种条件与实验结果符合更好。

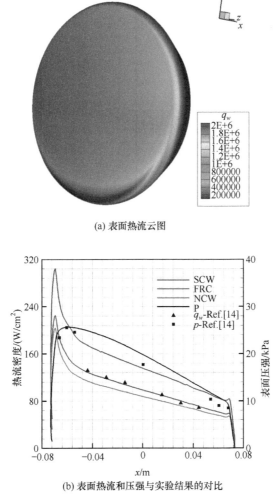

(a) 表面热流云图

(b) 表面热流和压强与实验结果的对比

图 7.12　不同壁面催化边界条件下返回舱热流结算结果（彩图请扫封底二维码）

流动和化学反应不同基元反应之间的特征时间尺度相差较大。高超声速边界层流动这一时空多尺度的物理特点会导致数值求解方程组的过程中出现严重的刚性问题，将显著增加数值模拟的难度。因此，需要发展流场与化学反应场耦合模拟的加速算法。在克服刚性问题研究方面，目前主要发展了流场与化学反应耦合隐式求解方法和流场与化学反应分裂算法[50]。目前发展的所有加速算法中仍然采用在全流场求解化学反应组分的输运方程的方式，然而实际的流场在计算过程中并不是所有区域都发生化学反应，如果只在必要的流场区域进行化学反应模拟，则可显著降低模拟的计算量。因此，有必要基于分区化学反应模拟的思想发展新的加速算法。现阶段已有学者开展了针对量热完全气体流动的自适应分区加速收敛算法研究。未来将研究可有效识别流场中化学反应进程的参数或算法，实现对流场中化学非平衡、化学平衡、化学冻结区域的有效识别；基于以上识别方法构造化学反应的自适应分区模拟，即只在化学非平衡区域耦合求解组分方程，而在其他区域只求解量热完全气体的流动方程。这样的分区方法可显著减小计算量。

2）气动声学多物理场模拟现状

民用客机的降噪需求一直是计算气动声学发展的主要动力。早期涡轮喷气客机（如波音的 B707）的主要噪声源来自发动机，相应的第一代降噪工作的重点在于发动机噪声中的喷流噪声[51]，奠定气动声学基础的 Lighthill 声类比理论最早应用的对象也是喷流噪声[52]。基于理论、实验以及数值模拟方法的发展，目前针对喷流噪声的机理模型已经较为丰富，比如：Lighthill 声类比理论中的四级子声源模型[52]、Tam 的双噪声源模型[53]以及 Suzuki 和 Lele 的激波泄漏模型[54]。喷流噪声的机理研究在一定程度上推动了气动声学理论的发展，机理模型已经能够解释多数喷流噪声现象，但是对于实际发动机喷流中的燃烧效应、多相作用等对噪声的影响有待进一步研究。在数值模拟方面，目前主流的模拟方法仍然是"LES 类方法+声类比模型"的混合方法。针对中小尺度、简单外形发动机喷流噪声模拟的重点在于对喷嘴壁面湍流的模拟，Bogey 和 Marsden 以高网格量（>10^9）提高壁面湍流的模拟精度[55]，而 Brès 等则通过使用壁面模型对壁湍流进行模化[56]，两者代表未来模拟方法的主要发展方向，但是前者即便在未来 E 级超算平台上进行实际尺寸的发动机喷流噪声模拟仍存在较大困难。图 7.13 给出了典型超声速喷流噪声中的脉动压力场，可显现出清晰的多尺度特性，其中大尺度湍流噪声以马赫波形式向下游传播，具有明显的指向性。

随着涡扇发动机的兴起与发展，大涵道比设计提供了降低喷流噪声的同时保持发动机推力水平的平衡方案，针对民用客机的降噪重心由喷流噪声转至机体噪声[51]。美国航空航天协会（AIAA）自 2010 年开始承办机体降噪计算研讨会（Benchmark Problems for Airframe Noise Computations），着重对于机体噪声中的各主要部件所辐射噪声的数值模拟精度开展探索与评估。目前针对机体噪声的模拟仍是采用对实际机体部件进行缩放与简化，减小雷诺数和网格生成的难度，使用的计算模拟方法则同样是"LES 类方法+声类比模型"，比如 Liu 等采用的 DES 和 FW-H 方法[57]，Spalart 和 Wetzel 采用的 DDES 和 FW-H 方法[58]。采用缩比的简化模型虽便于对目标对象开展数值模拟，但是几何模型的变化会影响噪声强度以及噪声频谱特征。此外，随着未来飞行器降噪目标提高，需要对飞行器中的各详细部件开展模拟，复杂几何下高精度网格的生成方法以及高精度数值模拟格式仍有待进一步发展。

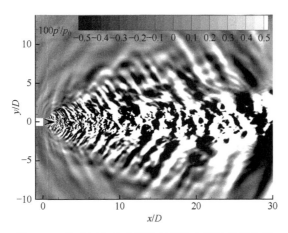

图 7.13　典型超声速喷流噪声现象中的脉动压力场

总体而言，目前计算气动声学一方面受限于噪声产生机理认识的欠缺，另一方面则受到模拟对象的几何拓扑、雷诺数、有效频率等的限制。此外，目前已有模拟方法的计算周期过长，限制了计算气动声学在飞行器概念设计阶段的应用。

3）磁流体多物理场模拟现状

以下的讨论范围限于 CFD 在弱电离、低频、非相对论等近似情形下电磁流体力学中的应用，且不考虑天体物理情形，此时电磁介质本构方程可简化为欧姆定律。控制方程可简化为 N-S 方程加磁感应方程的八方程，若进一步作低磁雷诺数简化、忽略感生磁场，可简化为带电磁源项的 N-S 方程及电势方程。以下分为是否引入低磁雷诺数假设两种情形介绍相关计算方法的研究现状。

在低磁雷诺数假设（磁雷诺数远小于 1）下，磁流体层流的模拟可直接求解简化控制方程，相对简单，而对磁流体湍流无论是物理机理认识还是数值模拟都更加困难。自 Hartmann 在均匀磁场下水银流动实验中发现磁流体湍流再层流化的现象并建立黏性不可压磁流体计算方法以来，国内外通过 RANS、LES、DNS 等湍流模拟方法求解磁流体湍流问题已有一定进展。RANS 方面，在低磁雷诺数假设下雷诺平均后无需对额外的电磁诱导应力进行建模封闭，而只需考虑源项的影响。然而，由于磁流体湍流的各向异性特性和焦耳耗散特性，常见的零/一/二方程模型和雷诺应力输运模型都应考虑电磁效应的修正。常见的处理有：引入衰减函数来表征磁场对雷诺应力的抑制作用[59, 60]；引入经验系数对湍流模型进行磁流体修正[61]；磁流体修正不含经验系数但依赖流动截面平均[62]；在非线性涡黏性模型中建模并体现雷诺应力各向异性特性[63]。然而，尽管目前各向异性特性逐步受到重视，但尚无 RANS 模型能完全准确考虑焦耳耗散与哈特曼耗散等物理机制[64]。同时，磁流体湍流 RANS 模型在除平板流、槽道流、各向同性湍流等简单流动之外的复杂外形流动中应用也极少。

LES 方面，最早的磁流体亚格子模型是基于 Smagorinsky 模型对不可压缩湍流提出的磁流体修正模型[65]。随后，国内外基于不同的亚格子模型开展磁流体修正，如对不引入亚格子模型常系数的动态 Smagorinsky 模型[66]、相干结构 Smagorinsky 模型[67]进行修正，或对常系数 C_s 直接修正使其与垂直于磁场方向的长度尺度和平行于磁场方向的长度尺度之比相关联[68]。然而，现有亚格子模型关于焦耳耗散对能量输运影响的考虑并不完善，如均匀磁场下各向同性湍流中傅里叶模态的各向异性衰减效应在现有模型中不能完全准确体现。图 7.14 展现了不同磁作用数 N 对均匀湍流涡结构各向异性特性的影响。

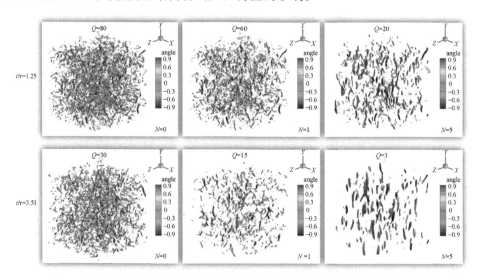

图 7.14　不同磁作用数下的均匀湍流大尺度涡结构（彩图请扫封底二维码）

DNS 方面，目前 DNS 研究限于简单外形、简单磁场布置和较低雷诺数的不可压磁流体，主要为流动机理研究。例如，不可压槽道磁流体湍流的平均摩阻特性、脉动特性、近壁面湍流结构的研究[69]和再层流化现象研究[70]，不可压均匀磁流体湍流的各向异性特性研究[71]和耗散特性研究[72]。

低磁雷诺数假设在磁雷诺数小于 10^{-2} 的液态磁流体等应用中近似成立，但对于高超声速飞行器磁流体控制装置，其磁雷诺数可达 $1\sim10^1$ 的中等量级[73]，此时理论研究也证明低磁雷诺数假设不再适用[74]。若不引入低磁雷诺数假设，则需额外求解磁感应方程，且 RANS/LES 需对额外的应力项进行建模。目前引入合理简化假设并适用于中等磁雷诺数的 RANS 建模很少见，更常见的是更复杂的高磁雷诺数发电机理论[75]。LES 方面，为封闭过滤后磁感应方程的额外麦克斯韦应力项，国外发展了当地动态动能模型[76]以及针对五种常见亚格子应力模型（Smagorinsky 模型、Kolmogorov 模型、cross-helicity 模型、尺度相似模型和混合模型）的修正模型，修正方法为比拟亚格子雷诺应力建立麦克斯韦应力项的封闭模型[77, 78]。

7.2.1.3 多学科耦合分析现状

1）广泛的学科融合能力

当前工程最常用的气动多学科耦合数值模拟一般包括一个其他学科，如传热学、结构动力学、飞行力学、声学等，形成所谓的 CFD/CSD、CFD/RBD、CFD/CAA 等耦合分析，然而针对复杂强时变飞行过程，其本质是以气动为基础的多学科强耦合高精度时域分析，需要更多的学科耦合才有可能获得更接近真实的结果，前述的阵风响应载荷分析（图 7.6）就是一个明显的例子。

面对这种需求，从 2007 年开始，美国国防部高性能计算现代化计划（DoD HPCMP）为了研发关于舰船、飞机等的设计和分析软件系统，启动了 CREATE（Computational Research and Engineering Acquisition Tools and Environment）项目，总共产生了 10 个软件产品。关于飞行器的分项名为 CREATE-AV，包括 3 个软件产品：针对固定翼飞行器的模拟工具（Kestrel）；针对旋翼类飞行器的模拟工具（Helios）；飞行器概念设计工具（DaVinci），除此之外，针对推进系统的模拟工具（Firebolt）会和上述三个软件整合以提供推进系统的模拟能力。与固定翼飞行器直接相关的 Kestrel 软件系统目的是建立耦合空气动力学、结构动力学、飞行动力学和运动学的一体化模拟平台。其基本模块框架结构如图 7.15 所示，通过一个良好定义、易于扩充维护的基础框架融合不同学科的

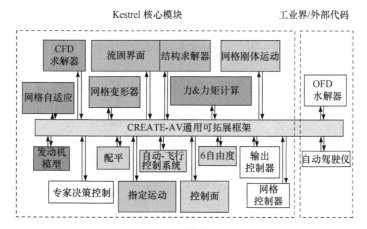

图 7.15 Kestrel 模块框架示意图

高精度分析工具，具备网格变形和自适应能力，可进行静、动态气动特性、气动弹性、带控制面运动的 6 自由度机动、发动机推进和耦合舵偏控制律等方面的计算，以进行接近物理实际情况的飞行过程数值模拟。美国许多研究机构和航空航天公司都已经采用 Kestrel 开展分析和设计工作，包括对 F-16C、F/A-18E、F-22 等战斗机进行了大量的静、动态气动特性模拟及气动力建模分析[79]。在 F-22 的上仰失速机动数值模拟中，虽然在气动力系数的某些峰值上存在一定的高估现象，但是对于像 F-22 这样复杂的飞行器，其整体趋势和量值已相对令人满意。

　　CREATE-AV 针对旋翼类飞行器的模拟工具 Helios 同样具备较强的多学科分析能力。如图 7.16 所示，Helios 当前拥有多种类型的 CFD 解算器，并且具备耦合结构变形和飞行运动的能力。Helios 已经用于 UH-60A 直升机的拉起机动模拟（图 7.17），模拟过程考虑了旋翼的弹性变形，因而是一个气动-结构-飞行多学科耦合的过程。从模拟结果可见，高精度多学科耦合模拟的数据和飞行试验的数据相当吻合，明显优于仅使用结构单学科的 RCAS 工具的结果。

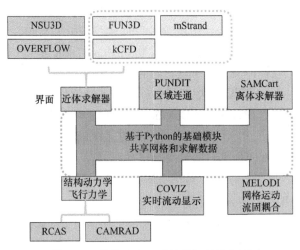

图 7.16　当前 Helios 系统的组件结构图

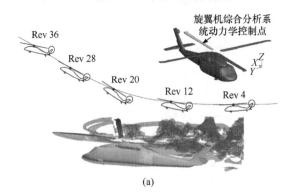

(a)

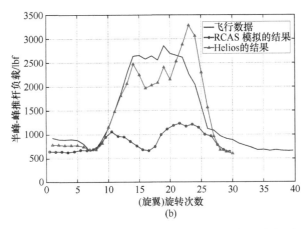

图 7.17　使用 Helios 系统模拟 UH-60A 直升机拉起机动

　　欧洲国家在飞行器高精度多学科耦合数值模拟方面的研究工作也有多个长期的计划。DLR 在 21 世纪初期就开展了 SikMa 计划，目的是发展融合气动、气弹、飞行等多学科的分析工具用于预测飞行器复杂机动的非定常关键状态。DLR 在 SikMa 计划中对 X-31 飞机外形的自由滚转机动、纵向配平过程和全机气动弹性进行了模拟[80]。虽然模拟仅采用无黏欧拉方程，而且模拟的物理时间较短，但仍然有效地展现了基于真实物理效应的多学科耦合模拟的潜力。

　　在此之后，在 DLR 持续开展的多个计划中，高精度多学科耦合分析一直占据重要的地位。2012 年 DLR 启动了 Digital-X 计划[81]，其目的是建立基于高精度方法的虚拟飞机设计和测试的方法与工具（图 7.18）。Digital-X 的长期目标是：发展一个基于高精度方法，耦合气动、结构、飞行、控制等相关学科的多学科分析与优化平台；Digital-X 到 2015 年的短期目标是：①建立软件平台的原型系统；②形成研究和项目演示能力，包括真实机动模拟、气动-结构耦合

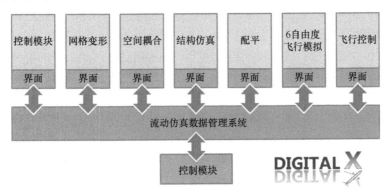

图 7.18　Digital-X 系统示意图

设计等。他们已基本实现该目标，图 7.6 中的遭遇阵风后飞机载荷的多学科耦合分析就是利用 Digital-X 的成果完成的。

国内中国空气动力研究与发展中心和中国航天空气动力技术研究院均建立了耦合空气动力学、飞行动力学和控制的自主可控数值虚拟飞行初级平台，但功能的完备性及系统性与国外还有相当的差距。国内气动与结构等跨学科耦合分析，主要依赖商业软件及二次开发，尤其是结构求解模块，与国外还存在明显差距，自主可控的软件能力存在显著短板。简言之，国内自主可控的多学科耦合分析与国外存在一定差距。

总的来说，针对越来越复杂的飞行器气动多学科耦合模拟问题，采用更广泛的学科融合途径进行综合分析和考量已经成为不可或缺的研究手段，而这也给基于高精度分析工具的多学科耦合数值模拟软件系统架构提出了更高的要求。

2）易于扩展和维护的多场模拟软件架构与软件工程

通常，多学科多物理场耦合分析方法分为三类：非耦合、弱耦合、强耦合。以流固耦合为例，非耦合方法是将流体域与固体域分开，单方面计算载荷后加载到另一物理域上，适应于求解气流与结构耦合不明显的问题或结构静强度分析。弱耦合（也称顺序耦合）方法是在每个时间步内分别对 CFD 和 CSD 方程求解，在固体域与流体域的交界面上交换数据并反复迭代，达到收敛标准后再推进到下一个时间步。弱耦合因具有计算效率高，精度较好的优点被广泛应用于流固耦合气动弹性分析中；固体域采用基于模态的线化假设，则整个耦合方法的计算量与一般的 CFD 非定常求解过程相当。强耦合方法是将流体域、固体域、耦合作用构造在同一控制方程中的数值方法，相比于前两种，其计算精度更高且对于系统间的非线性问题有更高的分辨率，但庞大的计算量和代码编写的复杂性限制了这种方法在工程上的应用。

不同学科高精度分析工具所采用的数值方法是完全不同的，虽然将这些不同学科的分析代码重构形成一个单一的软件系统是可能的，但毫无疑问缺乏灵活性、可扩展性和可维护性，很难用于超过两个学科的耦合。因此更好的解决方法是充分利用各个学科已有的成熟分析工具，将这些高精度分析工具组合在一个统一的系统框架下，各个工具通过预先定义的接口交换必要的数据信息，这种方式可以充分利用已有的技术成果，具有很高的可扩展性和可维护性，是当前高精度多学科耦合的主要形式。

当前的先进高精度多学科数值模拟软件普遍采用一个高层次的架构驱动不同的学科分析工具，提供更有效率的解决方案。CREATE-AV 的设计思想之一就是模块化。以针对固定翼飞行器的 Kestrel 系统为例，其基本架构可以分为三大部分：通用可扩展框架（common scalable infrastructure，CSI）；组件（components）；用户接口（Kestrel user interface，KUI）。

CSI 是一个基于 Python 的事件驱动流程控制框架，与任何组件无关。用于多学科耦合的各个组件之间的关系通过用户接口 KUI 生成的 XML 语言描述，CSI 读入 XML 语言描述的输入文件，以事件的方式驱动各个组件的运行，组件通过预先定义的应用程序接口（application programming interfaces，API）或者文件格式与 CSI 交互，API 支持包括 C、Fortran 和 Python 在内的多种语言；组件产生的共享数据则存入 CSI 的数据仓库中供其他组件调用。除了 Kestrel 系统的原生组件，用户还可以通过 Kestrel 系统提供的软件开发包（software development kit，SDK）将其他的外部分析工具以插件的形式与 CSI 框架结合，提供更丰富的多学科耦合能力。Kestrel 系统这种架构非常高效，CSI 框架的时间开销不到全部模拟时间的 1%。

CREATE-AV 始终坚持专业的软件开发过程。Kestrel 通过 Git 版本控制工具实行严格的版本控制和配置管理。自动的单元、整体和系统测试在每晚都自动运行；每两周执行一次大规模真实算例测试，并与 Kestrel 的以前版本、地面实验及飞行试验的结果进行比较。此外，Kestrel 的开发团队对外部用户的支持比较完善，包括问题追踪复现以及多层次的实时客户支持。上述特点使得软件在全生命周期内具备良好的可维护性。

CREATE-AV 中针对旋翼飞行器的模拟软件 Helios 也采用了类似的设计理念，如图 7.19 所示。主框架是基于 Python 的轻量级框架，计算开销很小；各个组件通过定义好的通用接口与主框架交互，各个组件可以采用 Fortran、C、Python 等不同语言开发，不同组件之间通过 Python 在主框架下驱动。Helios 的这种

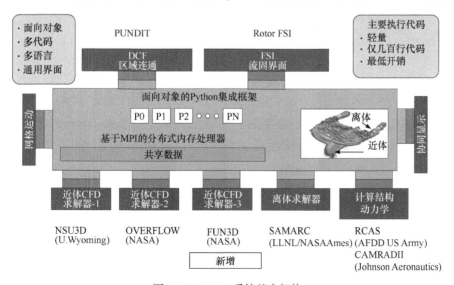

图 7.19　Helios 系统基本架构

设计使得相同功能的各个组件可以很方便相互替换，整个系统具备良好的可扩展性。

NASA 艾姆斯研究中心发展的 LAVA（launch ascent and vehicle aerodynamics）解算框架也具备类似的结构[81]（图 7.20），其基本构架是面向对象的工具包，仅提供各类语言的接口、并行库和数据共享，而其他的功能模块则相对独立，较好地实现了精度与效率的统一。LAVA 已经被用于大规模非定常流动的研究，包括高精度喷流噪声预测、开放转子气动噪声预测等。未来 LAVA 将耦合更多的学科分析工具，提供更复杂的气动物理模拟能力。

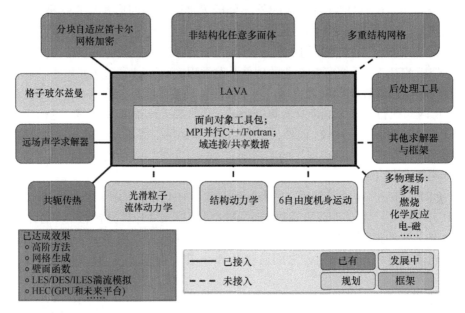

图 7.20　LAVA 框架

以 DLR 为主开发的多学科模拟软件 FlowSimulator（图 7.21）同样包括一个基于 Python 语言的控制层，用于管理各个学科的分析应用工具，同时从并行的数据管理池中提取数据并传递给需要的学科分析应用。FlowSimulator 设计时即考虑了大规模并行的数据交换，而基于描述性语言的 Python 控制层则可以快速增加学科分析工具，增加模拟能力。

总之，为了实现高效灵活的多学科耦合分析，现代的气动多学科多物理场耦合数值模拟软件系统普遍采用组件形式的耦合结构，辅以轻量级的主控框架驱动不同的学科分析组件，具备较高的可扩展性和可维护性。

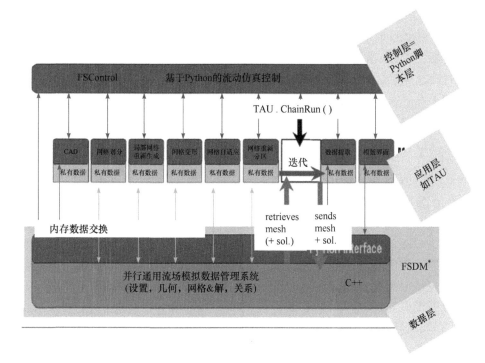

图 7.21　FlowSimulator 分析框架

7.2.2　2035 年目标

7.2.2.1　多介质流动发展目标

1）复杂多介质流体力学问题的高精度数值模拟方法

复杂多介质流体力学问题的高精度数值模拟方法可以满足各种复杂工程计算，并可处理复杂物理流动以及复杂几何的高精度方法。具体的目标包括：

（1）实现高阶高精度格式下的 ALE 方法；

（2）实现高效高质量网格重构；

（3）实现高精度物理量守恒插值方法。

2）大密度比高速运动界面模拟

（1）实现适用于大密度比的多介质界面捕捉方法；

（2）实现在高速运动情况下，即高雷诺数和高韦伯数条件下数值模拟方法的强鲁棒性；

（3）实现在多介质计算中各介质的质量守恒性；

（4）能够结合实际工程应用，模拟复杂的流动边界外形以及不同类型的边界条件。

3）复杂表面多介质耦合流动-传热-相变模拟算法

（1）针对目前广泛采用的不可压多介质流算法，协调传热方程与动量方程的耦合特性，以冰-水相变界面的准确演化为目标，并充分考虑液相的过冷效应，保证过冷非冻结部分的流动冻结行为与实验结果一致。

（2）发展大 Re 下稳定的可压缩多介质流界面捕捉算法，并与相变传热模型相结合，从而实现高速情形下的多介质流动与相变行为预测。

7.2.2.2　多物理场发展目标

1）高温真实气体效应多物理场发展目标

（1）发展更加精确、高效的高温气体效应数值模拟技术，具体的目标包括：结合理论、实验等研究手段获取更加精确完善的高温气体效应相关输入参数；结合理论、数值等研究手段建立更为高效准确的高温气体效应相关热物理化学模型；通过流固耦合研究等手段建立更为精确合理的气固边界模型，包括有限催化、烧蚀等模型；结合理论、实验等发展适用于高温气体计算的准确、高效的多温度模型。

（2）发展高温气体效应与湍流/转捩耦合流动数值模拟技术，具体的目标包括：具备开展大范围高精度数值模拟研究（DNS，LES）的能力；建立适用存在高温气体效应流动的复杂外形入口湍流边界生成方法；发展兼顾强激波稳定捕捉和黏性区低耗散的数值格式和精确鲁棒的时间推进格式；发展高温气体流场与辐射场耦合的高效数值模拟方法。

（3）发展适用于高温气体效应耦合多物理场模拟的高效精确加速收敛算法，具体的目标包括：基于分区化学反应模拟的思想发展新的高效加速算法；发展可靠的适用于高温气体效应流场模拟的大时间步长加速收敛方法；建立精确的高温气体效应流场模拟多重网格加速算法。

2）气动声学多物理场发展目标

为降低飞行器的噪声水平以满足结构设计、人机环境等要求，需发展气动噪声的模拟方法，为飞行器降噪提供有效的技术手段。具体的目标包括：

（1）构建气动噪声机理模型。通过发展适用于中高雷诺数基本气动噪声问题的直接模拟方法，获取气动噪声的高精度数值模拟数据，针对物理机理开展系统研究，推动物理模型的发展。

（2）飞行器气动噪声的高精度模拟方法。针对实际飞行器外形，发展完善数值模拟方法，拓宽对于复杂几何拓扑的应用，同时提高可模拟的雷诺数范围以及声场有效频率上限。

（3）气动噪声快速模拟的降阶模型。针对飞行器外形以及发动机、起落架和增升装置等基本部件构形，发展噪声快速预测模型，提高针对气动噪声快速预测的能力。

3）磁流体多物理场发展目标

（1）建立适用于航空航天飞行器等复杂外形的磁流体 RANS 模型，具体的目标包括：发展满足工程应用模拟精度及鲁棒性要求的低磁雷诺数 RANS 模型（ Re_m <10^{-2} ）；发展适用于任意布置磁场形式和不同马赫数范围的低磁雷诺数 RANS 模型；考虑感生磁场，建立符合高超声速飞行器等情形的中磁雷诺数 RANS 模型（ 1< Re_m <10^2 ）。

（2）建立准确考虑磁流体物理特征的亚格子模型，具体的目标包括：低磁雷诺数下，发展准确考虑焦耳耗散和各向异性等特征的磁流体湍流亚格子模型；中磁雷诺数下，发展准确考虑磁流体特征及磁感应方程耦合效应的亚格子模型。

（3）建立符合实际的电导率模型，具体的目标包括：建立化学非平衡流动中的电导率模型；建立多相介质中的有效电导率模型。

（4）具备局部实际外形磁流体湍流的高阶方法模拟计算能力，具体的目标包括：具备针对整机外形的磁流体湍流的 LES 模拟能力；具备针对机翼、飞行器前体等局部实际外形的磁流体湍流的 DNS 模拟能力。

7.2.2.3　多学科耦合分析发展目标

（1）发展高层次的多学科耦合分析软件框架和技术，具体的目标包括：建立组件形式的耦合结构和轻量级的主控框架驱动，发展出具备高度可扩展性和可维护性的多场耦合高精度数值模拟软件系统；建立自动化的多层次软件测试系统开发能力与多学科耦合可信度评估能力。

（2）建立满足大规模气动多学科分析所需的网格技术，具体的目标包括：建立超大规模网格的高效网格变形技术；针对超大规模网格，发展出适应现代高性能计算集群的高效、鲁棒的非结构重叠网格技术。

（3）建立以气动为核心的多学科一体化数值仿真耦合方法，具体的目标包括：建立适用于超大规模计算集群的全耦合时域高精度多学科耦合计算技术；建立面向工程，体现物理机制的降阶模型方法。

7.3　差距与挑战

对比 2035 目标，目前的差距与挑战巨大，表 7.3 给出了多介质流多物理场模拟的差距与挑战，表 7.4 给出了多学科耦合分析的差距与挑战。

表 7.3　多介质流多物理场模拟的差距与挑战

关键技术	差距与挑战	2035 年目标
多介质流模拟	（1）大密度比或高速流动多介质流界面处的模拟方法鲁棒性还有待提高 （2）对于复杂几何外形的模拟，缺乏自动高效的网格重构技术	2035 年，发展出适用于复杂流动、复杂外形、界面模拟和传热-相变模拟的高精度方法、网格重构和守恒插值方法
高温气体效应多物理场模拟	（1）缺乏准确的化学反应动力学模型和气固边界模型 （2）流动与化学反应解耦算法的精度和稳定性不够 （3）非平衡流场与高温气体辐射场耦合效应计算量很大	2035 年，发展出集成准确物理化学模型、气固边界条件和高效加速算法的多场模拟软件
气动声学多物理场模拟	（1）噪声机理认识和方法研究主要停留在低雷诺数（$Re<10^5$），高雷诺数研究少 （2）声场传播模拟方法不够成熟 （3）快速模拟方法还有待发展	2035 年，建立适用于工程外形的气动声学多场高精度模拟方法、降阶模型和噪声物理模型
磁流体多物理场模拟	（1）缺乏准确的磁湍流 RANS 模型或亚格子模型 （2）高磁雷 诺数多场模拟研究少 （3）电导率模型过于简化，不能足够准确地反映实际	2035 年，建立适用于全磁雷诺数的磁流体 RANS 模型、亚格子模型和高精度模拟方法

表 7.4　多学科耦合分析的差距与挑战

关键技术	差距与挑战	2035 年目标
一体化耦合计算策略	CFD 在时间离散和加速收敛技术方面进展仍然比较缓慢，不能满足当下硬件能力支撑的多学科耦合模拟对于计算效率的需求	以组件形式的耦合结构和轻量级的主控框架驱动不同的学科分析组件，实现可扩展和易于维护的多学科耦合分析
动态网格生成技术及自适应	（1）全自动网格生成能力 （2）混合网格技术 （3）并行化的动态网格生成方法 （4）网格自适应技术	初步实现气动仿真、飞行力学、结构热响应、结构动力学、气动噪声等多学科多物理场模拟与分析能力，实现气动同多学科的融合
超大规模高性能计算	目前国内缺少多学科耦合分析的高性能计算平台。高校与研究所主要依赖于商用软件，这种现象不仅仅存在于工程应用领域，也制约了科学研究的原创贡献	CFD 能够在 E 级超算平台，实现有限的多学科耦合仿真
更广泛的学科交叉耦合问题	更广泛的学科交叉耦合存在工程需求，但综合分析受限于多物理现象和过程的耦合计算难度很大且计算量惊人	初步实现为高性能航空航天飞行器多学科协同分析与设计提供软件平台

7.3.1　多介质流动模拟

在物理学层面上，界面是介质之间非常薄的过渡区域，其厚度大致和液体分子间距的数量级相当（约 10^{-10}m）。同时在界面的两侧，不同相的物理参数变化巨大，具有很大的梯度。这对多介质流数值模拟的准确性和稳定性带来了巨大的挑战，首先体现在流场难以用统一的控制方程（包括状态方程）来描述，而且波传播模式的不同对数值格式也是较大的考验。在多介质流体力学问题中，最常见的是水、气两相流问题，其计算的难点之一在于水、气两相显著的物理属性差异。其密度比接近 1000，黏度系数比接近 55，在大密度比的情况下界面处的密度间断对多介质流的数值模拟方法和稳定性提出了很高要求。除此之外，高速运动下的液相在气相中具有高雷诺数和高韦伯数的特点，运动过程非稳态，特别是界面会发生变形、融合以及破碎等复杂情况，对于计算求解的稳定性具有非常高的要求。

另外对于多介质复杂流动问题，特别是存在复杂边界运动且边界变形较大的情况，需要发展可以处理复杂多介质流动问题的高阶高精度数值计算方法，该方法需要对存在边界大变形的多介质数值计算难题实现高阶高精度的求解，具备较高的鲁棒性，可以处理多种几何形式的网格。同时，对于计算中出现的各种复杂几何，可以自动高效地完成高质量网格的重构。

7.3.2　多物理场模拟

7.3.2.1　高温气体效应多物理场模拟

高超声速流动数值模拟和基础模型的验证仍然是一个关键问题。高温气体效应流动数值模拟结果的准确性依赖于相关热力学参数等数据输入、化学反应动力学模型和气固边界模型等模型的准确性。热力学化学非平衡过程和气固边界相互作用都极为复杂，研究手段的局限导致当前的输入参数、物理化学模型和气固边界模型完善比较困难，其准确性有待验证。对高温气体效应与湍流耦合流动，DNS 和 LES 等研究手段能提供更高的精度和更多的信息。然而该类模拟方法对计算资源的要求特别高，现阶段的硬件能力离全外形的 DNS 或 LES 还有较大的差距。流动与化学反应解耦算法是当前高温气体效应流动数值模拟的主要加速算法，然而解耦算法在稳定性和精度等方面存在一定问题。加速算法的研究趋势包括分区化学反应模拟算法、大时间步长方法和多重网格方法等，现阶段以上加速算法的研究较少，离目标有较大差距。对于高温流场与高温气体辐射场耦合计算，辐射场方程计算量过大，占用过多计算资源，降低计算效率，如何基于物理模型改进、数值算法优化等发展高效的流场与辐射场耦合计算方法仍面临很多困难。

7.3.2.2　气动声学多物理场模拟

目前针对气动噪声产生机理的研究仍限于低雷诺数（$Re<10^5$），而中高雷诺数流动中的边界层/混合层转捩过程、湍流强间歇效应及高阶统计量变化等对于噪声的影响有待进一步研究。中高雷诺数流动模拟需更高的尺度分辨率，针对非定常模拟的海量数据进行噪声源有关信息的提取是极大的挑战。此外，目前针对复杂几何拓扑部件尚无有效可靠的高精度网格生成方法，限制了流场模拟的精度与鲁棒性。针对飞行器气动噪声模拟的 LES 类方法主要针对中等雷诺数条件（$10^5<Re<10^7$），高雷诺条件下的模拟方法仍需进一步完善。LES 类方法中对于高频高波数尺度的截断效应直接导致声场有效频率受限（$St<8$），需发展更多尺度的噪声模型。以 FW-H 方法为典型的声类比理论虽应用广泛，但其计算精度依赖于人工经验；而以线化欧拉方法为典型的线性波传播模拟方法对离散格式具有极高要求，故针对声场传播的模拟方法也需进一步发展。最后，目前针对实际部件的气动噪声模拟周期仍然过长，不利于在飞行器概念设计阶段对其噪声进行快速评估，也无法针对飞行器设计开展结构、气动特性、噪声等多学科优化。

7.3.2.3　磁流体多物理场模拟

目前所实现的对磁流体的模拟方法距离实际工程应用还存在一定的差距。尤其是在 RANS 或 LES 建模中需要更有物理依据地考虑焦耳耗散、磁场引起的各向异性对雷诺应力或亚格子应力的影响（如从波数空间考虑能量传递机制），这方面的机理分析和建模工作目前还不完善。除此以外，因为人们目前对流场与电磁场的强耦合机制的认识尚不清楚，从物理上无法很好解释和描述流动，为建模与模拟带来一定的困难。而且受限于计算机的模拟能力，目前仍然难以对真实的复杂外形进行 LES 模拟，这从某些方面会影响磁流体数值模拟技术的发展；最后，受到电磁流场参数实验测量困难的影响，标定湍流模型、电导率模型等仍存在很大的障碍。

7.3.3　多学科耦合分析

近年来，多学科耦合仿真分析已经取得令人振奋的进步，但仍然面临着一系列重大挑战性问题。物理模型、计算方法与网格等 CFD 基础技术进展进入瓶颈期，复杂飞行器复杂工况复杂过程的高精度模拟、气动/控制及其他多学科一体化耦合、超大规模耦合与并行计算，距离成熟的工程应用还需要持续深入地研究。

7.3.3.1　一体化耦合计算策略

多学科一体化耦合中 CFD 和其他学科解算器之间必要的信息交换需要确保

精度和稳定性，并密切关注各种守恒律。在非线性、非定常流动的情况下，CFD和其他学科之间接口设计需要大量的工作，这需要充分考虑网格拓扑和特征网格尺度，实现高可信度、高效稳定耦合；当 CFD 与其他解算器耦合时，应该确保相关解算器的精度能够保持，这样耦合过程不会带来额外的数值误差而使得求解过程稳定。

多学科耦合数值虚拟飞行涉及对整个飞行扰动响应过程或机动操控过程的数值模拟，不仅追求高的时空离散精度，而且对计算效率也有很高的要求，需要发展高效高精度的流体动力学方程、飞行力学方程、结构热响应方程、结构动力学方程、固体热传导方程等的耦合求解技术。CFD 在时间离散和加速收敛技术方面进展比较缓慢，目前常用的仍然是双时间步方法，子迭代中一般采用隐式计算格式。在加速收敛技术方面，主要采用多重网格法、局部时间步长等技术。上述方法仍然停留在 20 世纪末的水平，不能满足多学科耦合模拟对于计算效率的需求。

为了实现高效灵活的多学科耦合模拟，未来可期的发展方向是采用组件形式的耦合结构、辅以轻量级的主控框架驱动不同的学科分析组件，来保持较高的可扩展性和可维护性。

7.3.3.2　动态网格生成技术及自适应

真实飞行器大范围机动飞行往往伴随控制舵面的偏转，同时机体及部件还存在不同程度的弹性变形。未来新概念的可变形飞行器，主动变形与机动过程共存。毫无疑问，复杂外形的网格生成，尤其是动态网格的自动生成，是多学科耦合分析的关键技术之一。

目前，就静态计算而言，用于复杂外形 CFD 模拟的恰当网格生成是模拟流程中的主要瓶颈。通常网格生成过程构成了人工干预的主要开销。给定恰当的几何描述和求解精度要求，全自动的网格生成能力应该能够构造一个合适的网格，并在求解过程中以最小的人工干预对网格进行自适应加密直到满足最终的精度水平。全自动网格生成能力的实现需要跨越许多重要的障碍，当前来说还有相当多的工作有待开展。

自动化网格生成技术是多学科耦合分析的门槛技术。多学科耦合分析数值虚拟飞行过程某些瞬时不恰当的网格会诱发不易察觉的扰动与误差，这一时间累积误差在非线性条件下可能会造成误判。因此亟需发展自动化的高质量网格生成技术、鲁棒的动态网格生成技术。从国内外的发展情况来看，混合网格技术无疑代表了未来自动网格生成技术的发展趋势。

数值虚拟飞行模拟过程中动态网格需要实时生成，因此动态网格生成的效率也是需要重点考虑的问题。发展并行化的动态网格生成方法是必然的趋势，但这方面的研究工作比较少见。此外，在数值虚拟飞行动态计算资源精细化配置的要求下，网格自适应技术是一种有效提高网格离散效率的手段；实时动态进行计算网格的自适应，尤其是各向异性的网格自适应技术，亦将是未来发展的趋势。

7.3.3.3　超大规模高性能计算

多学科耦合每个时序过程中的每个物理时间间隔，都需要一次全新的时间相关计算。对单个解算器和多学科耦合计算的计算效率提出了严苛的要求，因为非定常时序过程模拟极大地增大了计算量。如果增加空间分辨率或提高时间分辨率或者考虑更多物理效应，计算时间很容易呈量级增长。显然现有的 P 级计算机难以在 1 小时之内满足复杂外形飞行器复杂机动飞行多学科耦合效应的工程分析需求。

虽然计算能力强大的 E 级超算系统即将问世，但与之配适的自主可控软件研制水平仍严重滞后，超大规模的并行计算技术，尤其是针对以 CPU/GPU、MIC 等为代表的异构体系结构的并行计算技术，仍是一个需要突破的重点问题，但是大规模分区并行计算时交界面边界条件的处理难以实现隐式计算，因此隐式算法的分区并行如何保证与串行计算的一致性一直是研究的难点问题。同时，超大规模的并行计算大量的计算分区及每一分区与相邻区域过多的信息交换，导致并行效率严重降低。

与此同时，由于涉及多学科的耦合计算，规范各学科间耦合计算的数据结构，在灵活软件体系结构下进行各学科计算模块的有机集成，实现与未来 E 级计算机硬件体系结构的匹配，充分发挥高性能计算机的效能，这些都是成为一体化软件系统开发面临的重大挑战。

7.3.3.4　更广泛的学科交叉耦合问题

流固耦合问题对于确定飞行器的飞行性能至关重要，而颤振和抖振问题将危及飞行器的飞行安全，尤其是当前飞行器制造中广泛采用新型复合材料，飞行器的气动弹性变形量可能更大，气动弹性问题更应得到高度重视。目前在工程上仍然普遍采用工程近似方法来获得气动载荷，如面元法或超声速升力面理论等，显然这些计算方法的精度较低。基于 RANS 方程的 CFD/CSD 耦合计算方法已在气动弹性领域得到较大的发展，目前已能进行全机外形的气动弹性数值模拟，但是对于机动飞行过程中的气动弹性问题，利用高保真度的 CFD/CSD 耦合方法进行数值模拟的研究工作还比较少见，尤其是针对颤振、抖振等气动弹性问题的研究工作更少。在高超声速领域，考虑热环境、热传导和热应力等现象和过程的气动热弹性问题难度更大，目前针对飞行器表面盖板、发动机唇口等部组件的热气动弹性分析已有文献见诸报道，但针对全机/全弹的热气弹工作还处于研究探索阶段，远未达到工程应用的成熟度。考虑"气动力（热）/运动/热气弹或烧蚀/控制"等多物理现象和过程的耦合计算难度很大且计算量惊人。

多学科耦合分析初步显示了良好的应用前景，但是在耦合策略、动态网格技术、超大规模计算、满足工程要求的多学科交叉基础研究等方面，还有很长的探索之路，需要专业人士持续的潜心研究。

7.4　发展路线图

图 7.22 给出了 2020～2035 期间的多介质多物理场耦合模拟与多学科耦合分析的发展路线图。在多介质流模拟方面，首先基于当前已建立的中低韦伯数模拟数据库，在 2020～2025 年间将其拓展至宽韦伯数、雷诺数模拟并建立数据库，发展高精度的 ALE 方法，预期在 2025 年左右初步建立高效准确的界面捕捉技术。在 2025～2030 年间，发展出高效稳定的针对复杂流动问题的高精度模拟格式、大密度比水气高速流动的界面不稳定性方法，并在 2030 年建立宽速域的多介质流动界面捕捉、追踪模型和模拟方法。最后，在 2030～2035 年间完善多介质流传热-相比模拟方法，并在 2035 年建立适用于宽韦伯数、宽雷诺数、宽速域等条件的多介质流物理模型和数值模拟方法。

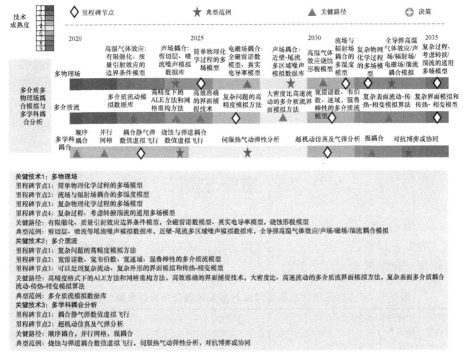

图 7.22　多介质多物理场耦合模拟与多学科耦合分析的发展路线图（彩图请扫封底二维码）

在多物理场耦合模拟方面，第一，对于高温气体效应耦合模拟，在 2025 年左右初步发展出较简单但基本完整的物理化学模型、包含有限催化和质量引射效应的气固边界条件模型,在 2030 年左右发展出更复杂、更能反映真实条件的物理化学模型、气固边界条件模型和烧蚀形貌模型;第二,对于气动声学耦合模拟,在 2020~2030 年间重点通过建立剪切层、喷流等尾迹流动和近壁–尾流多区域流动的声场-流场耦合模拟数据来完善模型与数值模拟方法;第三,对于磁流体多场模拟,预计在 2027 年左右发展出适用于全磁雷诺数的磁流体求解模型和高效算法、接近真实的电导率模型。对于整个多场耦合模拟,预期在 2030 年左右实现全弹/全机的高温组分场/声场/磁场/湍流场的多场耦合模拟,并在 2035 年建立适用于复杂过程并考虑转捩和湍流的通用多场模型和算法。

　　针对多学科耦合分析,当前在解决学科间顺序耦合的基础上,渐次提升混合网格并行效率,国内应瞄准 2030 年前后 E 级超算能力下多学科多物理场耦合模拟与分析。2025 年前建立耦合结构动力学的气动、飞行与控制一体化仿真分析能力,借此实现机动飞行中静气弹与阵风响应分析。从高精度航天再入飞行需求及现有能力基础出发,2025 年前后数值虚拟飞行应进一步嵌入典型的材料烧蚀物理模型,实现耦合高温形变及壁面条件(如质量引射等)的机动再入弹道高精度/高保真模拟。2030 年前应建立飞行器在高速温升条件下气动、结构、控制一体化十亿级网格规模的多学科耦合仿真。2030 年前后建立飞行器与机动包络条件下全系统多学科(气动、结构、控制、传热、飞行及动力模型)一体化耦合仿真。2030 年后分别在流体域、固体域各域内尽可能提升统一计算强耦合层次(如流体域内的流动与电磁场耦合、固体域内结构传热、烧蚀与应力场耦合),提升系统间的非线性问题的分辨率与系统稳定性。到 2035 年应可以实现单一飞行器的模拟认证,支撑"数字孪生"设计与评估。2035 年飞行器间的对抗与协同应具备较厚实的基础,可以搭建特定约束与支持条件下拟真实的博弈评估,同时亦可推进有限规模的蜂群联合作业。

7.5　措施与建议

　　综上所述,给出简要的措施与建议,如表 7.5 所示。主要包括结合理论、试验和 DNS 发展高精度的多介质流模拟方法,高温真实气体效应着重考虑工程中的实际物理化学现象等六个方面。

表 7.5　多介质多物理场耦合模拟与多学科耦合分析的发展措施与建议

结合理论、实验和 DNS 发展高精度的多介质流模拟方法	(1)发展高精度的 ALE 方法和高效高质量的网格重构方法 (2)协调传热方程与动量方程的耦合特性,发展复杂表面多介质流动-传热-相变协同模拟方法
高温真实气体效应着重考虑工程中的实际物理化学现象	耦合模拟中应着重考虑高超声速飞行器飞行中易出现的壁面有限催化、烧蚀、表面粗糙度变化和流场与温度/辐射/结构场耦合的影响,建立相应的物理模型

气动声学多场模拟中充分发挥最新的软/硬件技术优势	（1）发展中高雷诺数基本气动声学的直接模拟方法以及海量数据的分析方法 （2）结合大数据分析和人工智能技术，发展气动声学降阶模型
发展磁流体实验测量技术并获得标定数据库	发展磁流体实验测量技术以获得标准数据库，并用于标定湍流模型、亚格子模型、电导率模型等
将多学科耦合分析真正意义上用于工程实际	关注"数值孪生设计""数值靶场"等新兴应用动向，努力进入飞行器的设计与鉴定环节。一方面探边摸底、挖掘性能；另一方面辨识故障风险、再现飞行模式
建立高层次的多学科耦合框架	采用组件形式的耦合结构，辅以轻量级的主控框架驱动不同的学科分析组件，具备较高的可扩展性和可维护性

7.5.1　多介质流模拟

7.5.1.1　复杂多介质流体力学问题的高精度数值模拟方法

结合理论分析、实验测量和 DNS 数值模拟等手段，发展高阶高精度格式下的 ALE 方法，实现高效高质量的网格重构，同时保证高精度物理量守恒。高阶高精度格式下的 ALE 方法需要克服高阶数值振荡等问题，确保数值计算的稳定性，实现复杂多介质流动以及复杂几何的高精度数值计算。

7.5.1.2　大密度比水气高速运动的界面不稳定性

针对水气高速运动的多介质流体力学问题，在现有多介质流算法的基础上发展适用于大密度比的多介质流界面捕捉方法，满足高雷诺数和高韦伯数条件下数值模拟方法的鲁棒性要求。结合实际工程应用问题，开发复杂流动边界外形以及不同类型边界条件的处理手段。

7.5.1.3　复杂表面多介质耦合流动-传热-相变模拟算法

对于低马赫数流动，在目前广泛采用的不可压多介质流算法的基础上，协调传热方程与动量方程的耦合特性，以冰-水相变界面的准确演化为目标，发展复杂表面多介质耦合流动-传热-相变协同模拟方法，并充分考虑液相的过冷效应。对于高马赫数流动，发展大雷诺数下可压缩多介质流界面捕捉算法并与相变传热模型耦合，实现高马赫数下的多介质流动与相变行为预测。

7.5.2　多物理场模拟

7.5.2.1　高温真实气体效应多物理场模拟

结合理论、实验和数值手段获取更加精确完善的高温气体效应相关输入参数、热物理化学模型和气固边界条件，并开展相应的不确定度和误差分析研究。投入更多精力关注高温气体效应与湍流耦合流动的研究，用 DNS 和 LES 手段开展相应的研究是未来该方向的研究趋势。同时，开展 WMLES 方法壁函数模型方向的研究，以在减少计算量的同时保证计算精度。发展新型高效的适用于高温气体效应流动的加速收敛算法。高超声速飞行系统会在较大的时间范围内发生包括壁面有限催化、烧蚀、表面粗糙度变化和流固耦合等相关过程。随着 CFD 技术的进步，未来的高超声速流动模拟应考虑上述过程的影响，并建立相应的物理模型。

7.5.2.2　气动声学多物理场模拟

针对计算气动声学的发展目标，并结合目前存在的差距与挑战，提出以下建议：针对计算气动声学数值模拟中的数值格式、边界条件、物理模型等参数对于模拟结果影响开展系统性的研究，为新方法的发展提供基石；发展中高雷诺数基本气动声学的直接模拟方法以及海量数据的分析方法，推动气动噪声机理研究工作，为未解尺度噪声模型以及降阶模型的发展提供必要的理论基础；从底层数据结构、处理器框架层面将程序代码与超算相结合，充分利用最新的超算硬件条件，提高计算效率；发展完善高雷诺数壁湍流模拟方法，建立高精度的声传播模拟技术，结合高精度网格生成技术推动针对实际飞行器的气动噪声模拟；发展基于定常湍流模拟的声模型，并充分利用大数据分析技术与人工智能技术发展气动声学的降阶模型。

7.5.2.3　磁流体多物理场模拟

为实现磁流体模拟的发展目标，应通过实验测量或者 DNS 高精度模拟等手段对低磁雷诺数假设下的磁流体湍流进行研究，掌握磁流体湍流中如角动量传递等特殊的物理机制，并在清晰的物理背景下建立能够较为准确描述中、低磁雷诺数流动的 RANS 和 LES 湍流模型。此外，应发展磁流体实验测量技术以获得标准数据库，并用于标定雷诺应力、亚格子应力等模型系数，使得磁流体湍流应力模型封闭。此外，还应结合化学非平衡理论、多介质流理论建立更为实际的电导率模型，为复杂磁流体高精度模拟提供基础。

7.5.3　多学科耦合分析

应建立高层次的多学科耦合框架。当前缺乏一个轻量级、易于扩展的耦合框架。部分学科的耦合采用单一软件形式实现，或者采用文件形式在不同组件之间交换数据，这很难满足大规模工程应用的需要，而且可扩展性和可维护性也较为缺乏。因此迫切需要实现一个高层次的多学科耦合框架来集成现有的研究成果。国际上下一代气动多学科耦合数值模拟软件系统普遍采用组件形式的耦合结构，辅以轻量级的主控框架驱动不同的学科分析组件，具备较高的可扩展性和可维护性。

应挖掘真正意义上的工程应用。多学科耦合模拟的发展受限于清晰的应用场景的梳理。下一阶段发展可以关注"数值孪生设计""数值靶场"等新兴应用动向，进入飞行器的设计与鉴定环节；一方面探边摸底、挖掘性能；另一方面辨识故障风险、再现飞行模式。

7.6　典型案例分析

本部分以气动声学多物理场模拟为例开展分析。本案例以 Brès 等采用 WMLES 方法针对喷流噪声开展数值模拟的算例为基础，评估未来气动噪声模拟所需的计算资源。Brès 等[82]所模拟喷流的直径为 $D=0.05\text{m}$，喷流马赫数 $Ma=0.9$，基于直径的雷诺数为 $Re=1\times10^6$。采用 WMLES 方法计算的总网格量为 1.6×10^7，时间推进总步数为 6×10^5，总计算核时为 7×10^4。目前研究表明针对 WMLES 方法，其网格总数 N 与雷诺数之间的关系满足 $N_{\text{WMLES}}\sim Re$[83]，而时间推进步数 n 与雷诺数之间的关系为 $n\sim Re^{1/3}$[84]。那么针对实际尺寸的喷流（$D\sim\text{O}（1\text{m}）$），其雷诺数 $Re\sim\text{O}（2\times10^7）$，相对应地，计算所需总网格量为 3.2×10^8，时间推进步数约为 4.6×10^6。若采用相同的超算 CPU，则需要耗核时 3.8×10^6（以 1000 个核同时计算，则需要 158 天）；若超算单核模拟能力能提高 10^3，那么需耗核时 3.8×10^3（可以实现在 24h 之内完成模拟）。

针对壁面解析的 LES（WRLES），或者是 DNS 模拟方法，其网格量与雷诺数之间的关系分别为 $N_{\text{WRLES}}\sim Re^{13/7}$、$N_{\text{DNS}}\sim Re^{37/14}$，在不考虑时间推进步数相比 WMLES 增长的条件下，其模拟实际喷流噪声的总耗核时为 5.0×10^7、5.2×10^8（单核模拟能力提高 10^3 仍无法在 24h 内完成模拟）。

参 考 文 献

[1] Bertin J, Cummings R. Critical hypersonic aerothermodynamic phenomena[J]. Annual Review of Fluid Mechanics, 2006, 38: 129-157.

[2] Wickramasinghe V K, Chen Y, Zimcik D G. Experimental evaluation of a full-scale advanced hybrid buffet suppression system for the F/A-18 vertical tail[C]. 47th AIAA/ASME/ASCE/AHS/ ASC Structures, Structural Dynamics, and Materials Conference, 2006: 2136.

[3] Kroll N, Rossow C. Digital-X: DLR's way towards the virtual aircraft[C]. NIA CFD Conference, 2012: 6-8.

[4] Hirt C W, Amsden A A, Cook J L. An arbitrary Lagrangian-Euler computing method for all flow speeds[J]. Journal of Computational Physics, 1974, 14(3): 76-85.

[5] Calderer R, Masud A. A multiscale stabilized ALE formulation for incompressible flows with moving boundaries[J]. Computational Mechanics, 2010, 46: 185-197.

[6] Jiang G S, Peng D P. Weighted ENO schemes for Hamilton-Jacobi equations[J]. SIAM Journal on

Scientific Computing, 2000, 21(6): 2126-2143.

[7] Osher S, Shu C. High-order essentially non-oscillatory schemes for Hamilton-Jacobi equations[J]. SIAM Journal on Numerical Analysis, 1991, 28(4): 907-922.

[8] Cockburn B, Shu C W. Runge-Kutta discontinuous Galerkin methods for convection-dominated problems[J]. Journal of Scientific Computing, 2001, 16: 173-261.

[9] Lomtev I, Kirby R M, Karniadakis G E. A discontinuous Galerkin ALE method for compressible viscous flows in moving domains[J]. Journal of Computational Physics, 1999, 155(1): 128-159.

[10] Nguyen V T. An arbitrary Lagrangian-Eulerian discontinuous Galerkin method for simulations of flows over variable geometries[J]. Journal of Fluids and Structures, 2010, 26: 312-329.

[11] Persson P O, Bonet J, Peraire J. Discontinuous Galerkin solution of the Navier-Stokes equations on deformable domains[J]. Computer Methods in Applied Mechanics and Engineering, 2009, 198(17-20): 1585-1595.

[12] Klingenberg C, Schnücke G, Xia Y H. Arbitrary Lagrangian-Eulerian discontinuous Galerkin method for conservation laws: analysis and application in one dimension[J]. Mathematics of Computation, 2017, 86: 1203-1232.

[13] Klingenberg C, Schnücke G, Xia Y H. An arbitrary Lagrangian-Eulerian Local discontinuous Galerkin method for Hamilton-Jacobi equations[J]. Journal of Scientific Computing, 2017, 73(2-3): 1-37.

[14] Crandall M G, Lions P L. Two approximations of solutions of Hamilton-Jacobi equations[J]. Mathematics of Computation, 1984, 43: 1-19.

[15] 刘儒勋, 王志峰. 数值模拟方法和运动界面追踪[M].合肥: 中国科学技术大学出版社, 2001.

[16] Hirt C W, Nichols B D. Volume of fluid (VOF) method for the dynamics of free boundaries[J]. Journal of Computational Physics, 1981, 39(1): 201-225.

[17] Osher S, Sethian J A. Fronts propagating with curvature-dependent speed: algorithms based on Hamilton-Jacobi formulations[J]. Journal of Computational Physics, 1988, 79(1): 12-49.

[18] Sethian J A. Level Set Methods: Evolving Interfaces in Geometry, Fluid Mechanics, Computer Vision, and Materials Science[M]. Cambridge: Cambridge University Press, 1996.

[19] Adalsteinsson D, Sethian J A. A fast level set method for propagating interfaces[J]. Journal of Computational Physics, 1995, 118(2): 269-277.

[20] Sethian J A. Evolution, implementation, and application of level set and fast marching methods for advancing fronts[J]. Journal of Computational Physics, 2001, 169(2): 503-555.

[21] Olsson E, Kreiss G. A conservative level set method for two phase flow[J]. Journal of Computational Physics, 2005, 210(1): 225-246.

[22] Nangia N, Griffith B E, Patankar N A, et al. A robust incompressible Navier-Stokes solver for high density ratio multiphase flows[J]. Journal of Computational Physics, 2019, 390: 548-594.

[23] Sussman M, Puckett E G. A coupled level set and volume-of-fluid method for computing 3D and axisymmetricincompressible two-phase flows[J]. Journal of Computational Physics, 2000, 162(2): 301-337.

[24] Glimm J. Tracking of Interfaces for Fluid Flow: Accurate Methods for Piecewise Smooth Problems. Transonic, Shock, and Multidimensional Flows: Advances in Scientific

Computing[M]. NEW York: Academic Press, INC, 1982: 259-287.

[25] Glimm J, Isaacson E, Marchesin D, et al. Front tracking for hyperbolic systems[J]. Advances in Applied Mathematics, 1981, 2(1): 91-119.

[26] Cocchi J P, Saurel R. A Riemann problem based method for the resolution of compressible multimaterial flows[J]. Journal of Computational Physics, 1997, 137(2): 265-298.

[27] Fedkiw R P, Aslam T, Merriman B, et al. A non-oscillatory eulerian approach to interfaces in multimaterial flows (the ghost fluid method)[J]. Journal of Computational Physics, 1999, 152(2): 457-492.

[28] Fedkiw R P. Coupling an Eulerian fluid calculation to a Lagrangian solid calculation with the ghost fluid method[J]. Journal of Computational Physics, 2002, 175(1): 200-224.

[29] Liu T G, Khoo B C, Yeo K S. Ghost fluid method for strong shock impacting on material interface[J]. Journal of Computational Physics, 2003, 190(2): 651-681.

[30] Wang C W, Liu T G, Khoo B C. A real ghost fluid method for the simulation of multimedium compressible flow[J]. SIAM Journal on Scientific Computing, 2006, 28(1): 278-302.

[31] Blake J D, Thompson D S, Raps D M, et al. Simulating the freezing of supercooled water droplets impacting a cooled substrate[C]. 52nd Aerospace Sciences Meeting, 2014: 0928.

[32] Tembely M, Attarzadeh R, Dolatabadi A. On the numerical modeling of supercooled micro-droplet impact and freezing on superhydrophobic surfaces[J]. International Journal of Heat and Mass Transfer, 2018, 127: 193-202.

[33] Chang S N, Ding L, Song M J, et al. Numerical investigation on impingement dynamics and freezing performance of micrometer-sized water droplet on dry flat surface in supercooled environment[J]. International Journal of Multiphase Flow, 2019, 118: 150-164.

[34] Xu P, Xu S C, Gao Y, et al. A multicomponent multiphase enthalpy-based lattice Boltzmann method for droplet solidification on cold surface with different wettability[J]. International Journal of Heat and Mass Transfer, 2018, 127: 136-140.

[35] Yao Y N, Li C, Zhang H, et al. Modelling the impact, spreading and freezing of a water droplet on horizontal and inclined superhydrophobic cooled surfaces[J]. Applied Surface Science, 2017, 419: 52-62.

[36] Yao Y N, Yang R, Li C, et al. Investigaton of the freezing process of water droplets based on average and local initial ice fraction[J]. Experimental Heat Transfer, 2019, 33(3): 1-13.

[37] Sun J J, Gong J Y, Li G J. A lattice Boltzmann model for solidification of water droplet on cold flat plate[J]. International Journal of Refrigeration, 2015, 59: 53-64.

[38] Gupta R N, Yos J M, Thompson R A, et al. A review of reaction and thermodynamic and transport properties for an 11-species air model for chemical and thermal nonequilibrium calculations to 30000K[R]. NASA RP-1232, 1990.

[39] Park C. Nonequilibrium Hypersonic Aerothermodynamics[M]. New York: Wiley, 1990.

[40] Doraiswamy S. Computational study of nonequilibrium chemistry in high temperature flows[D]. Minnesota: University of Minnesota, 2010.

[41] Blottner F G, Johnson M, Ellis M. Chemically reacting viscous flow program for multi-component gas mixtures[R]. No. SC-RR-70-754. Sandia Labs., Albuquerque, N. Mex.,

1971.

[42] Kee R J, Rupley F M, Miller J A. The Chemkin thermodynamic data base[R]. No. SAND-87-8215B. Sandia National Lab., Livermore, CA (United States), 1990.

[43] Herdrich G, Auweter-Kurtz M, Fertig M, et al. Oxidation behaviour of SiC-based thermal protection system materials using newly developed Probe Techniques[C]. 37th AIAA Thermophysics Conference, 2004: 2137.

[44] Fertig M, Herdrich G. The advanced URANUS Navier-Stokes code for the simulation of nonequilibrium re-entry flows[J]. Transactions of the Japan Society for Aeronautical and Space Sciences, Space Technology Japan, 2009, 7(26): 15-24.

[45] Brown J L. Turbulence model validation for hypersonic flows[C]. 8th AIAA/ASME Joint Thermophysics and Heat transfer Conference, 2002: 3308.

[46] Mahle I, Foysi H, Sarkar S, et al. On the turbulence structure in inert and reacting compressible mixing layers[J]. Journal of Fluid Mechanics, 2007, 593: 171-180.

[47] Duan L, Martin M P. Direct numerical simulation of hypersonic turbulent boundary layers. part 4. effect of high enthalpy[J]. Journal of Fluid Mechanics, 2011, 684(1): 25-59.

[48] Vicquelin R, Zhang Y, Gicquel O, et al. A wall model for LES accounting for radiation effects[J]. International Journal of Heat and Mass Transfer, 2013, 67(12): 712-723.

[49] Breuer M, Kniazev B, Abel M. Development of wall models for LES of separated flows using statistical evaluations[J]. Computers & Fluids, 2007, 36(5): 817-837.

[50] 刘君, 张涵信, 高树椿. 一种新型的计算化学非平衡流动的解耦方法[J]. 国防科技大学学报, 2000, 22(5): 19-22.

[51] Lele S K, Nichols J W. A second golden age of aeroacoustics?[J]. Philosophical Transactions of the Royal Society A—Mathematical Physical and Engineering Sciences, 2014, 372(2022): 1-18.

[52] Lighthill M J. On sound generated aerodynamically I. General theory[J]. Proceedings of the Royal Society of London. Series A. Mathematical and Physical Sciences, 1952, 211(1107): 564-587.

[53] Tam C K W. Stochastic model theory of broadband shock associated noise from supersonic jets[J]. Journal of Sound and Vibration, 1987, 116(2): 265-302.

[54] Suzuki T, Lele S. K. Shock leakage through an unsteady vortex-laden mixing layer: application to jet screech[J]. Journal of Fluid Mechanics, 2003, 490: 139-167.

[55] Bogey C, Marsden O. Simulations of initially highly disturbed jets with experiment-like exit boundary layers[J]. AIAA Journal, 2016, 54(4): 1299-1312.

[56] Brès G A, Jordan P, Jaunet V, et al. Importance of the nozzle-exit boundary-layer state in subsonic turbulent jets[J]. Journal of Fluid Mechanics, 2018, 851: 83-124.

[57] Liu W, Kim J W, Zhang X, et al. Landing-gear noise prediction using high-order finite difference schemes[J]. Journal of Sound and Vibration, 2013, 332(14): 3517-3534.

[58] Spalart P R, Wetzel D A. Rudimentary landing gear results at the 2012 BANC-II airframe noise workshop[J]. International Journal of Aeroacoustics, 2015, 14(1-2): 193-216.

[59] Lykoudis P S, Brouillette E C. Magneto-fluid-mechanic channel flow. II. Theory[J]. Physics of Fluids, 1967, 10(5): 1002-1007.

[60] Ji H C, Gardner R A. Numerical analysis of turbulent pipe flow in a transverse magnetic field[J]. International Journal of Heat and Mass Transfer, 1997, 40(8): 1839-1851.

[61] Dietiker J F. Numerical Simulation of Magnetohy Drodynamic Flows[D]. Kansas: Whichita State University, 2001.

[62] Murakami T, Araseki H. A k-ε turbulence model for analyzing liquid metal magnetohydrodynamic flow[J]. Nuclear Engineering and Design, 2004, 234: 117-127.

[63] 陈智, 李椿萱, 张劲柏. 低磁雷诺数不可压缩磁流体湍流的非线性涡黏性 k-ω 封闭模型[J]. 中国科学: 物理学, 力学, 天文学, 2011, 41(8): 995-1002.

[64] Knaepen B, Moreau R. Magnetohydrodynamic turbulence at low magnetic Reynolds number[J]. Annual Review of Fluid Mechanics, 2008, 40: 25-45.

[65] Shimomura Y. Large eddy simulation of magnetohydrodynamic turbulent channel flows under a uniform magnetic field[J]. Physics of Fluids, 1991, 3(12): 3098-3106.

[66] Knaepen B, Moin P. Large-eddy simulation of conductive flows at low magnetic Reynolds number[J]. Physics of Fluids, 2004, 16(5): 1255-1261.

[67] Kobayashi H. Large eddy simulation of magnetohydrodynamic turbulent channel flows with local subgrid-scale model based on coherent structures[J]. Physics of Fluids, 2006, 18(4): 045107.

[68] Vorobev A, Smagorinsky Z O. Constant in LES modeling of anisotropic MHD turbulence[J]. Theoretical and Computational Fluid Dynamics, 2007, 22(3): 317-325.

[69] Lee D, Choi H. Magnetohydrodynamic turbulent flow in a channel at low magnetic Reynolds number[J]. Journal of Fluid Mechanics, 2001, 439: 367-394.

[70] 陈智, 张劲柏, 李椿萱. 流向磁场作用下二维磁流体槽道湍流直接模拟[J]. 北京航空航天大学学报, 2011, 37(5): 605-609.

[71] Zikanov O, Thess A. Direct numerical simulation of forced MHD turbulence at low magnetic Reynolds number[J]. Journal of Fluid Mechanics, 1998, 358: 299-333.

[72] Burattini P, Kinet M, Carati D, et al. Anisotropy of velocity spectra in quasistatic magnetohydrodynamic turbulence[J]. Physics of Fluids, 2008, 20(6): 065110.

[73] Poggie J, Gaitonde D V. Magnetic control of flow past a blunt body: numerical validation and exploration[J]. Physics of Fluids, 2002, 14(5): 1720.

[74] Knaepen B, Kassinos S, Carati D. Magnetohydrodynamic turbulence at moderate magnetic Reynolds number[J]. Journal of Fluid Mechanics, 2004, 513: 199-220.

[75] Yokoi N. Cross helicity and related dynamo[J]. Geophysical and Astrophysical Fluid Dynamics, 107(1-2): 114-184.

[76] Miki K, Menon S. Local dynamic subgrid closure for compressible MHD turbulence simulation[C]. 37th AIAA Plasmadynamics and Lasers Conference, 2006: 2891.

[77] Chernyshov A A, Karelsky K V, Petrosyan A S. Development of large eddy simulation for modeling of decaying compressible magnetohydrodynamic turbulence[J]. Physics of Fluids, 2007, 19(5): 055106.

[78] Chernyshov A A, Karelsky K V, Petrosyan A. S. Modeling of compressible magnetohydrodynamic turbulence in electrically and heat conducting fluid using Large eddy simulation[J]. Physics of

Fluids, 2008, 20(8): 085106.

[79] Dean J P, Clifton J D, Bodkin D J, et al. High resolution CFD simulations of maneuvering aircraft using the CREATE-AV/Kestrel Solver[C]. 49th AIAA Aerospace Sciences Meeting including the New Horizons Forum and Aerospace Exposition, 2011: 1109.

[80] Schütte A, Einarsson G, Raichle A, et al. Numerical simulation of maneuvering aircraft by aerodynamic, flight mechanics and structural mechanics coupling[C]. 45th AIAA Aerospace Sciences Meeting and Exhibit, 2007: 1070.

[81] Kiris C C, Barad M F, Housman J A, et al. The LAVA computational fluid dynamics solver[C]. 52nd AIAA Aerospace Sciences Meeting, 2014: 0070.

[82] Brès G A, Jordan P, Jaunet V, et al. Importance of the nozzle-exit boundary-layer state in subsonic turbulent Jets[J]. Journal of Fluid Mechanics, 2018, 851: 83-124.

[83] Choi H, Moin P. Grid-point requirements for large eddy simulation: Chapman's estimates revisited[J]. Physics of Fluids, 2012, 24(1): 011702.

[84] Slotnick J, Khodadoust A, Alonso J, et al. CFD vision 2030 study: a path to revolutionary computational aerosciences[R]. NASA/CR-20414-218178, 2014.

第 8 章 验证、确认与不确定度量化

8.1 概念及背景

随着技术进步，CFD 已成为支撑航空航天、能源动力、交通运载等重要工程领域数字设计的关键性、基础性支撑工具。例如，我国在开展大型客机气动设计过程中大量采用了 CFD 技术，通过将先进 CFD、优化设计和实验验证等技术无缝结合，有力保障了"设计具有较强竞争力的先进民用飞机"目标的实现[1]。

CFD 的基本策略是综合利用计算机和数值算法来高效求解各种简化的或非简化的流体力学控制方程，获得关键性的空气动力学特性参数（如升力、阻力、载荷等）。从实际问题中抽象出来的流体力学控制方程是高度复杂的非线性偏微分方程组，目前对其数值解的数学理论研究并不充分。同时，由于实际物理问题本身的复杂性，CFD 在具体应用时常常进行各种形式的数学简化。CFD 技术的这些特殊性决定了针对具体问题，对数值模拟及结果的可信度进行综合分析和研判非常重要。目前，国际上公认的策略是对 CFD 模型、软件及其模拟结果进行验证和确认及不确定度量化。

验证与确认（verification and validation，V&V）的基本概念由美国计算机模拟协会（SCS）于 1979 年首次提出[2]。此后电器与电子工程师协会（IEEE）[3]、美国航空航天协会（AIAA）[4]、美国机械工程师协会（ASME）[5-7]、美国航空航天局（NASA）[8]、美国国防部（DoD）[9]等组织也从自身角度出发对验证与确认的哲学内涵进行阐述。但即便到现在各个领域对验证与确认基本概念的认识也没有完全统一，对验证与确认、误差与不确定度等核心术语的内涵认知仍然存在分歧。

最近，在"国家数值风洞"工程支持下，中国空气动力研究与发展中心联合行业内主要研究机构、大学和工业部门组织开展了多轮针对术语定义的专门研讨，就国内关于验证和确认相关术语的统一定义达成初步共识，见表 8.1。除上述主要术语定义外，需要用到的其他扩展术语的定义如下。

● 模型：流体系统或过程的物理的、数学的或其他的逻辑表述，包括概念模型、数学模型和计算模型等。

● 概念模型：对关注的流体系统或过程的假设和描述。概念模型是建立数学模型和开展确认实验的基础，典型的流体力学概念模型包括连续介质假设、牛顿流体假设、无黏假设等。

● 数学模型：概念模型的数学表述。包括流动控制方程、流体本构方程，

以及初始条件和边界条件的数学表述等。

● 计算模型：数学模型的数值实现形式，通常包括数值离散、求解算法和收敛准则。

表 8.1　基本概念

验证	确认	误差与不确定度
确定计算模型精确实现数学模型的过程、分为代码验证和解验证两个过程	确定模型在预期用途内表征真实流体系统或过程准确程度的过程	误差表示测量值或计算值与真实值的定量差异。不确定度表示在建模和模拟中，由于系统内在变化或缺乏知识导致的潜在缺陷

ASME V&V 10-2006 标准给出了验证与确认的基本过程[10]，如图 8.1 所示，其清晰地表征了 CFD 主要过程及验证、确认和不确定度量化评估在其中的地位和作用。可以看到，验证、确认和不确定量化聚焦于模型、算法及软件，建立了实际（物理）问题、概念模型（理论公式）、计算模型（算法及软件）之间的联系。图 8.2 进一步给出建模与仿真的阶段划分，以及验证与确认在建模与仿真过程中的重要作用，更为清晰地表征了上述几个重要概念的相互关系。

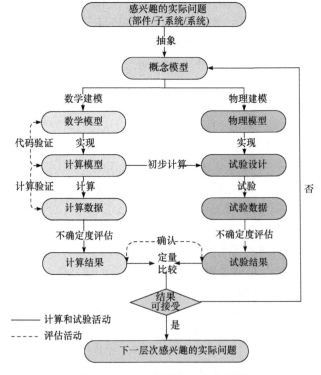

图 8.1　验证与确认的基本过程[10]

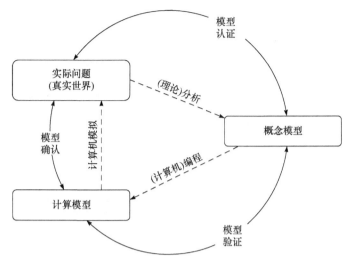

图 8.2　建模与仿真的阶段划分及验证与确认的作用[11]

具体地，验证是确定计算模型精确实现数学模型的过程。简单而言，验证可以理解为"是否正确地求解了方程"[12]。验证是确认的基础。通过验证，保证后续分析使用的软件没有会显著影响模拟结果的缺陷或错误，离散方法（包括离散格式和计算域离散等）恰当，数值求解过程可靠，数值解能合理地表征模型开发者的意图。

依据软件代码、数学模型、数值算法和数值解之间的关系，CFD 验证可以从代码验证和解验证两个层面展开。其中代码验证是确定数值算法在代码中得到正确实现的过程。实施中需要综合软件工程和科学计算两个领域的技术，从软件质量保证和数值算法验证两部分展开；解验证是确定模拟结果精确性的过程。内容包括输入验证、数值误差估计、后处理验证和解的合理性检验。CFD 验证的方法体系如图 8.3 所示。

确认定义为确定模型在预期用途内表征真实流体系统或过程准确程度的过程。简单而言，确认可以理解为"是否求解了正确的方程"[12]，关心的是模型是否能够正确反映和刻画真实物理世界。确认建立在充分验证的基础上，其过程分为两条途径：一条是按计划科学地设计并实施确认实验，分析并量化实验中的不确定因素，得到实验结果；另一条是识别并表征计算中的不确定因素，开展确认模拟，分析不确定度的传播，得到计算结果。确认的两个内容是：一是采用确认度量方法量化计算结果和实验结果的差异；二是评估模型的适用性，在必要时修正模型。CFD 确认流程图如图 8.4 所示。

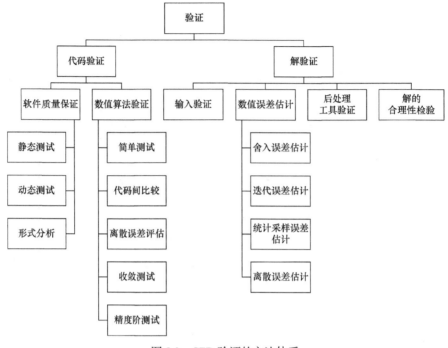

图 8.3　CFD 验证的方法体系

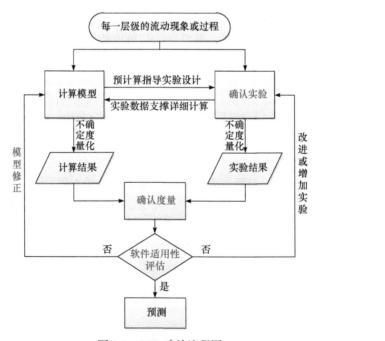

图 8.4　CFD 确认流程图

　　确认实验是为 CFD 模拟确认比较的专门实验，具有特殊的精度和准度要求。对复杂系统来说，采用堆积木（building-block）方式，建立分层确认模型，是目前公认的、进行模型确认的最佳方法[5]。在该方法中，整个系统的确认被分解为单元问题（unit problem）、基准问题（benchmarking problem）、子系统问题（sub-system problem），以及完整系统问题（completed system problem）四个层次逐一进行确认（图 8.5）。这些不同层次的算例具有不同的几何和流动复杂性特征，但基本遵循从简单到复杂逐一确认的基本原则。

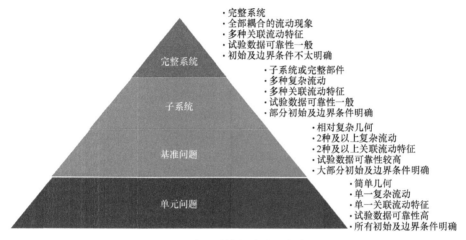

图 8.5　完整系统的确认层次分解

　　在上述确认层次分解中，确认过程的每个阶段代表了流动物理耦合和几何复杂度的不同级别。完整系统通常包含全部的几何及流动复杂性问题。子系统情形则代表将完整的真实流动初步分解为简化或部分流动。与完整系统相比较而言，每个子系统情形通常展现有限的几何或流动特征。基准问题代表对完整系统继续分解的又一个级别。基准问题在几何上要比子系统级别简单，因为通常只有流动物理上的两个独立特征和两个流动特征的耦合。单元问题代表对完整系统的完全分解。单元问题的特点在于非常简单的几何形状、一个流动物理特征和一个主导流动特征。对于每一个层级上的关注项，均应开展 V&V。层级结构可帮助理解预期用途内的流动现象及过程，指导实验设计和计算设置。

　　获取用于确认的计算结果和参考实验结果是 CFD 确认过程中的重点和难点。对于计算而言，影响计算结果的不确定因素多种多样，一部分可以归因于建模过程中的近似、简化和省略，一部分可以归因于模拟过程中人为的、非人为的因素。另一方面，不确定度分析中又可以将其分为数值不确定、模型输入不确定、模型形式不确定等类别。总而言之，计算结果如何体现这些不确定因素的影响对不确定度的识别、表征和传播提出了很高的要求。

8.2　现状及 2035 年目标

8.2.1　现状

8.2.1.1　指南、规范和标准现状

为规范和指导验证与确认活动，AIAA、ASME、NASA 等机构从自身行业特点出发，颁布了相关指南、规范和标准，从多个层面阐述验证与确认的主要概念内涵、纲领原则和实施流程方法等。

1998 年，AIAA 发布了"CFD 验证和确认指南"（AIAA G-077-1998）[4]。指南首次明确建立 CFD 模拟可信度的两个基本原则是验证和确认，确定了 CFD 验证、确认、误差、不确定度和预测等概念，将验证描绘为计算结果与数学模型精确解或近似解的相比较，将确认描绘为计算结果与表征真实世界的实验结果相比较。指南推荐确认采用层次分析的结构，描述了每个层次的确认问题特征，并给出了确认实验设计和实施的原则。AIAA 指南对于 V&V 的研究和发展具有重要和深远的影响。

ASME 提出了针对计算固体力学的 ASME V&V 10-2006 指南[5]及后续发展的 ASME V&V 10-2019 标准[7]，针对计算流体力学和传热学的 ASME V&V 20-2009[6]标准。ASME V&V 10-2006 给出了 V&V 主要活动流程及逻辑关系，介绍了模型开发、验证和确认三部分的重要内容，成为之后许多学者研究和发展 V&V 体系的基础。ASME V&V 10-2019 是在 ASME V&V 10-2006 基础上的成熟度升级，进行了大量细节上的修改，将 V&V 方法途径单独成章做了强调。从 ASME V&V 10 系列标准来看，V&V 是数值模拟可信度证据积累的过程，通过数值计算途径和物理实验途径将主要的 V&V 活动串起来，构建了整个 V&V 流程框架和逻辑链条。ASME V&V 20-2009 和 ASME V&V 10 系列在方法学上不同，其将实验不确定度分析的概念方法推广到数值模拟上，将"不确定度"描述成"对误差估计不确定度程度的描述"，将误差进行分解，由 V&V 活动进行分别估计，标准还给出了具体操作实例。

NASA 于 2016 年颁布了模型和模拟（M&S）标准 NASA-STD-7009A[8]，该标准从 M&S 结果影响或支持决策的最小需求和推荐方案出发，规定了 M&S 的程序设计、开发和使用三个阶段的具体任务和要求。NASA 的标准还通过若干可信度评价因素划分层次等级，建立可信度评价的蜘蛛图，以期建立更透明的可信度评价实践方法。NASA 在 2019 年颁布了 NASA-HDBK-7009A，即 NASA-STD-7009A 标准的实施指导，该实施指导从 M&S 的全生命周期出发，规定了每个生命周期过程的准备、内容、成果等内容，为标准的实施落地提供了帮

助。在 NASA 的 M&S 标准及实施指导中，V&V 部分主要体现在模型概念开发、模型设计、模型构建和模型测试过程。

美国国防部（DoD）2009 年颁布了模型和模拟的验证、确认和校准（VV&A）文件 MIL-STD-3022[9]，该文件规定了认证计划、V&V 计划、V&V 报告和认证报告的要素及主要内容，对 V&V 过程做出了规范性要求。

8.2.1.2 误差估计和不确定度量化现状

误差估计和不确定度量化是验证与确认的核心工作。误差和不确定度的综合管理是 CFD 需要具备的六大基本能力之一[13]，对于提高 CFD 可信度，增强建模和模拟过程对工程决策的影响具有重要意义。ASME 的 V&V 10 标准和 V&V 20 标准对于误差和不确定度的认识不尽相同。从学术研究的一般共识和工程应用方便出发，CFD 中的误差估计主要针对数值误差估计，其中以离散误差和迭代误差影响最为显著，文献研究较多。不确定度量化研究主要集中在不确定因素的数学表征、传播建模、敏感性分析和参数校准等方面。

1）数值误差估计

CFD 中的数值误差主要包括舍入误差、迭代误差、统计采样误差和离散误差，其中离散误差被认为是最主要的数值误差来源。对于工程问题而言，最可靠的空间离散误差估计方法是在一系列逐渐加密网格上计算获得数值解，通过 Richardson 插值[14, 15]、GCI 估计[16, 17]和混合展开[18]等方法估计数学方程的精确解。这三种方法本质上都是将数值解在网格尺度上进行 Taylor 级数展开，区别是 Richardson 插值是通过 p 阶展开估计离散误差；GCI 方法是将数值误差估计转换为数值不确定度量化问题，通过比较观测精度阶和理论精度阶差异，引入安全因子，给出数学方程精确解的置信区间；混合展开方法是在一阶展开、二阶展开、一阶/二阶混合展开和 p 阶展开等多种可能的级数展开中选择拟合均方误差最小的展开形式估计数学方程精确解的置信区间。这三种方法都需要在至少三套（建议四套及以上）逐渐加密的网格上进行计算，加密时须满足统一加密和一致加密的要求。为了节省计算成本，有学者提出了基于离散伴随的误差估计方法，使用粗网格上的数值解和离散伴随解估计密网格上数值解[19]，避免在密网格上直接求解流体控制方程。

2）不确定度量化

现阶段 CFD 领域不确定度量化研究主要聚焦在不确定因素的数学表征、传播建模、敏感性分析和参数校准等几个方面。下面分别对研究现状进行详细阐述。

（1）不确定因素的数学表征。

CFD 中不确定因素来源广泛、种类多样，数学表征方法也有所区别。

从来源上看，模型形式（湍流模型、化学反应模型、状态方程等）、参数（模型参数[20-23]、来流条件[24-31]、翼型参数[32, 33]等）和数值求解是最重要的不确定因素。

从数学特征上分析，一般而言分为偶然不确定度（或随机不确定度）和认知不确定度。偶然不确定度指由系统内在变化导致的不确定度，表现出随机性，增加认识也不能减少。通常采用精确概率理论表征为随机变量或随机过程。对随机变量的具体表征手段有概率密度函数、累计概率密度函数等，对随机过程的表征手段包括概率转移矩阵、相关长度等参数[34]。认知不确定度指由于缺乏知识导致的不确定度，可以随着知识增加而减少。认知不确定度需要根据认知水平或已知信息采用不同的数学表征方法，包括证据理论、可能性理论、区间分析、凸集模型、随机模糊理论等[34]。如果对某一个具体的不确定因素，偶然不确定和认知不确定同时存在，则称为混合不确定。可以采用非精确概率方法进行表征，常用的方法是双（多）层嵌套，如 p-box。

（2）不确定传播分析。

不确定传播研究不确定性在系统中的传播规律，分析输出的不确定特征。现阶段主要的研究方法是基于样本数据的蒙特卡罗（Monte Carlo，MC）类方法[35]和混沌多项式（polynomial chaos，PC）方法[36]。

MC 类方法，包括 MC 抽样、重要性抽样、分层抽样、拉丁超立方抽样等，都是在输入参数取值满足的区间或服从分布中按照某种规则选取一定数量的样本，分析输出的统计特性，但这类方法需要大量的样本才能得到较精确的统计结果。在 CFD 领域，由于计算成本限制，很少有直接基于抽样样本进行统计分析的工程案例，更多的是针对简单问题将其作为其他传播方法的基准。

混沌多项式方法利用正交多项式的线性组合来表征可能具有任意分布的函数，理论上可以获得指数收敛的速度，在目前的不确定度量化分析中得到了广泛研究和应用。国内外学者们使用混沌多项式研究了湍流模型系数（SA 模型[20, 21]、k-ε 模型[22, 23]）、来流条件[24-31]、几何外形（翼型参数[32, 33]、转子叶顶间隙尺寸[37]）等不确定因素对模拟的影响。混沌多项式方法需要的样本点随着输入参数维度和展开阶次增加急剧增加，导致维数灾难问题。因此学者们提出了各种改进方法，包括自适应方法[38-40]、稀疏重构方法[41, 42]和减基法[43, 44]等，以此来降低随机空间的维数。计算表明这些方法与完整的 PC 方法相比确实能够在相对较小的计算成本下产生精度大体相当的结果。

随着机器学习研究的不断深入，一系列基于机器学习算法的代理模型在不确定度传播建模中的应用越来越广泛，当前常见的代理模型方法，如 Kriging 模型、多元自适应回归样条方法（MARS）、径向基函数（RBF）、人工神经网络（ANN）、和支持向量机（SVM）等。当前已有学者基于 Kriging 模型构建翼型流场，进行不确定度量化和优化设计的研究[43-45]。

目前的不确定度传播建模方法更多的是面向偶然不确定度，对于认知不确定度和混合不确定度的传播研究仍然比较困难。现有手段中，可以采用 D-S 证据理论分析认知不确定度[46, 47]，对混合不确定度多采用通过双层嵌套的方式处理[48]。

3）敏感性分析

影响 CFD 数值模拟精度的不确定性因素众多，穷举并详细分析所有的不确定性因素是不经济、不现实的，通行有效的办法是采用敏感性分析方法筛选出重要的不确定性因素，滤除不重要因素，降低模拟问题的复杂性。针对敏感性分析的作用范围，可以分为局部敏感性分析方法和全局敏感性分析方法。现有的大部分局部敏感性分析方法都是在特定的局部坐标处，对所研究模型进行近似 Taylor 展开，并将获得的输出变量对不确定性参数的偏导数作为敏感性指标，但其不能反映单个参数或者多个参数的交互作用对输出不确定性的贡献，应用有限。全局敏感性分析方法可以衡量不确定输入参数在整个取值空间内对关注输出的综合影响。经典的全局敏感性分析方法是基于方差分析（ANOVA）开展的，即利用 Sobol 分解获得高维模型表征（high dimensional model representation，HDMR）[49]，将输出总方差分解为各部分低维模型的方差，从而获得关注参数对整体方差的贡献度。由于 Sobol 指标只利用到了二阶矩信息，当参数分布非对称时，Sobol 指标可能会产生一定偏差。同时，Sobol 方法一般情况下不能处理非独立输入变量，因此提出了直接利用输入参数概率密度函数（PDF）的矩方法。例如，基于矩独立的 PAWN 方法[50]则是考虑输出的分布函数在参数取值不同时的差异，利用这些差异表征参数的敏感性。在无法获得参数 PDF 时，利用经验分布函数（ECDF）也是一种较好的处理方式。为了刻画条件分布和无条件分布之间的差异，常用的统计量包括 Kolmogorov-Smirnov[51]或者 Kuiper[52]测度。

4）参数校准

模型参数校准是不确定度传播反问题的重要内容，可以简单分为确定性框架下的参数校准和不确定性框架下的参数校准。确定性框架下的参数校准优化，主要有混洗复杂进化（shuffled complex evolution）[53]、模拟退火法[54]、动态维度搜索（dynamically dimensional search）[55]和基于代理模型的优化法[56]等方法。这些方法寻找某一套模型参数使得数值模拟和实验输出之间某种距离度量最小，面临的主要问题有收敛区间、局部极小点等。不确定性框架下的参数校准考虑数值模拟和实验数据的不确定性，通常使用贝叶斯方法。该方法通过专家意见、理论分析等手段给出参数的先验估计，通过实验观测数据更新参数的分布，即参数后验估计。由于认知不足等原因这并不是简单的工作，先验分布设定不合理可能导致获得不稳定的后验分布[57]。贝叶斯方法通常需要马尔可夫链蒙特卡罗（Markov chain Monte Carlo，MCMC）方法得到参数的离散样本表征，该方法需要大量的样本数据以达到统计平稳状态，而且在多维情况下，没有恰当的判据来决定何时停止继续探索下一个样本[58, 59]。

8.1.2.3　CFD 验证与确认基准模型数据现状

CFD 验证与确认离不开基准算例数据。对于验证过程，通常使用数学方程在特定初/边值条件、几何外形、流动特征假设下的精确解作为基准算例。对于确认过程，公认有效准确的确认数据为风洞实验数据、飞行试验数据等。高精度模型计算结果也可以用于确认，典型的例子就是采用 DNS 结果"确认"各种湍流模型。

对于验证算例，Masatsuka[60]对线性对流方程、扩散方程、对流扩散方程、对流反应方程、对流扩散反应方程、Burgers 方程、黏性 Burgers 方程、拉普拉斯方程、泊松方程、欧拉方程、N-S 方程等 CFD 中常用的数学方程进行了详细的理论分析和推导，列出了熵波解、等熵涡、Couette 流动、Couette-Poiseuille 流动、Hagen-Poiseuille 流动、旋转的同心圆柱、轴向移动的同心圆柱、人造解等基准算例，为 CFD 验证提供了坚实基础，其中人造解方法备受国内外学者推崇[61-66]。该方法将人为构造的解析解代入到原始偏微分方程组中，将方程重新进行排序，把所有超过原始方程的项当成强制源项，得到修正控制方程。广义上看，人造解方法也是一种精确解方法，人为构造的解满足修正控制方程。构造的解可能没有任何物理意义，但有助于测试程序实施的正确性。人造解方法可以方便地处理复杂的非线性、耦合方程组问题（包含非恒定系数、不规则计算域、高维、多重子模型等特征），测试代码中的众多模块（包括时间推进、扩散、对流、源项等）。人造解方法对离散中的错误非常敏感，是代码验证过程中普遍使用的方法。该方法的主要缺点是需要针对构造的人造解修改源项、边界条件和初始条件等部分的代码。

对于确认算例，代表性的工作包括：流体数据库项目 FLOWNET（1998 年启动）[67]、工业应用 CFD 质量和可信度主题网络项目 QNET-CFD（2000 年启动）[68]、航空多学科建模、仿真和确认的技术评估和发展战略研究项目 PROMUVAL（2002 年启动）[69]、先进直升机软件确认气动数据库项目 GOAHEAD（2005 年启动）[70]等，其中欧盟于 2000～2004 年间组织进行了名为"关于 CFD 工业应用的质量和可信度的主题网络 QNET-CFD"的大型研究项目，参研单位多达 43 家，主要研究成果包括：①CFD 知识库；②CFD 最佳实践建议。QNET-CFD 覆盖了下属工业部门的 6 个主题（TA）：外流空气动力学、燃烧和传热、化学过程、热水力学和核安全、土木建筑和 HVAC、环境、涡轮及内流。其主要成果是建立了具有面向用户界面以及丰富的实验和 CFD 数据的知识库，这些数据来自大量的实验数据，分为 53 种应用挑战和 43 种基本流动状态。除了对上述 6 个主题领域中每一个科学发展动态给出评述，知识库还包含了对大多数应用挑战如何利用 CFD 的最实际的建议，这被视为 QNET-CFD 最有意义的贡献，CFD 的可信度和质量水平将因此得到进一步提高。

在 V&V 的专项确认研究上，欧盟框架计划在空气动力学研究项目上的投资，如图 8.6 所示。NASA 于 2001 年启动了大型气动数值模拟可信度研究国际合作项目 CAWAPI[71]，该项目建立了 F-16XL-1 飞机亚/跨声速气动共享数据库，包括较为完备的风洞实验数据、飞行试验数据和大量的 CFD 计算数据。NASA 兰利研究中心于 2004 年 3 月组织召开了由 7 个国家 75 个单位参加的横向喷流及湍流分离控制 CFD 确认专题研讨会，选择和制作了静态空气喷流模型、交叉流动喷流模型和拱形流动模型三种计算模型，包含了不同的几何复杂性和流动分离现象。实验数据由兰利研究中心统一提供。此外还有涡流实验联合研究项目第一期 VFE 和第二期 VFE-II[72]、北约支持的系列高超声速软件确认研究计划 Hyper-X[73]、HIFiRE[74]等。

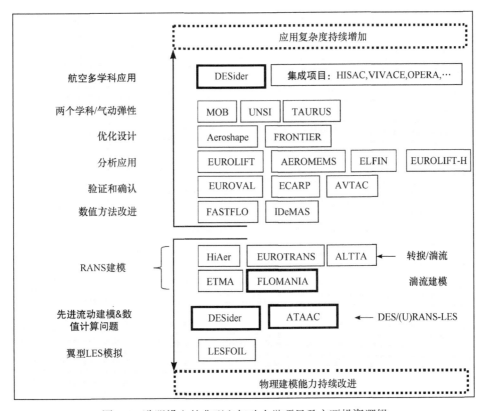

图 8.6　欧盟设立的典型空气动力学项目及主要投资逻辑

此外，作为落实 NASA CFD 2030 愿景中发展规划的一部分，在美国国防部近期倡导设立的 CREATE-AV 项目[75]中，也明确地将验证和确认工作作为工业应用 CFD 软件质量保证（SQA）的关键一环，提高到空前的高度，并强调自动化的功能覆盖测试和应用能力确认测试[75]。CREATE-AV 项目总投资 3.6 亿美元，包括 4 个投资方向、9 个具体软件研制项目、70 余个验证项目。

CREATE-AV 项目提出，软件质量测试应包括基于质量保证测试矩阵中一组用于功能正确性验证算例进行的软件验证工作，以及基于一组感兴趣的物理问题（图 8.7，Phenomena of Interesting，PoI）进行的软件确认工作。这些物理问题实际上就是根据软件具体应用目标所定义的一组反映流动特点、兼顾几何复杂性和流动复杂性的考核算例。这些算例与具体的一组基本流动相关，能兼顾软件开发方、评价第三方及用户方对 CFD 软件及其模拟可信度的需求。

图 8.7　CREATE-AV 项目定义的一组感兴趣的物理问题

在专题研讨会议策划和组织方面，AIAA 针对运输机构形倡导设立的系列可信度专题研讨会，包括 AIAA 阻力预测会议[76-78]、AIAA 高升力预测会议[79, 80]、AIAA 气动弹性预测会议[81]等。研讨活动的主要目标是对当前 CFD 技术及可信度水平进行综合评估，提出下一步重点发展的方向和目标。上述系列会议迄今已举办多届，获得了很多宝贵经验，有力推动了 CFD 相关软件及技术的发展，并对相关国际性研讨活动的组织和开展提供了参考和示范。国内最早从 2003 年开始，基本与国外同步策划、组织了系列可信度分析研究的专题研讨活动。其中比较有影响力、且相互之间有一定衔接的研讨会主要有 5 次。分别针对亚、跨声速标准气动模型（DLR-F4 运输机模型和 NLR7301 高升力两段模型）、高超声速标准气动模型（钝锥模型）[82]、大攻角 CT-1 标准模型、DLR-F6 翼身标准/修形模型（巡航构形）、NASA 高升力机翼全展/半展襟翼模型（高升力构形）和 CHN-T1 标模[83]开展专题研讨。

8.2.2　2035 年目标

8.2.2.1　指南、规范和标准

到 2035 年，CFD 的 V&V 指南、规范和标准将形成不同详略、不同等级要求的标准体系，能够完整覆盖 CFD 验证与确认活动。指南和标准应能够深刻理解 CFD 的建模和模拟过程，为有效地支撑 CFD 模拟应用于重要决策提供规范。从当前到 2035 年，V&V 指南、规范和标准的内容除了科学地制定 V&V 过程、活动和任务以外，还应不断吸纳最新的 V&V 方法，采纳 V&V 工具开发的最新成果，包含与 CFD 模型、技术进步的特点和需求，保持指南、规范和标准与时俱进的活力。2035 年左右，CFD 的 V&V 指南、规范和标准将全面指导、规范基于 CFD 的复杂工程项目的设计、优化和数值模拟，指导、规范和助力 CFD 模型和软件的开发。

8.2.2.2　误差估计和不确定度量化

到 2035 年，将建立 CFD 误差和不确定度量化的综合管理系统。面对真实工程复杂问题，能够科学、全面地识别 CFD 模型、模拟、实验中由于假设、简化、近似带来的误差和不确定度，系统地实现 CFD 误差和不确定度的表征和传播、输出结果统计分析的全链条管理，掌握各种真实问题、复杂情况下关键不确定度因素识别的敏感性分析方法。建立并完善面向 CFD 的参数校准和反问题方法，实现工程问题应用。

8.2.2.3　CFD 验证与确认基准模型数据

到 2035 年，将建立国家级、行业级、工程应用级等复杂度不同、层次划分不同的 CFD 标模数据库，并建立相适应的信息挖掘、知识提取工具，全面支持 CFD 软件的验证与确认活动。行业性 CFD 验证确认知识体系和专家系统、CFD 可信度分析平台建设等方面取得实质性进展，能够满足自研软件可信度评价和工程预测能力评价。

8.3　差距与挑战

表 8.2 总结了验证、确认与不确定度量化的差距与挑战，以下具体展开介绍。

表 8.2　差距与挑战

关键技术	差距与挑战	2035 年目标
指南、规范和标准	（1）现行的指南、规范和标准在基本概念内涵和方法上仍没有达成完全统一 （2）现行的指南、规范和标准偏向于原则性的约束，缺少可操作性	CFD 的 V&V 指南、规范和标准将形成不同详略、不同等级要求的国家标准、军用标准和行业标准体系，能够完整覆盖 CFG 活动
误差估计和不确定度量化	（1）非光滑问题的数值误差估计方法 （2）加密网络序列的生成技术 （3）工程问题中不确定因素的识别、分类和表征 （4）多源不确定度的综合量化 （5）不确定度的应用域插值	到 2035 年，将建立 CFD 误差和不确定度量化的综合管理系统。面对真实 CFD 求确问题，能够科学、全面地识别 CFD 模型、模拟、试验中由于假设、简化、近似带来的误差和不确定度，能够评估 CFD 模拟和试验环境的误差和不确定度因素
CFD 验证与确认基准模型数据	（1）现有标模算例的全面性距离系统评价 CFD 软件可信度尚有明显差距 （2）现有标模算例的精细化距离客观评价 CFD 软件可信度尚有明显差距	到 2035 年，将建立国家级、行业级、工程应用级等复杂度不同、层次划分不同的 CFD 标模数据库，并建立相适应的信息挖掘、知识提取工具。行业性 CFD 验证确认知识体系和专家系统、CFD 可信度分析平台建设等方面取得实质性进展

8.3.1　指南、规范和标准

虽然国内外多家机构均已经颁布了验证与确认的指南、规范和标准，但是离真正具有可操作性的行业指导文件仍有较大距离，主要差距表现在：

（1）现行的指南、规范和标准在基本概念内涵和方法论上仍没有达成完全统一。

ASME 旗下的 CFD 和传热委员会、计算固体力学委员会分别从自身行业特点出发颁布了验证与确认的相关标准，但这两者在误差和不确定度等重要术语的哲学内涵、认知不确定传播方法等方面区别很大。同时 ASME CFD 和传热验证与确认标准与 AIAA 相关标准也有重大区别。应该遵循哪套话语体系开展验证与确认工作给 CFD 从业者造成了困惑。

（2）现行的指南、规范和标准偏向于原则性的约束，缺少可操作性。

现有的指南、规范和标准侧重于验证与确认的术语内涵、基本原则、主要流程等，缺少具有可操作性的实施过程和落地的研究方法，这也造成具体科研人员仍然对如何进行验证与确认无所适从。因此迫切需要在现有指南、规范和标准的指导下，颁布具体的实施细则和详细的研究方法，或者给出具体的实施示例，使得相关人员可以有的放矢。

8.3.2 误差估计和不确定度量化

8.3.2.1 数值误差估计

对于实际工程问题，数值误差估计方法仍有较大不足，主要为：

（1）对非光滑问题的数值误差估计方法。

现有的离散误差估计方法都是基于网格尺度的 Taylor 级数展开，其中要求数值解满足光滑假定，但在许多工程问题中流场局部存在间断，理论上不能使用 Taylor 级数展开。许多学者选择忽视该缺陷，依然分析全局量（如气动积分量）的数值误差，这种方式对离散误差估计的影响暂无法评估。

（2）加密网格序列的生成。

离散误差估计需要多套逐渐加密的网格，并且满足一致加密和统一加密原则。对于工程问题，这并不是轻松的工作。不管是结构网格还是非结构网格，不管是采取从粗网格出发依次加密的方式还是从密网格出发依次粗化的方式，实施中都需要考虑计算成本、外形保型、渐近尺度等多种限制，这对网格生成技术提出了严峻的挑战，也影响了离散误差估计的可信度。AIAA 阻力预测会议和高升力预测会议等权威标模计算研讨会只是给出了简单的加密网格生成指南，最终得到的网格是否满足统一加密要求，是否能用网格量来表征网格特征尺度，是否全部位于渐近区域，并没有严格的证明。因此，如何构造相容的网格序列开展离散误差分析仍是有待解决的问题。

8.3.2.2 不确定度量化

不确定度量化是 CFD V&V 的核心。*CFD vision 2030 roadmap: progress and perspectives*（CFD 2030 路线图：进展与展望）一文中指出，不确定度量化介入 CFD 问题进展缓慢[84]。现阶段在不确定度量化领域，学术界和工业界的工作结合不够或者说有些脱节。主要差距包括以下几个方面。

（1）工程问题中不确定因素的识别、分类和表征。

不确定因素的有效识别和合理数学表征是不确定度量化研究的前提，但是现阶段很多研究都简单地将不确定因素假设为高斯或均匀分布，在原始设定值基础上扰动。这样获得的不确定度量化结果可能对工程分析没有实质的帮助。

对于真实工程问题而言，不确定因素来源广泛、种类多样，包括但不限于系统内部（材料性质、加工/装配误差等）、外界环境（激励、来流条件等）、数学模型（有/无明确物理意义的参数）等。如何合理辨识多物理场耦合过程中的随机/认知以及混合不确定因素并建立合理的概率/区间/证据等数学描述，是阻碍不确定度量化解决工程问题的一大难点。不确定因素的表征应考虑信息不足、信息多源等各种情况，发展相应的小样本和多源数据融合方法。

（2）多源不确定度的综合量化。

对于建模和模拟过程而言，不确定因素包括参数、模型、数值等多种来源。从工业部门角度，最关心的是多源不确定条件下，模拟结果的综合不确定度，这对于优化设计、性能评估和分析最为关键。如何综合不同来源的不确定度是亟需突破的重点。多源不确定度的综合量化不是简单的工作。ASME V&V 20-2009 标准中假设多源不确定性是相互独立的，通过简单的算术累加给出综合不确定度。考虑到不确定因素之间可能存在非线性强耦合作用，这一做法显然是不合理的，可能给决策评估带来潜在的风险。因此如何在统一框架下综合量化多源不确定度是亟待解决的难题。概率盒扩展方法为这一问题提供了可能的解决办法。

（3）不确定度的应用域插值。

在建模过程中，模型的近似、假设和简化会带来模型形式不确定度，通常需要高可信的实验数据来量化其影响。将经过确认的模型用于预测活动时，由于没有相应的实验数据，需要将不确定度从确认域推广到应用域。由于地面实验受到尺寸、复杂度、工况等条件的限制，工程实际中往往只有少量确认点，真实运行系统可能与基准实验系统有较大差异，这也导致由确认条件外推到应用环境极具挑战。如何量化模型和预测在应用环境下的置信度，即模型外推的不确定度量化，仍是悬而未决的难题。

8.3.3　CFD 验证与确认基准模型数据

各国科研人员设计、策划和实施了数目众多的 CFD 基准实验，为验证与确认和可信度评价打下了坚实的基础，但目前离系统、定量评价尚有明显差距，表现为：

（1）现有标模算例的全面性距离系统评价 CFD 软件可信度尚有明显差距。

CFD 已经广泛深入到航空航天、能源动力、交通运载等重大工程领域，应用场景也拓宽到高超声速飞行、化学反应和燃烧、出水入水多相流动、多部件受控分离等复杂多物理场耦合过程，现有的标模算例无法支撑日益扩展的 CFD 软件可信度评价需求，导致无法客观评价 CFD 是否算得准，其中实验装置设备、测量手段技术等的限制使得获取基准算例数据十分困难。

（2）现有标模算例的精细化距离客观评价 CFD 软件可信度尚有明显差距。

确认实验是用于确认模型的专门实验，不同于用于物理发现、标定参数和性能或可靠性测试的传统实验，更强调对实验环境和实验过程不确定因素的识别和量化，但很多标模算例缺少对系统和周围环境的可变性、装置设备干扰等误差和不确定来源的精细量化，这也导致无法给确认计算提供完整的物理建模数据、初始条件和边界条件以及系统激励信息等必要信息。而且很多标模算例侧重于全局目标量的测量，缺少对流场局部细节的定量描述。这导致无法客观评价 CFD 软件的可信度。

8.4　发展路线图

图 8.8 给出了 CFD 验证、确认和不确定度量化发展路线。对于误差和不确定度量化技术，在 2023 年左右，完成主要 CFD 不确定度的识别和表征，到 2025年左右，实现满足应用要求的数值误差估计方法，到 2028 年，具有面向工程应用的小样本、非线性、高维相关的 CFD 不确定度传播和降减能力，实现在 2033 年前后具有大规模非确定性 CFD 模拟能力，到 2035 年，实现 CFD 误差和不确定度的综合管理。

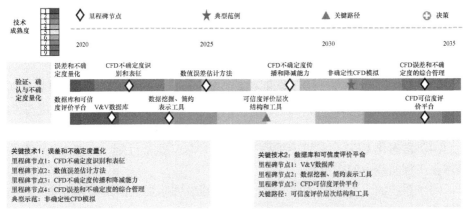

图 8.8　CFD 验证、确认和不确定度量化发展路线（彩图请扫封底二维码）

对于数据库和可信度评价平台建设，在 2022 年，完成基础 V&V 数据库软件开发和现有数据入库工作，到 2024 年左右，集成数据挖掘、数据的简约表示工具，在 2027 年，确立采用层次分析结构的可信度评价平台建设路径，到 2035 年，完成 CFD 可信度评价平台建设。

8.5　措施与建议

为促进实现 CFD 验证、确认及不确定度量化的 2035 年目标，提出以下措施和建议，并总结于表 8.3 中。

表 8.3　措施与建议

推进行业共识和标准建设	（1）在行业内推广 CFD 的 VV&UQ 的基本思想、基本概念和基本方法 （2）联合软件开发人员、试验人员和领域专家促进标准落地实施

续表

开展行业确认标模体系建设和关键单项技术确认试验	（1）研究和强化 CFD 的误差和不确定度综合管理的方法和能力 （2）结合 CFD 应用场景，开展 V&V 挑战计划
加强可信度评价数据、工具和平台建设	（1）系统的、不断扩展 V&V 数据建设 （2）推动 VV&UQ 研究的产业化和工具化，开发 VV&UQ 模块和综合集成平台
加强人才队伍建设	促进 CFD 的 VV&UQ 的思想、概念和方法在本科生、研究生教育中落地

（1）推广 CFD 验证、确认及不确定度量化基本思想、基本概念、基本方法，形成 CFD 从业人员的共识，强化学术界、决策机构对 V&V 的重视和投入。

（2）联合软件开发人员、实验人员、领域专家共同推进 CFD 领域的 V&V 形成标准和规范，在相互讨论中促成职责和分工的细化和落地。

（3）研究和强化 CFD 的误差和不确定度综合管理的方法和能力，建立包括参数辨识、数据融合、模型构建、敏感性分析和参数校准的综合框架，推进对 CFD 中误差和不确定度的理解。

（4）常态化 CFD 可信度专项研究项目和 V&V 挑战计划，交流 V&V 方法和技术在工程实践中的应用。

（5）系统的、不断扩展的 V&V 数据建设，并附加数据挖掘算法和工具的开发应用。

（6）推动 VV&UQ（验证确认与不确定度量化）研究的产业化和工具化，开发 VV&UQ 模块和综合集成平台，在部分研究院所、部分工程项目中试点使用，在不断改进中推动 VV&UQ 软件和平台建设。

（7）促进 CFD 的 VV&UQ 方法在本科生、研究生教育中落地，储备专业的后续研究力量。

参 考 文 献

[1] 陈迎春, 张美红, 张淼, 等. 大型客机气动设计综述[J]. 航空学报, 2019, 40(1): 522759.

[2] Schlesinger S. Terminology for model credibility[J]. Simulation, 1979, 32(3): 103-104.

[3] Institute of Electrical and Electronic Engineers (IEEE). IEEE Standard Glossary of Software Engineering Terminology[S]. IEEE Std 610.12-1990, New York.

[4] American Institute of Aeronautics and Astronautics. Guide for the verification and validation of computational fluid dynamics simulations[S]. AIAA-G-077-1998, 1998.

[5] The American Society of Mechanical Engineering. Guide for the verification and validation of computational solid mechanics[S]. ASME V&V10-2006, 2006.

[6] American Society of Mechanical Engineers (ASME). Standard for verification and validation in

computational fluid dynamics and heat transfer[S]. ASME V&V 20-2009, New York.

[7] American Society of Mechanical Engineers (ASME). Standard for verification and validation in computational solid mechanics[S]. ASME V&V 10-2019, New York.

[8] National Aeronautics and Space Administration (NASA). Standard for models and simulations[S]. NASA-STD-7009A, 2016; superseding NASA-STD-7009, 2008.

[9] Department of Defense. DoD Modeling and Simulation (M&S) Verification, Validation, and Accreditation (VV&A)[S]. DoD Instruction (DoDI) 5000.61, Dec. 9, 2009; superseding the 2003 version which superseded the 1996 version.

[10] The American Society of Mechanical Engineering. Standard for verification and validation in computational fluid dynamics and heat transfer (Reafirmmed 2016) [S]. ASME V&V20-2009, 2016.

[11] Oberkampf W L, Trucano T G. Verification and validation in computational fluid dynamics[J]. Progress in Aerospace Science, 2002, 38: 209-272.

[12] Blottner F G. Accurate Navier-Stokes results for the hypersonic flow over a spherical nosetip[J]. Journal of Spacecraft & Rockets, 1990, 27(2), 113-122.

[13] Slotnick J, Khodadoust A, Alonso J, et al. CFD vision 2030 study: a path to revolutionary computational aerosciences[R]. NASA/CR-20414-218178, 2014.

[14] Richardson L F. The approximate arithmetical solution by finite differences of physical problems involving differential equations, with an application to the stresses in a masonry dam[J]. Philosophical Transactions of the Royal Society of London. Series A, 1911, 210(459-470): 307-357.

[15] Oberkampf W L, Roy C J. Verification and Validation in Scientific Computing[M]. Cambridge: Cambridge university press, 2010.

[16] Roache P J. Perspective: a method for uniform reporting of grid refinement studies[J]. Journal of Fluids Engineering, 1994, 116, 405-413.

[17] Roache P J. Verification and Validation in Computational Science and Engineering[M]. Albuquerque: Hermosa Publishers, 1998.

[18] Zienkiewicz O C, Zhu J Z. A simple error estimator and adaptive procedure for practical engineering analysis[J]. International Journal for Numerical Methods in Engineering, 1987, 24: 337-357.

[19] Venditti D A, Darmofal D L. Adjoint error estimation and grid adaptation for functional outputs: application to quasi-one-dimensional flow[J]. Journal of Computational Physics, 2000, 164: 204-227.

[20] Schaefer J, Cary A, Mani M, et al. Uncertainty quantification and sensitivity analysis of SA turbulence model coefficients in two and three dimensions[C]. 55th AIAA Aerospace Sciences Meeting, 2017: 1710.

[21] 赵辉, 胡星志, 张健, 等. 湍流模型系数的不确定度对翼型绕流模拟的影响[J]. 航空学报, 2019, 40 (6): 122581.

[22] Dunn M C, Shotorban B, Frendi A. Uncertainty quantification of turbulence model coefficients via Latin hypercube sampling method[J]. Journal of Fluids Engineering, 2011, 133(4): 041402.

[23] Platteeuw P D A, Loeven G J A, Bijl H. Uncertainty quantification applied to the k-epsilon model of turbulence using the probabilistic collocation method[C]. 49th AIAA/ASME/ASCE/AHS/ASC Structures, Structural Dynamics, and Materials Conference, 2008: 2150.

[24] 张伟, 王小永, 于剑, 等. 来流导致的高超声速气动热不确定度量化分析[J]. 北京航空航天大学学报, 2018, 44(5): 1102-1109.

[25] 宋赋强, 阎超, 马宝峰, 等. 锥导乘波体构型的气动特性不确定度分析[J]. 航空学报, 2018, 39(2): 121519.

[26] Mariotti A, Salvetti M V, Shoeibi O P, et al. Stochastic analysis of the impact of freestream conditions on the aerodynamics of a rectangular 5:1 cylinder[J]. Computers & Fluids, 2016, 136: 170-192.

[27] Avdonin A, Polofke W. Quantification of the impact of uncertainties in operating conditions on the flame transfer function with nonintrusive polynomial chaos expansion[J]. Journal of Engineering for Gas Turbines and Power, 2019, 141(1): 011020.

[28] Zhu H Y, Wang G, Liu Y, et al. Numerical investigation of transonic buffet on supercritical airfoil considering uncertainties in wind tunnel testing[J]. International Journal of Modern Physics B, 2020, 34(14-16): 2040083.

[29] 邬晓敬, 张伟伟, 宋述芳, 等. 翼型跨声速气动特性的不确定性及全局灵敏度分析[J]. 力学学报, 2015, 47(4): 587-595.

[30] Wu X J, Zhang W W, Song S F, et al. Uncertainty quantification and global sensitivity analysis of transonic aerodynamics about airfoil[J]. Chinese Journal of Theoretical and Applied Mechanics, 2015, 47(4): 587-595.

[31] Wang Y J, Zhang S D. Uncertainty quantification of numerical simulation of flows around a cylinder using non-intrusive polynomial chaos[J]. Chinese Physics Letters, 2016, 33(9): 090501.

[32] Loeven A, Bijl H. Airfoil analysis with uncertain geometry using the probabilistic collocation method[C]. 49th AIAA/ASME/ASCE/AHS/ASC Structures, Structural Dynamics, and Materials Conference, 2008: 2070.

[33] Liu D S, Litvinenko A, Schillings C, et al. Quantification of airfoil geometry-induced aerodynamic uncertainties-comparison of approaches[J]. SIAM/ASA Journal on Uncertainty Quantification, 2017 5(1): 334-352.

[34] 中国科学院编. 新型飞行器中的关键力学问题[M]. 北京: 科学出版社, 2018.

[35] Fishman G S. Monte Carlo: Concepts, Algorithms, and Applications[M]. New York: Springer Science & Business Media, 1996.

[36] Xiu D, Karniadakis G E. The Wiener-Askey polynomial chaos for stochastic differential equations[J]. SIAM Journal on Scientific Computing, 2002, 24: 619-644.

[37] 刘智益, 王晓东, 康顺. 叶顶间隙尺度的不确定性对压气机性能影响的 CFD 模拟[J]. 工程热物理学报, 2013, 34(4): 628-631.

[38] Blatman G, Sudret B. An adaptive algorithm to build up sparse polynomial chaos expansions for stochastic finite element analysis[J]. Probabilistic Engineering Mechanics, 2010, 25(2):183-197.

[39] Blatman G, Sudret B. Adaptive sparse polynomial chaos expansion based on least angle regression[J]. Journal of Computational Physics, 2011, 230(6): 2345-2367.

[40] Blatman G, Sudret B. Efficient computation of global sensitivity indices using sparse polynomial chaos expansions[J]. Reliability Engineering & System Safety, 2010, 95(11): 1216-1229.

[41] Nair P B, Keane A J. Stochastic reduced basis methods[J]. AIAA Journal, 2002, 40(8): 1653-1664.

[42] Raisee M, Kumar D, Lacor C. A non-intrusive model reduction approach for polynomial chaos expansion using proper orthogonal decomposition[J]. International Journal for Numerical Methods Engineering, 2015, 103(4): 293-312.

[43] Kawai S, Shimoyama K. Kriging-model-based uncertainty quantification in computational fluid dynamics[C]. 32nd AIAA Applied Aerodynamics Conference, 2014: 2737.

[44] Liu S Y, Wang Y B, Qin N, et al. Quantification of airfoil aerodynamic uncertainty due to pressure-sensitive paint thickness[J]. AIAA Journal, 2020, 58(4): 1432-1440.

[45] 韩忠华. Kriging 模型及代理优化算法研究进展[J]. 航空学报, 2016, 37(11): 3197-3225.

[46] Oberkampf W L, Helton J C. Investigation of evidence theory for engineering applications[C]. 43rd AIAA/ASME/ASCE/AHS/ASC Structures, Structural Dynamics, and Materials Conference, 2002: 1569.

[47] Riley M E. Evidence-Based quantification of model-Form uncertainties in simulation-based analyses[C]. 54th AIAA/ASME/ASCE/AHS/ASC Structures, Structural Dynamics, and Materials Conference, 2013: 1937.

[48] Shah H R, Hosder S, Winter T. A mixed uncertainty quantification approach with evidence theory and stochastic expansions[C]. 16th AIAA Non-Deterministic Approaches Conference, 2014: 0298.

[49] Kucherenko S, Feil B, Shah N, et al. The identification of model effective dimensions using global sensitivity analysis[J]. Reliability Engineering & System Safety, 2011, 96(4): 440-449.

[50] Zhang Z, Weng T W, Daniel L. Big-data tensor recovery for high-dimensional uncertainty quantification of process variations[J]. IEEE Transactions on Components, Packaging and Manufacturing Technology, 2017, 7(5): 687-697.

[51] Lilliefors H W. On the Kolmogorov-Smirnov test for normality with mean and variance unknown[J]. Journal of the American statistical Association, 1967, 62(318): 399-402.

[52] Trujillo C A, Brown M E. The radial distribution of the Kuiper belt[J]. The Astrophysical Journal Letters, 2001, 554(1): 95-98.

[53] Duan Q Y, Sorooshian S, Gupta V. Effective and efficient global optimization for conceptual rainfall-runoff models[J]. Water Resources Research, 1992, 28(4): 1015-1031.

[54] Kirkpatrick S, Gelatt C D, Vecchi M P. Optimization by simulated annealing[J]. Science, 1983, 220: 671-680.

[55] Tolson B A, Shoemaker C A. Dynamically dimensioned search algorithm for computationally efficient watershed model calibration[J]. Water Resources Research, 2007, 43(1): 1413-1420.

[56] Wang C, Duan Q Y, Gong W, et al. An evaluation of adaptive surrogate modeling based optimization with two benchmark problems[J]. Environmental Modelling & Software, 2014, 60: 167-179.

[57] Marc C. Kennedy, O'Hagan A. Bayesian calibration of computer models[J]. Journal of Royal

Statistical Society. B, 2001, 63(3): 425-464.

[58] Arendt P D, Apley D W, Chen W. Quantification of model uncertainty: calibration, model discrepancy, and identifiability[J]. Journal of Mechanical Design, 2012, 134: 10908.

[59] Xiong Y, Chen W, Tsui K L, et al. A better understanding of model updating strategies in validating engineering models[J]. Computer Methods in Applied Mechanics and Engineering, 2009, 198(15-16): 1327-1337.

[60] Masatsuka K. I do like CFD, VOL. 1: Governing Equations and Exact Solutions [M]. 2nd ed. 2019.

[61] Maruli V K, Burg C. Verification of 2D Navier-Stokes codes by the method of manufactured solutions[C]. 32nd AIAA Fluid Dynamics Conference and Exhibit, 2002: 3109.

[62] Eca L, Klaij C M, Vaz G, et al. On code verification of RANS solvers[J]. Journal of Computational Physics, 2016, 310: 418-439.

[63] Navah F, Nadarajah S. On the verification of high-order CFD solvers[C].VII European Congress on Computational Methods in Applied Sciences and Engineering, 2016.

[64] Brem C, Hader C, Fasel H F. A locally stabilized immerse boundary method for the compressible Navier-Stokes equations[J]. Journal of Computational Physics, 2015, 295: 475-504.

[65] Ricci P, Riva F, Theiler C, et al. Approaching the investigation of plasma turbulence through a rigorous verification and validation procedure: a practical example[J]. Physics of Plasma, 2015, 22(5): 055704.

[66] Choudhary A, Roy C J, Dietiker J, et al. Code verification for multiphase flows using the method of manufactured solutions[J]. International Journals of Multiphase Flow, 2014, 80: 150-163.

[67] Marini M, Paoli R, Grasso R, et al. Verification and validation in computational fluid dynamics: the FLOWNET database experience[J]. JSME International Journal Series B, 2022, 45(1): 15-22.

[68] Hirsch C. The Development of a framework for CFD validation and best practice: the QNET-CFD knowledge base[J]. Chinese Journal of Aeronautics, 2006, 19(2): 105-113.

[69] Bugeda G, Courty J C, Guilliot A, et al. Verification and Validation Methods for Challenging Multi-Physics Problems[M]. Barcelona: International Center of Numerical Methods in Engineering (CIMNE), 2006.

[70] Schwarz T, Pahlke K. Generation of an advanced helicopter experimental aerodynamic data base for CFD validation-The European GOAHEAD project[J]. Aerospace Science & Technology, 2012,19(1): 1-2.

[71] Lamar J E, Cronin C K, Scott L E. A review of steps taken to create an international virtual laboratory at NASA Langley for aerodynamic prediction and comparison[J]. Progress in Aerospace Science, 2004, 40(3): 163-172.

[72] Hummel D, Redeker G. A new vortex flow experiment for computer code validation[C]. RTO Symposium on "Advanced Flow Management: Part A—Vortex Flows and High Angle of Attack for Military Vehicles", 2001.

[73] Crawford L. The NASA Hyper-X program[C]. 48th International Astronautical Congress, 1997: TM97-067458.

[74] Jackson K R, Gruber M R, Barhorst T F. The HIFiRE flight 2 experiment: an overview and status update[C]. 45th AIAA/ASME/SAE/ASEE Joint Propulsion Conference & Exhibit, 2009: 5029.

[75] Hallissy B P, Hariharan N S, Laiosa J P, et al. CREATETM-AV quality assurance: best practices for validating and supporting computation-based engineering software[C]. 52nd Aerospace Sciences Meeting, 2014: 0918.

[76] Levy D W, Vassberg J C, Wahlsr A, et al. Summary of data from the first AIAA CFD drag prediction workshop[J]. Journal of Aircraft, 2003, 40(5): 875-882.

[77] Laflin K R, Vassberg J C, Wahlsr A, et al. Summary of data from the second AIAA CFD drag prediction workshop[J]. Journal of Aircraft, 2005, 42(5): 1167-1178.

[78] Vassberg J C, Tinoco E N, Mani M, et al. Summary of data from the third AIAA CFD drag prediction workshop[J]. Journal of Aircraft, 2008, 45(3): 781-798.

[79] Rumsey C L, Long M, Stuever R A, et al. Summary of the first AIAA CFD high lift prediction workshop[C]. 49th AIAA Aerospace Sciences Meeting including the New Horizons Forum and Aerospace Exposition, 2011: 0939.

[80] Rumsey C L, Slotnick J P. Overview and summary of the second AIAA high lift prediction workshop[C]. 52nd Aerospace Sciences Meeting, 2014: 0747.

[81] Heeg J, Chwalowsiki P, Florance J P, et al. Overview of the aeroelastic prediction workshop[C]. 51st AIAA Aerospace Sciences Meeting including the New Horizons Forum and Aerospace Exposition, 2013: 0788.

[82] 曹平宽, 梁益华, 齐涵君, 等. 航空 CFD 软件可信度评价指标体系研究进展[J]. 航空计算技术, 2014, 44(5): 108-110.

[83] 王运涛, 刘刚, 陈作斌. 第一届航空 CFD 可信度研讨会总结[J]. 空气动力学报, 2019, 37(2): 247-261.

[84] Cary A W, Chawner J R, Earl P N. CFD vision 2030 roadmap: progress and perspectives[C]. AIAA Aviation 2021 Forum, 2021: 2726.

第9章　多学科优化设计

9.1　概念及背景

多学科优化设计（multidisciplinary design optimization，MDO）是一种通过充分探索和利用工程系统（如飞行器）中相互作用的协同机制来设计复杂系统和子系统的方法论，其相关概念见表 9.1。MDO 能够让设计者在产品设计时协同考虑多个相关学科。由于利用了各学科之间相互作用的协同机制，相比学科串行设计模式，MDO 能够设计出综合性能更优的产品。经过近 40 年的研究与发展，已经形成了比较成熟的第一代和第二代 MDO 技术，并得到了成功应用。MDO 技术除了应用于航空航天领域外，还应用于兵器、汽车、船舶、电子、建筑等诸多领域。

表 9.1　基本概念

多学科优化设计	多可信度分析	UMDO*	统一数据格式
多学科优化设计（MDO）是一种通过充分探索和利用系统中相互作用的协同机制来设计复杂系统和子系统的方法论。与多学科分析一道，近年来也称为 MDAO 除应用于航空航天领域外，还应用于兵器、火箭、汽车、船舶、电子、建筑等诸多领域	在分析过程中同时采用不同可信度的分析方法，包括基于不同物理方程的方法（如 Euler 方程与 N-S 方程）和基于同一物理方程不同粗细计算网格的方法 其目的是充分运用现有的多可信度分析工具，达到缩短设计周期，提高设计质量的目的	能考虑认知不确定性和随机不确定性因素的多学科优化设计技术。其前提是进行不确定性量化（UQ）分析 UMDO 涉及空气动力学领域的鲁棒设计和结构设计领域的可靠性优化	将不同学科的输入输出规定为统一的 XML 数据格式，以提高多学科优化设计流程中不同学科之间的数据传递效率 以德国宇航院（DLR）提出的 CPACS 为代表，统一数据格式方法已经在 MDO 中得到成功应用

*UMDO：不确定性多学科优化设计。

以大型客机、大型运输机、先进战斗机、高空无人机、高超声速飞行器、空天飞机、火星进入器、运载火箭等为代表的先进飞行器设计，涉及气动、结构、飞行力学、控制、推进、隐身等多个学科和技术领域，各学科之间相互影响制约，耦合效应明显增强。如果采用传统的串行设计模式，依次对各个学科进行设计，需要将各学科间的耦合关系尽量解耦弱化，设计潜力不能充分发挥，无法满足下一代和未来飞行器提出的高性能指标要求。

为了适应先进飞行器设计的严苛指标要求，显著缩短研制周期，同时降低使用和维护成本, 以 NASA 兰利研究中心的 Sobieski 等为代表的一批航空领域的科学家和工程技术人员于 20 世纪 80 年代提出并逐步完善了一种新的飞行器设计方法——MDO。尔后, 在各国高校、研究院所和工业界掀起了一股 MDO 研究热潮。经过近 40 年的研究与发展, 世界各主要工业国家纷纷将飞行器 MDO 技术的研究纳入国家发展计划, 并已经开展了大量研究和工业应用, 取得了长足进步。

第一代 MDO 技术的发展大致从 20 世纪 80 年代到 20 世纪末, 主要研究多学科分析与优化设计技术, 以及 MDO 求解策略。第一代 MDO 技术虽然有效牵引并推动了飞行器设计各学科领域分析与优化设计技术的发展, 但限于当时的计算机水平及数值模拟能力, 所采用的分析程序保真度一般较低。第二代 MDO 技术的发展大致从 21 世纪初到 2015 年左右, 主要研究如何运用高性能计算和分布式框架, 实现多学科耦合分析与优化设计的自动化。得益于高性能计算的快速发展, 第二代 MDO 技术采用的大规模并行计算模拟能力进一步提升, 多学科耦合分析与优化设计的自动化程度显著提高。第三代 MDO 技术大致从 2015 年发展至今, 能够更好地集成飞行器各学科内的不同保真度分析、能够高效处理全局多目标多学科设计问题、能够高效解决含有不确定度的多学科设计问题、能够更好地集成各学科的专家决策等, 并形成标准化、通用化、扩展性强的多学科设计集成框架与应用软件, 并能使飞行器研制周期缩短 40% 以上。

我国 MDO 研究起步较晚, 技术相对落后, 目前正在从第二代 MDO 技术基础上, 努力发展第三代 MDO 技术, 已经与欧美有代际的差距。为达到发展新一代 MDO 技术并广泛应用于工程设计领域的目标, 有必要制定 MDO 技术的详细发展规划。

9.2　现状及 2035 年目标

9.2.1　现状

1982 年, MDO 先驱 Sobieszczanski-Sobieski 在进行大型结构优化研究时, 首次提出了 MDO 的思想, 为这一新学科的诞生起到了开创性的作用[1]。1986 年, AIAA、NASA 等四家机构联合召开了第一届 "多学科分析与优化" 专题研讨会, 以后每两年举行一次, 成为展示复杂工程系统 MDO 理论、技术与应用研究进展的平台[2,3]。1991 年, AIAA 成立了 MDO 技术委员会 (TC-MDO), 并发表了研究现状的白皮书, 标志着 MDO 作为一个新的研究领域正式诞生[4]。同年, 德国成立了国际结构优化设计协会 (ISSO), 1993 年更名为国际结构与多学科设计优化协会 (ISSMO)。1994 年, ISSMO 联合 AIAA、NASA 等组织举行了首次世界结构与多学科优化大会 (WCSMO), 标志着 MDO 思想已经渗透到现代设计的各个环节和阶段。1994 年, NASA 兰利研究中心成立了多学科优化设计分部 (MDO branch, MDOB), 致力于研究发展MDO方法与技术，促进NASA、工业界和院校对MDO的基础研究，同时将MDO方法向工业界推广。1996年，Sobieszczanski-Sobieski和Haftka[5]对MDO的发展现状进行了回顾，为MDO的研究指明了方向。1998年，AIAA对MDO技术各个方面的发展进行了总结，形成了《MDO的发展现状》一书，对MDO的概念、基本方法、学科发展和MDO环境等内容进行了阐述。至此，MDO的主要研究内容基本形成。

美国 NASA 兰利研究中心的多学科优化设计分部自成立以来，联合高校和工业部门开展了多个 MDO 项目研究[6, 7]，包括 X-33 的塞式喷管发动机设计、高性能计算与通信计划（HPCCP）、高速民用飞机（high speed civil transport，HSCT）、变体计划（morphing program）新型控制系统的研发[3]。波音公司基于 Genie 优化框架使用中等保真度分析模型进行了翼身融合体（BWB）布局飞机起飞质量优化设计[2]；使用 MDO 思想进行了直升机旋翼的多目标优化设计以降低桨叶载荷[8]；将 MDO 技术应用于波音 787 客机研制，也取得了显著成效[9]。美国洛克希德·马丁公司将 MDO 技术应用于 F-22 战斗机的结构减重优化设计[10]，F-16 战斗机的布局与梯形翼改进设计[11]。此外，为提升产品的设计质量与设计效率以应对激烈的竞争，该公司在飞行器的概念设计阶段使用多学科分析（MDA）与 MDO 技术，提出了快速概念设计（RCD）方法并实现了 RCD 环境的初步开发[12]。在美国空军的资助下，波音公司开发了一款多学科优化设计系统（MDOPT）[13]，用于飞行器的优化设计与分析。美国海军基于 ModelCenter 与 DOKOTA 研发了集成高超声速航空力学工具（IHAT）[14]以及多个商业软件来进行多学科分析与系统优化。美国多个大学 MDO 研究机构或研究小组也开展了关于 MDO 技术的多项研究，具代表性的有佐治亚理工学院航宇系统设计实验室[15]、斯坦福大学飞机气动分析与设计小组[16]、弗吉尼亚工学院与州立大学先进飞行器多学科分析与设计中心[17, 18]、佛罗里达大学结构与多学科优化小组[19]、纽约州立大学多学科优化与设计工程实验室等。

欧盟联合 DLR、空客公司（Airbus）等，在 MDO 方面也开展多个计划的研究。1996 年，欧盟启动了"MDO 工程"，主要针对飞行器寿命周期初步设计阶段的集成问题、并行 MDO 方法、信息技术、设计技术的进一步融合等问题开展了深入研究。为推动数字化飞行器设计技术和虚拟飞行试验技术的发展，DLR 空气动力与流体技术研究所在 2012～2016 年牵头开展了德国国家级重大项目 Digital-X 的研究，其主要目标是开发一套基于高保真度数值模拟方法的飞行器多学科分析与优化设计平台。2017 年又启动了 VicToria 项目研究，旨在发展用于全机包括概念设计和初步设计阶段的 MDO 方法。目前该项目发展的 MDO 技术已成功用于远程运输机机翼的气动/结构多学科耦合优化设计。2015～2018 年期间，在欧盟的资助下，DLR 还牵头开展了 AGILE 项目研究，其目的是发展第三代MDO

技术，建立一套满足不同团队跨学科高效协同设计的飞行器 MDO 系统，以提高飞行器设计质量和效率，并降低研发成本。该项目建立在 DLR 十多年研发的 CPACS 统一数据格式和 RCE 多学科集成系统等核心技术基础上。Airbus 已将 MDO 技术成果应用于 A380、A322 等多种机型的设计中，达到了降低飞机研制总费用、缩短研制周期的目的。

除美国和欧盟外，俄罗斯空间科学研究院设立了"MDO 环境"研究项目，开发了多学科设计优化软件 IOSO。日本大阪大学系统设计工程实验室（SDEL）开展了产品设计过程的建模和求解技术及复杂系统的优化设计研究。韩国建国大学的气动设计与多学科设计优化实验室（ADMOL）研究了数值优化方法技术、各类飞行器的数值优化、热防护系统设计与优化、MDO 框架、MDO 方法、MDO 应用等。

我国在 MDO 方面的研究大约起步于 20 世纪 90 年代中期。国内多个大学和研究机构在 MDO 的基础理论、方法、技术与应用方面展开研究。北京航空航天大学开展了关于跨声速民机[20]、火箭发动机和涡轮设计[21]等的 MDO 技术与应用研究。国防科技大学开展了高超速飞行器[22]、飞机[23]和卫星[24]等的 MDO 方法研究。北京理工大学开展了卫星等 MDO 研究[25]。南京航空航天大学开展了 MDO 技术在非常规飞行器[26]、运输机[27]等不同飞行器中的应用研究。西北工业大学系统开展了 MDO 基础理论与算法研究[28]，并将其应用于航空航天飞行器[29,30]、鱼雷[31]等的设计。此外，中国空气动力研究与发展中心研究了多学科耦合伴随方法[32]；飞行试验研究院开展了运输机机翼 MDO 研究[33]；运载火箭技术研究院开展了运载火箭总体设计多学科方法研究[34]；航天空气动力技术研究院开展了关于战术导弹的 MDO 研究[35]等。

MDO 发展现状可大致总结为：①各国大学、研究院所和工业部门均广泛重视 MDO 技术的研究与发展，并专门设立重大研究计划或项目开展 MDO 技术研究；②经过近 40 年的发展，MDO 在基础理论与方法方面取得了长足进步，在工程应用方面也取得了许多令人振奋的成果，展现了巨大发展潜力；③随着飞行器设计各学科领域数值模拟分析及设计技术的不断发展，第三代 MDO 技术需要吸纳各学科最新研究进展，重点解决一些关键理论、方法与技术问题，使得 MDO 技术能更好地服务于新一代飞行器的研制。

为了实现飞行器复杂系统的多学科优化设计，第三代 MDO 技术目前正在发展之中。下面将重点介绍相关关键技术的研究现状。

9.2.1.1　多学科耦合数值模拟与敏度分析研究现状

多学科耦合数值模拟技术最早在 20 世纪 70 年代到 20 世纪 80 年代应用于气动/结构设计问题[36-38]，并受到了航空航天领域的广泛关注。随着 MDO 技术在工业领域的发展与应用，其所包含的学科分析手段也在逐渐增加，国内外相继发展了集成多学科分析工具的 MDO 框架[39-47]。在早期的 MDO 集成框架之中，各学科分析工具的可信度较低，且多为不考虑耦合关系的单一集成策略，从而不能充分发挥 MDO 的潜力。近年来，以高保真度 CFD 为核心，耦合结构、控制、推进、隐身等学科的耦合数值模拟方法得到了重视。杨伟院士提出了"空气动力学+"的概念，以气动为核心的多学科高保真度分析与优化设计将会在未来飞行器设计中发挥越来越重要的作用。

空气动力学与其他各学科分析模型耦合的关键在于时间和空间上的耦合方式。

（1）在时间耦合方面，主要发展了全耦合方法、紧耦合方法和松耦合方法[48]，如图 9.1 所示。①全耦合方法同时求解不同学科的控制方程，以气动/结构耦合为例，即气动、结构和耦合作用被构造在同一个控制方程矩阵中，通过同一个求解器得到所有变量。1993 年美国的 Guruswamy 和 Byun[49]提出了一套基于 N-S 方程和结构有限元的全耦合计算方法。②紧耦合方法是在每个时间步内，对不同学科的控制方程进行多次隐式迭代，并进行数据交换。③松耦合方法将不同学科的控制方程进行解耦，分别采用各自的时间推进方法获得收敛解，各学科之间交替进行，反复迭代至最终收敛。由于气动与隐身、控制与推进等学科的控制方程之间，存在性质和求解方法的差异，往往难以采用全耦合的方法，所以紧耦合和松耦合方法得到了更为广泛的应用[50-59]。

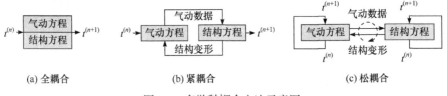

(a) 全耦合   (b) 紧耦合   (c) 松耦合

图 9.1　多学科耦合方法示意图

（2）空间耦合方法是分析结果具有显著分布特征的学科分析模型之间（如气动/结构）耦合的另一项关键技术。空间耦合的重点在于高效和高精度的数据传递方法。目前国内外发展的数据传递方法主要有局部插值方法和全局插值方法两类[60, 61]：①局部插值方法是指在数据传递过程中，待插值的数据点物理量由其周围的已知物理量数据点插值得到，主要包括映射点插值方法[62]、加权余量法[63]、常体积方法[64]及曲面拟合方法[65]等。局部插值方法在插值过程中通常要进行大量的主映射单元的搜索，这需要一定的搜索算法作支撑，在外形比较复杂、网格质量不高的局部区域，插值结果往往不够理想。②全局插值方法是指由所有的已知数据点拟合出物理量分布，根据该拟合分布得到待插值点的物理量，主要包括样条函数法[66-69]、Shepard 方法[70]及径向基函数（RBF）方法[71-77]等，其中应用最广泛的是 RBF 方法，它具有插值形式简单、与空间维度无关和各向同性的特点。

随着 MDO 技术的发展，系统的复杂程度与计算量进一步提升，为了解决这一问题，敏度分析（sensitivity analysis，SA）等技术得到了研究和发展。所谓"敏度"，一般是指目标函数或约束函数对设计变量的梯度。敏度分析[78]的概念是在 1966 年由 Radanvic 提出，最初被用于控制系统的设计以及分析控制系统中数学模型的参数变化对系统的影响。MDO 中的敏度分析技术可分为两大类：一类是单学科敏度分析，另一类是系统敏度分析即多学科敏度分析。单学科敏度信息的获取目前已经发展了符号微分、有限差分、自动微分、复变量等方法[23]。理论上讲，系统敏度分析仍可采用与单学科同样的方法，然而，如果整个系统的维数较高，且各学科（子系统）之间存在相互作用，想要将学科敏度分析技术通过简单扩展，运用到系统灵敏度分析中十分困难[5]。针对这一问题，目前国内外发展出了三种系统敏度分析方法，分别是：最优敏度分析（OSA）方法[79-82]、全局敏度方程（GSE）[83, 84]、耦合伴随方法[85-101]。其中，耦合伴随方法由于梯度计算量与变量个数基本无关，显著地提高了高维情况下的计算效率，成为近年来的研究热点。

总之，尽管国内外在学科耦合数值模拟和敏度分析上取得了显著研究进展。然而，面对未来飞行器系统层级的优化设计，仍需要解决如下几个问题：①保证多学科高保真度、非线性分析模型耦合后的稳定性和精度问题；②时间耦合中时间步长的选取问题，需要在充分捕捉物理特性的同时提高耦合的效率；③空间耦合中更大规模数据传递的效率和精度问题；④高维、多目标和大量条件下，系统敏度分析的计算效率问题。

9.2.1.2　MDO 策略研究现状

MDO 策略是指从多学科优化设计问题的阐述形式入手，研究求解结构和信息组织关系，在具体优化算法的基础上提出的设计和求解框架。该求解框架充分考虑学科之间相互作用的协同效应，通过规划合理的优化策略加以分析并利用，以实现复杂系统的整体最优[102]。早在 MDO 发展的初期阶段，研究人员就已提出了各类 MDO 策略[103]，旨在减少系统分析过程中反复迭代的次数，降低学科之间的耦合程度，从而解决计算量大、学科信息组织复杂的难题。现有的 MDO 策略大致可分为整体式策略和分布式策略两大类，如表 9.2 所示。两者的区别主要在于组织结构的不同[102, 103]，如图 9.2 所示，在整体式 MDO 策略中，将 MDO 问题作为一个单一的优化问题进行整体求解；而在分布式策略中，MDO 问题将被分解成多个子系统优化问题，每个子问题包含更少的变量和更小的约束子集，并由系统级优化器协调各子问题之间的一致性。

表 9.2　目前常用 MDO 策略的分类及其特点一览表[103-105]

类别	名称	特点	参考文献
整体式 MDO 策略	多学科可行（multidisciplinary feasible, MDF）	结构简单，耦合状态变量通过迭代求解得到，始终满足多学科可行条件，但多学科分析耗时，且对耦合变量初值选取较为敏感	[106-108]
	单学科可行（individual discipline feasible, IDF）	只引入耦合辅助设计变量，对各子学科系统解耦，增加一致性等式约束，当且仅当最优解满足等式约束时，才是可行解；适合子学科间耦合比较松散的情况	[106,108,109]
	同时分析和设计（simultaneous analysis and design, SAND；也被称为 all-at-once, AAO）	完全解耦，同时引入耦合辅助设计变量和状态耦合设计变量，各子学科保持独立，通过一致性约束，使辅助变量和耦合变量的差异最小；增加了优化问题维数和优化难度	[106, 110]
分布式 MDO 策略	协同优化（collaborative optimization, CO）	在系统级优化器中引入辅助设计变量与一致性约束条件来解耦子系统，支持并行计算，系统级和子系统级都进行优化；收敛性不足，容易早熟	[111-113]
	并行子空间优化（concurrent subspace optimization, CSSO）	通过全局敏度方程来维持多学科一致性，通过近似技术实现子系统之间的解耦，支持并行计算和优化；梯度求解难，需要进行多学科分析，计算量大	[114-116]
	两级系统一体化合成优化（bi-level integrated system synthesis, BLISS）	在子系统创建响应面，通过各子系统的共享设计变量和耦合变量来满足一致性约束条件；适用变量严重耦合的 MDO 问题，容易出现"维数灾难"	[117-120]
	目标级联分析（analytical target cascading, ATC）	基于模型的多层级 MDO 策略，上下级优化交替进行，直至满足收敛条件；具有全局收敛性，约束条件和设计变量数较多	[121-123]
	拟可分解耦合（quasi-seperable decomposition, QSD）	基于 IDF 策略发展而来，针对拟可分优化问题，引入子系统辅助设计变量，并将全局目标依赖于这些辅助变量上，通过一致性约束来保证满足可行条件	[124-126]
	非对称子空间优化（asymmetric subspace optimization, ASO）	基于 MDF 策略发展而来，适用于多个学科子系统单次分析耗时相差极大的问题，在每次系统分析时，耗时长、成本高的学科进行一次分析，耗时短、成本低的学科进行一次优化	[127-129]

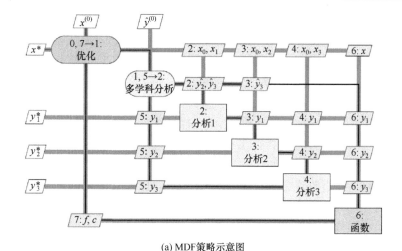

(a) MDF策略示意图

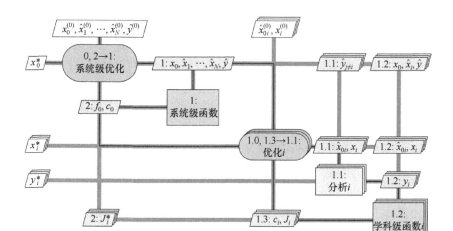

(b) CO策略示意图

图 9.2 典型整体式 MDO 策略与分布式 MDO 策略的 XDSM 示意图[103]

虽然目前已有大量文献对 MDO 策略进行了对比和分析[130-135]，但测试算例多为简单的数值问题[136-138]，难以考察问题维度对不同策略优化效率的影响，且大部分 MDO 问题在求解过程中不考虑耦合而是直接进行优化。因此，研究人员在实际工程优化设计中倾向于使用简单成熟的 MDF 和 IDF 等整体式 MDO 策略。如 Charles 等[139]在 MDF 策略的基础上利用迟滞耦合伴随矩阵法求解了高度耦合的气动/结构问题。Kenway 等[140]采用基于分块高斯-赛德尔方法的 MDF 策略，对 CRM(common research model)翼身组合体进行了气动/结构多学科耦合优化设计。Balesdent 等[141]提出了一种基于混合搜索的 MDF 策略，并对三级入轨运载火箭进行了优化设计，降低了起飞重量。Brevault 等[142]提出了一种结合混沌多项式展开和 IDF 策略的不确定性多学科优化设计框架，实现了两级运载火箭的概念优化设计。Hoogervorst 和 Elham[143]采用 IDF 策略对巡航状态下的跨声速机翼开展了气动/结构耦合优化设计，并对起飞燃油进行了减重优化。此外，Kroo 等[144]采用 SAND 策略对飞机总体设计程序包 PASS 进行了改造，在分布式高性能计算系统上实现了中程运输机的气动、结构和性能学科的并行计算。余雄庆等[145, 146]对现有的各种 MDO 策略及其在飞机设计中的应用状况进行了分析、归纳和评述。刘蔚[147]等对 IDF 策略的优缺点进行了分析，并提出了更适合工程系统总体设计的 MDO 策略改进方案。龙腾等[148]基于 MDF 策略开展了大展弦比机翼气动/结构学科耦合分析与优化设计，并采用了增广的自适应响应面优化策略完成了气动热结构多学科优化设计[149]。张代雨[104]在高效的梯度优化算法基础上提出了一种基于学科合并的 MDF 策略，通过对相邻学科进行合理合并，提高了优化的效率。

对于分布式 MDO 策略，Jang 等[150]利用代理模型替代协同优化策略中的学科优化，大大减少学科优化次数，获得了更接近系统级优化的结果。Jun 等[151]结合遗传算法和基于响应面的协同优化策略，开展了机翼气动/结构耦合优化设计。Jafarsalehi 等[152]采用协同优化策略对遥感卫星进行了优化设计。Zadeh 等[153]采用基于变保真度模型的协同优化策略实现了机翼的高保真多学科优化设计。Sellar 等[154]将代理模型技术引入 CSSO 策略中，提出了一种基于响应面模型的 CSSO 策略。Stelmack 等[155]采用 CSSO-RS 策略对飞行器制动部件进行了优化设计。Huang 等[156]提出了基于 Pareto 解集的多目标 CSSO 策略，实现了工程问题中多学科多目标优化设计。Brown 和 Olds[157]采用 BLISS 策略对可重复使用的运载火箭进行了优化设计。Din 等[158]通过 BLISS 策略实现了考虑气动弹性影响的翼身布局跨声速飞行器优化设计。Allison 等[159]采用 ATC 策略对飞机族进行了多学科优化设计，并与协同优化策略进行了对比，前者明显降低了计算成本。姚卫星等[160, 161]对 MDO 求解策略和代理模型技术做了比较深入的探讨，并利用低自由度协同优化策略对轻型飞机机翼进行了气动/结构多学科设计优化[162]。王振国和陈小前等[163-165]综述了 MDO 策略的发展阶段，改进了 BLISS 策略并成功应用于飞行器多学科优化设计。罗世彬[22]等基于协同优化策略实现了高超声速巡航飞行器飞发一体化及总体多学科优化设计。肖蜜[166]改进了协同优化策略，并成功应用于结合小水线面双体船舶型参数的优化设计。郑君[167]提出了基于变保真度优化的 ATC 策略，降低了计算复杂度。周慧[168]结合变复杂度近似技术，改进了两级集成系统协同优化策略（BLISCO），并应用于工程实例中。高正红等[169]基于协同优化策略开展了飞行器气动与隐身学科协同优化设计，并基于系统分解思想开展多变量分层协同气动优化设计[170]。谷良贤和龚春林[171]对比了多种 MDO 策略，并针对协同优化策略存在的缺陷加以改进，提出一种新的 ACO 策略[172]。张科施等[82, 173]改进并提高了基于全局敏度的 CSSO 策略收敛效率，对求解多目标优化问题的 CSSO 策略进行了深入研究[174]，成功应用于中短程客机概念设计的多目标优化以及某亚声速民机机翼气动/结构综合优化设计。张代雨[104]结合不等式极值条件和罚函数提出了两种新的分布式 MDO 策略。

综上所述，MDO 策略研究现状分析如下：

（1）国内外提出了 MDF、IDF、AAO 多种整体式 MDO 求解策略，同时也提出了 CO、CSSO、ATC 等多种分布式求解策略。MDO 策略的研究，促进了该领域的研究与发展。

（2）整体式 MDO 策略由于具有简单的结构形式和较稳定的收敛过程，受到了广大研究者的青睐。在分布式策略的问题被解决之前，采用整体式 MDO 策略逐渐成为大势所趋。

（3）整体式 MDO 策略的求解效率有待进一步提高。目前，求解架构对并行计算环境的支持较差，计算效率仍然低。

9.2.1.3 基于多保真度模型的 MDO 理论与方法研究现状

多保真度模型又称"多可信度模型"或"变复杂度模型"，是一种可以融合不同保真度数据的代理模型，能在较小的计算开销的条件下实现精确度较高的近似逼近。其核心思想是使用大量低成本的低保真度样本建模来反映函数正确变化趋势，并采用少量高耗时的高保真度样本来对其进行修正，从而大幅减少构造精确代理模型所需的高保真度样本点数，提高建模和优化效率[28]。这里所谓的保真度是指在描述同一物理现象或自然规律的不同分析模型中，所包含物理规律的多少及假设条件与真实情况接近多少的度量[167]。对于计算机数值模拟，低保真度的数据一般可以通过稀疏网格离散、简化分析模型或放宽数值计算收敛标准来获得[175]。

现有的多保真度模型建模方法大致可以分为以下三类[28]：

（1）基于修正方法的多保真度模型。该类方法以低保真度模型为基础，通过乘法标度[176, 177]、加法标度[178-180]或混合标度[181-183]的方式引入低保真度样本数据，辅助构建高保真度模型的近似模型。Hutchison 等[184, 185]将变复杂度模型（VCM）应用于超声速客机机翼气动/结构耦合优化设计中，通过依次调用高、低保真度模型来迭代更新两者间的修正项。Giunta 等[186-188]建立了全设计空间的低保真度响应面级数模型，并在此基础上选择少量样本建立高保真模型，滤除了数值噪声，且成功应用于高速民机的机翼多学科优化设计。Alexandrov 等[177,189]将基于修正的变保真度模型与置信域方法相结合，应用于翼型和机翼的气动优化设计，显著提高了优化效率。Berci 等[190]采用多保真度模型开展了小型无人机弹性机翼的气动/结构耦合优化设计，其中高保真度模型采用非线性计算流体方程和全模态结构分析，低保真度模型采用线性薄翼理论和降阶模态分析。张德虎等[191]发展了基于双层代理模型（DSM）的飞翼布局无人机气动/隐身综合优化设计方法，将回归型代理模型和插值型代理模型分别作为第一层和第二层代理模型，并利用插值模型对回归型模型进行了修正，提高了代理模型的预测精度。

（2）基于空间映射的变保真度模型[192-194]。它通过改变低保真度函数的设计空间，使其最优解能够逼近高保真函数的最优解。这样只需在低保真度模型上进行优化，再通过高、低保真度函数的空间映射关系便可得到高保真的近似最优解[28]。Bandler 等[192]最早在 1994 年提出该方法，并给出了适用于优化的线性映射算法。Robinson 等[195]提出了一种改进的空间映射方法，并成功应用于机翼和扑翼的变保真度气动优化设计。而后 Jonsson 等[196]也将此方法用于跨声速机翼气动优化设计。

（3）基于 Co-Kriging 类的多保真度模型[197-202]。该类方法通过建立自回归模型将不同保真度的数据进行融合，利用交叉协方差来衡量不同保真度数据之间的相关性；或者将低保真度模型的输入视作高保真模型的趋势，部分参数作为可调参数，来使高、低保真度模型尽可能一致[175]。Bailly 和 Bailly[203]基于 Co-Kriging 模型开展了旋翼气动/结构综合优化设计，使起飞条件下主旋翼消耗的总功率最小。卜月鹏等[204]采用分层 Kriging 模型（HK）成功开展了直升机旋翼气动/噪声综合优化设计,结果表明 HK 模型的优化效率比单保真度优化有显著提高，如图9.3 所示。

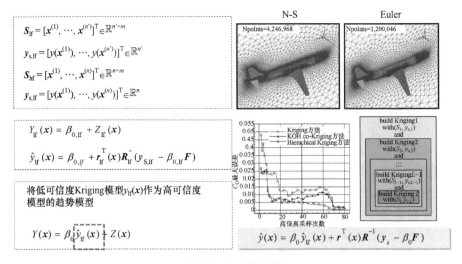

(a) 分层Kriging模型理论

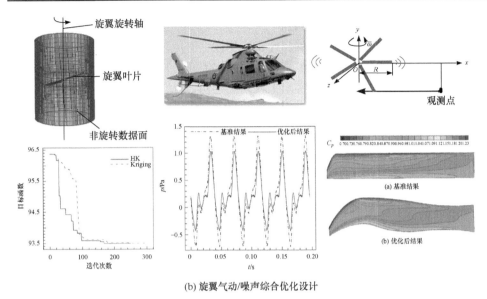

(b) 旋翼气动/噪声综合优化设计

图 9.3　基于分层 Kriging 模型的直升机旋翼气动/噪声综合优化设计（彩图请扫封底二维码）

　　由于多保真度模型方法充分挖掘了高、低保真度分析的优势，大量研究人员将其与 MDO 策略相结合，发展了针对复杂工程设计问题的 MDO 求解平台。Rodríguez 等[205]在 CSSO 策略中建立变保真度模型，并证明了该优化策略的收敛性；之后又比较研究不同学科内的采样策略，用以生成多保真度模型的训练数据[206]。Zadeh 等[207]为改进基于代理模型的 CO 策略优化效率，将多保真度模型引入学科级优化器中，而系统级优化器则通过移动最小二乘法和信赖域方法构建了一个全局代理模型。Ghoman 等[208]开发了基于多保真度、多步优化策略、多学科的优化设计环境 M3DOE，并开展了考虑静气弹效应的公务机复杂气动布局优化设计。Ciarella 等[209]建立了多保真度 MDO 框架，并开展了无人机变形翼的气动/结构耦合优化设计。国内的研究团队也在基于多保真度方法的 MDO 方面取得了一系列成果。祝明等[210]结合 VCM 模型和 CSSO 策略，开展了平流层飞艇气动/结构/能源的多学科优化设计。葛建全等[211]针对高超声速飞行器的整体式固体推进剂冲压发动机，建立学科级多保真度模型并开展了考虑气动、隐身、推进、质量和轨道学科的多学科优化设计。陈小前等人[165,212]建立了针对高超声速飞行器总体设计的 MDO 工具包，其中结构、推进、气动等各学科均采用变复杂度方法进行建模。赵勇[24]以月球探测卫星为背景型号建立了变复杂度模型，并集成在 HBLISS 策略中，开展了卫星总体多学科优化设计。西北工业大学的黎旭[213]提出一种基于协同径向基函数的变复杂度模型，并应用于亚轨道飞行器的多学科可靠性优化设计中。

　　综上所述，在实际工程设计中，研究人员大多都会采用不同保真度的分析方法，因而基于多保真度模型的 MDO 理论与方法无疑具有很大发展潜力，但目前多保真度模型方法仍存在以下问题。

（1）现有多保真度方法的鲁棒性和泛化能力不足。虽然有大量文章发表，但对于实际工程问题，由于不同保真度数据的相关性未知，如果使用不当，优化效果可能适得其反，因此未能在实际工程设计中得到较广泛应用。

（2）不同保真度模型的选取方法有待研究。研究表明，只有当低保真度分析与高保真度分析的结果在设计空间内具有相同的变化趋势或者强相关性时，所建立的多保真度模型才能在精度以及优化效率方面体现优势。

（3）现有基于多保真度模型的优化方法效率有待于提高。大多数方法在后续优化过程中，未能充分利用已有的低保真度数据，无法发掘变保真度优化的潜力，优化效率的提高效果有限。

9.2.1.4　多目标 MDO 理论与方法研究现状

飞行器 MDO 往往包含相互矛盾和制约的多个优化目标，构成了多目标优化设计问题。采用多目标优化算法开展多目标 MDO，能够获得整个多目标非支配解集（图 9.4），为决策者提供一系列设计结果和丰富的多学科耦合关系信息，是 MDO 的研究热点和发展的必由之路。多目标优化算法是多目标 MDO 的核心和决定其优化效率和质量的关键。多目标进化优化是多目标决策领域的主流方法和技术。经过来自不同领域的研究者和使用者近 30 年的努力，目前多目标进化算法的基础研究与应用已取得很大进展[214, 215]。

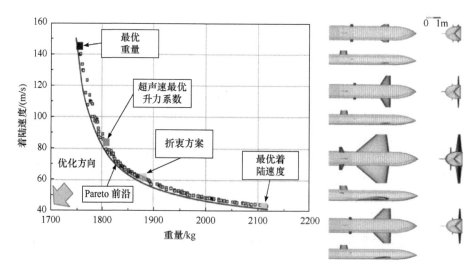

图 9.4　无人飞船多目标 MDO 结果[228]

（1）基于进化算法的多目标 MDO 发展迅速并获得大量成功应用。Obayashi 等[216]采用多目标遗传算法开展了跨声速机翼的多学科优化设计，减小了结构重

量、增加了燃油重量并降低了阻力。Tappeta 等[217]采用一种考虑使用者偏好的
iMOODS 多目标优化算法，开展了飞机概念设计阶段的气动、重量和性能三目标
多学科优化设计。陈琪锋和戴金海[218]将多目标分布式协同进化算法引入多学科优
化设计中，开展了导弹气动/发动机/控制三学科两目标优化设计。Gunawan 和
Axarm[219]提出了一种 M-MDO 方法，将多目标遗传算法应用于 MDO，并成功开
展了水下自主航行器的多学科优化设计。Jilla 和 Miller[220]将一种多目标模拟退火
方法用于卫星系统的多目标多学科优化设计中，在提高系统运行效率的同时降低
全生命周期的运行成本。孙奕捷和申功璋[221]提出了并行多目标子空间优化框架，
开展了气动/隐身/控制三个学科的飞机翼面优化设计。Nosratollahi 等[222]采用多目
标遗传算法开展了再入式飞行器多目标多学科优化设计，在降低结构重量的同时
降低了返回舱着陆速度。Gonzalez 等[223]将游戏策略结合到多目标进化算法中，开
展了类 X-47B 飞行器的气动/隐身多目标多学科优化设计，在提高气动性能的同时
改善了电磁散射特性。Barbosa[224]采用基于多目标遗传算法的多学科优化设计工
具 MDO-SONDA 开展了探空火箭舵面的设计，使得阻力减少了 29%并保证了操
控效果。Allen 和 Przekop[225]采用一种 GODLIKE 多目标进化算法开展了飞机机身
壁板的多学科优化设计，在提高不同频率声波下震动特性的同时减小了结构重量。
Lobbia[226]采用多目标遗传算法开展了载人再入式飞行器的多学科优化设计，同时
考虑了飞行器的气动特性、结构重量、返航轨迹和气动热防护等多个学科下的多
个目标。Jung 等[227]采用多目标遗传算法开展了可重复使用的无人太空飞行器的
多学科优化设计，将飞行器结构重量，降落速度和超声速飞行的升力系数作为优
化目标。Zandavi 和 Pourtakdoust[228]采用 Simplex-NSGA-II 多目标进化算法开展了
制导飞行器的多学科优化设计，以提高有效载荷并降低制导误差。Babaei 等[229]采用
NSGA 多目标进化算法开展了无人飞行器的多学科优化设计，以降低重量并减小阻
力。Gemma 和 Mastroddi[230]采用多目标遗传算法开展了一种翼上短舱构形飞机的多
学科优化设计，将飞机的空重和燃油消耗作为优化目标。Alam 和 Pant[231]采用多
目标遗传算法开展了高空飞艇的多学科优化设计，考虑了环境、结构、能耗、
几何、气动和热流共 6 个学科。Zhang 等[232]采用 NSGA-II 多目标进化算法开
展了高空太阳能飞艇的多学科优化设计，综合考虑了几何、气动、结构、推进/能
耗及储能系统多个学科下的优化目标，设计出的飞艇系统总重量显著减小。

（2）引入代理模型的多目标 MDO 技术逐渐得到重视。传统的多目标遗传算
法、多目标模拟退火算法等多目标进化算法在 MDO 中获得了广泛应用，对多目
标 MDO 研究和应用起到了极大的推动作用，也完成了诸多成功的设计案例。然
而，这些算法往往需要大量的样本点计算，当使用昂贵数值模拟时计算成本往往
难以接受，极大地限制了多目标 MDO 的进一步发展与应用。在多目标 MDO 中
引入代理模型，发展基于代理模型的多目标 MDO 方法，能够极大提高优化效率，

得到了众多研究者的青睐。Takenaka 等[233]采用多目标遗传算法开展了飞行器翼
稍小翼的多目标多学科优化设计，并在优化过程中采用 Kriging 代理模型替代数
值模拟以提高优化效率，在提高了载重的同时减小了油耗，并且通过风洞实验对
设计结果进行了验证。郑安波等[35]提出了一种基于 Kriging 的多目标遗传算法
MOKGA，通过物理规划法将多目标优化转化为单目标优化，成功开展了包含气
动、推进、质量、控制和弹道的多学科优化设计。Berci 等[190]采用多目标遗传算
法开展了小型无人机翼翼型的气动/结构多学科优化设计，在优化设计中采用多
保真度代理模型对优化目标建模来提高优化效率。Chen 等[234]提出了一种多目标
优化算法，开展了探月小型卫星系统的多学科鲁棒优化设计，在减轻重量的同时
降低了通信成本，并且引入了代理模型来处理高维不确定性。

　　近年来，高效多目标优化算法迅速发展，与使用代理模型简单替代数值模拟
不同，这类方法采用一定的加点策略不断更新代理模型，从而能够更高效地获得
最优解集。代表性方法有 ParEGO[235]、Multi-EGO[236, 237]、EHVI[238, 239]等多种单
点加点多目标代理优化算法[240, 241]，以及 MOEA/D-EGO[242]、MOBO/D[243]等并行
加点多目标代理优化算法。其中，以 MOEA/D-EGO 为代表的基于分解策略的多
目标优化算法能够实现高效并行多目标优化，为多目标 MDO 方法的发展与应用
提供了有力工具。然而多目标优化算法的理论发展与工程应用研究之间还存在一
定的差距：①现有的多学科 MDO 方法大多采用多目标进化算法，或只是引入代
理模型来辅助优化，高效的多目标优化新算法与技术没有在 MDO 中得到应用；
②MDO 往往具有复杂工程约束和高维设计空间，对目前的高效多目标优化算法
带来巨大的挑战。因此，有待发展工程实用的高效多目标 MDO 方法，以满足未
来多学科优化设计需求。

9.2.1.5　基于拓扑优化的 MDO 理论与方法研究现状

　　拓扑优化也被称为布局优化或者广义形状优化[244, 245]，最早可以追溯到一百
多年前 Michell 提出的桁架设计理论。由于结构分析手段和优化方法的限制，拓
扑优化直到近三十年才获得长足发展和应用，并迅速发展成为结构优化领域的研
究热点。拓扑优化在结构优化领域应用广泛，作为一种载荷驱动的结构设计方法，
旨在帮助设计人员在结构设计的初始阶段找出满足一定载荷条件和约束条件的最
佳材料布局（图 9.5）。典型的结构拓扑优化求解体系有 0-1 规划法、材料分配法、
ESO 等经验算法、水平集法和冒泡法等方法[245, 246]。随着结构拓扑优化的发展和
流行，市场上已经出现了一些商业化的拓扑优化软件（如 Altair、OptiStruct、
ANSYS[245]）以及开源拓扑优化软件（如 OpenMDAO[247, 248]）。

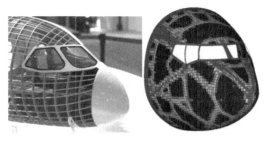

图 9.5　前机舱结构示意图与结构拓扑优化结果[246]

近年来，拓扑优化的概念和方法正在从结构设计领域拓展到内流设计[249]、气动外形设计[250]等领域，并开始应用于飞行器 MDO 中[251]。Deaton 和 Grandhi[252]指出，成功的拓扑优化设计能够打破 MDO 的瓶颈，对于最终性能有着至关重要的影响，有很大的应用空间和发展潜力。目前，面向拓扑优化的 MDO 方法国内外发展情况如下：

Maute 和 Reich[253]提出了一种新的基于材料的拓扑优化方法，用于飞机的气动/结构多学科优化设计，该方法在优化结构的同时评估气动特性，设计结果比串行多学科优化设计更优。Remouchamps 等[254]提出了一种针对客机发动机挂架设计的两步优化策略，首先采用代理优化方法开展气动/结构多学科优化设计，然后在此基础上进一步开展结构的拓扑优化。同年，胡三宝[245]对多学科拓扑优化设计方法进行了综述，并提出了新的工程约束处理方法和一种多物理耦合的拓扑优化建模求解方法。Sun 等[255]提出了一种针对自适应机翼前缘气动/结构多学科优化设计的两步优化策略，先通过气动优化设计提高翼型的升阻比，接着在优化外形的基础上开展结构拓扑优化，并且将结果与流行的 SIMP 方法优化结果进行对比。James 等[256]提出了一种机翼气动/结构并行拓扑优化方法，该方法同时优化机翼气动外形和结构拓扑，在 CRM 机翼上的测试结果表明该方法比传统的串行 MDO 方法减阻提高 42%。2017 年，Choi 和 Park[257]开展了扑翼飞行器的气动/结构多学科优化设计，将非定常气动弹性分析作为系统层面的分析手段，将时均推力和推动效率作为目标，采用拓扑优化来寻找最优的结构分布。Li 等[258]提出了一种显式的多学科拓扑优化方法，用于减少飞机油箱内燃油的飞溅。吕计男等[259]进行了大展弦比机翼翼段气动弹性效应下的拓扑优化分析，并进行了结构优化和减重设计。邱福生等[260]提出了一种气动/结构耦合的机翼三维结构拓扑优化方法，该方法直接在机翼翼型表面加载气动载荷，开展三维拓扑优化设计，使得结构拓扑优化更接近真实工程的约束和载荷条件。Gomes 和 Palacios[261]提出了一种针对气动/结构耦合优化设计问题的密度基拓扑优化方法，成功开展了翼型的气动/结构耦合优化设计。

现有的面向拓扑优化的 MDO 更多关注结构拓扑优化，可以分为两类：第一类是将结构拓扑优化作为结构学科的优化手段且不与其他学科耦合；第二类是将气动等其他学科与结构拓扑优化设计耦合。目前拓扑优化在除了结构优化以外的气动优化设计和多学科耦合 MDO 领域中仍然处在发展初期，面向拓扑优化的飞行器 MDO 方法未来有待进一步开展以下三个方面的研究：①飞行器复杂气动外形拓扑优化设计方法研究；②气动/结构耦合拓扑优化设计方法研究；③综合考虑推进、控制等更多交叉学科拓扑优化的 MDO 方法研究。

9.2.1.6　基于不确定度的 MDO 理论与方法研究现状

传统的 MDO 主要针对确定性情况下的优化设计问题，假设在设计、制造以及使用过程中的各种设计变量、约束条件、使用工况等都是确定性的。但在实际情况下，不确定性因素会贯穿飞行器的整个生命周期并对它各方面的性能产生影响。例如，飞行器生产制造中的加工误差；实际飞行中马赫数、迎角等工况的波动；飞行器的材料属性和载荷环境也存在不确定性因素。这些客观存在的不确定性因素不仅会导致飞行器难以发挥理想的最佳性能，而且会降低系统可靠性并增加设计风险。传统设计方法通过考虑设计裕度和保留设计余量来确保系统的可靠性，严重依赖设计经验，难以适用于复杂情况下的多学科优化设计。为满足复杂耦合系统高可靠性与稳健性的要求，不确定性多学科优化设计（uncertainty-based multidisciplinary design optimization, UMDO）逐渐成为飞行器设计领域重点研究的前沿问题之一[251, 262]。UMDO 是在传统 MDO 的基础上进一步考虑不确定性因素的影响，结合不确定性分析方法，通过多学科协同优化以获取系统的稳健可靠最优解[263]。典型的飞行器不确定性多学科优化设计流程如图 9.6 所示。在 UMDO 过程中主要包含不确定性分析和考虑不确定性的优化设计两大内容。

（1）不确定性分析为各种不确定性因素对系统性能的影响进行定量分析，主要包括随机不确定性和认知不确定性[265]因素。不确定性分析方法可分为侵入式和非侵入式两类。侵入式方法主要通过对系统控制方程添加不确定性项，直接将不确定性影响纳入系统模型。非侵入式方法将系统模型作为黑箱处理，只根据其输入输出进行量化分析，能直接基于原有系统模型进行计算，应用难度较低但计算量较大。目前，侵入式方法主要有混沌多项式展开法[266]、随机有限元谱分析[267]、协方差匹配方法[268]、基于贝叶斯网络的方法[269]等。非侵入式方法主要有蒙特卡罗方法[270]、Taylor 级数展开法[271]、无味变换法[272]、区间分析方法[273]等。

（2）不确定性优化设计利用不确定性分析的结果在设计空间中选择满足稳健性和可靠性需求的最优方案。其中既包括对系统性能的优化，也包括对设计约束稳健性和可靠性问题的求解，因此基于不确定性的优化设计实际上是多目标优化问题[274]。目前广泛采用的方法包括加权求和法、演化类方法、基于偏好的规划法、折中法等。主要采用的优化算法的包含三类：梯度优化方法、无梯度的启发式优化算法和代理优化算法。由于 UMDO 的计算量巨大，使用代理模型代替高保真度计算的代理优化算法得到越来越多的应用。

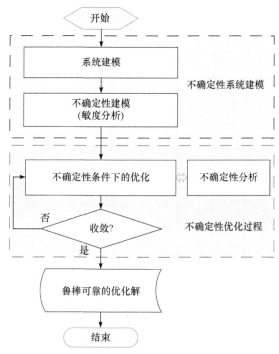

图 9.6 典型的 UMDO 流程示意图[264]

随着飞行器设计技术的发展，在 21 世纪初出现了考虑 UMDO，并很快得到了重视。众多科研机构将 UMDO 作为未来先进飞行器设计技术的研究重点之一。NASA 的 Zang 等[275]深入分析了 UMDO 应用于飞行器设计的需求和困难，为 UMDO 应用研究提供了思路和方向。许多学者也相继开展了对 UMDO 的研究并进行了初步的应用。Aminpour 等[276]发展了考虑可靠性的多学科优化设计，并用于某波音客机机翼的优化设计，在提高结构可靠性的同时降低了机翼重量。Ghosh 等[268]采用协同优化方法对飞行器进行不确定性多学科优化设计。Nannapaneni 等[277]应用提出的概率空间代理模型方法，进行了含不确定变量的考虑飞行器气动、动力和重量的基于可靠性的多学科优化设计。Babaei 等[229]对 MQ-1 无人机进行了减阻减重的不确定性多学科优化设计，并与确定性优化设计结果进行了对比，验证了 UMDO 设计结果的稳健性。国内很多研究人员也开展了对 UMDO 的研究。陈建江等[278]在飞航导弹的多学科优化设计中应用了考虑不确定性的多学科优化设计方法。姚雯[279]对卫星总体设计中的不确定性进行研究，并进行了不确定性多学科优化设计，获得了满足稳健性和可靠性要求的总体设计优化方案。王若冰[274]提出了基于动态 Kriging 模型的并行子空间优化与可靠性评估方法，进行了混合不确定性下的两级入轨亚轨道飞行器的多学科优化设计。王晓军等[280]对高超声速机翼进行了基于可靠性的气动结构耦合的多学科优化设计研究。

　　总之, UMDO 仍处于初步发展阶段, 缺乏典型的飞行器设计实例, 赵民等[263]
指出了未来需主要开展的研究为: ①多学科系统中的不确定性认知。对各学科
中的不确定性因素进行识别、定义和筛选, 确定最佳的不确定性因素建模方法。
②考虑多学科耦合影响的不确定性敏度分析方法。借助灵敏度评估不确定性变量
的重要程度以缩减计算规模, 并发展高效不确定性分析方法。③多学科耦合下的
不确定性传播机制。研究不同学科、不同系统层次以及不同评价体系之间不确定
性因素的传播机理和耦合效应。④高效的 UMDO 求解架构。结合先进代理模型
技术、多学科解耦等技术, 发展高效、稳健且有分布式并行求解能力的 UMDO
求解架构, 以适用于工程设计。⑤在概念设计、初步设计和详细设计阶段逐步引
入 UMDO 来提高系统稳健性, 减少设计风险并提高综合性能。最终形成可提升
飞行器综合性能并保证稳健性与可靠性的 UMDO 设计能力。

9.2.1.7　MDO 集成方法研究现状

　　MDO 涉及多种分析程序的组合使用, 优化中的数据交互十分复杂, 因此必
须通过相应的集成方法建立 MDO 框架, 并开发高效通用的软件平台。早在 20 世
纪 90 年代, NASA 就指出了 MDO 框架对于 MDO 研究的重要意义。在飞行器
MDO 发展初期, MDO 框架主要由研究机构、高校和工业界针对自身需求或者特
定的设计对象而开发。其中, NASA 开发了设计与优化工具 OpenMDAO, 用于提
供高效便捷的多学科集成、数据管理和分析优化, 波音公司开发了 Access Manager
框架, 斯坦福大学开发了 PASS。早期 MDO 框架存在的主要问题是可移植性和扩
展性较差, 导致多学科分析模型集成困难。为发展先进的 MDO 技术, 需要发展
具有开放性、通用性的可拓展、可移植的标准化 MDO 框架和软件平台。DLR 为
促进新一代 MDO 技术的发展, 于 2005 提出了用于高效存储飞行器全部信息的统
一数据格式 CPACS[281], 如图 9.7 所示。基于此技术, DLR 发展了初步设计工具
VAMPzero[282], 此后又开发了一款 MDO 工作流程集成软件 RCE[283]。以这些关键
技术为核心, DLR 先后进行了 Digital-X[284]和 VicToria 项目研究, 并联合欧盟开
展 AGILE 项目研究[285], 目标都在于发展一套更先进的 MDO 系统。

　　经过二十多年的发展, 国外研究机构研发了多款相对成熟的优化设计平台软
件。它们已经广泛应用于工业设计, 尤其是航空领域, 极大地推动了航空工业的
发展。下面对其中五款较为常用的软件进行简要概述:

　　(1)Isight[287]是 1996 年美国易擎公司开发的 CAD、CAE 软件集成系统。Isight
可以直接进行优化, 也可以通过实验设计 (DoE) 建立近似模型 (代理模型) 进
行优化, 但是该近似模型只适用于分析和优化过程中响应值的预测。Isight 除了
具有确定性优化功能外, 同时还具有不确定性分析能力。

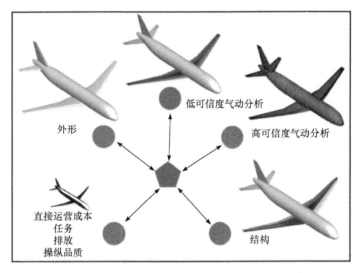

图 9.7　以 CPACS 数据格式为中心数据源的 MDO 示意图[286]

（2）ModelCenter[288]是 1995 年 Phoenix Integration 公司开发的软件集成工具。它采用独特的框架体系来封装和集成仿真程序、分析数据和几何特性，提供过程集成建模能力，并可利用综合研究工具进行设计分析。NASA、洛克希德·马丁、波音和空客等已将其应用于产品的研发之中。

（3）AML[289]是 1992 年由 TechnoSoft 公司开发的面向对象的、基于智能的建模框架。它集成多种软件可以对模型进行多学科分析。AML 本身没有优化工具，但是由该公司开发的优化工具 AMOpt 可以集成到 AML 框架下，以进行多学科分析与优化。AMOpt 主要有多目标遗传算法、实验设计、Powell 法、N-M 单纯形法、蒙特卡罗模拟以及响应面方法。此外，AMOpt 还可以集成用户自定义的优化算法或第三方优化软件。

（4）DAKOTA[290]是 1991 年美国桑迪亚国家实验室开发的通用多学科设计优化软件框架，可以进行不确定性分析、风险分析、模型校准和优化设计。该软件包含梯度和非梯度的优化算法、不确定性量化、可靠性分析、插值评估模型、非线性最小二乘法的参数评估、敏度分析等功能。其中优化模块中还集成了近年来发展的代理优化算法，可保证优化的全局性和高效性。

（5）RCE[283]是 2012 年德国开发的一款开源的优化设计软件集成系统，该环境可以集成网格自动生成、网格变形、流动求解、结构分析等众多分析工具以及优化工具，能够进行分布式并行计算与多学科优化设计。其中使用 CPACS 作为存储飞行器外形和其他信息的统一数据格式，能够实现不同分析工具之间的高效数据交互。为了缩短飞行器研发的周期并提高设计质量，围绕 RCE 和 CPACS 等核心技术，德国宇航院在 2012 年先后开展了 Digital-X 项目和 VicToria 项目研究，并在 2015～2018 年，在欧盟的资助下由德国宇航院组织协调开展了 AGILE 项目研究。这些项目的关键目标之一都在于开发一套更先进的 MDO 软件平台。

国内大约从 21 世纪初开始进行优化平台的开发，其中主要有：北京仿真中心的协同仿真平台 COSIM[291]；西北工业大学研发的飞行器总体快速设计与优化软件平台[102]（MCDesign）以及基于代理模型的高效气动与多学科优化设计软件 SurroOpt[292]；北京航空航天大学研发的系统设计优化集成环境[293]（SDOF）；大连理工大学运载工程与力学学部/工业装备结构分析国家重点实验室研发的面向工程与科学计算的集成软件系统 SiPESC[294]等。虽然已经有一些自主研发的软件平台投入应用，但与国外知名软件相比，还未形成具有通用性的商业软件。

综上所述，目前国内外的 MDO 平台主要存在两个问题：①虽然针对通用优化设计问题发展了若干优化设计系统，但是缺乏解决飞行器优化设计的专用软件，且所用的优化算法亟需更新换代，以满足新一代飞行器设计的要求；②优化系统缺乏通用性、共用性和扩展性，不利于 MDO 的进一步发展。未来需要进一步发展高效的优化算法，以及飞行器各学科分析工具，同时开展统一数据格式技术研究，形成一个具有开放性、通用性、拓展性的标准化 MDO 软件框架，以满足未来飞行器设计需求。

9.2.1.8　抗噪 MDO 理论与方法研究现状

数值噪声是指在优化设计过程中，随着设计变量的变化，目标函数或约束函数在光滑的真实函数周围的波动[295]。数值噪声来源于确定性的计算机实验，与随机优化领域所研究的由于输入变量/设计状态的随机性所引起的随机误差不同。数值噪声的存在使得目标函数/约束函数中存在多个"虚拟"的局部最优值，会降低优化质量，甚至导致优化失败[146, 175, 296]。早在 20 世纪 90 年代，研究人员就已经注意到工程优化设计中存在数值噪声现象。Haftka 等在进行高速民用运输机（HSCT）的优化设计时发现，通过数值模拟获得的目标函数存在数值噪声，导致优化难以进行，并展示了二维优化设计中带数值噪声的目标函数[297, 298]。同一时期，Toropov 等发现在使用多点近似方法进行结构优化设计时也存在数值噪声现象[299]。之后研究人员陆续发现并证实数值噪声现象广泛存在于各个学科[300]，尤其是数值模拟存在非线性情况时。数值噪声现象的存在导致梯度优化算法容易陷入局部最优，无法处理此类优化问题[301]；无梯度优化算法中的启发式算法效率低下，不适合高耗时的优化问题[302]；因此具有抗噪能力的代理优化算法[303, 304]开始应用于 MDO 领域[305-308]。

在众多代理优化/代理模型方法中，具有抗噪能力的典型方法有：移动最小二乘拟合（MLS）、改进的径向基函数（RBF）插值、人工神经网络（ANN）、多项式响应面（PRSM）、改进的 Kriging 模型、支持向量回归（SVR）以及基于混合模型的优化方法。下面简要介绍后四种方法在滤除数值噪声方面的发展历程及现状。

（1）多项式响应面法是最早用于带有数值噪声的 MDO 领域的优化方法之一，也是应用最广泛的具有滤噪能力的代理优化方法之一。国外以 Haftka 等为代表的研究人员最初在处理带有数值噪声的优化问题时使用了多项式响应面方法予以解决，在 HSCT 的设计中取得了较好的效果[188, 297, 309, 310]。国内以南京航空航天大学的姚卫星和余雄庆等为代表的研究人员将响应面模型应用于机翼的气动结构耦合优化设计[146, 311]。经过大量的应用和研究表明[312, 313]，对于简单的低维问题，多项式响应面法方法可以预测出整个设计空间的响应值[314-316]，并且能够一定程度上滤除数值噪声，但当未知函数带有高度非线性特征（强数值噪声）时，未知函数可能在某些位置极其复杂，导致建立的响应面模型精度不高，优化效果不佳。

（2）传统的 Kriging 模型是一种插值模型，无法处理带噪声问题。因此从 21 世纪初开始，国外的许多学者开始关注改进原有的 Kriging 模型，使其能够处理带有数值噪声的问题。最初研究人员[295]对 Kriging 模型的改进集中在对相关矩阵的修改上，使其一定程度上变为回归模型。该方法虽然具有一定程度的数值噪声滤除能力，但并不能避免数值噪声对超参数优化的干扰，且其滤噪效果极大依赖于对噪声方差的估计，使得数值噪声滤除效果欠佳[317]。另外一个对 Kriging 模型的改进集中在其独有的 EI 加点准则上，这些方法的核心思想是通过对 EI 函数表达式的修改，减小数值噪声对 EI 准则优化加点的影响，但该方法并不是将数值噪声滤除掉，因此滤噪效果不佳。

（3）支持向量回归（SVR）是一种具有高度非线性函数拟合能力的可滤噪代理模型，近年来在工程优化领域逐渐得到重视[318-320]。传统 SVR 方法计算量大、效率低，因此 SVR 模型的发展主要围绕在提高计算速度和增强滤噪能力两方面。在提高计算速度方面，早期的研究人员试图将二次规划转换为其他形式求解以减少计算量，如最小二乘 SVR（LS-SVR）[321]等。上海师范大学的彭新俊[322]借鉴孪生支持向量机（TSVM）的思想于 2010 年提出了孪生支持向量回归（TSVR）方法，使得 SVR 方法的计算效率大大提高，工程实用性得到了极大提升。在提高滤噪能力方面，研究人员大多是以 TSVR 为基础，借鉴原本应用于 SVR 和 SVM 上的思路，发展出一系列拥有较高计算效率和较强滤噪能力的变种 TSVR 方法，如 LSTSVR 等。尽管 SVR 模型滤噪能力极强并且计算速度得到了较大提升，但是由于 SVR 模型不是基于统计学理论、误差估计效率低，导致其无法实现高效的全局优化，在工程应用方面仍然有较大的障碍。

（4）基于混合模型的优化方法是近年来发展的适用于 MDO 领域的优化方法。国外较为著名的是 Haftka 等[323]于 2013 年提出的基于混合模型的高效全局优化方法（MSEGO），该方法利用 Kriging 模型来辅助 SVR 模型的不确定性估计。国内

的 Qiu 等[324]于 2018 年提出了支持向量增强 Kriging 模型（SVEK）。宋学官等[325]
提出了一种强鲁棒性的组合代理模型 E-AHF。此类方法在优化过程中使用多种代
理模型，试图集合各种代理模型的优点，以达到相互弥补的效果。使得优化方法
既能够有效滤除数值噪声，又能够高效地寻找全局最优解。实践证明该方法在部
分测试函数与应用问题上相比于使用单一代理模型的方法效果更好，目前该类方
法仍处于发展中。

　　综上所述，由于 MDO 中存在数值噪声，可滤噪的代理优化方法成为了 MDO
领域很好的解决方案。目前滤噪代理优化方法主要存在两个问题：①插值类模型
能够精确地预测高度非线性的目标函数，并且如 Kriging 模型还具有预估未知点
不确定性的能力，但插值类模型的缺陷在于不能够很好地处理数值噪声，寻优过
程容易被数值噪声干扰；②拟合类模型能够在极其复杂的样本点中获得光滑的预
测函数，有效滤除数值噪声，但是拟合类模型往往不具备不确定性估计能力，并
且构建模型耗时。基于混合模型的优化方法是对抗噪高效全局优化方法的初步探
索，因此未来应用于 MDO 领域的优化方法应该具有以下特征：能够处理复杂数
值噪声、建模速度快优化效率高、全局寻优能力强。

9.2.2　2035 年目标

　　到 2035 年，新一代 MDO 技术能够更好地集成各学科内的不同保真度数据、
能够高效处理全局多目标多学科设计问题、能够高效解决含有不确定度的多学科
设计问题，形成标准化、通用化、扩展性高的多学科设计集成框架，可应用于贯
穿飞行器整机的概念设计到详细设计的全阶段。相比于目前的设计技术，新一代
MDO 能够使飞行器设计周期缩短一半。

　　具体地，新一代 MDO 技术涉及的关键技术要达到以下目标：

　　（1）多学科耦合数值模拟的保真度更高，耦合学科更广，效率、精度和可靠
性得到大幅度提升，单学科和系统灵敏度分析的效率得到进一步提高。学科耦合
数值模拟的学科广是指以气动学科模拟为核心耦合结构、控制、推进、隐身等其
他学科的数值模拟。

　　（2）MDO 求解策略的问题适用性广、可靠性好、求解效率高、收敛性强，
具备高效全局的优化能力。整体式 MDO 策略可以有效支持高性能计算集群的并
行求解；分布式 MDO 策略在求解大规模的复杂工程 MDO 问题时能够快速收敛。
此外，能够形成一些组织框架清晰、信息交流高效的新 MDO 策略。

　　（3）基于多保真度模型的 MDO 理论与方法具有很强的工程适用性和泛化能
力。具体来说，多保真度模型可以融合各种不同保真度数据，且模型的预测精度
得到大幅提升。此外，针对多保真度模型的优化加点方法更加高效，并具备全局
优化能力。

（4）多目标 MDO 理论与方法能够兼顾全局性和高效性，可实现大规模设计变量多目标复杂问题的高效全局优化，能够广泛应用于工程设计领域。

（5）基于拓扑优化的 MDO 理论与方法要能够实现包括气动、结构、控制、推进、隐身等多个学科的优化设计。

（6）基于不确定度的 MDO 理论与方法具有较高的工程实用性，能广泛应用于飞行器设计的概念设计、初步设计和详细设计阶段。具体表现在，能够高效地进行多学科系统中的不确定性分析，UMDO 求解架构具有高效、稳健和分布式并行计算能力。

（7）MDO 集成软件或平台具有数据格式统一、标准化程度高、可扩展性强、通用性强的特点。

（8）MDO 理论与方法能够有效滤除由于数值分析方法或工具引起的数值噪声而不影响 MDO 分析的结果和效率，形成面向工程应用的可滤噪 MDO 系统。

9.3　差距与挑战

自 20 世纪 80 年代诞生以来，MDO 作为一个年轻的研究领域得到飞速发展，其基本概念已经被人们所熟知，并且在飞机、航天器、喷气发动机和直升机旋翼等各类飞行器或部件的分析和设计过程中得到了成功应用。未来，随着计算机性能的不断提升和设计理念的进步与更新，飞行器气动外形设计必定需要与结构、控制、推进、隐身等学科相互耦合，MDO 是飞行器设计技术发展的必由之路。

经过近四十年的发展，MDO 理论逐渐成熟，MDO 技术的深度和广度不断拓展，推动了包括多学科优化策略、优化算法、不确定性量化、MDO 软件系统等在内的各方面技术的进步，MDO 本身也向着更高效、鲁棒、通用的方法前进。为应对未来复杂飞行器系统设计需求，到 2035 年完成 MDO 研究的一个阶跃，达到第三代 MDO 技术，需要认识如表 9.3 所示的 8 个方面的差距，迎接应对的挑战。

表 9.3　在 8 个关键技术内容方面的差距与挑战

关键技术	差距与挑战	2035 年目标
多学科耦合数值模拟	（1）CFD 求解器与其他学科分析模型进行时间和空间耦合时，精度、效率和稳定性不足 （2）学科级分析工具的鲁棒性不足，多学科耦合可靠性不高 （3）多学科耦合分析环境搭建极大依赖于设计人员经验，自动化程度不高，效率较低	多学科耦合数值模拟技术不仅要求保真度高、效率和可靠性高、耦合学科广，还能够快速准确地进行单学科和系统灵敏度分析

关键技术	差距与挑战	2035 年目标
MDO 策略	现有 MDO 策略对不同规模工程设计问题的适应性各异，MDO 问题的维数对 MDO 策略的求解效率影响较大	MDO 求解策略对不同 MDO 问题的适用性强、可靠性好、效率高、收敛快，具备高效全局的优化能力
基于多保真度模型 MDO 理论与方法	现有方法的泛化能力不足，多保真度优化方法目前还主要停留在实验室研究阶段，并没有在实际工程设计中得到较广泛应用	基于多保真度模型的 MDO 理论与方法具有很强的工程适用性
多目标 MDO 理论与方法	（1）现有的 MDO 方法大多采用多目标进化算法，或只是引入代理模型来辅助优化，优化效率较低 （2）对于具有复杂工程约束和高维设计空间的 MDO 问题，现有算法还无法满足需求	多目标 MDO 理论与方法能够兼顾全局性和高效性，可实现大规模设计变量多目标的高效全局优化，能够被广泛应用于工程设计领域
基于拓扑优化的 MDO 理论与方法	（1）现有的基于拓扑优化的 MDO 方法只限于结构拓扑优化 （2）拓扑优化在除了结构优化以外的气动优化和多学科耦合的 MDO 领域中仍然处在发展初期	基于拓扑优化的 MDO 理论与方法要能够实现包括气动、结构、推进、控制、隐身等多个学科的优化设计
基于不确定度的 MDO 理论与方法	（1）不确定性分析的计算量较大，导致多学科稳健优化设计的计算成本过高 （2）UMDO 仍处于初步发展阶段，缺乏典型的飞行器设计实例，在工程设计的适用性不足	基于不确定度的 MDO 理论与方法的效率高、具有较高的工程实用性
MDO 集成方法	（1）飞行器优化设计的专用软件缺乏，所用优化算法急需更新换代 （2）优化集成系统缺乏通用性、共用性和扩展性，在实际工程设计中的应用效率较低	MDO 集成软件或平台具有统一的数据格式、标准化程度高、可扩展性强、通用性强的特点
抗噪 MDO 理论与方法	（1）现有 MDO 所用的高效全局优化算法主要是基于插值类模型和拟合类模型 （2）插值类模型处理数值噪声存在困难 （3）拟合类模型的效率低	MDO 理论与方法能够有效滤除的数值噪声而不影响 MDO 分析的结果和效率，形成面向工程应用的可滤噪 MDO 系统

9.4　发展路线图

多学科优化设计技术的发展水平取决于未来 15 年在多学科数值模拟和高效优化算法方面的发展程度。在各个学科数值模拟技术方面，到 2025 年要发展出高效、鲁棒、高保真度的数值模拟软件，例如，鲁棒性更好、分辨率更高、计算更精确的 CFD 求解器，高精度高计算速度的 CSD 求解器，能够有效模拟燃烧、热传导、声学等的多物理场的求解器。对于存在耦合关系的学科，能够进行以气动为核心的多学科耦合数值模拟，如气动学科和结构学科，到 2025 年左右要能够通过紧耦合的方式获得高保真度的解，甚至对于某些学科可以采用全耦合的方式进行求解。同时，为了能够有效利用各学科内保真度不同的分析方法和不同数据源的数据，到 2025 年前后要发展出高泛化能力的多保真度建模技术和数据融合技术，到 2030 年前后要发展出基于多保真度的高效优化算法，使不同保真度数据能够在优化过程中发挥加速优化收敛的作用，到 2035 年要使基于多保真度的 MDO 技术能够融入专家决策，具有工程实用性。

在飞行器设计过程中，不确定性设计或可靠性设计尤为重要，需要发展基于不确定度的 MDO 理论与方法。为此，大约在 2025 年要发展出学科级的高效不确定度量化方法，在 2030 年前后要发展出学科间系统级的高效不确定度传递方法和敏度分析方法，预计 2035 年要形成工程适用的不确定度 MDO 方法。

此外，MDO 技术也应该在抗数值噪声、优化算法、求解策略和集成方法上开展广泛研究，在 2025 年要发展出 MDO 的抗噪理论，在 2025～2030 年间要发展出高效、全局和可靠的 MDO 求解策略或框架，在 2030 年要发展出针对多目标优化问题的高效优化算法，在 2030～2035 年间发展和完善基于拓扑优化的 MDO 理论和方法，最后在 2035 年形成标准通用化的 MDO 集成方法。

图 9.8 给出了多学科优化设计的发展路线图，包括里程碑节点、典型范例、关键路径以及决策等。

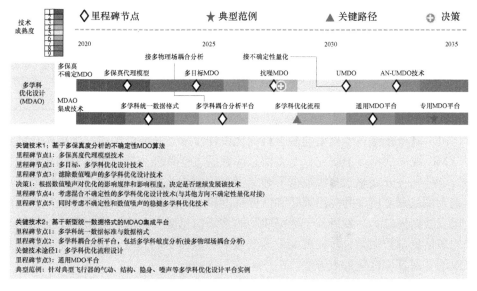

图 9.8　多学科优化设计发展路线图（彩图请扫封底二维码）

9.5　措施与建议

为实现 2035 年新一代 MDO 技术，使其可广泛应用于工程设计，弥补目前 MDO 技术的差距和发展过程中可能的挑战，给出如下 5 个方面的发展措施与建议，并在表 9.4 中总结。

表 9.4　措施与建议

研究基于多保真度模型的 MDO	建立多信息源数据的融合准则，开展基于多源数据不确定度和物理相关度的加权融合算法研究，发展泛化能力高的多保真度建模技术，发展基于多保真度模型的高效多学科优化设计技术
研究智能化 MDO 方法	（1）发展合作优化策略，以有效利用发展成熟的单目标优化技术和约束处理方式 （2）引入多保真度数据和伴随梯度信息，提高优化效率 （3）发展融入专家设计知识与经验的智能化高效 MDO 方法
研究基于不确定度的 MDO	（1）研究不同学科、不同系统层次以及不同评价体系之间不确定性因素的传播机理和耦合效应 （2）结合先进代理模型技术、多学科解耦等技术，发展高效、稳健且有分布式并行求解能力的 UMDO 求解架构，以适用于工程设计
发展准备高效的全局优化理论与算法	需结合伴随方法、梯度优化、从基于混合模型、使用多种代理模型等方面入手，发展准确、高效、鲁棒的全局优化理论与算法，满足工程需要
建立完善的 MDO 软件体系	需要考虑计算机系统构架、不同学科的代码结构、内部求解器的输入输出格式的不统一和不确定性，发展一种用于多学科耦合分析的统一标准，并加入不确定性、参数化、优化算法和优化问题等模块，建成面向工程应用的具有开放性、通用性、拓展性的标准化 MDO 集成框架和软件体系

（1）基于多保真度模型的多学科优化设计技术。开展可扩展、半结构化的新型 XML 统一数据标准研究，对多信息源数据进行整合分类。建立多信息源数据的融合准则，开展基于多源数据不确定度和物理相关度的加权融合算法研究，研究基于多保真度模型的应用策略和低保真度模型的选择方法，发展泛化能力高的多保真度建模技术。发展基于数据驱动的多源信息融合方法，实现基于数据特征层的多信息源数据融合。发展大设计变量下的数据驱动模型的建模技术，研究更有效的变保真度优化加点方法。

（2）智能化高效多目标 MDO 方法。近年来，高效多目标优化算法逐渐发展盛行，其中，以 MOEA/D-EGO 为代表的基于分解策略的多目标优化算法能够实现高效并行多目标优化，为多目标 MDO 方法的发展与应用提供了有力工具。然而，多目标优化算法的理论发展与工程应用研究之间还存在一定的差距。针对新一代多目标 MDO 需求，未来需要在如下三个方面开展研究：①发展类似于 MOEA/D 的分解合作优化策略，以有效利用发展成熟的单目标优化技术和约束处理方式；②引入多保真度数据和伴随梯度信息，提高优化全局性和优化效率；③发展能够考虑复杂工程约束和处理大规模设计变量的智能化高效多目标 MDO 方法。

（3）基于不确定度的 MDO 理论与方法。目前，UMDO 仍处于初步发展阶段，缺乏典型的飞行器设计实例，未来可以从以下五个方面开展研究。①多学科系统中的不确定性认知。对各学科中的不确定性因素进行识别、定义和筛选，确定最佳的不确定性因素建模方法。②考虑多学科耦合影响的不确定性敏度分析方法。借助灵敏度评估不确定性变量的重要程度以缩减计算规模，并发展高效不确定性分析方法。③多学科耦合下的不确定性传播机制。研究不同学科、不同系统层次以及不同评价体系之间不确定性因素的传播机理和耦合效应。④高效的 UMDO 求解架构。结合先进代理模型技术、多学科解耦等技术，发展高效、稳健且有分布式并行求解能力的 UMDO 求解架构，以适用于工程设计。⑤在概念设计、初步设计和详细设计阶段逐步引入 UMDO 来提高系统稳健性，减少设计风险并提高综合性能。最终形成可提升飞行器综合性能并保证稳健性与可靠性的 UMDO 设计能力。

（4）发展准确高效的全局优化理论与算法。现有的全局优化方法主要基于插值类模型和拟合类模型，其中插值类模型在有数值噪声情况下会导致计算不准，拟合类模型则存在效率低的问题。未来需结合伴随方法、梯度优化、从基于混合模型、使用多种代理模型等方面入手，发展准确、高效、鲁棒的全局优化理论与算法，以满足工程需要。

（5）基于新型统一数据格式的 MDO 集成框架。考虑到计算机系统构架、不同学科的代码结构、内部求解器的输入输出格式的不统一和不确定性，需要发展一种用于多学科耦合分析和优化的统一标准，以便未来在多学科分析和优化中高效地使用和管理各种解算器。未来 MDO 的框架中除了具有各学科模拟的输入和输出的模块之外，还需要加入不确定性、参数化、优化算法和优化问题等模块。最终，结合以上技术建成面向工程应用的具有开放性、通用性、拓展性的标准化 MDO 集成框架。

9.6　典型案例分析

随着攻防武器的迅速发展，为提高飞行器的生存能力，自从 20 世纪 50 年代美国提出飞行器隐身方面的问题以来，隐身技术作为一项跨学科的综合技术，在飞行器外形综合设计中不断地发展应用开来。隐身性能的好坏与飞行器外形有密切的关系，低雷达散射截面（radar cross section，RCS）外形设计技术是实现武器系统高性能隐身的最直接有效的手段。隐身与气动这两个学科虽然不耦合但存在一定的矛盾关系，为了挖掘飞行器在隐身和气动方面的性能，发展多学科优化设计技术具有重要的意义。下面给出一个气动/隐身优化的例子，来说明 MDO 方法在飞行器设计中的应用潜力。

以仿照 Northrop Grumman 公司研发的 X-47B 舰载无人作战飞机设计的飞翼布局无人机作为基准外形（图 9.9），其主要棱边的俯视投影均遵循平行设计原则，相应的总体参数如表 9.5 所示。现在采用代理优化方法对该外形进行设计，其中优化设计目标为：在升力系数固定为 0.2 的情况下，最小化全机阻力系数与前向±30°角域内的 RCS 均值。在优化设计过程中，为了保证机体内部拥有足够的装载空间且便于开展结构设计，需要满足全机几何容积约束。同时由于无尾飞翼布局缺少平尾，其在巡航状态下还须满足俯仰力矩配平条件。其中，RCS 评估中雷达入射波为频率 1GHz 的垂直极化波。优化数学模型为

$$\min C_{\mathrm{D}}$$
$$\mathrm{s.t.} (1) |C_{\mathrm{M}}| \leqslant 0.001$$
$$(2) \mathrm{Volume} \geqslant 0.97 \times \mathrm{V}$$
$$(3) \overline{RCS} \leqslant \overline{RCS}_0$$

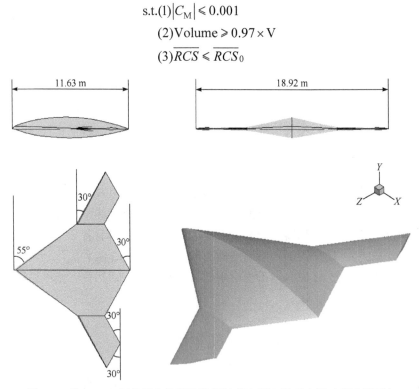

图 9.9　仿 X-47B 舰载无人作战飞机设计的飞翼布局无人机（基准外形）

表 9.5　仿 X-47B 无人机的总体参数

	机体长度	11.63m
几何参数	展长	18.92m
	前缘后掠角	55°/30°
	平均气动弦长	6.687m
	参考面积	84.42m^2
重量参数	重心位置	6.143m
	起飞重量	19.27t
	平均巡航重量	17.9t
	着陆重量	16.91t
巡航特性	巡航高度	10000m
	巡航马赫数	0.75

使用 FFD 方法完成对飞翼布局无人机巡航构形的参数化，FFD 控制框如图 9.10 所示。从机身对称面到翼梢沿展向布置 7 个控制剖面，每个控制剖面处沿弦向布置 24 个控制点，分上下两层布置于机翼上下表面，每一层 12 个控制点。在优化设计过程中，中央体三个剖面的 FFD 控制点（红色控制点）和外翼区每个剖面（橙色箭头所指的剖面）后缘的两个 FFD 控制点保持固定不动，仅扰动

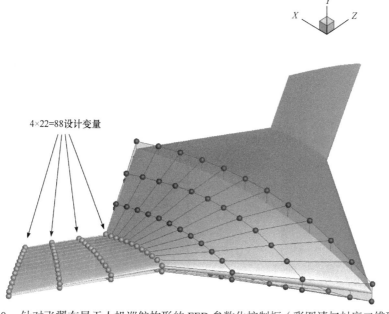

图 9.10　针对飞翼布局无人机巡航构形的 FFD 参数化控制框（彩图请扫封底二维码）

外翼区四个剖面上余下 FFD 控制点的 Y 方向坐标（橙色控制点，其中不包括每个橙色控制剖面后缘的两个点），每个剖面上 22 个设计变量，共计 88 个设计变量。设计变量取值范围以初始 FFD 控制点的 Y 方向坐标 Y_0 为基准，所有设计变量的取值范围设定为 $0.5Y_0 \sim 1.5Y_0$。

使用代理优化算法开展优化设计，在优化设计过程中，采用"EI+PI+LCB+MSP"组合并行加点准则添加新样本点，不断更新 Kriging 代理模型，并根据当前最优外形自适应调整设计空间。在累计达到 1000 个样本点后，终止优化，得到最终优化构型。

优化设计完成后，使用密网格评估得到的优化设计的结果如表 9.6 所示。在前向 $\pm 30°$ 角域内 RCS 均值、全机巡航状态升力系数、全机俯仰力矩系数和机体容积严格满足约束的条件下，全机巡航状态阻力系数降低了 9.54%，巡航升阻比由 17.56 提升至 19.38。全机俯仰力矩系数的绝对值减小为原来的 44.68%，更接近于 0，有利于实现俯仰力矩自配平。图 9.11 展示了优化设计飞翼布局无人机上表面的压力系数云图，左侧为基准外形，右侧为优化外形。经过优化设计，外翼区上

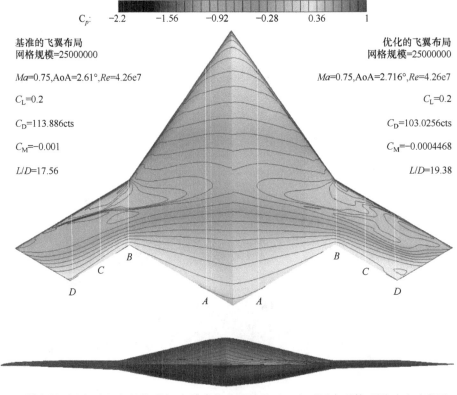

图 9.11 飞翼布局无人机全机巡航构形气动/隐身优化设计前后上表面压力系数云图对比（彩图请扫封底二维码

表面存在的强激波基本消除，全机巡航升阻比得到提升。

表 9.6 飞翼布局无人机全机巡航构形气动/隐身综合优化设计结果

	C_L	C_D（cts）	C_M	L/D	$\overline{RCS}/\mathrm{m}^2$	体积 V
基准外形	0.2	113.886	−0.001	17.56	0.0135	0.14572
优化构型	0.2	103.025	−0.0004468	19.38	0.012	0.14344

当雷达波从前向入射时（对应 $\varphi = 0°$），双后掠飞翼布局优化构型与基准外形在俯仰方向上的隐身特性对比如图 9.12 和表 9.7 所示。其中，入射波频率为 1GHz，极化方式为垂直极化，求解单站电磁散射，入射俯仰角范围为 $\varphi = 60° \sim 120°$，入射俯仰角之间的间隔为 $\Delta\varphi = 1°$。在俯仰角 $\varphi = 60° \sim 63°$、$\varphi = 110° \sim 120°$ 的范围内，优化构型的 RCS 值明显降低。在俯仰角 $\varphi = 90°$ 处，优化构型的 RCS 值略有降低。

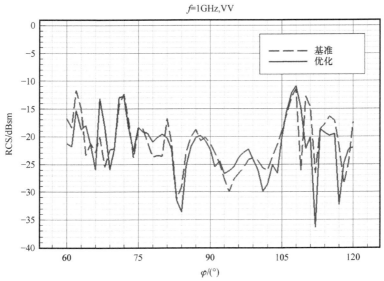

图 9.12 飞翼布局无人机全机巡航构形气动/隐身优化设计前后前向±30°角域内的 RCS 分布对比（$f = 1\mathrm{GHz}$，垂直极化）

表 9.7 飞翼布局无人机巡航构型俯仰方向上的隐身特性对比

	$\varphi = 60°$	$\varphi = 90°$	$\varphi = 120°$
基准外形	−16.8069254	−21.2967155	−17.3999918
优化构型	−21.2560395	−22.3760205	−22.0249831

　　以上结果表明，采用多学科优化设计手段能够较好地权衡气动、隐身的综合性能。

参 考 文 献

[1] Sobieszczanski-Sobieski J. A linear decomposition method for optimization problem blueprint for development[R]. NASA-TM-83248, 1982.

[2] Wakayama S, Kroo I. The challenge and promise of blended-wing-body optimization[C]. 7th AIAA/USAF/NASA/ISSMO Symposium on Multidisciplinary Analysis and Optimization, 1998: 4736.

[3] Padula S L, Rogers J L, Raney D L. Multidisciplinary techniques and novel aircraft control systems[C]. 8th Symposium on Multidisciplinary Analysis and Optimization, 2000: 4848.

[4] AIAA White Paper. Current state of the art on multidisciplinary design optimization(MDO)[R]. American Institute of Aeronautics and Astronautics, 1991.

[5] Sobieszczanski-Sobieski J, Haftka R T. Multidisciplinary aerospace design optimization: survey of recent developments[J]. Structural Optimization, 1997, 14(1): 1-23.

[6] Salas O A, Townsend J C. Framework requirements for MDO application development[C]. 7th AIAA/USAF/NASA/ISSMO Symposium on Multidisciplinary Analysis and Optimization, 1998: 4740.

[7] Samateh A J. Multidisciplinary aerodynamic-structural shape optimization using deformation[C]. 8th Symposium on Multidisciplinary Analysis and Optimization, 2000: 4911.

[8] Tarzanin F, Young D K. Boeing rotorcraft experience with rotor design and optimization[C]. 7th AIAA/USAF/NASA/ISSMO Symposium on Multidisciplinary Analysis and Optimization, 1998: 4733.

[9] Agte J, Deweck O, Sobieszczanski-Sobieski J, et al. MDO: assessment and direction for advancement—an opinion of one international group[J]. Structural and Multidisciplinary Optimization, 2010, 40(1-6): 17-33.

[10] Radovcich N, Layton D. The F-22 structural/aeroelastic design process with MDO examples[C]. 7th AIAA/USAF/NASA/ISSMO Symposium on Multidisciplinary Analysis and Optimization, 1998: 4732.

[11] Love M H. Multidisciplinary design practices from the F-16 agile falcon[C]. 7th AIAA/USAF/NASA/ISSMO Symposium on Multidisciplinary Analysis and Optimization, 1998: 4704.

[12] Carty A. An approach to multidisciplinary design, analysis & optimization for rapid conceptual design[C]. 9th AIAA/ISSMO Symposium on Multidisciplinary Analysis and Optimization, 2002: 5438.

[13] Ledoux S T, Herling W W, Fatta G J. MDOPT-a multidisciplinary design optimization system using higher order analysis codes[C]. 10th AIAA/ISSMO Multidisciplinary Analysis and Optimization Conference, 2004: 4567.

[14] Chakraborty I, Gross J R, Nam T, et al. Analysis of the effect of cruise speed on fuel efficiency and cost for a truss-braced wing concept[C]. 14th AIAA Aviation Technology, Integration, and

Operations Conference, 2014: 2424.

[15] Baker M L, Munson M J, Hoppus G W, et al. The integrated hypersonic aeromechanics tool (IHAT), build4[C]. 10th AIAA/ISSMO Multidisciplinary Analysis and Optimization Conference, 2004: 4565.

[16] Kobayashi T, Kroo I. The new effective MDO method based on collaborative optimization[C]. 35th AIAA Fluid Dynamics Conference and Exhibit, 2005: 4799.

[17] Mallik W, Kapania R K, Schetz J A. Multidisciplinary design optimization of medium-range transonic truss-braced wing aircraft with flutter constraint[C]. 54th AIAA/ASME/ASCE /AHS/ASC Structures, Structural Dynamics, and Materials Conference, 2013: 1454.

[18] Gupta R, Mallik W, Kapania R K, et al. Multidisciplinary design optimization of subsonic strut-braced wing aircraft[C]. 52nd Aerospace Sciences Meeting, 2014: 0186.

[19] Bhachu K S, Haftka R T, Waycaster G, et al. Probabilistic manufacturing tolerance optimization of damage-tolerant aircraft structures using measured data[J]. Journal of Aircraft, 2015, 52(5): 1412-1421.

[20] 朱自强, 王晓璐, 吴宗成, 等. 支撑机翼跨声速民机的多学科优化设计[J]. 航空学报, 2009, 30(1): 1-11.

[21] 申秀丽, 龙丹, 董晓琳. 航空发动机初步设计阶段涡轮流道多学科优化设计分析方法[J]. 航空动力学报, 2014, 29(6): 1369-1375.

[22] 罗世彬. 高超声速飞行器机体/发动机一体化及总体多学科设计优化方法研究[D]. 长沙: 国防科技大学, 2004.

[23] 颜力, 陈小前, 王振国. 飞行器多学科设计优化中的灵敏度分析方法研究[J]. 航空计算技术, 2005, 035(1): 1-6.

[24] 赵勇. 卫星总体多学科设计优化理论与应用研究[D]. 长沙: 国防科技大学, 2006.

[25] 袁斌, 刘莉, 李怀建, 等. 考虑高耗时约束的全电推进卫星多学科优化[J]. 宇航学报, 2018, 39(5): 34-41.

[26] 胡添元, 余雄庆. 多学科设计优化在非常规布局飞机总体设计中的应用[J]. 航空学报, 2011, 32(1): 117-127.

[27] 胡婕. 客机机翼气动/结构多学科设计优化研究[D]. 南京: 南京航空航天大学, 2012.

[28] 韩忠华, 许晨舟, 乔建领, 等. 基于代理模型的高效全局气动优化设计方法研究进展[J]. 航空学报, 2020, 41(3): 623344.

[29] 刘楠溪, 白俊强, 华俊. 考虑排放影响的飞机多学科优化设计[J]. 航空学报, 2017, 38(1): 163-176.

[30] 粟华, 王京士, 龚春林, 等. 耦合混合变量的空间机动飞行器多学科设计优化[J]. 宇航学报, 2017, 38(12): 1253-1262.

[31] 李斌茂. 鱼雷发动机多学科设计优化理论与应用研究[D]. 西安: 西北工业大学, 2014.

[32] 黄江涛, 刘刚, 高正红, 等. 飞行器多学科耦合伴随体系的现状与发展趋势[J]. 航空学报, 2020, 41(3): 623404.

[33] 李育超, 齐婵颖, 高通锋. 基于 Kriging 代理模型的运输机机翼多学科优化设计[J]. 航空科学技术, 2018, 29(3): 20-24.

[34] 刘竹生, 张博戎. 运载火箭总体设计多学科优化方法发展及展望[J]. 宇航总体技术, 2017,

1(2): 1-6.

[35] 郑安波, 马汉东, 罗小云. 战术导弹多目标多学科设计优化[J]. 航空学报, 2013, 34(11): 2557-2564.

[36] Haftka R T. Optimization of flexible wing structures subject to strength and induced drag constraints[J]. AIAA Journal, 1977, 15(8): 1101-1106.

[37] Luker J, Hutsell L. Air force research laboratory progress in fluids-structures interaction[C]. 29th AIAA Fluid Dynamics Conference, 1998: 2420.

[38] Sobieszczanski-Sobieski J. Optimization by decomposition: a step from hierarchic to non-hierarchic systems[R]. NASA-TM-101494, 1988.

[39] Walsh J L, Townsend J C, Salas A O, et al. Multidisciplinary high-fidelity analysis and optimization of aerospace vehicles, part 1: formulation[C]. 38th Aerospace Sciences Meeting and Exhibit, 2000: 0418.

[40] Walsh J L, Weston R P, Samareh J A, et al. Multidisciplinary high-fidelity analysis and optimization of aerospace vehicles, Part 2: preliminary results[C]. 38th Aerospace Sciences Meeting and Exhibit, 2000: 0419.

[41] Monell D, Mathias D, Reuther J, et al. Multi-disciplinary analysis for future launch systems using NASA's Advanced Engineering Environment (AEE)[C]. 16th AIAA computational fluid dynamics conference, 2003: 3428.

[42] D'Ortenzio M, Enomoto F, Johan S. Collaborative decision environment for unmanned aerial vehicle operations[C]. Infotech@ Aerospace, 2005: 6939.

[43] Baker M, Munson M, Hoppus G, et al. The Integrated hypersonic aeromechanics tool (IHAT), Build 4[C]. 10th AIAA/ISSMO Multidisciplinary Analysis and Optimization Conference, 2004: 4565.

[44] Roughen K, Baker M, Seber G, et al. A system for aerothermodynamic, servo, thermal, elastic, propulsive coupled analysis (ASTEP)[C]. 47th AIAA/ASME/ASCE/AHS/ASC Structures, Structural Dynamics, and Materials Conference, 2006: 1620.

[45] Pester M. Multi-Disciplinary Conceptual Aircraft Design Using CEASIOM[D]. Hamburg: Hamburg university of applied sciences, 2010.

[46] Gray J S, Hwang J T, Martins J R, et al. OpenMDAO: an opensource framework for multidisciplinary design, analysis, and optimization[J]. Structural and Multidisciplinary Optimization, Springer Science & Business Media, 2019, 59(4): 1075-1104.

[47] Martins J R, Marriage C, Tedford N. PyMDO: an object-oriented framework for multidisciplinary design optimization[J]. ACM Transactions on Mathematical Software, 2009, 36(4): 1-25.

[48] Alonso J, Jameson A. Fully-implicit time-marching aeroelastic solutions[C]. 32nd AIAA Aerospace Sciences Meeting and Exhibit, 1994: 0056.

[49] Guruswamy G, Byun C. Fluid-structural interactions using Navier-Stokes flow equations coupled with shell finite element structures[C]. 23rd AIAA Fluid Dynamics, Plasmadynamics, and Lasers Conference, 1993: 3087.

[50] Gordnier R E, Visbal M R. Development of a three-dimensional viscous aeroelastic solver for

nonlinear panel flutter[J]. Journal of fluids and structures, 2002, 16(4): 497-527.

[51] Connolly J W, Chwalowski P, Sanetrik M D, et al. Towards an aero-propulso-servo-elasticity analysis of a commercial supersonic transport[C]. 15th Dynamics Specialists Conference, 2016: 1320.

[52] Gray J S, Mader C A, Kenway G K, et al. Approach to modeling boundary layer ingestion using a fully coupled propulsion-RANS model[C]. 58th AIAA/ASCE/AHS/ASC Structures, Structural Dynamics, and Materials Conference, 2017: 1753.

[53] Sahu J. Time-accurate numerical prediction of free-flight aerodynamics of a finned projectile[J]. Journal of Spacecraft & Rockets, 2008, 45(5): 946-954.

[54] Kenway G K, Kennedy G J, Martins J R. Scalable parallel approach for high-fidelity steady-state aeroelastic analysis and adjoint derivative computations[J]. AIAA Journal, 2014, 52(5): 935-951.

[55] Schütte A, Einarsson G, Raichle A, et al. Numerical simulation of maneuvering aircraft by aerodynamic, flight mechanics and structural mechanics coupling[J]. Journal of Aircraft, 2009, 46(1): 53-64.

[56] 肖军, 谷传纲. 基于全隐式紧耦合算法的颤振数值分析[J]. 机械工程学报, 2010, 46(22): 156-166.

[57] 张科施, 韩忠华, 李为吉, 等. 基于近似技术的高亚声速运输机机翼气动/结构优化设计[J]. 航空学报, 2006, 27(5): 810-815.

[58] 张来平, 马戎, 常兴华, 等. 虚拟飞行中气动、运动和控制耦合的数值模拟技术[J]. 力学进展, 2014, 44(1): 376-417.

[59] Hu T Y, Yu X Q. Aerodynamic/stealthy/structural multidisciplinary design optimization of unmanned combat air vehicle[J]. Chinese Journal of Aeronautics, 2009, 22(4): 380-386.

[60] Smith M, Cesnik C, Hodges D, et al. An evaluation of computational algorithms to interface between CFD and CSD methodologies[C]. 37th AIAA Structure, Structural Dynamics and Materials Conference, 1996: 1400.

[61] Guruswamy G P. A review of numerical fluids/structures interface methods for computations using high-fidelity equations[J]. Computers & structures, 2002, 80(1): 31-41.

[62] Dettmer W, Perić D. A computational framework for fluid-rigid body interaction: finite element formulation and applications[J]. Computer Methods in Applied Mechanics and Engineering, 2006, 195(13-16): 1633-1666.

[63] Stein K, Benney R, Kalro V, et al. Parachute fluid-structure interactions: 3-D Computation[J]. Computer Methods in Applied Mechanics and Engineering, 2000, 190(3-4): 373-386.

[64] Goura G S L, Badcock K J, Woodgate M A, et al. A data exchange method for fluid-structure interaction problems[J]. The Aeronautical Journal, 2001, 105(1046): 215-221.

[65] Akima H. A method of bivariate interpolation and smooth surface fitting based on local procedures[J]. Communications of the ACM, 1974, 17(1): 18-20.

[66] Harder R L, Desmarais R N. Interpolation using surface splines[J]. Journal of Aircraft, 1972, 9(2): 189-191.

[67] Duchon J. Splines minimizing rotation-invariant semi-norms in Sobolev spaces[C]. Constructive Theory of Functions of Several Variables, 1977: 85-100.

[68] Appa K. Finite-surface spline[J]. Journal of Aircraft, 1989, 26(5): 495-496.

[69] Hardy R L. Multiquadric equations of topography and other irregular surfaces[J]. Journal of geophysical research, 1971, 76(8): 1905-1915.

[70] Shepard D. A two-dimensional interpolation function for irregularly-spaced data[C]. 23rd ACM national conference, 1968: 517-524.

[71] Buhmann M D. Radial Basis Functions: Theory and Implementations[M]. Cambridge: Cambridge University Press, 2003.

[72] Beckert A, Wendland H. Multivariate interpolation for fluid-structure-interaction problems using radial basis functions[J]. Aerospace Science and Technology, 2001, 5(2): 125-134.

[73] Rendall T C, Allen C B. Unified fluid-structure interpolation and mesh motion using radial basis functions[J]. International Journal for Numerical Methods in Engineering, 2008, 74(10): 1519-1559.

[74] 吴宗敏. 径向基函数、散乱数据拟合与无网格偏微分方程数值解[J]. 工程数学学报, 2002, 19(2): 1-12.

[75] 刘艳, 白俊强, 华俊, 等. 复杂构型高精度静气动弹性分析方法及其应用研究[J]. 西北工业大学学报, 2015, 33(1): 14-20.

[76] 刘深深. 气动力/热/结构多场耦合数据传递方法研究[D]. 绵阳: 中国空气动力研究与发展中心, 2014.

[77] Wendland H. Computational Aspects of Radial Basis Function Approximation[J]. Studies in Computational Mathematics, 2006, 12: 231-256.

[78] Radanović L. Sensitivity Methods in Control Theory[M]. Oxford: Pergamon Press, 1967.

[79] Sobieszczanski-Sobieski J, Barthelemy J-F, Riley K M. Sensitivity of optimum solutions of problem parameters[J]. AIAA Journal, 1982, 20(9): 1291-1299.

[80] Barthelemy J F M, Sobieszczanski-Sobieski J. Optimum sensitivity derivatives of objective functions in nonlinear programming[J]. AIAA Journal, 1983, 21(6): 913-915.

[81] Pritchard J I, Adelman H M, Sobieszczanski-Sobieski J. Optimization for minimum sensitivity to uncertain parameters[J]. AIAA Journal, 1996, 34(7): 1501-1504.

[82] 张科施. 飞机设计的多学科优化方法研究[D]. 西安: 西北工业大学, 2006.

[83] Sobieszczanski-Sobieski J. Sensitivity of complex, internally coupled systems[J]. AIAA Journal, 1990, 28(1): 153-160.

[84] Hajela P, Bloebaum C L, Sobieszczanski-Sobieski J. Application of global sensitivity equations in multidisciplinary aircraft synthesis[J]. Journal of Aircraft, 1990, 27(12): 1002-1010.

[85] Reuther J, Alonso J, Martins J, et al. A coupled aero-structural optimization method for complete aircraft configurations[C]. 37th AIAA Aerospace Sciences Meeting and Exhibit, 1999: 0187.

[86] Martins J R. A Coupled-Adjoint Method for High-Fidelity Aero-Structural Optimization[M]. Palo Alto: Stanford University, 2003.

[87] Martins J, Alonso J, Reuther J. Complete Configuration aero-structural optimization using a coupled sensitivity analysis method[C]. 9th AIAA/ISSMO Symposium on Multidisciplinary Analysis and Optimization, 2002: 5402.

[88] Kennedy G, Martins J. Parallel solution methods for aerostructural analysis and design optimization[C]. 13th AIAA/ISSMO Multidisciplinary Analysis Optimization Conference, 2010: 9308.

[89] Abu-Zurayk M, Brezillon J. Development of the Adjoint Approach for Aeroelastic Wing optimization[C]. New Results in Numerical and Experimental Fluid Mechanics VIII, 2013: 59-66.

[90] Abu-Zurayk M, Brezillon J. Shape optimization using the aero-structural coupled adjoint approach for viscous flows[C]. Optimization and Control Conference, 2011: 13-16.

[91] Abu-Zurayk M, Brezillon J. Aero-Elastic Multipoint Optimization Using the Coupled Adjoint Approach[C]. New Results in Numerical and Experimental Fluid Mechanics, 2014: 45-52.

[92] Marcelet M, Peter J, Carrier G. Sensitivity analysis of a strongly coupled aero-structural system using direct and adjoint methods[C]. 12th AIAA/ISSMO Multidisciplinary Analysis and Optimization Conference, 2008: 5863.

[93] Dumont A, Ghazlane I, Marcelet M, et al. Overview of recent development of aeroelastic adjoint method for civil aircraft wing optimization[C]. ONERA DLR Aerospace Symposium, 2011.

[94] Wang L, Diskin B, Biedron R, et al. High-fidelity multidisciplinary sensitivity analysis framework for multipoint rotorcraft optimization[C]. AIAA Scitech 2019 Forum, 2019: 1699.

[95] 杨旭东, 乔志德, 朱兵. 气动/几何约束条件下翼型优化设计的最优控制理论方法[J]. 计算物理, 2006, 23(1): 66-72.

[96] 熊俊涛, 乔志德, 杨旭东, 等. 一种计及静气动弹性变形影响的跨声速机翼气动优化设计方法研究[J]. 空气动力学学报, 2009, 27(2): 154-159.

[97] 韩少强, 宋文萍, 韩忠华, 等. 基于梯度增强型 Kriging 模型的气动反设计方法[J]. 航空学报, 2017, 38(7): 138-152.

[98] 左英桃, 高正红, 何俊. 基于 Navier-Stokes 方程和离散共轭方法的气动外形设计[J]. 空气动力学学报, 2010, 28(5): 5.

[99] 陈颂, 白俊强, 史亚云, 等. 民用客机机翼/机身/平尾构型气动外形优化设计[J]. 航空学报, 2015, 36(10): 3195-3207.

[100] 周铸, 陈作斌. 基于 N-S 方程的翼型气动优化设计[J]. 空气动力学学报, 2002, 20(2): 141-149.

[101] 吴文华, 陶洋, 陈德华, 等. 基于伴随算子的气动布局优化技术及其在大飞机机翼减阻中的应用[J]. 航空动力学报, 2011, 26(7):1583-1589.

[102] 粟华. 飞行器高拟真度多学科设计优化技术研究[D]. 西安: 西北工业大学航天学院, 2014.

[103] Martins J R R A, Lambe A B. Multidisciplinary design optimization: a survey of architectures[J]. AIAA Journal, 2013, 51(51): 2049-2075.

[104] 张代雨. 多学科优化算法及其在水下航行器中的应用[D]. 西安: 西北工业大学, 2017.

[105] 易永胜. 基于协同近似和集合策略的多学科优化设计方法研究[D]. 武汉: 华中科技大学, 2019.

[106] Cramer E J, Dennis J E J, Frank P D, et al. Problem formulation for multidisciplinary optimization[J]. SIAM Journal on Optimization, 1994, 4(4): 754-776.

[107] Balling R J, Sobieszczanski-Sobieski J. Optimization of coupled systems: a critical overview of approaches[J]. AIAA Journal, 1996, 34(1): 6-17.

[108] Alexandrov N M, Lewis R M. Analytical and computational aspects of collaborative optimization for multidisciplinary design[J]. AIAA Journal, 2002, 40(2): 301-309.

[109] Kroo I M. MDO for Large-Scale Design[C]//Multidisciplinary design optimization. State of the Art, 1997, 22-44.

[110] Haftka R T. Simultaneous analysis and design[J]. AIAA Journal, 1985, 23(7): 1099-1103.

[111] Braun R D. Collaborative Optimization: an Architecture for Large-Scale Distributed Design[D]. California: Stanford University, 1996.

[112] Braun R D, Gage P J, Kroo I M, et al. Implementation and performance issues in collaborative optimization[C]. 6th Symposium on Multidisciplinary Analysis and Optimization, 1996: 4017.

[113] Lin J. Analysis and enhancement of collaborative optimization for multidisciplinary design[J]. AIAA Journal, 2004, 42(2): 348-360.

[114] Sobieszczanski-Sobieski J. Optimization by decomposition: A step from hierarchic to non-hierarchic systems[R]. Technical Report, NASA Langley Research Center, 1988.

[115] Bloebaum C L, Hajela P, Sobieszczanski-Sobieski J. Non-hierarchic system decomposition in structural optimization[J]. Engineering Optimization, 1992, 19(3): 171-186.

[116] Renaud J E, Gabriele G A. Approximation in non-hierarchic system optimization[J]. AIAA Journal, 1994, 32(1): 198-205.

[117] Sobieszczanski-Sobieski J, Agte J S, Sandusky R R. Bilevel integrated system synthesis[J]. AIAA Journal, 2000, 38(1): 164-172.

[118] Kodiyalam S, Sobieszczanski-Sobieski J. Bilevel integrated system synthesis with response surfaces[J]. AIAA Journal, 2000, 38(8): 1479-1485.

[119] Sobieszczanski-Sobieski J, Tory D, Phillips M, et al. Bilevel integrated system synthesis for cocurrent and distributed processing[J]. AIAA Journal, 2003, 41(10): 1996-2003.

[120] Sobieszczanski-Sobieski J. Integrated system-of-systems synthesis[J]. AIAA Journal, 2008, 46(5): 1072-1080.

[121] Kim H M. Target Cascading in Optimal System Design[D]. Michigan: University of Michigan, 2001.

[122] Kim H M, Michelena N F, Papalambros P Y, et al. Target cascading in optimal system design[J]. Journal of Mechanical Design, 2003, 125(3): 474-480.

[123] Han J, Papalambros P Y. A sequential linear programming coordination algorithm for analytical target cascading[J]. Journal of Mechanical Design, 2010, 132(3): 021003.

[124] Haftka R T, Watson L T. Multidisciplinary design optimization with quasiseparable subsystems[J]. Optimization and Engineering, 2005, 6(1): 9-20.

[125] Haftka R T, Watson L T. Decomposition theory for multidisciplinary design optimization problems with mixed integer quasiseparable subsystems[J]. Optimization and Engineering, 2006, 7(2): 135-149.

[126] Tosserams S, Etman L F P, Rooda J E. Augmented Lagrangian coordination for distributed optimal design in MDO[J]. International Journal for Numerical Methods in Engineering, 2008,

73(13): 1885-1910.

[127] Chittick I R, Martins J R R A. An asymmetric suboptimization approach to aerostructural optimization[J]. Optimization and Engineering, 2009, 10(1): 133-152.

[128] Chittick I R, Martins J R R A. Aero-structural optimization using adjoint coupled post-optimality sensitivities[J]. Structural and Multidisciplinary Optimization, 2008, 36(1): 59-70.

[129] Kennedy G, Martins J R R A, Hansen J S. Aerostructural optimization of aircraft structures using asymmetric subspace optimization[C]. 12th AIAA/ISSMO Multidisciplinary Analysis and Optimization Conference, 2008: 5847.

[130] Haftka R T, Sobieszczanski-Sobieski J, Padula S L. On options for interdisciplinary analysis and design optimization[J]. Structural Optimization, 1992, 4(2): 65-74.

[131] Alexandrov N M, Hussaini M Y. Multidisciplinary Design Optimization: State of the Art[M]. Philadelphia: Society for Industrial and Applied Mathematics, 1997.

[132] Alexandrov N M. Multilevel Methods for MDO[M]//Multidisciplinary Design Optimization. State of the Art, 1997: 79-89.

[133] Balling R J. Approaches to MDO which Support Disciplinary Autonomy[M]//Multidisciplinary Design Optimization, 1997: 90-97.

[134] Tosserams S, Etman L F P, Rooda J E. A classification of methods for distributed system optimization based on formulation structure[J]. Structural and Multidisciplinary Optimization, 2009, 39(5): 503-517.

[135] Simpson T W, Martins J R R A. Multidisciplinary design optimization for complex engineered systems: report from a national science foundation workshop[J]. Journal of Mechanical Design, 2011, 133(10): 101002.

[136] Yi S I, Shin J K, Park G J. Comparison of MDO methods with mathematical examples[J]. Structural and Multidisciplinary Optimization, 2008, 35: 391-402.

[137] Tedford N P, Martins J R R A. Benchmarking multidisciplinary design optimization algorithms[J]. Optimization and Engineering, 2010, 11(1):159-183.

[138] Zhang D Y, Song B W, Wang P, et al. Performance evaluation of MDO architectures within a variable complexity problem[J]. Mathematical Problems in Engineering, 2017, 2017: 1-9.

[139] Charles A M, Kenway G K W, Martins J R R A. Toward high-fidelity aerostructural optimization using a coupled adjoint approach[C]. 12th AIAA/ISSMO Multidisciplinary Analysis and Optimization Conference, 2008: 5968.

[140] Kenway G K W, Kennedy G J, Martins J R R A. A scalable parallel approach for high-fidelity aerostructural analysis and optimization[C]. 53rd AIAA/ASME/ASCE/AHS/ASC Structures, Structural Dynamics and Materials Conference, 2012: 1922.

[141] Balesdent M, Bérend N, Dépincé P. Stagewise multidisciplinary design optimization formulation for optimal design of expendable launch vehicles[J]. Journal of Spacecraft & Rockets, 2012, 49(4): 720-730.

[142] Brevault L, Balesdent M, Bérend N, et al. Decoupled multidisciplinary design optimization formulation for interdisciplinary coupling satisfaction under uncertainty[J]. AIAA Journal,

2016, 54(1): 186-205.

[143] Hoogervorst J E K, Elham A. Wing aerostructural optimization using the individual discipline feasible architecture[J]. Aerospace ence and technology, 2017, 65(6): 90-99.

[144] Kroo I M, Altus S, Braun R, et al. Multidisciplinary optimization methods for aircraft preliminary design[C]. 5th Symposium on Multidisciplinary Analysis and Optimization, 1994: 4325.

[145] 余雄庆, 丁运亮. 多学科设计优化算法及其在飞行器设计中应用[J]. 航空学报, 2000, 21(1): 1-6.

[146] 余雄庆. 飞机总体多学科设计优化的现状与发展方向[J]. 南京航空航天大学学报, 2008, 40(4): 417-426.

[147] 刘蔚. 多学科设计优化方法在 7000 米载人潜水器总体设计中的应用[D]. 上海: 上海交通大学, 2007.

[148] 朱华光, 刘莉, 龙腾, 等. 机翼气动结构多学科设计优化研究[J]. 北京理工大学学报, 2011, 31(10): 1147-1152.

[149] 李昱霖, 刘莉, 龙腾, 等. 高速飞行器气动热结构耦合分析及优化设计[J]. 弹箭与制导学报, 2014, 5: 144-149.

[150] Jang B S, Yang Y S, Jung H S, et al. Managing approximation models in collaborative optimization[J]. Structural and Multidisciplinary Optimization, 2005, 30(1): 11-26.

[151] Jun S, Jeon Y H, Rho J, et al. Application of collaborative optimization using genetic algorithm and response surface method to an aircraft wing design[J]. Journal of Mechanical Science and Technology, 2006, 20(1): 133-146.

[152] Jafarsalehi A, Zadeh P M, Mirshams M. Collaborative optimization of remote sensing small satellite mission using genetic algorithms[J]. Iranian Journal of Science and Technology Transactions of Mechanical Engineering, 2012, 36(2): 117-128.

[153] Zadeh P M, Mehmani A, Messac A. High fidelity multidisciplinary design optimization of a wing using the interaction of low and high fidelity models[J]. Optimization and Engineering, 2016, 17(3): 503-532.

[154] Sellar R S, Batill S M, Renaud J E. Response surface based, concurrent subspace optimization for multidisciplinary system design[C]. 34th Aerospace Sciences Meeting and Exhibit, 1996: 0714.

[155] Stelmack M A, Batill S M, Beck B C, et al. Application of the concurrent subspace design framework to aircraft brake component design optimization[C]. 39th AIAA/ASME/ASCE/ AHS/ASC Structures, Structural Dynamics, and Materials Conference and Exhibit, 1998: 2003.

[156] Huang C H, Galuski J, Bloebaum C L. Multi-objective pareto concurrent subspace optimization for multidisciplinary design[J]. AIAA Journal, 2007, 45(8): 1894-1906.

[157] Brown N F, Olds J R. Evaluation of multidisciplinary optimization techniques applied to a reusable launch vehicle[J]. Journal of Spacecraft & Rockets, 2006, 43(6): 1289-1300.

[158] Din I S E, Dumont A, Blondeau C. Transonic wing-body civil transport aircraft aerostructural design optimization using a Bi-level high fidelity approach-a focus on the aerodynamic process[C]. 51st AIAA Aerospace Sciences Meeting including the New Horizons Forum and

Aerospace Exposition, 2013: 0144.

[159] Allison J T, Roth B, Kokkolaras M, et al. Aircraft family design using decomposition-based methods[C]. 11th AIAA/ISSMO Multidisciplinary Analysis and Optimization Conference, 2006: 6950.

[160] 余雄庆, 姚卫星, 薛飞, 等. 关于多学科设计优化计算框架的探讨[J]. 机械科学与技术, 2004, 23(4): 286-289.

[161] 贾建东, 姚卫星, 吴德海. 飞行器多学科优化设计技术概论[J]. 航空科学技术, 2005, (6): 23-27.

[162] 刘克龙, 姚卫星, 余雄庆. 运用低自由度协同优化的机翼结构气动多学科设计优化[J]. 航空学报, 2007, 28(5): 1025-1032.

[163] 王振国, 陈小前, 罗文彩, 等. 飞行器多学科设计优化理论与应用研究[M]. 长沙: 国防工业出版社, 2006.

[164] 蔡伟, 陈小前, 姚雯. 基于加速收敛 BLISS 的不确定性多学科设计优化[C]. 第六届中国不确定系统年会论文集, 2008.

[165] 陈小前, 姚雯, 魏月兴, 等. 飞行器多学科设计优化理论的工程应用[J]. 国防科技大学学报, 2011, 35(5): 1-8.

[166] 肖蜜. 多学科设计优化中近似模型与求解策略研究[D]. 武汉: 华中科技大学, 2012.

[167] 郑君. 基于变可信度近似的设计优化关键技术[D]. 武汉: 华中科技大学, 2014.

[168] 周慧. 基于变复杂度近似的改进两级集成系统协同优化方法及应用研究[D]. 武汉: 华中科技大学, 2019.

[169] 高正红, 夏露, 李天, 等. 飞行器气动与隐身性能一体化优化设计方法研究[J]. 飞机设计, 2003, 3: 1-5.

[170] 李焦赞, 高正红. 多变量气动设计问题分层协同优化[J]. 航空学报, 2013, 34(1): 58-65.

[171] 谷良贤, 龚春林. 多学科设计优化方法比较[J]. 弹箭与制导学报, 2005, 25(1): 60-62.

[172] 陈仁伍, 谷良贤, 龚春林. 一种新的多学科设计优化方法[J]. 宇航学报, 2008, 29(1): 100-103.

[173] 张科施, 李为吉. 改进的并行子空间优化算法及其在飞机概念设计中的应用[J]. 西北工业大学学报, 2008, 26(1): 110-115.

[174] Zhang K S, Han Z H, Li W J. Bilevel adaptive weighted sum method for multidisciplinary multi-objective optimization[J]. AIAA Journal, 2008, 46(10): 2611-2622.

[175] Viana F A C, Simpson T W, Balabanov V, et al. Metamodeling in multidisciplinary design optimization: how far have we really come?[J]. AIAA Journal, 2014, 52(4): 670-690.

[176] Chang K J, Haftka R T, Giles G L, et al. Sensitivity-based scaling for approximating structural response[J]. Journal of Aircraft, 1993, 30(2): 283-288.

[177] Alexandrov N M, Dennis J E, Lewis R M, et al. A trust-region framework for managing the use of approximation models in optimization[J]. Structural Optimization, 1998, 15(1): 16-23.

[178] Choi S, Alonso J J, Kim S, et al. Two-level multi-fidelity design optimization studies for supersonic jets[C]. 43rd AIAA Aerospace Sciences Meeting and Exhibit, 2005: 0053.

[179] Zheng J, Shao X Y, Gao L, et al. A hybrid variable-fidelity global approximation modelling method combining tuned radial basis function base and Kriging correction[J]. Journal of

Engineering Design, 2013, 24(8): 604-622.

[180] Han Z H, Görtz S, Hain R. A variable-fidelity modeling method for aero-loads prediction[J]. Numerical Fluid Mechanics and Multidisciplinary Design, 2010, 112: 17-25.

[181] Gano S E, Renaud J E, Sanders B. Hybrid variable fidelity optimization by using a Kriging based scaling function[J]. AIAA Journal, 2005, 43(11): 2422-2433.

[182] Gano S E, Renaud J E. Update strategies for Kriging models for used in variable fidelity optimization[J]. Structural and Multidisciplinary Optimization, 2005, 32(4): 287-298.

[183] Han Z H, Görtz S, Zimmermann R. Improving variable-fidelity surrogate modeling via gradient-enhanced Kriging and a generalized hybrid bridge function[J]. Aerospace Science and Technology, 2013, 25(1): 177-189.

[184] Hutchison M G. Multidisciplinary Optimization of High-Speed Civil Transport Configurations Using Variable-Complexity Modeling[D]. Virginia: Virginia Polytechnic Institute and State University, 1993.

[185] Hutchison M G, Unger E R, Mason W H, et al. Variable-complexity aerodynamic-structural design of a high-speed civil transport[J]. Journal of Aircraft, 1994, 31(1): 110-116.

[186] Giunta A A, Vladimir B, Burgee S, et al. Variable-complexity multidisciplinary design optimization using parallel computers[C]. Computational Mechanics, 1995: 489-494.

[187] Kaufman M, Balabanov V, Giunta A A, et al. Variable-complexity response surface approximations for wing structural weight in HSCT design[J]. Computational Mechanics, 1996, 18(2): 112-126.

[188] Knill D L, Giunta A A, Baker C A, et al. Response surface models combining linear and Euler aerodynamics for supersonic transport design[J]. Journal of Aircraft, 1999, 36(1): 75-86.

[189] Alexandrov N M, Lewis R M. Optimization with variable-fidelity models applied to wing design[C]. 38th Aerospace Sciences Meeting and Exhibit, 2000: 0841.

[190] Berci M, Toropov V V, Hewson R W, et al. Multidisciplinary multifidelity optimisation of a flexible wing aerofoil with reference to a small UAV[J]. Structural and Multidisciplinary Optimization, 2014, 50(4): 683-699.

[191] 张德虎, 高正红, 李焦赞, 等. 基于双层代理模型的无人机气动隐身综合设计[J]. 空气动力学学报, 2013, 31(3): 394-400.

[192] Bandler J W, Biernacki R, Chen S H. Space mapping technique for electromagnetic optimization[J]. IEEE Transactions on Microwave Theory and Techniques, 1994, 42(12): 2536-2544.

[193] Bandler J W, Ismail M A, Rayas-Sanchez J E, et al. Neuromodeling of microwave circuits exploiting space-mapping technology[J]. IEEE Transactions on Microwave Theory and Techniques, 1999, 47(12): 2417-2427.

[194] Bandler J W, Cheng Q S, Nikolova N K, et al. Implicit space mapping optimization exploiting preassigned parameters[J]. IEEE Transactions on Microwave Theory and Techniques, 2004, 52(1): 378-385.

[195] Robinson T D, Eldred M S, Willcox K E, et al. Surrogate-based optimization using multifidelity models with variable parameterization and corrected space mapping[J]. AIAA Journal, 2008,

46(11): 2814-2822.

[196] Jonsson E, Leifsson L, Koziel S. Aerodynamic optimization of wings by space mapping[C]. 51st AIAA Aerospace Sciences Meeting including the New Horizons Forum and Aerospace Exposition, 2013: 0780.

[197] Kennedy M C, O'Hagan A. Predicting the output from a complex computer code when fast approximations are available[J]. Biometrika, 2000, 87(1): 1-13.

[198] Ha H G, Oh S J, Yee K J. Feasibility study of hierarchical Kriging model in the design optimization process[J]. Journal of the Korean Society for Aeronautical and Space Sciences, 2014, 42(2): 108-118.

[199] 宋超, 杨旭东, 宋文萍. 耦合梯度与分级 Kriging 模型的高效气动优化方法[J]. 航空学报, 2016, 37(7): 2144-2155.

[200] Han Z H, Görtz S. Hierarchical Kriging model for variable-fidelity surrogate modeling[J]. AIAA Journal, 2012, 50(3): 1885-1896.

[201] Han Z H, Zimmermann R, Görtz S. A new co-Kriging method for variable-fidelity surrogate modeling of aerodynamic data[C]. 48th AIAA Aerospace Sciences Meeting Including the New Horizons Forum and Aerospace Exposition, 2010: 1225.

[202] Han Z H, Xu C Z, Zhang L, et al. Efficient aerodynamic shape optimization using variable-fidelity surrogate models and multilevel computational grids[J]. Chinese Journal of Aeronautics, 2020, 33(1): 31-47.

[203] Bailly J, Bailly D. Multifidelity aerodynamic optimization of a helicopter rotor blade[J]. AIAA Journal, 2019, 57(8): 3132-3144.

[204] Bu Y P, Song W P, Han Z H, et al. Aerodynamic/aeroacoustic variable-fidelity optimization of helicopter rotor based on hierarchical Kriging model[J]. Chinese Journal of Aeronautics, 2020, 33(2): 476-492.

[205] Rodríguez J F, Renaud J E, Watson L T. Convergence of trust region managed augmented lagrangian methods using variable fidelity approximation data[J]. Structural Optimization, 1998, 15(3): 141-156.

[206] Rodríguez J F, Pérez V M, Padmanabhan D, et al. Sequential approximate optimization using variable fidelity response surface approximations[J]. Structural and Multidisciplinary Optimization, 2001, 22(1): 24-34.

[207] Zadeh P M, Toropov V V, Wood A S. Metamodel-based collaborative optimization framework[J]. Structural and Multidisciplinary Optimization, 2009, 38(1): 103-115.

[208] Ghoman S S, Kapania R K, Chen P C, et al. Multifidelity, multistrategy, and multidisciplinary design optimization environment[J]. Journal of Aircraft, 2012, 49(5): 1255-1270.

[209] Ciarella A, Tsotskas C, Hahn M, et al. A multi-fidelity, multi-disciplinary analysis and optimization framework for the design of morphing UAV wing[C]. 16th AIAA/ISSMO Multidisciplinary Analysis and Optimization Conference, 2015: 2326.

[210] Yin S, Zhu M, Liang H Q. Multi-disciplinary design optimization with variable complexity modeling for a stratosphere airship[J]. Chinese Journal of Aeronautics, 2019, 32(5): 1244-1255.

[211] Sun X J, Ge J Q, Yang T, et al. Multifidelity multidisciplinary design optimization of integral

solid propellant ramjet supersonic cruise vehicles[J]. International Journal of Aerospace Engineering, 2019, 2: 5192424.

[212] Wu X Y, Lin X, Jin L, et al. The MDO environment for hypersonic vehicle system design and Optimization[C]. 42nd AIAA/ASME/SAE/ASEE Joint Propulsion Conference & Exhibit, 2006: 5191.

[213] 黎旭. 代理模型技术及其在飞行器可靠性优化中的应用研究[D]. 西安: 西北工业大学, 2018.

[214] Deb K. Multi-Objective Optimization[M]. Boston: Search methodologies, 2014: 403-449.

[215] Collette Y, Siarry P. Multiobjective Optimization: Principles and Case Studies[M]. Heidelberg: Springer Science & Business Media, 2013.

[216] Obayashi S, Yamaguchi Y, Nakamura T. Multiobjective genetic algorithm for multidisciplinary design of transonic wing planform[J]. Journal of Aircraft, 1997, 34(5): 690-693.

[217] Tappeta R, Renaud J, Rodríguez J. An interactive multiobjective optimization design strategy for decision based multidisciplinary design[J]. Engineering Optimization, 2002, 34(5): 523-544.

[218] 陈琪锋, 戴金海. 多目标的分布式协同进化 MDO 算法[J]. 国防科技大学学报, 2002, 24(4): 15-18.

[219] Gunawan S, Azarm S, Wu J, et al. Quality-assisted multi-objective multidisciplinary genetic algorithms[J]. AIAA Journal, 2003, 41(9): 1752-1762.

[220] Jilla C D, Miller D W. Multi-objective, multidisciplinary design optimization methodology for distributed satellite systems[J]. Journal of Spacecraft & Rockets, 2004, 41(1): 39-50.

[221] 孙奕捷, 申功璋. 飞机多学科设计优化中的并行多目标子空间优化框架[J]. 航空学报, 2009, 30(8):1421-1428.

[222] Nosratollahi M, Mortazavi M, Adami A, et al. Multidisciplinary design optimization of a reentry vehicle using genetic algorithm[J]. Aircraft Engineering & Aerospace Technology, 2010, 82(3): 194-203.

[223] Lee D S, Gonzalez L F, Periaux J, et al. Efficient hybrid-game strategies coupled to evolutionary algorithms for robust multidisciplinary design optimization in aerospace engineering[J]. IEEE Transactions on Evolutionary Computation, 2011, 15(2): 133-150.

[224] Barbosa A N. Multidisciplinary optimization of sounding rocket fins shape using a tool called MDO-SONDA[J]. Journal of Aerospace Technology & Management, 2012, 4(4): 431-442.

[225] Allen A R, Przekop A. Vibroacoustic tailoring of a rod-stiffened composite fuselage panel with multidisciplinary considerations[J]. Journal of Aircraft, 2015, 52(2): 692-702.

[226] Lobbia M A. Multidisciplinary design optimization of waverider-derived crew reentry vehicles[J]. Journal of Spacecraft & Rockets, 2017, 54(1): 233-245.

[227] Jung J, Yang H, Kim K, et al. Conceptual design of a reusable unmanned space vehicle using multidisciplinary optimization[J]. International Journal of Aeronautical & Space Sciences, 2018, 19: 743-750.

[228] Zandavi S M, Pourtakdoust S H. Multidisciplinary design of a guided flying vehicle using simplex nondominated sorting genetic algorithm II[J]. Structural and Multidiplinary

Optimization, 2017, 57(2): 705-720.

[229] Babaei A R, Setayandeh M R, Farrokhfal H. Aircraft robust multidisciplinary design optimization methodology based on fuzzy preference function[J]. Chinese Journal of Aeronautics, 2018, 31(12): 67-78.

[230] Gemma S, Mastroddi F. Multi-disciplinary and multi-objective optimization of an over-wing-nacelle aircraft concept[J]. CEAS Aeronautical Journal, 2019, 10(3): 771-793.

[231] Alam M I, Pant R S. Multi-objective multidisciplinary design analyses and optimization of high altitude airships[J]. Aerospace Science & Technology, 2018, 78: 248-259.

[232] Zhang L C, Lv M Y, Zhu W Y, et al. Mission-based multidisciplinary optimization of solar-powered hybrid airship[J]. Energy Conversion & Management, 2019, 185: 44-54.

[233] Takenaka K, Hatanaka K, Yamazaki W, et al. Multidisciplinary design exploration for a winglet[J]. Journal of Aircraft, 2008, 45(5): 1601-1611.

[234] Chen X Q, Hu X Z, Lattarulo V, et al. Application of multi-objective alliance algorithm to multidisciplinary design optimization under uncertainty[C]. 2016 IEEE Congress on Evolutionary Computation (CEC), 2016: 2669-2675.

[235] Knowles J. ParEGO: A hybrid algorithm with on-line landscape approximation for expensive multiobjective optimization problems[J]. IEEE Transactions on Evolutionary Computation, 2006, 10: 50-66.

[236] Kanazaki M, Tanaka K, Jeong S, et al. Multiobjective aerodynamic exploration of elements′ setting for high-lift airfoil using Kriging model[J]. Journal of Aircraft, 2007, 44: 858-864.

[237] Obayashi S. Multiobjective design exploration using efficient global optimization[C]. Proceeding of European Conference on Computational Fluid Dynamics, 2006.

[238] Emmerich M T M, Giannakoglou M K C, Naujoks B. Single- and multiobjective evolutionary optimization assisted by gaussian random field metamodels[J]. IEEE Transactions on Evolutionary Computation, 2006, 10(4): 421-439.

[239] Emmerich M T M, Deutz A H, Klinkenberg J W. Hypervolume-based expected improvement: monotonicity properties and exact computation[C]. Evolutionary Computation IEEE, 2011: 2147-2154.

[240] Keane A J. Statistical improvement criteria for use in multiobjective design optimization[J]. AIAA Journal, 2006, 44(4): 879-891.

[241] Shimoyama K, Sato K, Jeong S, et al. Updating Kriging surrogate models based on the hypervolume indicator in multi-objective optimization[J]. Journal of Mechanical Design, 2013, 135(9): 1-7.

[242] Zhang Q F, Liu W D, Tsang E, et al. Expensive multiobjective optimization by MOEA/D with gaussian process model[J]. IEEE Transactions on Evolutionary Computation, 2010, 14(3): 456-474.

[243] Lin X, Zhang Q F, Kwong S. An efficient batch expensive multiobjective evolutionary algorithm based on decomposition[C]. Evolutionary Computation IEEE, 2017: 1343-1349.

[244] Bendsoe M P, Sigmund O. Topology Optimization: Theory, Methods, and Applications[M]. Heidelberg: Springer Science & Business Media, 2013.

[245] 胡三宝. 多学科拓扑优化方法研究[D]. 武汉: 华中科技大学, 2011.

[246] Zhu J H, Zhang W H, Xia L. Topology optimization in aircraft and aerospace structures design[J]. Archives of Computational Methods in Engineering, 2016, 23(4): 595-622.

[247] Gray J S, Hwang J T, Martins J R R A, et al. OpenMDAO: an opensource framework for multidisciplinary design, analysis, and optimization[J]. Structural and Multidisciplinary Optimization, 2019, 59: 1075-1104.

[248] Chung H Y, Hwang J T, Gray J S, et al. Topology optimization in OpenMDAO[J]. Structural and Multidisciplinary Optimization, 2019, 59: 1385-1400.

[249] Munk D J, Vio G A, Steven G P. Topology and shape optimization methods using evolutionary algorithms: a review[J]. Structural and Multidisciplinary Optimization, 2015, 52(3): 613-631.

[250] Deng Y B, Liu Z Y, Zhang P, et al. Topology optimization of unsteady incompressible Navier-Stokes flows[J]. Journal of Computational Physics, 2011, 230(17): 6688-6708.

[251] 张为华, 李晓斌. 飞行器多学科不确定性设计理论概述[J]. 宇航学报, 2004, 25(6): 702-706.

[252] Deaton J D, Grandhi R V. A survey of structural and multidisciplinary continuum topology optimization: post 2000[J]. Structural and Multidisciplinary Optimization, 2014, 49(1): 1-38.

[253] Maute K, Reich G W. Integrated multidisciplinary topology optimization approach to adaptive wing design[J]. Journal of Aircraft, 2006, 43(1): 253-263.

[254] Remouchamps A, Bruyneel M, Fleury C, et al. Application of a bi-level scheme including topology optimization to the design of an aircraft pylon[J]. Structural and Multidisciplinary Optimization, 2011, 44(6): 739-750.

[255] Sun R, Chen G, Zhou C. et al. Multidisciplinary design optimization of adaptive wing leading edge[J]. Science China Technological Sciences, 2013, 56: 1790-1797.

[256] James K A, Kennedy G J, Martins J R R A. Concurrent aerostructural topology optimization of a wing box[J]. Computers and Structures, 2014, 134(134): 1-17.

[257] Choi J S, Park G J. Multidisciplinary design optimization of the flapping wing system for forward flight[J]. International Journal of Micro Air Vehicles, 2017, 9(2): 93-110.

[258] Li B, Liu H, Zheng S. Multidisciplinary topology optimization for reduction of sloshing in aircraft fuel tanks based on SPH simulation[J]. Structural and Multidisciplinary Optimization, 2018, 58(4): 1719-1736.

[259] 吕计男, 郭力, 范学领, 等. 大展弦比机翼翼段气动弹性效应下拓扑优化分析[J]. 空气动力学学报, 2018, 36(6): 5.

[260] 邱福生, 赵红娟, 戴良景, 等. 考虑气动-结构耦合的机翼三维结构拓扑优化方法[J]. 科学技术与工程, 2019, 19(22): 350-355.

[261] Gomes P, Palacios R. Aerodynamic driven multidisciplinary topology optimization of compliant airfoils[C]. AIAA Scitech 2020 Forum, 2020: 0894.

[262] Daskilewicz M J, German B J, Takahashi T T, et al. Effects of disciplinary uncertainty on multi-objective optimization in aircraft conceptual design[J]. Structural and Multidisciplinary Optimization, 2011, 44(6): 831-846.

[263] 赵民, 刘百奇, 粟华. 面向飞行器总体设计的 UMDO 技术综述[J]. 宇航学报, 2018, 39(6): 593-604.

[264] Wen Y, Chen X Q, Luo W C, et al. Review of uncertainty-based multidisciplinary design optimization methods for aerospace vehicles[J]. Progress in Aerospace Sciences, 2011, 47(6): 450-479.

[265] 姜潮. 基于区间的不确定性优化理论与算法[D]. 长沙: 湖南大学, 2008.

[266] Xiu D, Karniadakis G E. Modeling uncertainty in low simulations via generalized polynomial chaos[J]. Journal of Computational Physics, 2003, 187(1): 137-167.

[267] Maitre O P L, Knio O M, Najm H N, et al. A stochastic projection method for fluid flow I. basic formulation[J]. Journal of Computational Physics, 2001, 173(2): 481-511.

[268] Ghosh S, Lee C, Mavris D N. Covariance matching collaborative optimization for uncertainty-based multidisciplinary aircraft design[C]. 15th AIAA/ISSMO Multidisciplinary Analysis and Optimization Conference, 2014: 2872.

[269] Chen L, Sankaran M. Stochastic multidisciplinary analysis with high-dimensional coupling[J]. AIAA Journal, 2016, 54(4): 1209-1219.

[270] Wasserstein R L. Monte Carlo: concepts, algorithms, and applications[J]. Journal of Computational and Applied Mathematics, 1996, 75(2): 3-4.

[271] Jung D H, Lee B C. Development of a simple and efficient method for robust optimization[J]. International Journal for Numerical Methods in Engineering, 2002, 53(9): 2201-2215.

[272] Julier S J. Unscented filtering and nonlinear estimation[C]. Proceedings of the IEEE, 2004, 92(3): 401-422.

[273] 陈小前, 姚雯, 欧阳琦. 飞行器不确定性多学科优化设计理论与应用[M]. 北京: 科学出版社, 2013.

[274] 王若冰. 不确定性多学科设计优化方法及其在飞行器设计中的应用研究[D]. 西安: 西北工业大学, 2016.

[275] Zang T, Hemsch M, Hilburger M, et al. Needs and Opportunities for Uncertainty-Based Multidisciplinary Design Methods for Aerospace Vehicle[M]. Hampton: Lanley Research Center, 2002.

[276] Aminpour M A, Shin Y, Sues R H, et al. A framework for reliability-based MDO of aerospace systems[C]. 43rd AIAA/ASME/ASCE/AHS/ASC Structures, Structural Dynamics, and Materials Conference, 2002: 1476.

[277] Nannapaneni S, Mahadevan S. Probability-space surrogate modeling for fast multidisciplinary optimization under uncertainty[J]. Reliability Engineering and System Safety, 2020, 198: 1-16.

[278] 陈建江. 面向飞航导弹的多学科稳健优化设计方法及应用[D]. 武汉: 华中科技大学, 2004.

[279] 姚雯. 不确定性 MDO 理论及其在卫星总体设计中的应用研究[D]. 长沙: 国防科技大学, 2007.

[280] Wang X, Wang R, Wang L, et al. An efficient single-loop strategy for reliability-based multidisciplinary design optimization under non-probabilistic set theory[J]. Aerospace Science and Technology, 2018, 73: 148-163.

[281] Nagel B, Böhnke D, Gollnick V, et al. Communication in aircraft design: can we establish a common language?[C]. 28th Congress of the International Council of the Aeronautical Sciences

(ICAS), 2012, 201(2): 1-13.

[282] Liersch C M, Hepperle M. A distributed toolbox for multidisciplinary preliminary aircraft design[J]. CEAS Aeronautical Journal, 2011, 2(1-4): 57-68.

[283] Seider D, Litz M, Schreiber A, et al. Open-source software framework for applications in aeronautics and space[C]. 2012 IEEE Aerospace Conference, 2012: 1-11.

[284] Kroll N, Abu-Zurayk M, Dimitrov D, et al. DLR project Digital-X: towards virtual aircraft design and flight testing based on high-fidelity methods[J]. CEAS Aeronautical Journal, 2016, 7(1): 3-27.

[285] Boggero L, Fioriti M, Tomasella F, et al. Integration of on-board systems preliminary design discipline within a collaborative 3rd generation MDO framework[C]. 31th Congress of the International Council of the Aeronautical Sciences (ICAS), 2018.

[286] Kroll N, Rossow C. Digital-X: DLR's Way Towards the Virtual Aircraft[C]. NIA CFD Conference. DLR, 2012: 6-8.

[287] Dassault, Systemes. Inc. Isight Automate Design Exploration and Optimization [EB/OL]. http://www.3ds.com/filename/products-services/simulia/resour.

[288] Phoenix, Integration. Inc. Unprecedented Decision Support Make the Best Design Decisions [EB/OL]. http://www.phoenix-int.com/.

[289] http://www.technosoft.com/technosoft/docs/ technosoft-solutions.pdf.

[290] http://dakota.sandia.gov.

[291] 申玉文, 李潭, 郭丽琴. 基于 COSIM 云仿真平台的建模方法研究[C]. 第 16 届中国系统仿真技术及其应用学术会议, 2015: 422-425.

[292] Han Z. SurroOpt: A generic surrogate-based optimization code for aerodynamic and multidisciplinary design[C]. 30th ICAS, 2016: 0281.

[293] 韩明红, 邓家褆. 复杂工程系统多学科设计优化集成环境研究[J]. 机械工程学报, 2004, 40(9): 100-105.

[294] 陈飙松. 数值仿真软件集成平台 SiPESC 研发进展研究[J]. 科技创新导报, 2016, 13(19): 178-179.

[295] Forrester A I J, Keane A J, Bressloff N W. Design and analysis of "Noisy" computer experiments[J]. AIAA Journal, 2006, 44(10): 2331-2339.

[296] 龙腾, 刘建, 孟令涛, 等. 多学科设计优化技术发展及在航空航天领域的应用[J]. 航空制造技术, 2016, (3): 24-33.

[297] Giunta A A, Dudley J M, Narducci R, et al. Noisy aerodynamic response and smooth approximations in HSCT design[C]. 5th AIAA Symposium on Multidisciplinary Analysis and Optimization, 1994: 4376.

[298] Narducci R, Grossman B, Valorani M, et al. Optimization methods for non-smooth or noisy objective functions in fluid design problems[C]. 12th Computational Fluid Dynamics Conference, 1995: 21-32.

[299] Toropov V V. Multipoint Approximation Method for Structural Optimization Problems with Noisy Function Values[M]. Heidelberg: Stochastic Programming, 1995: 109-122.

[300] Toropov V, Keulen F V, Markine V, et al. Refinements in the multi-Point approximation method

to reduce the effects of noisy structural responses[C]. 6th AIAA Symposium on Multidisciplinary Analysis and Optimization, 1996: 4087.

[301] Brooks T R, Kenway G K W, Martins J R R A. Undeflected common research model (uCRM): an aerostructural model for the study of high aspect ratio transport aircraft wings[C]. 35th AIAA Applied Aerodynamics Conference, 2017: 4456.

[302] 宋倩, 万志强. 飞翼式客机机翼气动/结构综合优化方法研究[J]. 民用飞机设计与研究, 2018, (4): 6-14.

[303] 韩忠华. Kriging 模型及代理优化算法研究新进展[J]. 航空学报, 2016, 37(11): 3197-3225.

[304] Yondo R, Andres E, Valero E. A review on design of experiments and surrogate models in aircraft real-time and many-query aerodynamic analyses[J]. Progress in Aerospace Sciences, 2018, 96: 23-61.

[305] Zhang K, Han Z, Gao Z, et al. Constraint aggregation for large number of constraints in Wing surrogate-based optimization[J]. Structural and Multidisciplinary Optimization, 2019, 59(2): 421-438.

[306] Klimmek T, Schulze M, Abu-Zurayk M, et al. An independent and in high fidelity based MDO tasks integrated process for the structural and aeroelastic design for aircraft configurations[C]. International Forum on Aeroelasticity and Structural Dynamics, 2019.

[307] Goertz S. Multi-level MDO of a long-range transport aircraft using a distributed analysis framework[C]. 18th AIAA/ISSMO Multidiscipliary Analysis and Optimization, 2017: 4326.

[308] Wunderlich T, Daehne S, Heinrich L, et al. Multidisciplinary optimization of an NLF forward swept wing in combination with aeroelastic tailoring using CFRP[J]. CEAS Aeronautical Journal, 2017, 8: 673-690.

[309] Papila M, Haftka R T. Response surface approximations: noise, error repair and modeling errors[J]. AIAA Journal, 2000, 38: 2336-2343.

[310] Balabanov V O, Giunta A A, Golovidov O. Reasonable design space approach to response surface approximation[J]. Journal of Aircraft, 1999, 36(1): 308-315.

[311] 穆雪峰, 姚卫星, 余雄庆, 等. 多学科设计优化中常用代理模型的研究[J]. 计算力学学报, 2005, 22(5): 608-612.

[312] Huang D, Allen T, Notz W, et al. Global optimization of stochastic black box systems via sequential Kriging meta-models[J]. Journal of Global Optimization, 2012, 54(2): 431-431.

[313] Madsen J I, Shyy W, Haftka R T. Response surface techniques for diffuser shape optimization[J]. AIAA Journal, 2000, 38(9): 1512-1518.

[314] Unal R, Lepsch R A, Mcmillin M L. Response surface model building and multidisciplinary optimization using d-optimal designs[C]. 7th AIAA/USAF/NASA/ISSMO Symposium on Multidisciplinary Analysis and Optimization, 1998: 405-411.

[315] Gramacy R B, Lee H K H. Cases for the nugget in modeling computer experiments[J]. Statistics and Computing, 2012, 22(3): 713-722.

[316] Yin J, Ng S H, Ng K M. Kriging metamodel with modified nugget-effect: the heteroscedastic variance case[J]. Computers & Industrial Engineering, 2011, 61(3): 760-777.

[317] Forrester A I J, Keane A J. Recent advances in surrogate-based optimization[J]. Progress in

Aerospace Sciences, 2009, 45(1): 50-79.

[318] Zhang K, Han Z. Support vector regression-based multidisciplinary design optimization in aircraft conceptual design[C]. 51st AIAA Aerospace Sciences Meeting Including the New Horizons Forum and Aerospace Exposition, 2013: 1160.

[319] Wang Q, Qian W, He K. Unsteady aerodynamic modeling at high angles of attack using support vector machines[J]. Chinese Journal of Aeronautics, 2015, 28(3): 659-668.

[320] Andres E, Salcedo-Sanz S, Monge F, et al. Efficient aerodynamic design through evolutionary programming and support vector regression algorithms[J]. Expert Systems with Applications, 2012, 39(12): 10700-10708.

[321] Suykens J A K, Vandewalle J. Least squares support vector machine classifiers[J]. Neural Processing Letters, 1999, 9: 293-300.

[322] Peng X. TSVR: an efficient twin support vector machine for regression[J]. Neural Networks, 2010, 23(3): 365-372.

[323] Viana F A C, Haftka R T, Watson L T. Efficient global optimization algorithm assisted by multiple surrogate techniques[J]. Journal of Global Optimization, 2013, 56(2): 669-689.

[324] Chen L M, Qiu H B, Jiang C, et al. Support Vector enhanced Kriging for metamodeling with noisy data[J]. Structural and Multidisciplinary Optimization, 2018, 57(4): 1611-1623.

[325] Song X G, Lv L Y, Li J L, et al. An advanced and robust ensemble surrogate model: extended adaptive hybrid functions[J]. Journal of Mechanical Design, 2018, 140 (4): 041402.

第 10 章　人工智能/量子计算与 CFD 的结合

10.1　概念及背景

人工智能和量子计算的基本概念如表 10.1 所示，以下分别展开介绍。

表 10.1　基本概念

人工智能	量子计算
人工智能是研究、开发用于模拟、延伸和扩展人的智能的理论、方法、技术及应用系统的一门新的技术科学 人工智能在未来一段时间有可能融入到 CFD 的具体环节中，提升或者代替 CFD 的部分功能	量子计算是一种遵循量子力学规律调控量子信息单元进行计算的新型计算模式 量子计算机拥有强大的计算能力，可以应用于需要强大计算性能的场景

10.1.1　人工智能在 CFD 中的应用

CFD 的发展与计算机的发展紧密相关，虽然在 20 世纪初就出现了用数值方法解决流体力学问题的思想，但计算工具的限制使得直到 20 世纪 60 年代才出现了采用计算机求解流体力学问题的尝试。最近 40 多年来，CFD（含理论分析）因计算机技术的进步得到了长足发展，它与风洞实验和飞行试验并称为流体力学研究的三大研究手段。CFD 由于其广泛的适用性、较高的可信度、高效率和低成本，成为了流体力学研究的重要手段，自 20 世纪后期开始，逐渐广泛应用于工程领域。CFD 发展至今，依然存在很多问题，例如，复杂外形的网格生成质量方面高度依赖人的经验；高保真的直接数值模拟（DNS）、大涡模拟（LES）由于计算量太大，很难获得工业级别的运用；RANS 路线中湍流模型的普适性和可靠性，是被广泛讨论的问题，各类建模仍然主要依赖人脑完成；复杂流动计算产生的海量数据缺乏更自动高效的分析手段。

人工智能（artificial intelligence，AI）是研究、开发用于模拟、延伸和扩展人的智能的理论、方法、技术及应用的一门新的技术科学。人工智能通过研究人类智能活动的规律，构造具有一定智能的人工系统，用计算机的软硬件来模拟人类某些智能行为，让计算机去完成以往需要人的智力才能胜任的工作。从 1956 年正式提出人工智能学科算起，60 多年来，人工智能学科取得了长足的发展，成为一门涵盖广泛的交叉和前沿科学，甚至被认为是 21 世纪三大尖端技术（基因工程、纳米科学和人工智能）之一。需要特别指出的是，人工智能的研究方向广泛，包括语言的学习与处理、知识表现、智能搜索、推理、规划、机器学习、知识获取、组合调度问题、感知问题、模式识别、逻辑程序设计、软计算、不精确和不确定的管理、人工生命、神经网络、复杂系统、遗传算法等，其本身仍在高速发展中，最关键的难题还是机器的自主创造性思维能力的塑造与提升。由于机器相对于人脑在计算速度、存储量等方面的天然优势，部分人工智能的应用在效果方面已经超越了人脑，显示出了显著的优势。

首先，人工智能未来应该会大面积融入传统的 CFD 流程或者环节中。传统CFD 流程包含三个步骤：网格生成、数值计算以及数据后处理。网格生成方面，从最早期的笛卡尔网格、贴体结构网格，发展到非结构网格、混合网格、无网格方法以及高阶网格等，应用了多种被广泛采用的网格生成路线，如阵面推进法、Delaunay 方法等。另外也发展了各种网格技术，如自适应网格、嵌套网格、弹性网格等。这些网格相关的方法大多基于传统的数学思路，在智能化、自动化方面仍有极大的发展和提升空间。在数值计算环节，CFD 的数值离散虽然有多种方法，如有限差分法、有限元法、有限体积法等，但都是基于传统的计算数学理论，迄今为止人工智能在这些方面介入的幅度很小，在提升算法稳定性和计算过程监控等方面也存在一定的学科交叉空间。目前人工智能在基于数据的模型构建方面取得了一些进展，特别是在湍流研究方面。近些年随着 CFD 领域计算量的增加，所产生的计算数据越来越多，很多计算结果具有显著的大数据特征，为人工智能方面的引入奠定了数据基础并提供应用场景。目前 CFD 数据后处理和可视化领域广泛采用诸如 Tecplot 等商用软件，其可视化仍然大多局限在直接展示人为定义的物理量，虽然也有模态分析、频谱分析等其他的后处理手段，但在数据规律的挖掘深度方面仍显得较为欠缺。人工智能在智能化、自动化方面的优势极有可能对CFD 的"网格生成"、"数值计算"和"数据后处理"三个环节均起到直接的促进作用。虽然目前国内外已经有部分相关工作在开展中，但在这些方面人工智能在广度和深度方面的提升空间依然很大。

其次，人工智能有希望丰富、提升甚至代替 CFD 的部分功能。CFD 是通过数值手段求解流体力学控制方程得到流场信息，进而分析得出各种工程领域需要的各种力、力矩等物理量，以此来指导设计、优化等。就功能角度而言，CFD 并非唯一手段，传统的研究手段还包括风洞实验、理论分析，甚至飞行试验。人工智能至少在部分问题上有可能成为一种新的手段。实际上，在该方向上十多年前已有部分零星尝试，例如基于神经网络的部分气动性能建模、基于高斯过程的气动性能预测和外形反设计等。部分机器学习模型已作为代理模型被成功应用于优化设计中，但尚未产生颠覆性效果。近些年深度学习方法的发展，则使得直接预测高维流场成为可能。

最后，CFD 与人工智能的学科交叉有可能对流体力学的理论方面产生"1 加 1 大于 2"的效果。目前对于部分流体力学的本质规律（如湍流）还缺乏认识，CFD 和实验作为研究手段只能给出结果和现象，规律性的总结往往需要人工完成。随着 CFD 数据量越来越庞大，面对海量数据人工分析越来越吃力，而人工智能恰恰对于大数据分析具有天然优势。充分发挥人工智能方法于海量 CFD 数据中提取高度非线性规律的优势，极有可能促进我们对部分流动规律的理论认知和理论凝练。

综上所述，人工智能在未来一段时间有可能融入到 CFD 多个具体环节中，提升或者代替 CFD 的部分功能，甚至有可能助力流体力学理论方面的发展。

10.1.2　量子计算：人工智能的革命性算力

无论是 CFD 还是人工智能，都离不开高性能计算。量子计算机拥有强大的计算能力，可以应用于需要强大计算性能的场景。一个 50 位量子位的量子计算机的计算能力相当于全世界所有的诺依曼结构计算机的计算能力。

量子计算是一种遵循量子力学规律调控量子信息单元进行计算的新型计算模式。不同于传统的通用计算机，量子计算机的理论模型是用量子力学规律重新诠释的通用图灵机，由于量子力学叠加状态（superposed state）的存在，某些已知的量子算法在处理问题时速度具有指数 2^N 量子比特或多项式加速的效果。

量子力学叠加状态是指基于量子力学的态叠加原理，量子信息单元的状态可以处于多种可能性的叠加状态，从而导致量子信息处理从效率上相比于经典信息处理具有更大潜力。例如传统计算机中的 2 位寄存器在某一时间仅能存储 4 个二进制数（00、01、10、11）中的一个，而量子计算机中的 2 位量子位（qubit）寄存器可同时存储这四种状态的叠加状态。随着量子比特数目的增加，对于 N 个量子比特而言，量子信息可以处于 2^N 种可能状态的叠加，配合量子力学演化的并行性，可以展现比传统计算机更快的处理速度。具体来说，在常规计算机中，信息单元用二进制的 1 个位来表示，它不是处于"0"态就是处于"1"态。在二进制量子计算机中，信息单元称为量子位，它除了处于"0"态或"1"态外，还可处于叠加态。叠加态是"0"态和"1"态的任意线性叠加，它既可以是"0"态又可以是"1"态，"0"态和"1"态各以一定的概率同时存在。通过测量或与其他物体发生相互作用而呈现出"0"态或"1"态。任何两态的量子系统都可用来实现量子位，例如氢原子中的电子的基态（ground state）和第一激发态（first excited state）、质子自旋在任意方向的+1/2 分量和−1/2 分量、圆偏振光的左旋和右旋等。对于 N 个量子比特而言，它可以承载 2^N 个状态的叠加状态。而量子计算机的操作过程将保证每种可能的状态都以并行的方式演化。这意味着量子计算机如果有

500 个量子比特,则量子计算的每一步会对 2^{500} 种可能性同时做出操作。2^{500} 是一个可怕的数,它比地球上已知的原子数还要多。

在 CFD 领域,基于传统计算机的 E 级超算平台已逐步实现并开始应用,当面对复杂的大规模问题时,需成千上万的 CPU 并行,随着并行规模的扩大,CPU 间通信开销增加,导致并行效率下降。可以说,目前的 CFD 计算能力仍不能完全满足实际科学与工程需求。

因此,若能将量子计算领域、人工智能领域的优势与 CFD 计算相结合,发展人工智能量子 CFD 计算,则有可能突破传统 CFD 的极限,使得针对各种复杂流动的精确数值模拟成为现实,开创 CFD 的新纪元。

10.2　现状及 2035 年目标

CFD 与人工智能、量子计算的结合已经有了不少局部的尝试,该学科交叉领域被认为是实现 CFD 技术颠覆性发展的最有潜力的路径之一。总体而言,CFD 与人工智能、量子计算的交叉还处于相对初级的起步阶段,未来有广阔的研究和发展空间。表 10.2 总结了人工智能/量子计算与 CFD 的结合现状与 2035 年目标,下面具体展开介绍。

表 10.2　人工智能/量子计算与 CFD 的结合现状与 2035 年目标

关键技术			现状	目标		
				2025 年	2030 年	2035 年
人工智能与 CFD 的结合	网格技术智能化	网络生成智能化	已有部分方法验证,尚未实现普遍应用	♡	☺	☼
		网络优化智能化	已有成功的方法测试,即将形成实际应用	♡	☼	
	算法智能化	湍流建模	在 RANS、LES 方面均有成功的尝试,泛化能力和通用性还需进一步提高	♡	☺	☼
		AI 求解	已有针对个别问题的成功尝试,还需要较长时间实现广泛应用	♡		☺
		智能加速	有个别尝试,需根据具体问题针对性设计方法	♡	☼	

续表

关键技术		现状	目标		
			2025 年	2030 年	2035 年
量子力学与 CFD 的结合	量子模拟器	神威 E 级机上已实现谷歌级量子模拟器,并获 2021 年戈登·贝尔奖	☆		♡
	QCFD 算法与软件	已有部分 CFD 相关量子算法提出	☆		♡

☆ 方法得出　♡ 局部验证　☺ 初步应用　✿ 高成熟度

10.2.1　人工智能方法在网格方面的应用现状

网格生成虽然是 CFD 计算的第一步,但当下人工智能方法在该方向的融入却相对较少。CFD 领域在 20 世纪末已针对各种类型的网格形成了多种网格生成方法,如阵面推进法、Delaunay 方法等。21 世纪以来,网格生成方法本身的发展相对有限,基本沿用了 20 世纪的方法,CFD 领域目前在这方面的研究投入力度也有所欠缺。然而这些方法很大程度上都需要依赖人的经验,因此导致了一些瓶颈问题:首先,自动化程度不高,很多复杂外形的网格生成需要大量的人工介入或人工修正,特别是对于结构网格,这方面的问题尤为突出;其次,对于几乎所有多尺度复杂流动,都无法以人工的方式生成一套完全符合流场分布特征的完美网格。虽然网格自适应方法可以在一定程度上改善网格质量,但传统的网格自适应方法尚未体现出明显的智能化特征。在 2003 年左右出现了采用 SOM 网络用于多重网格的网格结构优化的零星尝试,近年来国内外在网格质量的智能检测及生成方面也有一些尝试。当前人工智能已经开始在网格拓扑上开展研究,深度神经网络(DNN)已用于分类几何,尤其是在医学成像等领域。卷积神经网络已被应用于处理 2D 或 3D 结构化数据的图像中。近来,深度神经网络已试图学习非结构化数据,也被尝试用于 CAD 模型的处理和修复。

10.2.2　人工智能在 CFD 数值算法方面的融合现状

CFD 数值算法都是基于对应的严格的数学原理,目前人工智能方法尚未广泛介入到诸如数值离散、时间推进等传统核心 CFD 环节中,但在部分有显著变化或选择空间方面,已有部分成功的人工智能应用,如湍流建模和计算资源的调度等。

10.2.2.1 湍流模型

在工程界的流场数值模拟中，RANS 方法被广泛应用。RANS 路线的关键在于构建湍流模型使得控制方程封闭，迄今为止已经出现了代数模型、一方程模型、两方程模型等不同形式的湍流模型。传统的湍流建模思路在模型形式构建、模型参数确定、误差及不确定性量化、物理约束的实现、复杂流动（如分离、二次流、转捩、多相流等）的预测等诸多方面面临困难。首先，不同的湍流模型往往仅在一定范围的工况下具有较好的精度，通用性不足仍然是较突出的问题。其次，经典湍流模型都是基于一定的认知和假设提出的，缺乏普适性。

近几年，国内外针对湍流建模方面做了广泛尝试，并已在以下主要方面取得了持续性进展：①机器学习方法在 RANS 模型（如 SA 单方程模型，QEVM 二次模型）参数校正中的运用；②机器学习方法在 RANS 湍流建模不确定性量化中的运用；③二次流、分离流、化学反应等复杂流动的 RANS 雷诺应力直接建模预测；④简单流动的 LES 亚格子应力建模预测；⑤随机森林、基因表达式编程、深度神经网络等方法在湍流建模中的运用。

上述基于机器学习的湍流建模运用，在改进湍流数值预测技术的精度和计算效率方面取得了可喜成绩，例如，机器学习湍流模型预测周期山算例壁面湍流剪切应力分布结果[1]如图 10.1 所示；机器学习湍流模型一些其他典型结果[2]如图 10.2 所示。但在模型泛化能力、可解释性、物理约束实现、三维复杂湍流建模等方面仍有较大的提升空间。

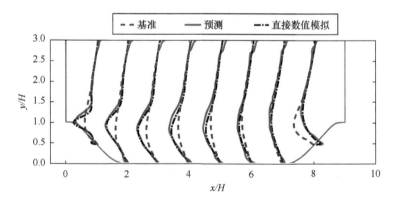

图 10.1　机器学习湍流模型预测周期山算例壁面湍流剪切应力分布[1]

10.2.2.2 计算资源的调度

随着 CFD 的精度和可信度要求越来越高、程序并行规模越来越大，其对计算平台提出了前所未有的性能挑战。已有的计算资源调度策略没有考虑 CFD 应用计算、网络、I/O 等特征的差异性，导致 CFD 应用无法根据自身特征，高效利用高性能计算机系统的各类资源，进而导致无法获得系统最大吞吐量。通过分析高性能计算应用的运行特征，对应用性能进行相应优化，是提升整体计算效率的重要手段，目前已有很多的相关研究工作，但利用机器学习方法的研究工作相对较少。预测应用的运行时间是进行高效作业调度的关键步骤，但由于应用之间共享使用高性能计算机的计算资源，且运行时间受运行参数的影响较大，运行时间预测的精度一直较低，有很多研究工作尝试提高运行时间的预测精度。

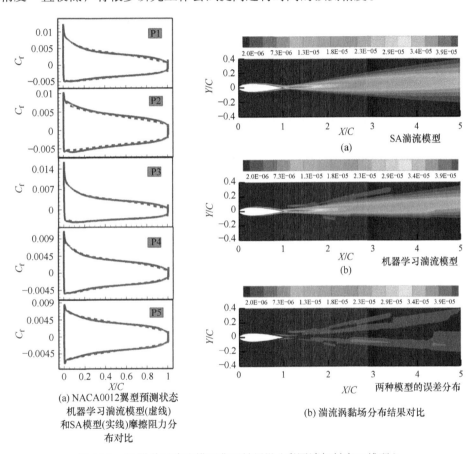

(a) NACA0012 翼型预测状态
机器学习湍流模型(虚线)
和 SA 模型(实线)摩擦阻力分
布对比

(b) 湍流涡黏场分布结果对比

图 10.2　机器学习湍流模型典型结果[2]（彩图请扫封底二维码）

10.2.3　人工智能在数据分析方面的应用现状

CFD 计算可以得到三维多尺度复杂流场的全息空间信息，传统的 CFD 数据分析手段包括：输出物面压强分布等并积分得到力和力矩特性、输出空间物理量云图、输出涡结构等流场结构等。因此，传统 CFD 数据分析手段基本局限在对直接物理量和部分间接物理量的输出或可视化。近几年有学者陆续尝试采用人工智能的手段对全息流场数据进行一定的特征提取，取得了部分进展，例如，使用卷积神经网络识别流动特征，并且识别出的特征能够与相似特征进行区分。对于流场建模，除了直接寻找数据间的映射关系，基于无监督思想的寻找数据之间的特征提取技术也是一种建模与降阶技术。例如，无监督学习下用以识别流场物理机制的 CROM 方法，这种方法在三维钝体湍流尾迹和空间演化的不可压混合层的速度场都进行了成功的应用。

非定常 CFD 计算完成后会产生海量的数据，受内存和 I/O 带宽的限制，对所有时间步结果进行可视化通常比较困难。因此提取时变流场中具有最显著特征的几个关键时间步结果，对于高效分析流场演变过程至关重要。对于从时变数据集中提取关键时间步的问题，目前已有很多相关的研究工作。国外研究团队基于数据分布对相似的时间步结果进行分组，并从每组中选取变化较大的时间步结果作为流场的关键帧。国内部分研究者提出了有监督的自学习 AST（adaptive space transformation）方法检测气动系数和流场参数之间的主要规律，一旦确定了这些规律，便可以用来预测。图 10.3 给出了 AST 的初始状态和最终状态[3]。

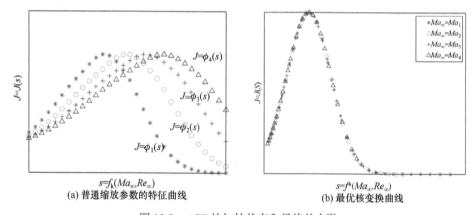

(a) 普通缩放参数的特征曲线   (b) 最优核变换曲线

图 10.3　AST 的初始状态和最终状态[3]

10.2.4　人工智能功能性替代 CFD 方面的现状

10.2.4.1　优化中的人工智能代理模型现状

近三十年，CFD 越来越成为流体力学研究和工程的主要手段，特别是其相对于实验手段的耗费低、周期短的特点使得其在工程领域极具优势。然而传统的 CFD 对于复杂问题的计算在时间方面仍然代价较大，这一点在优化问题中尤为突出。优化过程往往需要反复地 CFD 计算，CFD 计算的效率直接影响整个优化的周期。因此目前国内外在优化问题中普遍采用代理模型取代周期较长的 CFD 计算，代理模型的形式有很多种：Kriging 模型、径向基函数（RBF）网络，BP 神经网络、多输出高斯过程（MOGP）等。图 10.4 显示了不同方法的建模均方根误差的优劣性[4]。

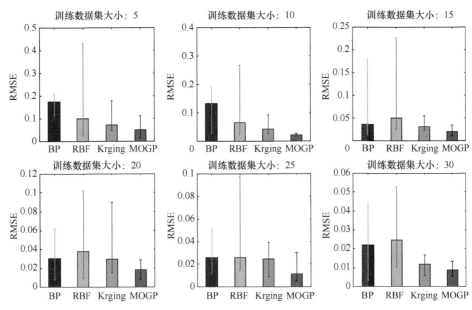

图 10.4 不同方法用于优化比较[4]

10.2.4.2 基于人工智能的快速预测模型、降阶模型

实际上，在代理模型用于优化问题之前，国内外已经出现了将人工智能方法用于气动性能快速预测和外形反设计的成功尝试。此外，近年来国外研究人员使用深度学习的思想，构建深度神经网络替代 CFD 求解器，能够加速 2～3 个数量级；与此同时，也出现了反向的研究，即基于数据采用机器学习方法反向构造能够描述该物理过程的偏微分方程。这些尝试本质上都是借用并发挥了机器学习方法强大的数据挖掘能力，从数据中挖掘高度非线性的规律。

近几年，深度学习已经能够针对具体问题实现定常和非定常流场云图高维数据形式预测。例如，在同一流动工况中，为了预测未来流动状态，基于流场历史数据，利用卷积自编码器提取流场压缩表征，利用循环神经网络或卷积时间编码器学习不同时刻流场压缩表征在时间序列上的映射关系，从而预测未来流场状态；在同一流动形式不同雷诺数工况中，利用卷积自编码器、循环神经网络等建立部分测量值与全局流场映射关系，如图 10.5 表示了 ffsGAN（flow field structure Generative Adversarial Network）代理模型的详细流程图[5]，图 10.6 表示不同模型对流场的预测与 CFD 计算结果的比较[6]。

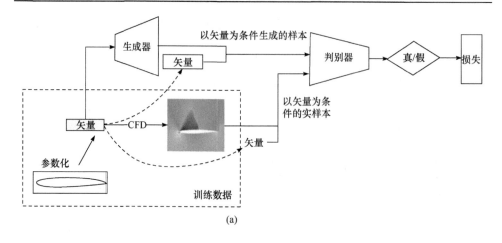

(a)

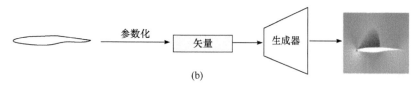

(b)

图 10.5　ffsGAN 代理模型详细流程图[5]

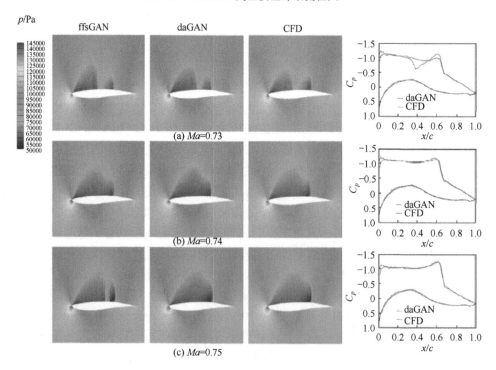

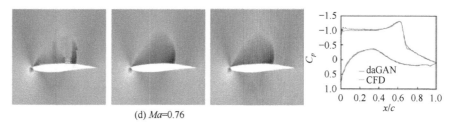

(d) Ma=0.76

图 10.6　不同模型对流场的预测与 CFD 计算结果比较[6]（彩图请扫封底二维码）

综合利用本征正交分解（proper orthogonal decomposition，POD）等流场降阶算法与深度学习时间序列预测算，或利用卷积长短记忆（convolutional long short-term memory，ConvLSTM）神经网络，有效提取流场时空特征，建立基于深度学习的流场降阶模型，例如，图 10.7 给出了主元分析（pincipal component analysis，PCA）降维能力验证[7]。

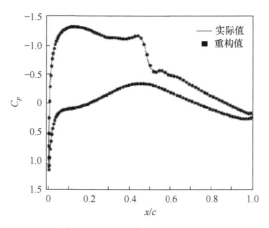

图 10.7　PCA 降维能力验证[7]

10.2.4.3　流场超分辨率重构

CFD 所期望的主要目标之一是获得高空间分辨率的流场数据，以详细研究流场结构和流场模式，但高空间分辨率数据的获取会给 CFD 带来昂贵的计算成本。近来，为了降低 CFD 计算成本，基于深度学习的图像超分辨率算法开始用于高分辨率流场学习，期望在 CFD 网格尺度较粗的情况下获得较为精细的流场结构。如图 10.8 给出了低分辨率输入数据集重建的涡流场[8]。编码-解码神经网络(the hybrid downsampled skip-connection/multi-scale model)、生成对抗网络（super-resolution GAN）在流场超分辨率问题中已有初步应用：此类问题中编码器的输入为低空间分辨率流场，解码器输出为高空间分辨率流场，损失函数由基于数据的平方损失函数、判别网络分类损失函数、判别网络判断损失函数等组成，训练网络可获得具有超分辨率能力的网络模型。此类方法已经在低雷诺数圆柱绕流、二维各向同性湍流中有了成功应用。

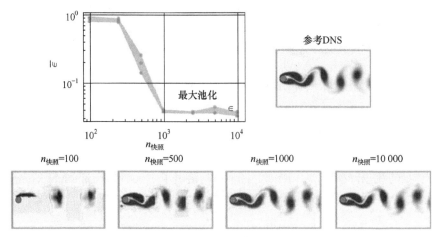

图 10.8　帧数对重构精度的影响[8]

10.2.5　量子计算机发展现状

　　量子计算机的基本理论和概念由美国著名物理学家理查德·费曼提出，从而开启了量子计算机的研究。量子计算是一种遵循量子力学规律调控量子信息单元进行计算的新型计算模式。相对于传统电子计算机，它具有的优势是额外利用了量子纠缠、叠加的原理，在特定问题上具有指数或多项式加速的效果[9]。

　　目前在多种计算问题上，已经提出了一系列量子算法，都表现出量子计算的优势。因此，国际上诸多巨头企业和著名高校均在量子计算方面投入布局，力图实现通用量子计算机，如图 10.9 所示。具体来看，2016 年，IBM 公司（International Business Machines Corporation）在网站上公布其 6 位量子芯片的开放使用，象征着可编程量子原型机与量子云平台的诞生。2017 年 10 月，我国量子计算初创企业本源量子发布量子云平台。同日，阿里云（阿里巴巴旗下）、中国科学院也发布了量子云平台，拉开了国内量子计算发展的序幕。2018 年 2 月，本源量子发表论文实现 64 比特量子虚拟机，打破了国际纪录。随后该软件在云平台上提供公开访问。2019 年，谷歌在 Nature 上发表论文，宣布其 53 比特量子计算机实现"量子霸权"。在 2017 年，中国科学技术大学的潘建伟教授和其同事共同研制出了我国第一台光量子计算机。

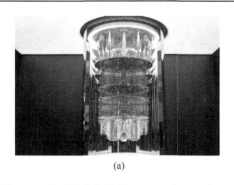
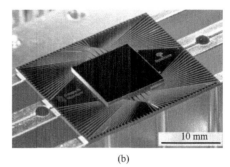

(a)　　　　　　　　　　　　　　　　　　　　　(b)

图 10.9　量子计算机发展：IBM 于 2019 年 CES 上发布的量子计算机原型机（a）；　Google 实
现"量子霸权"所使用的量子芯片显微照片（b）

总的来看，据近年来的统计，量子计算机的发展也基本遵从"摩尔定律"：量子体积（衡量量子计算能力的单位）每年翻一番。预计到 2035 年，量子计算机的比特数将达到 10^5 量级，其计算能力将大大超越现有的传统超级计算机。

10.2.6　量子 CFD 算法发展现状

在计算流体领域，利用量子计算平台的先进性研发的线性代数方程组求解[10]、数值梯度预估[11]以及泊松方程求解[12]等算法也逐步发展起来，为量子计算在 CFD 领域的应用奠定了基础。

10.2.6.1　线性代数方程组量子算法

求解线性方程组是 CFD 最基本的问题，也是 CFD 计算代价的主要构成部分。对于给定矩阵 A 和向量 b，找到向量 x，使得 $Ax=b$。通常情况下，A 是 $N×N$ 的稀疏矩阵，其条件数为 κ，最快的经典算法找到解所需要的时间为 $N\sqrt{\kappa}$。求解线性代数方程组的量子算法由 Harrow 等[10]于 2009 年提出，其所需要的时间仅为 log（N）乘 κ 的多项式。已证明，当 κ 较小时，量子算法相较于任何经典算法都能获得指数级的加速效应。

采用量子算法求解线性方程组的基本思想如下：给一个 $N×N$ 的自伴随矩阵 A 和一个单位向量 b，假设我们希望找到满足 $Ax=b$ 条件的 x。首先，算法将 b 表示为量子态。接下来，使用哈密顿模拟技术将 b 表示不同时间 t 的叠加。这种指数化 A 的能力，通过相位估计技术（technique of phase estimation）转化为在 A 的本征基中分解 b 并找到相应的本征值。在这一阶段之后，系统的状态接近于对角化的特征解。然后执行线性归一化操作，获得最后的解。

影响矩阵求逆算法性能的一个重要因素是 A 的条件数 κ 或 A 的最大特征值与最小特征值之比。如果条件数很大，A 求逆不仅困难且求解变得不稳定。通常可

以假设矩阵 A 的奇异值介于 $1/\kappa$ 和 1 之间，即 $\kappa^{-2}I \leqslant A^+A \leqslant I$，则 Harrow 等[10]提出的量子算法大约使用 $O(\kappa^2 \log(N)/\varepsilon)$ 步即可获得解，其中 ε 为误差。因此，与经典算法相比，当 κ 和 $1/\varepsilon$ 是 $\log(N)$ 的多项式量级时，该量子算法求解速度将具有指数级的提升。

更重要的是，上述求解算法适合流体方程组的隐式求解。在传统计算机平台上，基于隐式求解的 CFD 算法并行效率远低于显式求解，但是显式求解时间步长有限，常常需要更大的计算量。因此，上述线性方程组的量子算法应用到 CFD 领域对提升 CFD 隐式求解效率有重要的推动作用。

10.2.6.2　数值梯度预估的量子算法

数值梯度预估是数值优化中常用的计算方法。Jordan[11]于 2005 提出了数值梯度预估的量子算法，其基本原理是：给定多元函数 f，d 为其函数维度。要获得 f 在给定点的 n 维精度的梯度值，在经典计算机上这至少需要进行 $d+1$ 次黑盒查询或计算，而量子计算机则可以利用其叠加态原理，无论 d 是多少都只需要进行一次查询或计算。

10.2.6.3　泊松方程的量子解算器

2013 年，Cao 等[12]进一步提出了利用量子傅里叶变换建立的泊松解算器。众所周知，泊松方程求解是不可压流体隐式或半隐式求解的主要耗时过程。需要对大型稀疏矩阵并行求解才能获得较大的加速效果，目前在超算平台的并行效率有限。泊松方程的量子解算器主要采用一种量子傅里叶变换（QFT），提供了一种有效的方法离散泊松方程的非齐次项。利用量子态叠加原理实现计算复杂度的指数级下降。

最近，Steijl 和 Barakos[13]将经典算法与量子算法结合开展了混合 CFD 计算的尝试。他们基于格子涡（vortex-in-cell）方法，采用泊松方程的量子解算器，使用基于经典并行平台模拟的量子电路。计算显示，尽管受到量子计算的不确定性和噪声的影响，仍然获得了非常有意义的结果，体现了量子 CFD 的优势。

10.2.7　2035 年目标

CFD 与人工智能的全面结合，将实现流动计算模型或方程的构建、数值求解、CFD 与实验融合以及 CFD 应用的全面智能化；全面提高 CFD 计算效率、精度和鲁棒性；进一步拓展和推广 CFD 技术的使用，减轻 CFD 应用者对理论和经验的强烈依赖；开拓 CFD 新的研究方向，并推动人工智能和流体力学其他领域的深度交叉和融合。

根据量子 CFD 的研究现状，初步制定如下目标：

- 发展自主研发的量子 CFD 软件开发平台。
- 开发基于隐式计算的线性代数方程组量子算法，与经典 CFD 结合，获得可应用的计算量子 CFD 混合软件平台。
- 在将来的量子计算机平台部署和应用 CFD。

10.3　差距与挑战

近五年，人工智能与流体力学、CFD 的跨学科研究高速增长，已成为流体力学领域的新兴研究热点之一，预计在未来一段时间内仍会处于高速发展阶段。然而目前人工智能与 CFD 的融合还处于初级阶段，大多是针对局部问题，应用的范围还不够全面和系统，特别是对人工智能方法数据挖掘功能的利用不够充分。目前 CFD 相关领域采用的人工智能手段，大多属于相对传统的机器学习方法，对于语义推理、知识图谱、强化学习、迁移学习等人工智能方法的融合还比较欠缺。在未来一段时间，人工智能与 CFD 的学科交叉方面仍然面临着一些挑战，如表 10.3 所示。

表 10.3　差距与挑战

关键技术	差距与挑战	2035 年目标
CFD 与人工智能交叉学科的发展	目前人工智能在 CFD 领域的应用大多仅使用传统机器学习算法辅助解决 CFD 领域的部分问题，人工智能的许多新技术、新方向尚未在 CFD 领域发挥作用	CFD 与人工智能的全面结合，实现了流动计算模型或方程的构建、数值求解、CFD 与试验融合以及 CFD 应用的全面智能化
适合人工智能方法的系统性 CFD 数据库	现阶段 CFD 产生的数据量越来越大，但标记困难，带有标记的 CFD 数据量非常有限，且完整性与确定性较差，带有大量的噪声，这导致部分人工智能方法无法充分发挥优势	未来，无监督学习将成为深度学习的重要发展方向，无监督学习算法推动解决带标记 CFD 数据量少的困境
人工智能模型的可解释性	数据驱动的模型本身往往缺乏明确的理论支撑，无法解释其物理意义。此外，相当比例的人工智能模型存在一定程度的不确定性，难以对 CFD 求解器进行 100% 的精确模拟	全面提高 CFD 计算效率、精度和鲁棒性
机器学习方法的泛化能力	机器学习方法的泛化能力相对于 CFD 的需求而言仍然较弱，导致目前机器学习方法无论是作为代理模型还是作为快速设计手段都只是针对局部的具体问题，往往需要先行限定适用的空间	拓展和推广 CFD 技术的使用，减轻 CFD 应用者对理论和经验的强烈依赖

续表

关键技术	差距与挑战	2035 年目标
人工智能方法与 CFD 的融合	人工智能方法与 CFD 的融合方面的工作迄今仍然局限在"量变"层面，尚未达到"质变"层面。因此，人工智能与 CFD 的结合怎样催生出质变的效果仍然缺乏标志性的成功案例	开拓 CFD 新的研究方向，并推动人工智能和流体力学其他领域的深度交叉和融合
CFD 与量子计算交叉融合	国产量子计算机硬件发展还在起步阶段，量子算法开发需要专业知识较高，对虚拟模拟平台也有较高要求，对广大 CFD 研究人员普及度不足	发展出自主的量子 CFD 软件开发软件平台；开发基于隐式计算的线性代数方程组量子算法，在将来的量子计算机平台部署和应用

挑战一：CFD 与人工智能交叉学科的发展不够系统。目前人工智能在 CFD 领域的应用非常有限，且利用程度不高，大多工作仅使用传统机器学习算法辅助解决 CFD 领域的问题，人工智能的许多新技术、新方向尚未在 CFD 领域发挥作用。因此，需要对 CFD 领域的关键问题和人工智能的相关技术进行系统梳理，充分合理地将人工智能的优势技术应用到 CFD 领域的瓶颈问题中，从而显著提升人工智能与 CFD 结合的学科交叉效益。

挑战二：缺乏适合人工智能方法的系统性 CFD 数据库。自 CFD 技术诞生，虽然产生了大量的计算数据，但标记困难，费时费力，带标记的 CFD 数据量非常有限，且完整性与确定性较差，带有大量的噪声，而目前深度学习以有监督学习算法为主，需要大量带标记数据，这导致深度学习无法充分发挥优势，限制了诸如深度学习等人工智能方法的应用范围。未来，无监督学习将成为深度学习的重要发展方向，无监督学习算法的深入研究有助于解决带标记 CFD 数据量少的困境，可以推动 CFD 领域知识图谱的构建。

挑战三：很多人工智能模型的黑箱特性制约了其结果方面的物理解释。例如，深度学习是数据驱动的学科，模型本身往往缺乏明确的理论支撑，无法解释其物理意义，导致深度学习在 CFD 领域的应用难以直接解释其背后的物理本质，而 CFD 学科具有较为坚实的数学、力学等理论支撑，所以难以将深度学习结果直接上升为理论及数理模型，导致其作用的发挥不够充分。

挑战四：机器学习方法的泛化能力，相对于 CFD 的需求而言仍然较弱。机器学习是基于有限的样本数据，在样本空间范围以内往往容易达到较好的预测精度，在远离样本空间的情况下预测精度往往会显著降低。虽然大多数机器学习方法具有一定的泛化能力，但泛化范围是相对有限的。因此导致目前机器学习方法无论是作为代理模型，还是作为快速设计手段，都只能针对局部的具体问题，往往需要先行限定适用的空间。迁移学习的应用，有可能会一定程度上改善这种情况，但目前迁移学习在 CFD 领域的应用还非常少见。

挑战五：人工智能方法与 CFD 的融合方面的工作，迄今仍然局限在"量变"层面，尚未达到"质变"层面。例如，基于机器学习方法的优化代理模型的最大作用是提升了优化效率，但对优化结果质量的提升并不明显。机器学习用于相关性能的快速预测或者流场的快速预测，也是在效率上得到了提升。因此，人工智能与 CFD 的结合怎样催生出质变的效果，仍然缺乏标志性的成功案例。

CFD 与量子计算交叉融合方面的挑战主要在以下方面：

● 国产量子计算机软硬件发展还在起步阶段。

● 与传统算法相比，量子算法开发需要专业知识较高，对虚拟模拟平台也有较高要求。

● 当前针对量子计算的算法还不够丰富，有待于进一步发展。

10.4　发展路线图

未来一段时间，CFD 与人工智能的结合将主要集中在网格、算法和建模（如湍流模型）等方面。网格生成的质量控制方面迄今已有局部的方法验证，未来的提升空间主要是自动化方面的升级以及应用的推广。网格结构的智能优化方面已有喜人的进展，在较短的时间内应该就能实现针对实际工程问题的应用。算法方面的智能化，有希望在局部计算模块以及模型建模智能化方面取得进步，从而实现计算效率、鲁棒性方面的升级。流体力学智能建模方面也有一些进展，第 5 章已经进行了一些介绍。CFD 与量子计算方面的结合取决于量子模拟器和 QCFD 算法的研究进度，预计未来 15 年有望取得局部阶段性突破。

图 10.10 给出了人工智能/量子计算与 CFD 结合的发展路线图，包括里程碑节点、典型范例、关键路径以及决策等。图 10.11 则给出了各详细方向的发展路线图。

至 2025 年，基于超算平台建立自主研发的量子 CFD 软件开发平台，发展以线性代数方程组量子算法为基础的 CFD 开源代码平台。

至 2030 年，初步建立以 $10^{4\sim5}$ 量子体积量子计算机为基础的应用平台，集成新一代量子算法，形成了新一代量子 CFD 开发、应用平台。

至 2035 年，逐步形成普及的应用平台，为未来先进技术研发提供强大计算能力。

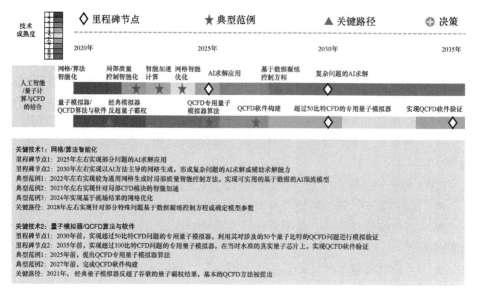

图 10.10　人工智能/量子计算与 CFD 的结合的发展路线图（彩图请扫封底二维码）

图 10.11　人工智能/量子计算与 CFD 结合的详细方向发展路线图（彩图请扫封底二维码）

10.5　措施与建议

　　近五年，CFD 与人工智能的结合引起了 CFD 工作者的广泛关注，并催生了很多令人惊喜的局部尝试，但总体而言，该方向的学科交叉无论在广度还是深度上仍然有很大的发展空间，具体包含需要深化的方面如表 10.4 所示。

表 10.4　措施与建议

数据驱动的模型构建和应用	（1）基于人工智能的湍流模型构造 （2）复杂流动模型的智能化 （3）提升优化代理模型的功能
数值求解的人工智能融入	（1）网格智能化：预计未来可建立耦合 CFD 或流场降阶模型的智能化网格生成器，实现网格对具体算例和非定常求解过程的最优化和自适应化 （2）算法智能化：未来 CFD 算法的智能化主要可以分为两点，数值格式和算法的优化和智能化，计算参数的智能化与自适应化
CFD 结果的数据挖掘	通过引入人工智能实现复杂流动的 3D 成像和虚拟现实
CFD 与实验的智能融合	（1）通过试验数据，提升 CFD 方法的模拟精度 （2）利用 CFD 手段，实现试验测试信息的弥补或建模 （3）数值结果与试验结果的融合
建立系统的高保真数据库	机器学习的精度和可靠性一方面取决于算法本身，另一方面取决于训练数据。因此面向各类人工智能方法整理并建立各类高保真数据库对于人工智能和 CFD 的深度融合意义十分重大
CFD 与量子计算的融合建议	（1）开展先导性预研，如量子虚模拟平台及软件开发开源平台研制 （2）发展以线性代数方程组量子算法为基础的 CFD 开源代码平台 （3）逐步推广，开成普及的应用平台

10.5.1　数据驱动的模型构建和应用

10.5.1.1　基于人工智能的湍流模型构造

过去三十年，基于 RANS 路线的 CFD 在工程领域发挥了重要作用，鉴于 DNS、LES 等解决复杂问题代价太大，因此至少在未来十年 RANS 路线仍将是 CFD 工程领域的重要角色，而湍流模型是 RANS 的必要组成部分，是为了封闭 N-S 方程中的雷诺应力项而额外补充的公式或者方程，主要是要构建时均流动、空间位置（常常是壁面距离）与雷诺应力张量或湍流涡黏之间的数学关系式。这一关系式既可以是最早使用的代数式，也可以是微分方程（组）形式。然而，这些经典的湍流模型大多是通过平板、槽道、管道等问题的实验数据，结合基本假设，在一定的理论指导下构建的，有很多人为指定的参数。CFD 研究者则将这些模型用到湍流问题的数值模拟上，并通过进一步的实验结果验证数值结果的精度。然而，现有的雷诺平均湍流模型在分离流中的低通用性和不同模型结果的差异性方面，给使用者造成了极大的困惑和不便。

数据驱动的机器学习方法也可以应用于湍流模型的改进和构建。具体研究内容为：构建一种完全基于数据驱动的黑箱代数模型。针对跨尺度海量湍流数据，在量纲分析和标度理论的指导下，恰当选择模型的输入特征，优化模型的维度、层数等参数，解决模型拟合精度和泛化能力之间的矛盾。这种基于神经网络的高维非线性代数型湍流模型有别于经典的微分方程型模型，为新一代的湍流模型构建提供了极大的自由度。一方面，可以让使用者根据自己的需求，充分发挥自主性，利用特殊应用领域的样本来构建湍流模型，提高湍流模型的针对性；另一方面，其代数特性还有利于增强鲁棒性和收敛性。该方面已有部分成功的尝试，例如，在图 10.12 中，基于人工智能的湍流模型具有较好的精度，甚至能够显著提升收敛过程的鲁棒性[14]，但仍需要在通用性和泛化能力方面进一步深化和完善。特别需要在以下几个方面取得突破：①系统对比研究不同类型神经网络架构在湍流建模中的运用及优势；②设计的神经网络架构符合湍流应力应满足的物理约束；③拓展基于机器学习的湍流建模方法的泛化能力；④深度神经网络在湍流建模中的可解释性探究；⑤基于机器学习的湍流建模，与传统数值求解程序的耦合及并行计算管理；⑥基于机器学习的分类建模技术及自适应计算研究；⑦基于机器学习的不确定量化研究。因此，设计出符合物理约束、泛化能力强的深度神经网络架构，是该类湍流建模方法在未来一段时间内，需要重点努力的方向。同时，理解清楚湍流建模中的神经网络的工作机制，"可视化"使该类方法具有可解释性，也是机器学习成功运用于湍流建模的一种可靠性保证，这有助于我们构建完整的理论基础。在运用层面，模型的抗干扰能力，亟待加入模型的评价验证体系中，这有助于提高模型的鲁棒性。

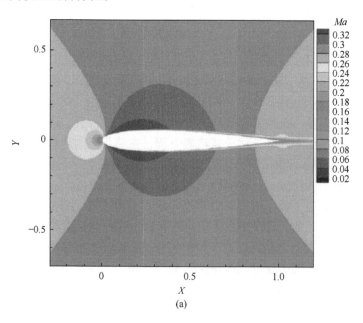

(a)

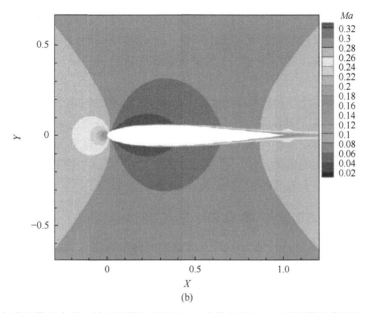

(b)

图 10.12　在湍流模型中嵌入神经网络(a)为用 DG 离散方法及 SA 湍流模型求得的 NACA0012 翼型外流场的马赫云图,(b)为用 DG 离散方法及使用 ANN(artificial neural networks)模型代替 SA 湍流模型求得的 NACA0012 翼型外流场的马赫云图[14](彩图请扫封底二维码)

10.5.1.2　复杂流动模型的智能化

湍流流动、多相流问题、稀薄流动问题、非牛顿流体、带化学反应流体等复杂流动,流动的控制方程中要么包含了一些经验性的模型或参数,要么不再完全能用经典流动控制方程来描述。因此,采用实验样本构建数据驱动的方程或模型,是解决上述复杂流动控制方程和模型不准确问题的重要技术途径。随着人工智能技术的发展,数据驱动的机器学习方法可以应用到复杂流动方程和模型的改进和构建中。例如,通过 PIV 等实验技术或精细化的直接模拟,得到具体复杂流动的准确样本,实现数据驱动的模型方程参数智能化设置,进一步构建数据驱动的控制方程或模型,将大大降低对研究者经验的依赖程度,提高模型的精度和通用性。

10.5.1.3　提升优化代理模型的功能

基于代理模型的优化已成为当下飞行器设计等优化领域的主流方法。通常的流程是,首先在一定的样本空间内基于 CFD 手段获得有限数量的样本,然后采用机器学习方法基于样本形成代理模型,在优化过程中代替耗时较长的 CFD 计算。虽然基于代理模型的优化大大提升了优化效率,但瓶颈在于代理模型的泛化能力通常有限。在较小的优化空间内,有限的样本训练生成的代理模型,通常具有较好的精度；但在较大的优化空间内，代理模型的精度往往较差。因此在未来一段时间，显著提升代理模型的泛化能力将是一个值得研究的方向。例如，采用深度卷积神经网络提取流场特征信息，构建复合深度神经网络架构来提升精度和泛化能力。

其次，传统优化代理模型的功能，大多针对有限的性能系数或者性能曲线等局部低维数据形式。随着深度学习技术的迅猛发展，目前已可以实现有限样本空间的高维定常、非定常流场云图预测，这意味着，未来将更为精细的流场结构纳入到代理模型的功能范围，是完全有可能的。代理模型功能方面的拓展对提升优化过程的稳健性具有显著的价值。

10.5.2　数值求解方面的人工智能融入

传统 CFD 数值求解最重要的两个因素是网格和数值算法。网格质量对于最终的 CFD 数值解有直接的影响，虽然当下有不同的网格生成商用软件，但网格质量的控制仍然主要依赖人工经验。数值算法是以坚实的数学原理为基础，人工智能直接融入的余地不大，但针对局部功能进行部分辅助性的提升是完全有可能的。

10.5.2.1　网格生成的智能化

从最早期的笛卡尔网格、贴体结构网格，发展到非结构网格、各种混合网格和无网格方法，划分网格越来越便捷和自动。研究者还发展了各种网格衔接方法，如拼接网格、嵌套网格等，提高了复杂外形动边界数值求解精度、效率和自动化程度。总的来说，网格生成一直在往提升自动化和通用性的方向上发展。

然而，复杂流场中的附面层网格生成、尾迹区流场加密、最优网格量的选取等问题，还得依靠 CFD 研究者的经验或反复尝试，仍缺乏显著的智能元素。特别是对于复杂的多尺度问题，往往需要在不同的区域采用不同尺度的网格，这种情况下靠人的经验很难实现。因此网格自适应方法成为未来的研究重点。目前 CFD 领域已发展形成的网格自适应方法（如 h-adaptivity，p-adaptivity，hp-adaptivity）大多是基于人为给定的流场特征探测器，确定网格自适应的区域和自适应方式。在 2003 年左右，出现了采用 SOM 网络进行多重网格的网格结构优化的零星尝试，将 SOM 网络用于多重网格结构优化可将网格点排列更为合理[15, 16]，如图 10.13 和图 10.14 所示。未来，预计可以建立耦合 CFD 或流场降阶模型的智能化网格生成器，通过 CFD 计算，流场降阶模型计算或其他反馈方法，选取一些与附面层网格和局部加密等信息相关的参数，在计算过程中实时反馈给智能网格生成器，从而实现网格对具体算例和非定常求解过程的最优化和自适应化。网格生成的最终目标将是"一键生成"，这需要人工智能方法与网格技术的深度结合，目前距离这一步还相对遥远。

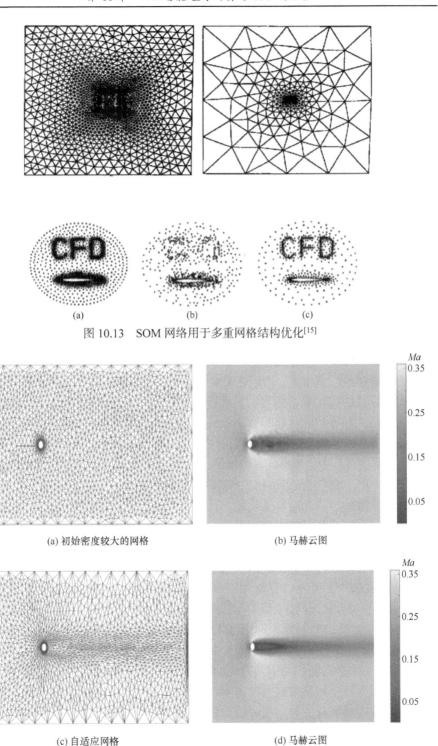

图 10.13　SOM 网络用于多重网格结构优化[15]

(a) 初始密度较大的网格　　　　　　(b) 马赫云图

(c) 自适应网格　　　　　　　　(d) 马赫云图

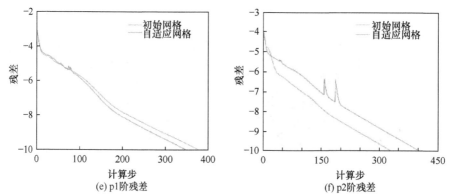

图 10.14　基于圆柱绕流将网格自适应后计算的流场结果与初始网格流场结果做对比[16]（彩图请扫封底二维码）

10.5.2.2　算法的智能化

现有的 CFD 应用研究者大都是在计算力学家给出数值格式和算法的基础上开展实现和验证工作。也就是说，自 20 世纪 70 年代以来，CFD 数值算法的设计主要靠人脑，依赖于人的智慧和灵感。并且在使用 CFD 时，为保证计算精度、计算效率和数值算法的鲁棒性，研究者往往要人为设置部分参数。这些参数的设置依靠研究者的经验或尝试。所以，未来 CFD 算法的智能化主要可以分为两点：数值格式及算法的优化和智能化、计算参数的智能化与自适应化。

数值格式和算法的优化与智能化：针对一个具体算例，由计算机完成数值格式的设计或选择，保证在数值计算过程中的稳定性、鲁棒性，同时具有高计算效率。在数值计算的过程中，根据计算稳定性、收敛速度和分辨率等条件，通过计算格式的自适应优化，最终实现数值格式和算法设计的智能化。

计算参数的智能化与自适应化：计算参数应始终保证数值计算的稳定性，在此基础上尽可能获得高效率和高精度。通过一定信息的反馈，使计算机实现某些参数的智能化设置，使参数做到针对不同算例自适应，在求解过程中自适应。最终实现计算参数在特定算例的求解过程中由计算机进行深化调整，给出最优选择。

另外，工程中使用的 CFD 软件，往往希望能够具有一定程度的容错性或纠错性来保证计算的鲁棒性和通用性。目前在 CFD 计算过程中，出现发散迹象时可以实施人为干预，但由于影响 CFD 计算稳定性的因素众多（如时间步长、数值格式、网格质量等），且影响方式具有高度非线性特征，实行全程有效的人工监控和纠错，几乎是不可能的。将人工智能方法融入到 CFD 计算过程的自动监控和纠错是十分必要且急需的。

利用深度神经网络求解 N-S 方程相关的正问题与反问题，尚处于起步阶段，尚未有系统性的研究成果。求解效率较低的问题目前尚未解决；简单神经网络架构是否适合求解多尺度甚至多物理场湍流问题尚不明确。预计该方向的研究在未来将持续较长时间。

10.5.3　CFD 结果的数据挖掘

　　在 CFD 发展的初期，流线和云图等数据的后处理工作是由 CFD 研究者自己编程实现的。后来一些制图软件的出现，如 Tecplot，大大提升了流动显示的便捷程度，研究者通过导入数据就可以直接进行图形的绘制。虽然流动的自动化显示技术一直在发展，但还没有与目前最先进的成像技术相结合，未来流动显示的智能化，可行方向之一为：通过引入人工智能实现复杂流动的 3D 成像和虚拟现实。

　　近二十年来，CFD 数据的后处理方面几乎没有显著变化。现有的流线、云图、涡结构等形式的后处理和可视化手段，均为 CFD 结果数据的常规处理方法，多种物理量的可视化为研究者分析流场结构和流动特性提供了基础，但分析本身仍然大多靠人工完成。目前已有部分尝试，将深度神经网络用于识别 3D 和 4D（3D 空间+时间）中的涡流。图 10.15 为人工智能用于 CFD 结果的数据挖掘[17, 18]。人工智能方法针对大数据的数据挖掘功能，在 CFD 结果的后处理、特征提取等方面具有显著的潜力，在未来一段时间有可能成为研究热点之一。

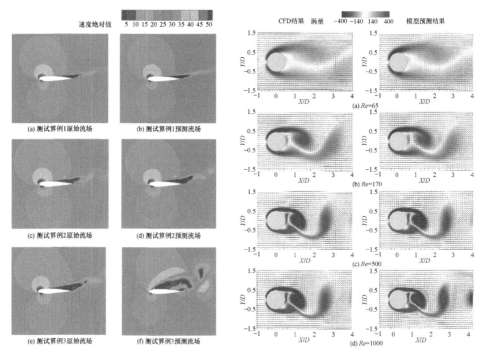

图 10.15　人工智能用于 CFD 结果的数据挖掘[17, 18]（彩图请扫封底二维码）

10.5.4 CFD 与实验的智能融合

空气动力学的数据来源是多元化的，既有理论分析，也有数值模拟，还有风洞实验和飞行试验。一般认为，风洞实验和飞行试验成本高，样本少，但数据可信度高，而 CFD 计算成本低，样本量大，但数据可信度低。当具备了多种手段获得了多种不同可信度、不同样本量等特征的信息后，设计者反而不清楚如何综合应用这些数据。实验与 CFD 数据融合就是要解决这一问题的，研究内容分为三个部分：通过实验数据，提升 CFD 方法的模拟精度；利用 CFD 手段，实现实验测试信息的弥补或建模；数值结果与实验结果的融合。

10.5.4.1　通过实验数据，提升 CFD 方法的模拟精度

一般认为实验数据可信度较高，而 CFD 方法由于数值格式存在耗散，湍流模型等因素，其可信度往往不如实验，但是实验成本高，样本量少，CFD 方法在这方面有很大优势。结合两者的优缺点，利用人工智能手段提高 CFD 方法的模拟精度。具体的研究内容为：以高可信度实验数据与低可信度 CFD 数据之间的误差为目标函数，优化 N-S 方程内的参数或方程本身，最终将 CFD 方法的可信度精度提升至实验数据的可信度水平。如图 10.16 所示给出了基于 Kriging 模型的 CFD-风洞实验气动力数据融合方法[19, 20]。

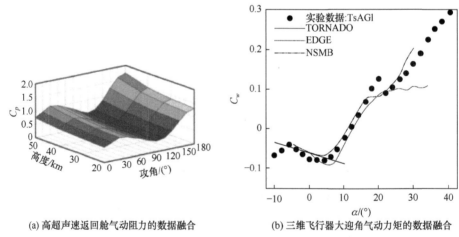

(a) 高超声速返回舱气动阻力的数据融合　　(b) 三维飞行器大迎角气动力矩的数据融合

图 10.16　基于 Kriging 模型的 CFD-风洞实验气动力数据融合方法[19, 20]

10.5.4.2　利用 CFD 手段，实现实验测试信息的弥补或建模

实验数据通常是一些离散的点，无法覆盖整个实验空间，如飞行试验中，由于技术限制，只能获取飞行器表面有限点的速度和压强信息，无法得到全机表面信息和飞机外的流场信息。目前已有研究者使用机器学习方法，根据有限数据点

进行流场重构，但机器学习方法构建的往往是黑箱模型，其泛化能力难以得到保证。因此有必要结合 CFD 与机器学习建模，用 N-S 方程约束建模，建立满足控制方程的流场重构模型。例如，将少量的实验样本点作为一种边界条件，将控制方程与边界条件作为神经网络损失函数的正则项，训练神经网络，使其输出的物理量满足控制方程与边界条件。基于此方法，重构的流场满足控制方程，提高了建模的精确度与鲁棒性。

10.5.4.3　数值结果与实验结果的融合

实验结果的可信度高，但常常无法覆盖整个参数空间，如变参数的流动研究中，由于实验成本的限制、实验数据的丢失和极端环境的实验风险过高等原因，高可信度的实验样本通常无法覆盖整个参数空间。基于参数空间数据样本的建模精度也受此影响。因此，有必要发展数值结果与实验结果的智能融合，补全高可信度的参数空间样本，并在此基础上提高建模的精确度和泛化能力。可基于数据不确定性分析方法和理论，针对实验与数值仿真状态下的气动力数据进行数据融合研究。利用多种气动力数据获取途径，通过有限实验与仿真数据，提高融合后数据的精度和可信度，建立高维气动力数据库，并在此基础上建立高精度高泛化性的模型。

10.5.5　建立系统的高保真数据库

机器学习的精度和可靠性，一方面取决于算法本身，另一方面取决于训练数据。特别是近些年发展迅速的深度学习，尤其需要大量的高保真训练数据，虽然我国 CFD 领域在长期的实践过程中积累了大量数据，但针对人工智能方法的应用而言，普遍缺乏系统的梳理分类、标记等，造成了大量已有数据沉睡的现状。因此面向各类人工智能方法，整理并建立各类高保真数据库，对于人工智能和 CFD 的深度融合意义十分重大。

10.5.6　CFD 与量子计算的融合建议

（1）针对性地开展先导性预研，如量子虚拟模拟平台及软件开发开源平台研制。

（2）集中优势力量，发展以线性代数方程组量子算法为基础的 CFD 开源代码平台。

（3）逐步推广，形成应用平台并普及。

10.6　典型案例分析

在量子计算机方面，国内表现较为突出的事件，是 2018 年 6 月首次在 github 上开源公布，由中国科学技术大学本源量子公司开发的 QPanda。这是国内第一款自主研发的量子软件开发包,可以用于构建、运行和优化量子算法。利用 QPanda,可以实现在量子计算机上的编程。在量子有限体积法(quantum finite volume method, QFVM)的工作中,利用 QPanda 实现了量子计算机的部分代码。QPanda 的核心模块如图 10.17 所示。

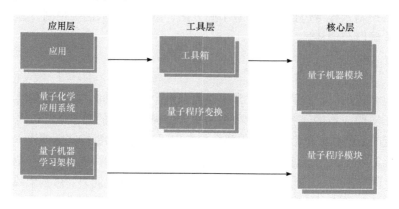

图 10.17　QPanda 的核心模块

QPanda 的核心模块包括应用层、工具层和核心层三部分。核心层由量子机器和量子程序模块组成,分别用于统一多种量子计算机的编程模型和装载量子程序数据;工具层由提供量子程序的变换,用于优化的 Transform 和用于统计、展示的 Utilities 组成;应用层则是最终实现量子算法并组装为应用程序。

在量子计算机真正被制造出来前,我们可以通过量子虚拟机来运行量子程序。量子虚拟机是用传统计算机模拟量子计算机的软件,它可以运行量子程序并输出理论计算后的结果。利用量子虚拟机并不能产生量子加速,但是可以用于验证算法、软件的正确性,进行量子计算调试。目前本源量子在各种传统硬件平台上实现了全种类的量子虚拟机,其基本构成如图 10.18 所示。

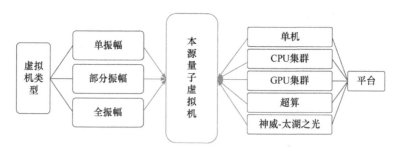

图 10.18　量子虚拟机

传统的有限体积法(finite volume method, FVM)是基于 N-S 方程,并将待计算空间分割成小的体积单元,列出一个迭代的方程组,体现空间中流体物理量

（密度、动量、能量）随时间变化的性质，其网格划分方式如图 10.19 所示。

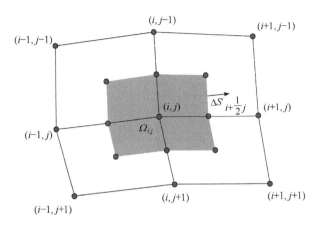

图 10.19　一种网格划分方式

使用多重网格算法（Multigrid 方法）进行计算时，每一次迭代的计算时间和网格数基本呈线性关系，如图 10.20 所示。当网格数量大时，需要在大型计算机上计算数周甚至数月的时间，计算效率较低。

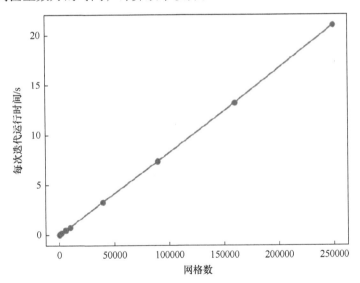

图 10.20　计算时间与网格数的关系

而量子有限体积法（quantum finite volume method，QFVM）是利用隐式有限体积求解软件，在量子计算机上实现线性方程组求解，利用了量子计算的加速特性，实现了对数级的时间复杂度，相对于传统计算机的计算效率有指数加速的效果。

该量子有限体积法目前主要是基于 SU2 开源软件在 QPanda 平台上实现的。

SU2 是一款开源的流体动力学计算软件,它包括:预处理模块、线性求解器模块、后处理模块。量子有限体积法在原有的 SU2 软件上,实现了量子模块的替换(如图 10.21(a)中右下角有色框所示),相应的量子模块结构见图 10.21(b)。量子模块的替换做到了"一致性"输出,即替换为量子版本后,参数迭代的结果不变,仅计算本身加速。这个特性使得我们容易检验量子计算加速结果。

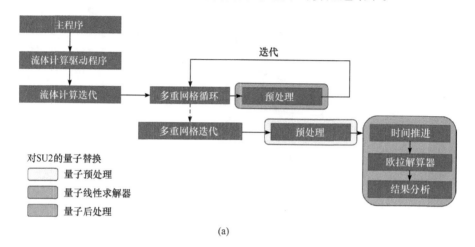

(a)

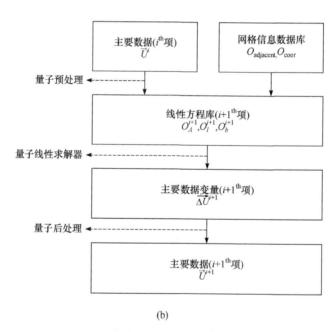

(b)

图 10.21　SU2 中量子模块的替换(彩图请扫封底二维码)

算法分析表明,QFVM 算法需要使用的量子比特数是

$$O(\text{qunm})=O(2\log(4N)+\log(\text{d}\kappa\log(\text{d}\kappa/\varepsilon))) \tag{10.1}$$

式中 N 代表网格数，可见计算所需的量子比特数 N 是对数级增长的，举例来说，如果 $N=10^{10}$，则所需的量子比特数不超过 100，充分说明了其空间上的有效性。其时间复杂度为

$$O(\text{d}\kappa^2\log^2(\text{d}\kappa/\varepsilon)\times\text{poly}(\log(4N)/\varepsilon) \tag{10.2}$$

可见，相对于传统计算机，其计算的时间效率优势是显而易见的。

参 考 文 献

[1] Wang J X, Wu J L, Xiao H. Physics-informed machine learning approach for reconstructing Reynolds stress modeling discrepancies based on DNS data[J]. Physical Review Fluids, 2017 2(3): 034603.

[2] Zhu L Y, Zhang W W, Kou J Q, et al. Machine learning methods for turbulence modeling in subsonic flows around airfoils[J]. Physics of Fluids, 2019, 31(1): 015105.

[3] Luo C T, Hu Z M, Zhang S L, et al. Adaptive space transformation: an invariant based method for predicting aerodynamic coefficients of hypersonic vehicles[J]. Engineering Applications of Artificial Intelligence, 2015, 46: 93-103.

[4] Liu X J, Zhu Q L, Lu H Q. Modeling multi-response surfaces for airfoil design with multiple output Gaussian process regression[J]. Journal of Aircraft, 2014, 51(3): 740-747.

[5] Wu H Z, Liu X J, Wei A, et al. A deep learning approach for efficiently and accurately evaluating the flow field of supercritical airfoils[J]. Computers & Fluids, 2020, 198: 104393.

[6] Wu H Z, Liu X J, Wei A, et al. A generative deep learning framework for airfoil flow field prediction with sparse data[J]. Chinese Journal of Aeronautics, 2022, 35(1): 470-484.

[7] 陈海昕, 邓凯文, 李润泽. 机器学习技术在气动优化中的应用[J]. 航空学报, 2019, 40(1): 52-68.

[8] Fukami K, Fukagata K, Taira K. Super-resolution reconstruction of turbulent flows with machine learning[J]. Journal of Fluid Mechanics, 2019, 870: 106-120.

[9] Nielsen M, Chuang I. Quantum Computation and Quantum in formation: 10th Anniversary Edition[M]. Cambridge: Cambridge University Press, 2010.

[10] Harrow A, Hassidim A, Lloyd S. Quantum algorithm for linear systems of equations[J]. Phys Rev Lett, 2009, 15:150502.

[11] Jordan S. Fast quantum algorithm for numerical gradient estimation[J]. Physical review letters, 2005, 95: 050501.

[12] Cao Y, Papageorgiou A, Petras I, et al. Quantum algorithm and circuit design solving the poisson equation[J]. New Journal of Physics, 2013, 15: 013021.

[13] Steijl R, Barakos G N. Parallel evaluation of quantum algorithms for computational fluid dynamics[J]. Computers & Fluids, 2018, 173: 22-28.

[14] Sun L, Wei A, Liu X J, et al. On developing data-driven turbulence model for DG solution of RANS[J]. Chinese Journal of Aeronautics, 2019, 32(8): 1869-1884.

[15] Lu H Q, Wu Y Z, Chen S C. A new method based on SOM network to generate coarse meshes for overlapping unstructured multigrid algorithm[J]. Applied Mathematics and Computation, 2003, 140(2-3): 353-360.

[16] Wu T F, Liu X J, Wei A, et al. A mesh optimization method using machine learning technique and variational mesh adaptation[J]. Chinese Journal of Aeronautics, 2022, 35(3): 27-41.

[17] 赵志杰, 罗振兵, 邓雄. 基于卷积神经网络的合成双射流控制机翼分离流场识别与参数优化[J]. 空气动力学学报, 2020, 38(5): 949-956.

[18] 叶舒然, 张珍, 王一伟, 等. 基于卷积神经网络的深度学习流场特征识别及应用进展[J]. 航空学报, 2021, 42(4): 185-199.

[19] Meysam M A, Entezari M M, Alireza A. An efficient surrogate-based framework for aerodynamic database development of manned reentry vehicles[J]. Advances in Space Research, 2018, 62(5): 997-1014.

[20] Da Ronch A, Ghoreyshi M, Badcock K J. On the generation of flight dynamics aerodynamic tables by computational fluid dynamics[J]. Progress in Aerospace Sciences, 2011, 47(8): 597-620.

附录 本书作者之外的参与者及贡献者

序号	章节	主要编写人员	参与人员
1	第 1 章	中国科学技术大学刘难生，中国空气动力研究与发展中心粟虹敏	中国空气动力研究与发展中心杨强、孙杭义、徐燕、孙明雪
2	第 2 章	国防科技大学刘杰，西安交通大学王娴	中国空气动力研究与发展中心王昉、赵丹、刘健、黄勇
3	第 3 章	浙江大学陈建军	中国空气动力研究与发展中心庞宇飞、刘杨
4	第 4 章	上海交通大学徐辉，中国科学技术大学万振华	中国空气动力研究与发展中心张树海、燕振国、闵耀兵
5	第 5 章	清华大学肖志祥，北京大学肖左利	中国空气动力研究与发展中心万兵兵、杨强、刘健、余明、向星皓、张树海
6	第 6 章	北京航空航天大学柳阳威	北京航空航天大学王方，中国空气动力研究与发展中心赵慧勇
7	第 7 章	北京航空航天大学高振勋，中国航天空气动力技术研究院杨云军	中国空气动力研究与发展中心丁明松、刘庆宗、高铁锁、董维中，南京航空航天大学朱程香
8	第 8 章	中国航空工业西安航空计算技术研究所李立	中国空气动力研究与发展中心陈江涛、章超、赵炜、张培红、吴晓军
9	第 9 章	西北工业大学韩忠华	西北工业大学张科施、乔建领、许晨舟，中国空气动力研究与发展中心黄勇
10	第 10 章	南京航空航天大学吕宏强，中国科学技术大学黄生洪	中国空气动力研究与发展中心朱林阳，西北工业大学张伟伟，浙江大学夏振华，清华大学陈海昕，哈尔滨工业大学李惠，西安交通大学陈刚
11	校对与排版		中国空气动力研究与发展中心王昊鹏、武凤鸾、耿湘人